重点大学计算机教材

U0279110

从问题到程序

C/C++程序设计基础

裘宗燕　李安邦　编著
北京大学　华中师范大学

From Problems to Programs

Fundamental of C/C++ Programming

机械工业出版社
CHINA MACHINE PRESS

图书在版编目（CIP）数据

从问题到程序：C/C++程序设计基础 / 裘宗燕，李安邦编著 . —北京：机械工业出版社，2023.1

重点大学计算机教材

ISBN 978-7-111-72426-1

I. ①从… II. ①裘… ②李… III. ①C 语言 - 程序设计 - 高等学校 - 教材 IV. ① TP312.8

中国国家版本馆 CIP 数据核字（2023）第 009920 号

　　本书是一本程序设计入门课程的教材和自学读物，以 C 语言（辅以少量 C++ 语言的机制以降低编程学习的难度）作为教学语言。本书的主旨是帮助读者理解程序和计算，理解并掌握程序设计的思想、方法和基本技术，学习一种实用的编程语言，为在信息社会中继续学习和工作打下坚实的基础。本书详细介绍了程序设计语言和基本程序设计的各方面情况和问题，包括与计算机程序和程序设计有关的基本概念，用计算机解决问题的思维方法，以及程序设计的基本技术。本书的内容选择、撰写方式和章节安排认真考虑了入门课程和自学者的需求，也能很好地与后续课程衔接。

　　本书适合作为普通高等学校计算机及相关专业第一门程序设计课程的教材，也适合作为程序设计初学者的入门读物。

出版发行：机械工业出版社（北京市西城区百万庄大街 22 号　邮政编码：100037）

策划编辑：朱　劼　　　　　　　　　　　责任编辑：朱　劼
责任校对：丁梦卓　　张　薇　　　　　　责任印制：李　昂
版　　次：2023 年 5 月第 1 版第 1 次印刷　印　　刷：河北鹏盛贤印刷有限公司
开　　本：185mm × 260mm　1/16　　　　印　　张：23.5
书　　号：ISBN 978-7-111-72426-1　　　　定　　价：69.00 元

客服电话：（010）88361066
　　　　　68326294

前　言

随着信息社会的发展，计算机领域的知识和能力越来越受到人们的重视，作为计算机入门知识的程序设计自然备受重视。本书作为程序设计的入门课程教材和自学读物，致力于帮助读者理解程序和计算，理解并掌握程序设计的思想、方法和基本技术，学习一种实用的编程语言，以便为在信息社会中继续学习和工作打下坚实的基础。本书详细介绍了程序设计语言与基本程序设计的各方面情况和问题，包括与计算机程序和程序设计有关的基本概念，用计算机解决问题的思维方法，以及程序设计的基本技术。本书的内容选择、撰写方式和章节安排都认真考虑了入门课程和自学者的需求。

本书在内容编排上特别重视由易到难、稳步推进，以递进的方式讲解概念，解释细节，展示简单用例，再给出完整的问题实例分析和程序源代码，辅以对完整程序的分析和评价等，通过多种方式相互呼应，帮助读者领悟并掌握与程序设计有关的概念、方法和技术。本书特别考虑了内容的安排顺序、难点的分解和多种角度的解释等，使学习曲线尽可能平滑，让读者更容易接受。

本书用标准 C 语言作为基本教学语言，辅以 C++ 的少量易用功能以降低初学者的学习难度。这样安排的主要理由是：

（1）C 语言包含了最重要的基本程序设计机制，能较好地满足编程学习的需要，完善的开发工具也很容易获得。

（2）C 语言是许多计算机专业课程的支撑语言，这种安排有利于与后续的学习和课程接轨。

（3）C 语言一直是业界广泛使用的语言之一。

由于 C 语言中少数机制的技术细节较多，初学者不易掌握，因此，本书采用 C++ 语言中相应的特性作为替代（主要是输入输出和存储分配机制），从而降低学习和编程的难度，使读者能专注于程序设计的学习。

本书以程序设计为主线，贯彻"在做中学"的理念，致力于帮助读者通过正确的实践去深入理解"计算思维"，以及用计算机解决问题的方法和技术。书中介绍了 C/C++ 语言的各种重要结构，其中特别关注它们在程序中的作用和相互联系。在讨论编程实例时，本书摒弃了一些教材中常见的"叙述问题，列出代码，简单说明"三步法，改为详细阐释从问题到程序的思考和工作过程。书中通过大量编程实例，反复展示对问题的分析和分解、找出主要步骤、确定函数抽象、找出循环、选择语言结构直至开发出能正确完成工作的良好程序的全过程，帮助读者理解程序设计的真谛。

学习程序设计需要理解这种工作的系统性、科学性和工程性。进行程序设计就是为了用计算机解决问题，第一步工作应该是深入分析问题，设法找出解决问题的线索和方法，为后续编程做好准备。分析中有可能发现多种可用的解决方案，这时就需要比较不同方案并做出选择，还要对所做的选择有清醒的评价（优点、缺点、倾向性等）。这又是典型的工程问题：实际中常常无法找到完美的解，需要权衡、折中和选择。第二步工作是程序的功能分解，把复杂功能分解为较简单的部分。正确、有效的分解是科学性问题，而在多种可能分解中选择又具有明显的工程性。之后的编码也同样需要科学和工程思维的结合。总之，正确的好程序不是随便做出来的，必须基于科学的方法，辅以正确的工程处理。

书中的大量实例给出了完整的开发过程，有些包含比较详细的分析和讨论，有些给出了基于不同考虑的多种解法。书中仔细比较了它们的特性，有时还指出了其他可能性。一些实例完成后有回顾与分析，提出了关于还可能如何想、如何做的思考。书中经常给读者提出一些问题，启发读者积极思考，发挥读者的主观能动性，帮助读者更好地理解程序设计的真谛。书中的练习题也力图反映这些想法。

本书中的讨论还特别强调对程序设计过程的正确认识，强调良好的程序设计风格，强调通过函数抽象建立清晰结构的重要性，强调程序的良好结构、可读性、易修改性等。书中的源代码示例都力图反映这些良好性质，也尽量避免出现晦涩难懂的语句或结构。书中根据内容进展及时介绍一些重要的标准函数库，帮助读者建立对标准函数库的清晰认识。此外，书中还简单介绍了一些与计算和程序有关的一般问题，如通过统计程序运行时间介绍计算的基本性质（复杂性），通过分析循环过程能否完成所需工作介绍"循环不变关系"的概念等。这些既能丰富读者的知识，也能作为思考程序的线索。

程序设计是一种实践性活动，仅靠读书、抄写现成代码做试验是不可能学好的。作为初学者，不但需要深入阅读和理解教科书上的内容，还必须"在做中学"，一次次地亲身经历"从问题到程序"的思考和把初步的代码设计构想逐渐细化直至变成能正确实现预期目标的具体程序代码的工作过程。在这些过程中，既需要发挥自己的聪明才智，也需要细致认真、踏踏实实地工作。

请读者注意，对同一个问题可以有不同的考虑和分析、不同的设计选择和不同的具体实现方法，因此可能得到许多不同的程序。它们可能各有长短或侧重，也可能反映了对问题的不同想法，但都是对原问题的合理解答。不应将各种书籍（包括本书）里的程序看作标准答案，这些程序只是作者对问题的一种解答。为了学好程序设计，希望读者能养成一种习惯：在阅读书中程序时注意思考作者的考虑和选择，分析其中哪些是合理且有价值的（或不合理、无价值的），还可能怎样选择，采纳其他选择可能得到什么（或失去什么），等等。这样思考将使你受益无穷。当然，虽然程序设计中有很多选择，但本书中的实例还是努力给出好的选择，说明选择的理由，指出有关选择带来的问题（缺点和限制等），供读者参考。

今天，计算机系统的安全问题变得越来越重要，程序的强健和安全是计算机系统安全的基础。本书在讨论程序设计的基本问题时，也简单讨论了一些 C 程序结构的脆弱点和可能的安全缺陷，以及提高程序健壮性的基本技术。这些初步讨论意在帮助读者提高认识，理解计算机安全的重要性。

本书的讨论不依赖于具体开发系统，读者可以用任何符合 C 和 C++ 标准的系统作为学习工具。但在讨论编程中的一些具体情况时，参考一种具体程序开发环境也可能有所助益。本书选用相对简单的 Dev-C++ 集成开发环境作为展示工具，借助它介绍一些开发中的实际问题，特别是程序的调试。

本书包含如下 8 章和若干附录：

第 1 章　程序设计和 C/C++ 语言：介绍程序与程序语言的概念、C 语言和 C++ 语言的发展及其特点，用一个简单例子介绍 C/C++ 程序及其加工和执行，最后介绍集成开发环境 Dev-C++ 的基本使用。

第 2 章　数据与简单计算程序：讨论程序语言中最基本的概念，包括字符集、标识符和关键字，数据与类型，数据表示，运算符、表达式与计算过程，数学函数库的使用，等等。

第 3 章　变量和控制结构：介绍 C/C++ 基本编程机制及其使用，包括语句和复合结构，变量，关系运算和逻辑运算，以及支持选择和循环执行的控制结构，并介绍程序的动态除错方法。

第 4 章　基本程序设计技术：首先讨论循环程序设计的基本方法，通过实例分析循环的构造过程；然后介绍常用标准库函数，交互式程序设计的输入输出，特别是 C++ 字符流和文件流输入输出技术。

第 5 章　函数与程序结构：首先介绍函数的定义与调用、程序的函数分解和递归函数，以及外部变量等概念；在此基础上讨论与更复杂的 C/C++ 程序和多文件开发有关的技术，包括函数和变量的声明与定义、预处理程序；最后介绍集成开发环境中的程序调试工具。

第 6 章　数组：介绍数组的概念、定义和相关程序设计技术。

第 7 章　指针：介绍指针的概念和指针变量的使用，指针与数组的关系，多维数组作为参数的通用函数，以及动态存储管理、指向函数的指针等概念及其在程序中的应用。

第 8 章　结构体和其他数据机制：首先介绍类型定义，然后介绍结构体的定义及其在程序中的使用，并简单介绍链接结构的概念和类（class）的概念。

最后安排了 5 个附录，分别介绍 C 和 C++ 语言运算符、ANSI C 关键字、C 和 C++ 语言常用功能、命名规范以及编程形式规范，并给出进一步学习的建议。

为了方便读者阅读，本书中的重要名词概念用黑体字标记，重要词句用粗楷体字标记，重要源代码用波浪线标记，附加注释性的词句用楷体字标记。本书中一些高级主题用星号标记，供学有余力的读者阅读。

作者特别感谢参加相关课程学习的学生，他们提出的问题给了作者许多启示，促使作者更深入地思考了许多问题。作者感谢家人与同事多年的支持。虽然本书凝结了作者的多年思考，但仍难免有错误或不足，希望得到读者的指正和同行的意见、建议。相关教学资料（教学课件、编程练习题参考答案和额外的习题等）可以从如下网址获取：https://devcpp.gitee.io/ptop。如果需要联系作者，请发邮件至 qzy@math.pku.edu.cn 或 anbangli@mail.ccnu.edu.cn。

裘宗燕（北京大学数学学院信息科学系）

李安邦（华中师范大学物理科学与技术学院）

2022 年 5 月

目　　录

第 1 章 程序设计和 C/C++ 语言

本书的目标是帮助读者平滑、迅捷地进入程序设计领域。在开始学习程序设计时，初学者首先遇到的问题可能是：什么是程序？什么是程序设计语言？本章首先讨论这方面的问题，以期帮助读者比较直观地建立起对程序、程序设计、程序设计语言的基本认识；然后简单介绍本书中讨论程序设计问题时所用的两种程序设计语言—— C 语言和 C++ 语言，并通过一个简单实例介绍程序的一些基本情况和有关概念；最后介绍程序设计中必然要遇到的一些基本问题。

1.1 程序和程序语言

程序（program）一词来自生活，通常指完成某些事务的一种既定方式和过程。从表述方面看，程序可以看作对一系列动作的执行过程的描述。日常生活中可以找到许多"程序"实例。例如，一个学生的日常行为可以描述为：起床→刷牙洗脸→吃早餐→上课→吃午餐→午休→上课→吃晚餐→晚自习→洗漱→上床睡觉。这是一个顺序式的"程序"，形式上就是一些基本步骤形成的序列。如果按顺序实施这些步骤，其整体效果就是完成了一天的事务。进一步说，这些基本步骤还可能细化。此外，操作也可能是在多种情况中的选择（如早餐选择哪种食品，是到教室晚自习还是到图书馆晚自习），或者在某个更大的上下文中的不断重复（从整个学期的角度来看，学生就是一天一天地重复做这些事）。这些情况的叠加可能形成很复杂的"程序"。

从上面现实生活的例子中，可以看到"程序"的一些直观特征。现实生活中有许多程序性的活动，当我们身处其中，参与有关活动时，需要按部就班、一步步地完成一系列动作。对这种工作（事务、活动）过程的细节动作描述就是"程序"。

在程序描述中，总存在着一批预先假定的"基本动作"（例如吃饭、上课，或者更细节一点的动作：走到食堂、选取菜品、吃饭、走到教室、打开书本、听课、做笔记），这些基本动作都是执行程序者能够理解和直接完成的。

此外，一个程序总有开始与结束。在执行程序的过程中，动作者（无论是不是人）需要按照程序的描述来执行一系列动作。在达到结束位置时，有关工作就完成了。

本书中将要深入讨论的计算机程序同样具有这些特征。

1.1.1 计算机程序与程序设计

计算机程序的情况与前面介绍的日常生活中的程序性活动类似，这种情况可以帮助我们理解计算机的活动方式。当然，日常生活中的程序性活动可以有许多变化，人们参与时也不一定完全按程序的步骤做，可以有许多"灵活性"。而计算机不同，它对程序的执行是严格的、一丝不苟的，总是一步步地按程序中的指令办事，一点"商量"的余地也没有。

目前人们广泛使用的台式个人计算机、笔记本计算机、平板计算机、手机等设备，虽然外观各异，但都属于计算机（全称是"通用电子数字计算机"）的范畴，它们能完成的工作就是计算。计算机的最基本功能就是可以执行一组基本操作，每个操作完成一件很简单的计算工作，例如整数的加减乘除运算等。进而，计算机提供了一套**指令**，每种指令对应计算机硬件能执行的一个基本动作，使人们可以基于指令来编排程序，指挥计算机完成复杂的工作。

一个完整的计算机系统包括硬件系统和软件系统两大部分，并依靠硬件和软件的协同工作来完成各种计算任务。计算机**硬件系统**指构成计算机的所有物理部件的总和，它们看得见、摸得着，是一些实实在在的有形实体。计算机硬件系统采用冯·诺依曼体系结构，由控制器、运算器、存储器、输入设备和输出设备 5 个部分组成，这些部分连成一体，如图 1-1 所示。

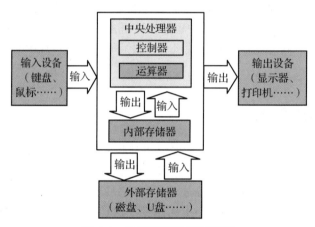

图 1-1   计算机硬件系统简图

控制器是计算机硬件的控制指挥中心，负责协调和指挥整个系统的操作。它的主要功能是解析程序指令，安排操作顺序，控制数据流向，产生各种控制信号，指挥各部件有条不紊地协调工作。

运算器是对数据进行加工、运算的部件，它接受控制器的指示，按照规则完成加、减、乘、除、比较等算术运算，还可以完成与、或、非等逻辑运算和一些其他操作。

运算器和控制器等部件构成了计算机硬件的核心，在目前的各种计算机硬件中，这两个部件一般被集成在同一块半导体芯片里，称为**中央处理器**（CPU）。

存储器是具有记忆功能的部件，用于存放程序和数据。现代计算机系统中的存储器可以分为两大类：**内部存储器**（简称内存，或称为"运行内存"）和**外部存储器**（简称外存）。

内部存储器可以直接与 CPU 交换信息，其特点是速度较快，但容量相对较小。计算机运行中使用的程序和数据都需要先装载到内存中。系统关机（电源断开）后，内存里的信息将全部丢失。

外部存储器通常通过接口电路和连线连接到主机。其特点是存储容量大，但存取速度相对内部存储器要慢很多，其中存储的信息具有持续性，不需要电源支持，系统关机后仍然存在。外部存储器用于长期存放计算机系统需要的系统软件的文件、应用程序、文档和数据等。当 CPU 需要执行保存在外存中的某部分程序和数据时，就需要把这些程序和数据由外存调入内存，以便 CPU 直接访问。目前常用的外存设备有硬盘、移动存储器（U 盘）和光盘等。

输入设备是把程序和数据输入计算机的硬件装置，常用的输入设备有键盘、鼠标、扫描仪、条形码阅读器、光笔。**输出设备**负责输出运算的结果，常用的输出设备有显示器、打印机、绘图仪等。

在计算机系统中，各种硬件部件通过地址总线、数据总线、控制总线等连接在一起。然而，仅由硬件构成而没有安装任何软件的计算机系统只能称为**裸机**。裸机难以完成任何有用的工作。只有安装了软件的计算机系统才算是完整的，才能执行人们所需的工作。

计算机系统的软件分为两类：系统软件和应用软件。

系统软件（system software）指由计算机生产厂商（或"第三方厂商"）为用户使用计算机而提供的各种基本软件。常见的系统软件有操作系统、编程语言处理系统、数据库管理系统、网络通信软件、各类服务程序和工具软件等。系统软件以外的软件都称为**应用软件**（application software），是由专业人士或厂商为支持具体应用领域的工作、解决实际问题而开发的。应用软件用各种程序语言编写，可以满足人们各方面的需要，如办公软件、文字处理软件、网络浏览器、游戏软件、音频/视频制作和播放软件、计算机辅助设计软件、图形处理软件、压缩和解压缩软件、反病毒软件等都是应用软件。计算机用户利用各种应用软件完成自己的工作或满足日常生活的需要。

计算机硬件在 CPU 和系统软件的管理下，协调一致地工作。计算机能够自动完成各种数值运算和复杂的信息处理过程的基础就是**存储程序和程序控制**。计算机的运行过程可以简要描述为：*将待执行的程序和待处理的数据由输入设备或外存装入内存；CPU 从内存中取出程序的指令，根据需要到指定地址取出所需数据，并要求运算器执行指令的操作；运算结果存入内存，根据需要通过输出设备输出；整个过程都在 CPU 的控制器的管理下进行。*

由此可见，人与计算机交流的基本方式就是提供要求计算机执行的程序（program，或称为"计算机程序"）。当计算机接受用户的命令去执行某个程序时，它就会按照程序的规定，一丝不苟地执行其中的指令，直至整个程序结束。

计算机是一种通用的计算机器，加上一个或一组程序后，它就会变为处理某个或某些专门问题、完成某种或某些特殊工作的专用机器。这种通用性与专用性的统一非常重要：一方面，计算机可以在大工厂里采用现代化生产方式大量制造；另一方面，通过运行不同程序，一台计算机可以在不同时间处理不同问题（如文字处理、上网浏览、玩游戏等），甚至同时处理许多不同的问题。这就是计算机强大功能的真谛。人们描述（编制、构造）计算机程序的工作被称为**程序设计**或者**编程**（programming），这种工作的产品就是**程序**。

程序、软件、应用软件和 APP

程序是对一项计算任务的处理对象和处理规则的描述。人们编写完一个程序并交付用户使用时，通常还需要向用户提供配套的文档（通常包括设计说明书和使用手册等，可以是电子版或纸质版），以便用户了解程序的使用方式和规则。实现某种功能的程序（或一组程序）及其配套文档总称为一个**软件**。

计算机软件是计算机系统中程序和文档的总称，包含系统软件和应用软件两类（如上面正文所述）。

应用软件通常只能运行于特定的操作系统上。人们常把安装在智能手机上的应用软件称为 APP（来源于英语单词"application"，读作/æp/或/eip/，中文用户通常读作/eipipi/）。

在当代，计算机快速发展并在各领域广泛应用，它对人类社会生活的各方面产生了深刻影响。计算机之所以能对人类社会发展产生这么大的影响，其原因不仅在于人们发明并大量

制造了这样一种令人敬畏的奇妙机器，更重要的是人们开发了数量巨大、类型各异、能指挥计算机完成各种简单或复杂工作的程序。目前正在使用的计算机种类并不多，而正是数量繁多、功能丰富的程序给了计算机无穷无尽的生命力，改变了人们的工作和生活。

1.1.2　程序设计语言及其发展

要想让计算机能够完成一个计算活动，就需要描述清楚该活动的细节，以及计算机运行时应该做的各种动作及其执行顺序，也就是说，需要写出相应的程序并送入计算机。而为了描述程序，需要有一套适当的描述方式。一套完整的描述方式就构成了一个**语言**。

人们在生活和工作中与他人交流使用的是某种**自然语言**（如汉语等）。为了与计算机交流，指挥它工作，同样需要有与之交流的"语言"。用于描述计算机能够执行的程序所用的语言，就是**程序设计语言**（或称**编程语言**，programming language）。程序设计语言是两种活动之间的桥梁：一种是人的程序设计活动，人们用程序设计语言描述自己希望计算机做什么的设想，写出程序；另一种是计算机的运行，计算机能执行的程序必须是用它能处理和执行的某种语言描述的。

在计算机的发展历程中，人们开发和使用过很多不同类型的程序设计语言。

1. 机器语言

计算机诞生之初，人们只能用计算机可以直接处理的二进制形式的机器语言写程序。下面是在一台假想计算机上计算算术表达式 a × b + c 的指令系列：

```
00000001000000001000    -- 将单元 1000 的数据装入寄存器 0
00000001000100001010    -- 将单元 1010 的数据装入寄存器 1
00000101000000000001    -- 将寄存器 1 的数据与寄存器 0 的原有数据相乘
00000001000100001100    -- 将单元 1100 的数据装入寄存器 1
00000100000000000001    -- 将寄存器 1 的数据与寄存器 0 的原有数据相加
00000010000000001110    -- 将寄存器 0 里的数据存入单元 1110
```

显然，对于人们的使用而言，二进制的机器语言极其不便。用它书写程序非常困难，不但工作效率极低，程序的正确性也难以保证。如果发现程序不能正确工作，也很难找出错误的根源并改正。

2. 汇编语言

随着程序设计经验的积累，人们发展了符号形式的、使用相对容易的汇编语言。用汇编语言写出的程序需要用专门软件（汇编系统）加工，翻译成二进制的机器语言程序后才能送给计算机执行。下面是用某种假想的汇编语言写出的程序，它完成与上面程序同样的工作：

```
load 0 a    -- 将单元 a 的数据装入寄存器 0
load 1 b    -- 将单元 b 的数据装入寄存器 1
mult 0 1    -- 将寄存器 1 的数据与寄存器 0 的原有数据相乘
load 1 c    -- 将单元 c 的数据装入寄存器 1
add 0 1     -- 将寄存器 1 的数据与寄存器 0 的原有数据相加
save 0 d    -- 将寄存器 0 里的数据存入单元 d
```

汇编语言的每条指令对应一条机器语言指令，但采用助记的符号名（如上面的 load、mult、add 和 save），存储单元也用符号形式的名字表示。这样，每条指令的意义就更容易理解和把握了。但是，汇编语言的程序仍然是以一条条指令的形式写出的，描述的基础是硬件的低级结构和相关概念。另外，汇编语言的程序本身仍然没有任何结构，就是由许多上面这样的指令排出的长长序列，是一盘散沙。因此，复杂程序作为整体，仍然很难正确写出来，也很难理解。

3. 高级语言

随着对计算机认识的深入和应用的需要，人们希望能在更高的层次上编写程序，并使写出的程序能完全脱离具体计算机硬件的细节。在这个方向上的努力最终导致了**高级程序设计语言**（high-level programming language，简称**高级语言**）的诞生。1954 年诞生的第一个高级语言 FORTRAN 宣告了程序设计新时代的开始。FORTRAN 是完全符号化的，用类似于数学表达式的形式描述基本计算；提供了有类型的变量，作为存储的抽象模型；还提供了一批控制机制，如循环和子程序等。这些高级机制使编程者可以摆脱计算机硬件的具体细节，方便复杂程序的书写，写出的程序更容易阅读，有错误时也更容易辨认和改正。FORTRAN 语言诞生后受到广泛欢迎。

高级语言更接近人们习惯的描述形式，更容易被接受，也使更多的人能够（并乐于）加入程序设计活动中。用高级语言书写程序时的工作效率更高，它使人们能高效地开发出大量规模越来越大的应用系统，这反过来推动了计算机应用的发展。应用的发展又推动了计算机工业的大发展。可以说，高级程序设计语言的诞生和发展，对于计算机的发展起了极其重要的作用。

从 FORTRAN 语言诞生至今，人们已提出数千种语言，其中大部分是试验性语言，只有少数语言得到了比较广泛的使用。随着时代的发展，今天绝大部分程序都是用高级语言写的，人们也早已习惯用**程序设计语言**这个术语指代各种高级语言了。

在高级语言（例如 C/C++ 语言）的层面上，描述前面同样的程序片段只需要一行：

```
d = a * b + c;
```

这一描述表示，要求计算机计算等号右边的表达式，而后将计算结果存入由 d 代表的存储单元中。这种表示方式与人们所熟悉的数学形式直接对应，更容易阅读和理解。

高级语言程序采用完全抽象的符号形式，使人们可以完全摆脱难用的二进制形式，也不用关心具体计算机的细节。此外，高级语言中还提供了许多高级的程序结构，供人们在编写程序时组织好复杂的程序。与机器语言和汇编语言的程序相比，情况确实大大改观了。

1.1.3　高级语言及其实现

很显然，计算机不能直接执行高级语言描述的程序。人们在定义了一个编程语言之后，还需要开发出一套处理这一语言的软件，这种软件被称作**高级语言系统**，也常被称为该高级语言的**实现**（implementation）。在研究和开发高级语言的过程中，人们也研究了各种实现技术。高级语言的基本实现技术是**编译**（compile）和**解释**（interpretation），简单介绍如下：

（1）采用**编译方式**实现高级语言：人们首先针对具体语言（例如 FORTRAN、C 或 C++）开发出一个编译软件，该软件能把采用该高级语言书写的程序翻译为所用计算机的机器语言的等价程序。人们用高级语言写出程序后，只要将它送给相应的编译程序，就能得到与之对应的机器语言程序。在此之后，只要命令计算机执行这个机器语言程序，计算机就能完成所需要的工作了。

（2）采用**解释方式**实现高级语言：人们首先针对具体的高级语言开发出一个解释软件，

这个软件的功能就是读入相应高级语言的程序，并一步步地指挥计算机按照程序的要求工作，最终完成程序所描述的计算工作。有了这种解释软件，只需要直接把写好的程序送给运行着相应解释软件的计算机，就能看到计算机执行该程序所描述的工作了。

随着计算机科学技术的发展，人们不断开发出新的程序语言，许多老的程序语言被逐渐淘汰。仍在使用的老语言也在急剧变化。以 FORTRAN 语言为例，它在过去 60 多年里经过了多次大改版，与初始的 FORTRAN 语言相比，其最新版本（目前是 FORTRAN 2018）几乎是外观迥异了。其他有较长历史的程序语言也都如此。推动程序语言发展的因素很多，一个重要原因是人们对程序设计工作的新认识。随着程序设计的实践越来越丰富，人们对程序设计工作应该怎样做、需要什么样的结构和要素去描述程序等，不断产生新的认识。推动语言发展的另一原因是计算机应用的发展。新的应用领域也经常对描述工具提出新的要求，这些认识和要求促使人们改造已有的语言，或者提出新的语言。

目前世界上使用比较广泛的高级语言有 Java、C、C++、Python、FORTRAN、Ada 等，这些语言通常被认为是"常规语言"，因为它们有许多共同性质。还有一些语言比较特殊，在形式、编程方式等方面与常规语言差异显著，互相之间也常大相径庭。这些非常规语言各有各的特点或应用领域，甚至有特殊的使用人群。这类语言包括 Lisp、Smalltalk、Prolog、ML 等。虽然它们不如常规语言使用广泛，但也非常重要，都曾在程序语言或计算机的发展历史上发挥过（有些仍在发挥着）极其重要的作用。

1.1.4　具体语言和程序设计

本书的目标是作为一门程序设计基础课程的教材或者自学编程的教程，书中将讨论与程序设计有关的各种基本问题，帮助读者学习编程，指挥计算机完成工作，并学习从计算和编程的角度解决问题的方法和技术。为了更好地讨论程序设计中的各种问题，基本程序设计教科书都需要选用某种高级语言作为工作媒介。本书选用 C 语言和 C++ 语言的一个精选子集（后面简写为 C/C++，具体情况见 1.2 节）作为工作语言，因为这一子集能较好地服务于本书的目标。

后面各章将逐步展开有关程序设计的讨论：从最基本的数据描述和完成简单计算的表达式开始，讨论如何写出最简单的程序，而后讨论程序的基本流程结构，以及如何利用它们解决较复杂的计算问题。在研究了基本的程序设计问题和技术之后，讨论将转向函数机制和数据组织，因为在更复杂的计算中，需要程序处理的情况更加复杂多样，需要采用适当的方式将它们组织好。

在开始对程序设计和 C/C++ 语言的系统性讨论之前，本章后面的部分将介绍一些基本情况，作为后续系统性讨论的导引。1.2 节简单介绍 C 语言和 C++ 语言，1.3 节用一个简单程序示例介绍程序的基本情况，1.4 节介绍使用集成开发环境 Dev-C++ 进行程序设计的实际操作。

1.2　C 语言和 C++ 语言简介

C 语言是贝尔实验室丹尼斯·M. 里奇（Dennis M. Ritchie，1941—2011）在 1973 年设计的一种程序设计语言，当时想用于编写 UNIX 操作系统和相关的系统程序。20 世纪 70 年代后，C 语言作为 UNIX 系统的标准开发语言，随着 UNIX 系统的流行而被广泛接受和应用。20 世纪 80 年代后，C 语言被移植到包括大型机、工作站等在内的各种系统上，逐渐成为开发计算机系统程序和复杂软件的一种通用语言。随着微型计算机（简称"微机"）的蓬勃发展、处理能力的提高和应用的日益广泛，越来越多的人参与到微机应用系统的开发工作中，需要适合开发系统软件和应用软件的语言。C 语言能较好地满足需求，因此被广泛用于开发微机上的各种软件系统。

1978 年，布莱恩·W. 克尼汉（Brian W. Kernighan）和丹尼斯·M. 里奇合作出版了 *The C Programming Language* 一书，书中介绍的 C 语言被称为"K&R C"。随着应用的发展，美国国家标准局（ANSI）在 20 世纪 80 年代成立了专门的小组研究 C 语言标准化问题，这项工作的结果是 1989 年颁布的 ANSI C 标准。该标准被国际标准化组织和各国标准化机构接受，也被采纳为中国国家标准。此后人们继续工作，1999 年通过了 ISO/IEC 9899：1999 标准（通常称为 C99），该标准对 ANSI C 标准做了一些修订和扩充。近年通过的 ISO/IEC 9899：2011 标准（通常称为 C11）对 C 语言做了进一步的修订和扩充。

C++ 语言的诞生应归功于本贾尼·斯特劳斯特鲁普（Bjarne Stroustrup），其设计基础是两种语言：C 和 Simula。Stroustrup 于 20 世纪 80 年代到贝尔实验室的计算科学研究中心工作，他希望能有一种既具有 C 语言的效率和灵活性，又有类似于 Simula 语言的高级抽象描述机制的语言，更好地帮助从事复杂系统开发的程序员（包括自己）进行工作。在计算科学研究中心其他同事的参与和帮助下，最终推动了 C++ 语言在 1983 年诞生。

由于 C++ 能满足许多研究工作和实际软件开发的需要，因此很快在研究机构和产业界流行起来。Stroustrup 在 1985 年出版了 *The C++ Programming Language* 一书，标志着 C++ 语言发展的第一个阶段完成。此后 C++ 不断发展演化，1998 年年底通过了第一个正式的 C++ 标准（称为 C++ 98），后来的 C++ 03 标准是在 C++ 98 基础上的一次小修订，C++ 11 标准则是一次全面的大进化。

C++ 语言中的两个"+"号，最初是表示它在两个方面对 C 语言进行增强和发展：

（1）在面向过程的程序设计（Procedure Oriented Programming）[1]方面进行了扩充和延伸；

（2）增加了面向对象的程序设计（Object-Oriented Programming）[2]功能。

随着时代的发展，C++ 的功能被进一步扩充。就像经典书籍 *Effective C++* 所说的，当今的 C++ 应该被视为一个庞大的"语言联邦"。除了包含面向过程的程序设计和面向对象的程序设计之外，C++ 至少还包含如下几个重要的组成部分：

（1）泛型程序设计（Generic Programming）；

（2）元程序设计（Meta-Programming）；

（3）函数式程序设计（Functional Programming）；

（4）标准模板库（Standard Template Library，STL）；

（5）C11 扩充的并发编程（Concurrent Programming）功能。

因此可以说，C++ 已经脱离了 C 语言，只是在"面向过程的程序设计"方面，C++ 是 C

---

[1]　"面向过程"是一种以计算过程为中心的编程思想：以计算过程为思考的背景，设法分析清楚并设计出解决问题的过程，确定其中的操作步骤，然后利用基本控制结构和函数抽象机制实现相应的计算过程。

[2]　"面向对象"编程的基本思想是首先分析清楚与问题及其求解过程有关的对象，以及它们的性质、功能、相关操作和相互关系，在程序里建立这些对象的程序表示，设法通过它们的交互操作来解决问题。面向对象的编程以数据为中心，围绕着求解问题中需要关注和处理的数据来组织问题求解的过程和程序的行为。

语言的扩充和发展，并且与 C 语言向后兼容，即两者的结构和机制（包括但不限于基本数据类型、变量、运算符、表达式、语句、判断、循环、函数、指针、结构体等）几乎完全重合。

由于 C++ 语言基本上兼容 C 语言，相关程序开发系统常常同时支持这两个语言，在这个意义上，人们常用 "C/C++" 来指代两者的并集（请读者注意，并不存在一种名叫 "C/C++" 的语言）。例如，微机上有许多商业化的 C/C++ 语言系统可用，它们同时支持 C 和 C++ 语言程序开发。早期有 Borland 公司的 C/C++ 系列产品，后来有 Microsoft(微软)公司的 Visual C/C++ 系列开发工具。还有许多免费的 C/C++ 语言系统，如本书中介绍的 Dev-C++。目前各种工作站和大型计算机系统大都运行 UNIX 或 Linux 操作系统，C/C++ 是它们的标准系统开发语言，这些系统上也有一些可用的 C/C++ 系统。

无论 C 还是 C++ 语言，都有很丰富的内容，精通它们需要经过较长时间的学习和较多的实践锻炼。由于一门课程和一本教科书的容量限制，同时考虑到初学者学习的便利性，以及与后续课程衔接的基本需要，本书中的讲解和编程示例的描述将主要使用从 **ANSI C 标准语言和 C++ 语言中精选的一组共性功能，加上少许 C99 和 C++ 中面向过程的程序设计方面的增强和扩充功能**。这样选择可以帮助初学者比较容易地进入编程和计算的领域。本书后面简单地说 "语言" 或 "编程语言" 时就指这样的 "C/C++" 语言，说 "程序" 时就指用这种语言写的程序。此外，书中的讨论将限制在**面向过程的程序设计**的范围内，不涉及高级的**面向对象的程序设计**。这些也是本书的书名 "C/C++ 程序设计" 的由来。

在本书的学习过程中，希望读者注重学习计算领域的重要概念、程序设计的基本思想、编程的技术和方法、编程语言的相关知识，还需要认真学习和灵活运用人们在长期程序设计工作中总结的经验，以及许多情况下的具体程序写法（所谓习惯用法）、程序书写的形式等。对阅读本书的读者提出的建议是：**在学习过程中，需要熟悉程序语言和程序设计方法，自己动手完成尽可能多的程序练习，还要特别注意学习如何写程序，养成良好的程序设计习惯**。这些都是学习程序语言与程序设计过程中特别重要的方面。本书中还提出了很多有用的建议，希望读者注意参考。

1.3 C/C++ 程序快速入门

1.3.1 程序的加工和执行

在使用高级语言（C/C++ 语言）做编程工作时，我们首先需要使用编辑工具，按照语言规则编写出程序的代码，这种程序通常称作**源程序**，然后将其保存为计算机的文件（文件扩展名通常为 "*.cpp" 或 "*.c"），这种文件称为**源程序文件**。这样的源程序比较容易使用和阅读，但不能直接送给计算机去执行。计算机只能识别和执行特定二进制形式的机器语言程序。为使计算机能完成源程序描述的工作，必须先把源程序转换成二进制形式的机器语言程序，这种转换由 **C/C++ 语言系统**完成。由源程序到机器语言程序的转换过程称为程序的加工，各种 C/C++ 语言系统都包含了加工源程序的功能，包括 "编译程序" "连接程序" 等，系统里还可能包含一些其他功能模块。

程序的加工通常分两步完成（如图 1-2 所示）。

第一步，**编译器**（或者叫**编译程序**）分析处理源程序文件，生成相应的机器语言目标模块（**目标文件**，在 Windows 系统中通常以 obj 作为扩展名）。目标文件还不能执行，因为缺少程序运行需要的一个公共部分，即 C/C++ 程序的运行系统。此外，大多数程序里都要使用函数库提供的某些功能。

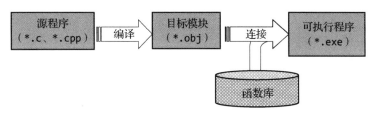

图 1-2 C/C++ 源程序的加工过程

为构造出可以运行的完整程序，还需要第二步加工：**连接**。这一工作由**连接器**（**连接程序**）完成，它把编译得到的目标模块与其他必要部分（运行系统、函数库提供的功能模块等）拼装起来，做成**可执行程序**。此后，我们只要命令计算机**运行**得到的可执行程序，计算机就能完成相关的工作了。

在实际编程过程中，我们需要使用计算机完成程序的编辑、加工（编译和连接）和运行等操作。每步操作可以用一种独立软件完成。为方便编程工作，人们开发了**集成开发环境**（Integrated Development Environment，IDE）软件，其中集成了编程中需要的各种软件（编辑器、编译器、连接器、调试器以及其他工具），并统一管理和使用它们。利用 IDE 写程序，开发过程中的各种工作都能比较方便地完成，大大提高了编程工作的效率。目前微机上可用的 C/C++ 集成开发环境有许多种，本书将以 Windows 上免费的 Dev-C++ 为例进行说明（见 1.4 节），其他 IDE 的操作与其类似。

1.3.2 一个简单程序

为帮助读者了解程序的基本情况，这里先展示一个符合语言要求的简单程序例子，用于说明程序的一些基本情况，并解释程序开发中的一些基本问题。

【例 1-1】写一个程序，要求它能在屏幕上输出一些字符。

下面是一个符合 C/C++ 语言规范、实现了题目所需功能的源程序：

```
/* 我的第一个程序: 在屏幕上输出字符串 */
#include <iostream>
using namespace std;


int main () {
    cout <<"Hello, world!"<< endl;    //屏幕输出
    return 0;
}
```

这是一个完整的程序，它的功能就是在屏幕上输出一行字符：Hello, world!。

从上面的例子可以看到，一个程序由一系列字符构成。为了阅读方便，人们通常把源程序编排为一些行（加入一些换行符）。为区分程序中的不同部分或强调程序的结构，还常在程序中加入一些**空行**。由于程序的许多部分表现为多层的嵌套结构，因此，人们通常把程序行按内在的逻辑结构**缩进**编排，通过缩进格式显示程序的逻辑结构。在上面的示例中，位于花

括号①内的两行被缩进并相互对齐。这种缩进通常用一个制表符（按键盘上的 Tab 键输入）或几个空格（通常用 4 个）实现。常用的 IDE 都能自动做代码行对齐，我们按回车键换行时，IDE 自动把新行的开始与前一行对齐。

为了帮助自己和别人阅读、理解程序，人们常在程序里写一些说明性文字。这种文字不应该对程序的意义（程序的执行）有任何影响，只是为了帮助人们阅读和理解程序。程序里具有这种性质的文字称为**注释**。程序里的注释采用特殊的形式表示，C/C++ 语言支持两种注释形式。

一种注释形式是**块状注释**，以组合符号"/*"开始，以"*/"结束，两者之间的部分就是注释的文字内容。这样一对组合符号 /* 和 */ （注意，组合符号必须连写，两个字符之间不能有空白字符）起到一对括号的作用，括起来的就是注释内容，其中可以包含任何符号。如上面示例程序的第一行"/* 我的第一个程序：在屏幕上输出字符串 */"就是注释。这种注释形式的优点是可以写任意多的文字，而且可以包含多行。例如，上面的注释也可以写成如下形式（添加了多个"*"字符并换行，看起来更明显）：

```
/*******************************
我的第一个程序：在屏幕上输出字符串
*******************************/
```

另一种注释形式是**行注释**，从组合符号"//"开始，直到本行末尾自动结束。这种形式的优点是比较简洁，适用于短小的注释。例如上面程序中的"//屏幕输出"就是行注释。

语言系统加工程序时，将简单地丢弃源程序中的所有注释，因此，注释不会影响程序的意义。程序里，一个注释就相当于一个空格。在程序中的适当地方加入必要的注释是一种良好的编程习惯，有助于编程者厘清自己的想法，也有助于其他人阅读和理解。人们常常在程序文件的开头写一些有关整个文件内容的注释，在其他地方根据需要再写一些注释，甚至在修改程序时将某些语句临时改为注释。对复杂的大程序，注释的作用更加明显。

除了注释外，上面的简单程序包含三个基本部分：第二行是一个特殊说明行，说明本程序中要做输入输出（Input/Output，简称为 IO）操作，所以用"#include"命令把名为"iostream"的标准库文件包含进来（在书写时用一对尖括号括起来）。请注意，这一行最后没有分号。

第三行是一条特殊指令，说明这里要使用一个名为"std"的名字空间（namespace），以便在程序中使用 iostream 文件库里的"cout<<"和"endl"等编程元素。"名字空间"的概念有点复杂，现在暂不解释（5.4.5 节中有详细解释），请读者先把这行看作程序中必需的程序行。

接下来的 int main() {……} （这里的"……"表示包含几行代码）是每个程序都需要的结构，通常称为**主函数**。名字 main 表示主函数，花括号里的内容描述本程序执行时要做的工作。在上面的程序中，花括号内写了用分号结束的两个程序行。这种由分号结束的代码段称为**语句**，上面程序的主函数里有两条语句，我们将它们分写在两行，这是一种习惯，也是为了阅读方便。

---

① 在数学上，括号 ()、[] 和 {} 在使用时具有逐级包括的含义，分别被称为小括号、中括号和大括号。但是在编程语言里，不同括号各有特定的意义和用途，并不具有逐级包括的含义。我们分别称它们为圆括号、方括号和花括号。此外，我们还把由一对小于号和大于号构成的"< >"称为尖括号。不同括号不能混用，在需要圆括号的地方绝不能用方括号或花括号，反之亦然。

花括号内的第一条语句要求计算机做输出工作，把一串字符"Hello, world!"输出到屏幕上供人查看（后文将简单地说成"打印到屏幕"）。"cout"是一个预先定义的输出位置，通常被导向计算机屏幕或屏幕中的某个窗口。这里的<<是表示输出的操作符，其左边说明输出的目标，右边说明要求输出的内容。这里的输出内容用双引号引起的一串字符描述（这是一个**字符串常量**），要求输出双引号中的字符。字符串常量之后又有一个输出操作符，表示要求继续输出。"endl"是 iostream 里面预先定义的换行标记，写在此处就是要求输出一个称为**换行符**的字符。这种换行不会明确显示为一个字符，但将导致输出位置换一行，使随后的输出（如果有）出现在下一行。

最后一行"return 0;"是表示主函数结束的语句，这里写"0"是为了向系统报告本程序成功结束（执行中无错误）。

一个程序里必须有一个主函数，程序将从主函数的第一条语句开始执行，到主函数结束为止。有了这些解释，程序的意义就容易理解了：计算机执行上面的简单程序时，第一条语句要求输出"Hello, world!"，并换一行；第二条语句要求程序结束，并向系统报告程序成功结束。

附加说明：C 语言程序

上面的示例程序是按照 C++ 语言的规范编写的，而 C 语言的规定稍有不同。我们也可以用纯粹的 C 语言实现与前例同样的功能，相应的源程序如下：

```
/* 我的第一个 C 程序 */
#include <stdio.h>

int main () {
    printf("Hello, world!\n");    //屏幕输出
    return 0;
}
```

对比可知，这个程序与前例相比有如下差别：

（1）使用标准库文件 stdio.h 而非 iostream；

（2）不需要说明名字空间 std；

（3）用 printf 函数来实现向屏幕输出。

对初学者而言，C 语言的一个重要缺点是输入输出功能的使用比较复杂（在此例中，这一缺点表现得还不太明显）。

把上面的简单程序代码存入一个文件，然后进行加工（编译和连接），就能得到一个与之对应的、可以在计算机上执行的程序（用 Dev-C++ 时的具体操作过程见 1.4 节的说明）。运行这个可执行程序，就能看到其执行效果。执行该程序将产生如下一行输出，通常显示在计算机屏幕或者图形用户界面的特定窗口里：

```
Hello, world!
```

如果修改程序，将双引号里的字符序列换成其他内容，或者仿照着再写一些使用 cout<< 进行输出的语句，就可以让它输出其他内容。下面是一个例子：

```
#include <iostream>
using namespace std;

int main () {
    cout <<"Hello, world!"<< endl;
    cout <<"Hello, my friends!"<< endl << endl;
    cout <<"学而时习之, 不亦说乎? "<< endl;
    cout <<"有朋自远方来, 不亦乐乎? "<< endl;

    return 0;
}
```

注意, 在最后两行 cout 之后, 是在一对**英文双引号**中写了汉字。在源程序中, 汉字只能出现在注释或者一对英文双引号中。

这一程序加工后执行, 就会输出:

```
Hello, world!
Hello, my friends!

学而时习之, 不亦说乎?
有朋自远方来, 不亦乐乎?
```

读者还可以看到, 上面的源程序中第二个使用 cout 的语句末尾输出了两次 endl, 这将导致执行输出时进行两次换行, 效果是产生了一个空行。这样做能使多行输出结果合理分隔, 改善视觉效果。

1.3.3　源程序的格式

实际程序可能比上面的简单例子长得多。一般而言, 一个源程序由一系列可打印 (可显示) 字符构成, 我们可以用普通编辑器或专用的 IDE 编写和修改程序, 编辑时应该按便于阅读的形式, 把组成程序的字符序列分行 (也就是在字符序列中插进一些换行符), 每行的长度不必相同。

C 和 C++ 都是 "自由格式" 语言。除了若干简单限制外, 允许编程者根据自己的想法和需要选择程序的格式, 确定在哪里换行、在哪里增加空格等。这些格式变化不影响程序的意义。但是, 没规定程序格式并不说明格式不重要。程序的一个重要作用是供人阅读, 首先是编程者自己要阅读。对阅读而言, 程序格式就非常重要了。经过多年的程序设计实践, 人们在这方面已经取得了统一认识: 由于程序可能很长, 结构可能很复杂, 因此必须采用良好的格式写出, 所用格式应很好地体现程序的层次结构, 反映程序中各个部分之间的关系。在前面的例子中, 我们把花括号里的部分看作下一层次的内容, 以缩进方式书写, 就是希望程序的表面形式能较好地反映程序的内在层次结构。

人们普遍认可的程序格式是:

(1) 在程序里适当加入空行, 分隔程序中处于同一层次的不同部分;

(2) 同层次的不同部分相互对齐排列, 下一层次的内容适当缩进 (在一行开始增加制表符或空格) 并相互对齐, 使程序结构更清晰;

(3) 在程序里加适量的注释, 以方便别人 (老师、同学或同事) 查看和理解程序的含义, 也方便自己将来重新查看程序时回顾和理解。

前面程序示例的书写形式符合这些规则。

我们建议读者在开始学习程序设计时就养成注意程序格式的习惯。虽然对规模很小的程序，采用良好格式的优势不太明显，但对规模较大的程序，情况就很不一样了。有些初学者贪图方便，根本不关心程序格式，只是想偷懒少键入换行符、制表符或空格，殊不知这样做将使自己在随后的程序调试检查中遇到更多麻烦。所以，需要特别提醒读者：**请注意程序编排格式！**从编写最简单的程序开始就要注意程序格式，养成良好的习惯。目前的多数程序设计语言（包括 C/C++ 语言）都是自由格式语言，这使我们能方便地根据自己的需要和习惯，写出格式良好的程序。

1.3.4　程序开发过程

上面的示例程序很简单，只是为读者初识程序而展示的小例子。在本书后面的学习中，我们将面对越来越复杂的问题，从"判断一个数是不是质数""对一些数据进行数学运算"或者"制作一个学生档案管理系统"等简单的实际问题起步，一步步地学习如何通过编程的方式解决问题。现实中需要用计算机解决的问题远比书中示例复杂得多，但解决问题的基本方法、基本技术和工作过程都是相通的。下面简单介绍程序的开发过程，先给读者一个初步的印象。

从面对一个实际问题开始，直到最终成功完成了一个能解决问题的程序，就是程序的开发过程。图 1-3 描述了用计算机编写程序解决问题的基本过程。

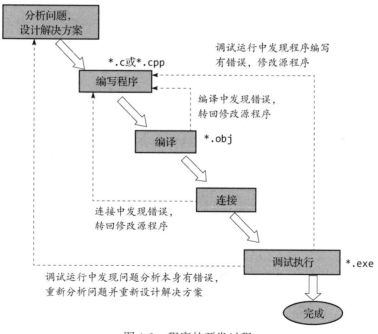

图 1-3　程序的开发过程

这一过程分为几个阶段：
（1）深入分析问题，设计一种解决问题的方案（途径）。
（2）根据设想的解决方案，用编辑软件（或 IDE）编写并保存所需要的源程序。

（3）用编译程序编译源程序。如果能正确完成就进入下一步；如果发现错误就需要设法确定错误，转回步骤 2 去修改程序。（重复这两步工作直到编译能正确完成，编译中发现的错误都已排除，所有警告信息都已合理处置或确认不是错误，就可以向下进行。）

（4）通过连接生成完整的可执行程序。发现错误就需要返回前面步骤，修改程序后重新编译。

（5）调试执行得到的可执行程序，用实际数据考查程序的执行效果。如执行中出错或发现计算结果不对，就要设法确定错误原因，回到前面步骤去修改程序、重新编译、重新连接。重复进行上述过程，直到确信程序正确为止。

初学者对编程工作有一种常见的误解，以为编程就是简单几步——编程序、编译，能运行就万事大吉。这种理解是错误的。应该强调的是：

（1）程序开发的第一步是分析问题并设计解决方案，这是一项重要的脑力劳动。只有经过充分思考并设计好合理的解决办法之后，才应该动手编写程序。

（2）编好的程序常常包含一些明显的或隐藏的错误，因此需要进行认真调试（测试和除错）。

此外，完成了的程序也常需要进一步完善或修改扩充，这也是编程工作的重要组成部分。

1.3.5　程序除错

本小节简要介绍程序的除错问题，后续章节中会讨论更多相关知识和具体工作方法。

初学者遇到程序在编译或运行中出错时，往往倾向于认为所用的系统或计算机有问题，常说"我的程序绝对没错，一定是系统有毛病"。而有经验的程序员知道，如果程序出了错，基本上可以肯定是自己的错，需要仔细检查自己的程序，设法排除错误。学习程序设计，首先应该知道，**程序中的错误其实都是我们自己在工作中犯的错，没有其他客观原因**。所谓**程序除错**（debug），就是找出并清除自己在开发程序的过程中所犯的错误，或者说消除自己写在程序里的错误。

程序中的错误大致可以分为两类：

一类是**语法错误**等开发工具可以检查的错误，如程序书写形式在某些方面不符合语言的要求，或者程序中上下文的关系方面有错等。对这类错误，语言系统（编译器或连接器）在加工程序时能够发现，而且能给出程序中的出错情况或/和位置。所以，当语言系统给出了出错信息时，我们应该仔细检查错误信息所指定位置附近的源程序代码，找到真正的错误原因并予以排除，然后继续工作下去。1.4 节介绍了一些解决问题的方法。

另一类是**逻辑错误**，这时程序的形式并没有错，程序加工过程能正常完成，得到可执行程序，但或是在程序执行中出现问题，或是计算的结果（或执行的效果）不符合需要。有关情况和解决方法参见 3.8 节和 5.7 节。

程序除错的目的就是要找出并清除上面两类错误。如果需要解决的问题很复杂，通常不太可能一下子就编出一个正确程序，需要通过仔细测试来排除程序中的错误。要完成这种工作，不仅需要熟练掌握程序开发系统的使用方法，更需要积极开动脑筋，认真观察、分析和思考。

1.4　集成开发环境 Dev-C++ 使用简介

本书中介绍的 C/C++ 知识和相关编程技术不依赖于具体开发系统，读者可采用任何符合 C

和 C++ 标准的开发系统作为编程环境。例如，微软出品的 Visual Studio 的社区（Community）版是一个可免费使用的功能强大的程序开发环境。本书推荐使用功能简洁的 Dev-C++ 环境。

Dev-C++（或写作 Dev-Cpp）是一个可以在 Windows 系统下使用的轻量级 C/C++ 集成开发环境。这是一款自由软件，按 GPL 开放了源代码。Dev-C++ 系统集合了功能强大的源码编辑器、C/C++ 语言编译器、调试器和源程序格式整理器等自由软件，其主要特点是：

- 安装简单。安装完毕即可使用，无须额外配置。
- 使用方便。提供了一些常用代码框架，简化编程工作。
- 可对代码自动格式化，确保代码书写规范。
- 具有完整的编译、运行和调试功能。
- 编译出错信息能自动翻译为中文显示。
- 支持以单文件方式开发程序，以多文件形式开发较大的项目。

由于上述特点，Dev-C++ 比较适合 C/C++ 语言初学者在学习中使用，也适合非商业级普通开发者使用。下面简单介绍这个软件的使用方法。

1.4.1　源程序的编辑、保存、关闭和打开

读者可从 Dev-C++ 的中文网站"https://devcpp.gitee.io"下载该软件的最新版本（2022 年 10 月时为 v5.16i）。下载 Dev-C++ 的安装文件后进行安装，安装完成后双击桌面上的"Dev-C++"图标，就能启动这个软件。

Dev-C++ 启动之后的工作界面如图 1-4 所示（可以通过设置修改），界面上的窗体元素有：菜单栏、工具栏、管理器面板、源文件编辑区、信息面板和状态栏。

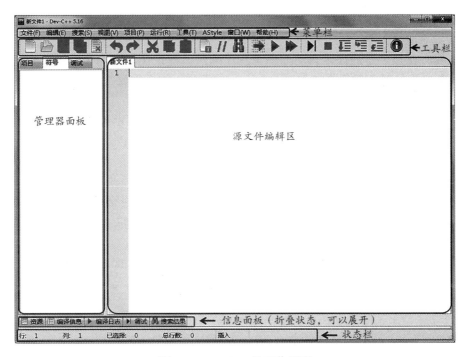

图 1-4　Dev-C++ 的工作界面

工具栏中的按钮是编程工作中经常使用的，各个按钮的功能如图 1-5 所示。在实际工作中，有些按钮必须在特定的工作情境下才能使用（例如，"保存"按钮必须在文件内容发生改变之后才可使用，"剪切"和"复制"按钮必须在选中了某些文字之后才可使用），所以有时会显示为灰色不可用状态，而在当前编辑情境下可以使用的按钮都以正常颜色显示为可用状态。

图 1-5   Dev-C++ 工具栏上的各个按钮的功能

Dev-C++ 系统启动后将自动新建一个源程序文件编辑窗口（选项卡名称为"新文件 1"），可供用户在其中编辑源代码。以后可以单击"新建源文件"按钮或按快捷键 Ctrl+N，新建一个源程序文件编辑窗口。

在 Dev-C++ 里编辑文件时，基本操作与其他文本编辑器相同：

● 根据当前选定的输入法输入英文或中文。

● 按回车键（Enter 或 Return）换行。

● 通过光标键在文字中移动光标。

● 当光标处于文字内容中间时，可以按退格键（Backspace）删除光标左边的字符，或者按删除键（Delete）删除光标右边的字符。

● 插入键（Insert）用于切换文字的插入和覆盖方式。在"插入"方式下，新输入的文字插入在光标处，光标和右边文字自动向右移；在"覆盖"方式下，新输入的文字覆盖光标右边的文字。

编辑器将按照一定的规则自动处理源程序缩进。建议读者用制表符键（Tab）向右缩进。按回车键换行时，新行将自动继承上一行的缩进。如果需要，可以用退格键向左减少一层缩进。

在键入源代码的过程中，编辑器将自动按内置的高亮方案显示编辑内容，对源程序中的各种文字分门别类地使用各种颜色进行高亮显示，以方便用户阅读。

此外，由于源文件中经常要使用括号和引号，编辑器还提供了一些与此相关的自动功能：

● 当用户输入了成对的英文括号（包括圆括号、方括号和花括号）或引号（包括单引号和双引号）的左边字符（例如，输入左括号或第一个引号）时，编辑器会自动地插入相应的一对符号，并把光标放在两个符号之间，以供用户输入被括起的代码内容。

● 当光标置于某个括号（或引号）上时，编辑器自动将相互配对的一对括号（引号）变成高亮显示，方便用户检查程序里的括号（引号）配对情况。

应特别注意：C/C++ 语言中使用的各种标点符号都必须是英文标点符号，中文标点符号是另一组符号，不能用在代码中代替英文标点符号，只能用在字符串里（见书中实例）。代码中如果出现中文标点符号，编译时通常会报告语法错误，需要改正。

根据以上的编辑操作，用户在 Dev-C++ 中的某个编辑状态可能如图 1-6 所示。

可以看到，源文件编辑区左边是一个装订栏，其中按顺序显示了各行的行号，而且自动显示出成对花括号的作用范围。左括号所在的行显示为"⊟"，并以一条竖线向下延伸到右括号所在的行（以"⊢"或"⊔"结束）。

图 1-6　在 Dev-C++ 中的某个编辑状态

如果在编写程序的过程中单击行号，该行就会变为高亮显示。实际上这是设置了一个"断点"以供调试（参见 5.7 节）。再次单击行号时，该行的高亮就会被取消。

在程序加工之前，需要把被编辑的源代码保存为计算机文件。单击工具栏上的"保存"按钮 ，就会看到弹出的"保存为"对话框（如图 1-7 所示）。这时首先需要确定合适的用于保存文件的文件夹（可以根据需要建立专门的文件夹，例如选定"我的文档"或"桌面"，或自定义其他文件夹）。这时的文件类型默认为"C++ source file(*.cpp; *.cc; *.cxx; *.c++; *.cp)"，不需改动。默认文件名是"新文件 1.cpp"，应该根据自己设想的规则给文件命名（例如，本书中第一个示例文件的名称可写成"ex1-1"，不需要写扩展名".cpp"），然后单击"保存"按钮，系统保存时会自动添加扩展名".cpp"。保存好被编辑的文件后，完整的文件名称将出现在当前文件选项卡的标题中。如果希望系统把源程序作为 C 语言程序处理，就需要修改程序的保存类型。

图 1-7　在 Dev-C++ 中保存文件

需要注意，v5.15 之后版本的 Dev-C++ 系统默认**每次保存文件时都自动对源文件进行格**

式化，即按照事先规定的排版格式（主要是指各行的缩进和字符之间的空格）对源文件进行整理。这有助于排除一些由于排版格式不当引起的小问题，也有利于初学者养成良好的源文件排版习惯。（如果不需要这种自动格式化的功能，可以单击菜单"AStyle"下面的菜单项"格式化选项"，在弹出的对话框中取消勾选"保存文件之前自动格式化"选项。）

如果已经设置了文件名，继续编辑后再次单击"保存"按钮 ▦ 时，系统将以已有文件名直接保存（不再弹出"保存为"对话框）。完成了所有编辑工作后，可以单击工具栏上的"关闭"按钮▨，以关闭当前文件。启动 Dev-C++ 后可以单击工具栏上的"打开"按钮▨，重新打开以前保存的文件。必要时可以单击菜单"文件"→"另存为"，对当前文件重新命名，保存为一个新文件。

1.4.2 源程序的加工和运行

编写好一部分完整代码后，就可以试着进行程序加工了。通过工具栏上的"编译" ▨、"运行" ▶ 和"编译运行"▨ 三个按钮（参见图 1-5）就能执行程序的编译和运行工作。

单击"**编译**"按钮▨（或按快捷键 F9）启动程序加工（包括编译和连接，编译成功时自动进行连接）。如果程序加工成功，系统将在窗口下方的"编译日志"选项卡（或显示框）中显示详细的编译命令和编译结果，如图 1-8 所示。该图中的情况表明，系统已对源程序文件"D:\Desktop\ex1-1.cpp"进行了编译，没有出现错误和警告，正常地生成了可执行文件"D:\Desktop\ex1-1.exe"。

图 1-8   编译日志

如果程序加工中出错，窗口下方的"编译日志"选项卡里就会显示相应的错误或警告信息（包括编译信息和连接信息），编程者需要根据出错信息设法排除程序中的错误。Dev-C++默认启用"出错信息翻译为中文"的功能，这给初学者带来了很大的方便。

初学编程时最常见的错误是编写的程序中有字符错误或缺失。下面是几个常见错误和出错信息的例子。

例 1（见图 1-9）：编译信息的第二行指示程序的第 6 行第 33 列，信息为"[错误] 期待 ';' 在此之前: 'return'"，这时源程序中已经定位到第 6 行第 33 列，将该行以红色高亮显示。用鼠标双击该行，可以将其恢复为以正常编辑时的语法高亮方式显示，仔细查看可以发现，实际问题是该行末尾缺少一个分号。修改后再次编译，就能编译成功。

图 1-9　行末缺失分号引起的编译错误

例 2（见图 1-10）：编译信息中的第一行是警告信息，指示第 6 行第 10 列；第二行是错误信息，指示第 6 行第 10 列。这两行的信息内容都是"缺失终止的 " 字符"。这时编译器已经定位到源程序的第 6 行，以红色高亮显示该行。仔细查看可发现被输出字符串的末尾缺失双引号。修改后再次编译就会成功。

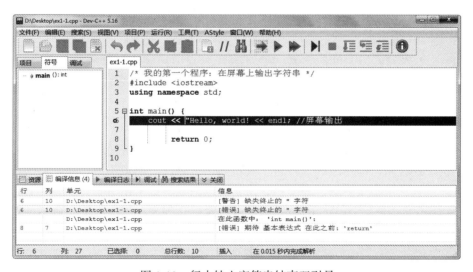

图 1-10　行内缺少字符串结束双引号

对于这类缺失字符的错误，编辑时稍加留意通常就能发现。在正常编辑时的语法高亮显示的方式下，一对双引号括起的字符都被视为字符串并以特定的颜色显示，如果缺失作为字符串结束标志的双引号，该行随后的字符都被视为字符串而显示为特定颜色，据此很容易辨认这种错误。

这个例子还说明，真实错误未必出现在编译信息指示的位置（编译器确定程序有错的位置），可能出现在该位置之前或之后。因此，要检查指明位置的前后，仔细分析和思考，才可能发现真正的错误。

例 3（见图 1-11）：这里出现了大量的编译信息，都指示到第 8 行第 10 列以及之后各列，其中第一行信息为"非法字符'\241' 在程序中"，后续信息也都与此类似。仔细检查可以发现，实际错误是该行写字符串时用中文双引号引起了一串中文文字（在应该使用英文引号的地方用了中文引号），下一行也出现了同样的错误。修改为英文双引号之后即可编译成功。

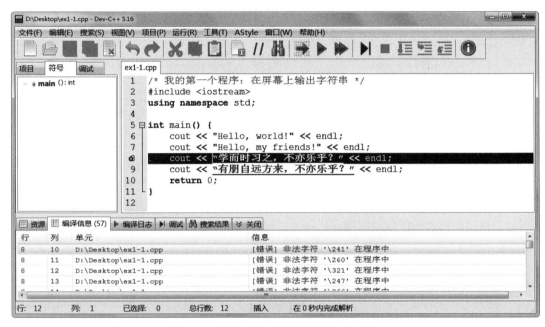

图 1-11   非法中文字符产生的编译错误

对这类非法字符产生的错误，在编辑时稍加留意也可以发现。当光标在该行编辑时，非法字符会以红色带下划线的字体显示，据此可以辨认出这种错误。

这个例子还说明，即使编译器报告了大量错误信息，我们也不要慌张，此时应该集中注意力去解决第一个错误。解决一个错误常常可以消除一批出错信息。另外，凡是出现类似"非法字符'\241' 在程序中"的错误信息，一般都是因为在程序中不正确地使用了中文字符。

例 4（见图 1-12）：IDE 报告了两条错误信息，"单元"一栏显示的都不是本程序文件，而是其他文件。第 2 行的错误信息是"程序中缺少 main 函数"。仔细查看源程序即可发现，原来是程序中把"main"误写成"mian"。这种函数名错误可以正常通过编译，但是在连接时就会出错（出错信息为"[错误] 连接器返回错误代码 1"，其中"ld"表示连接程序，"1"是出错代码），错误原因是连接器找不到主函数。把误写的"mian"修改为正确的"main"之后即可编译成功。

图 1-12　把函数名 "main" 误写成 "mian" 所引起的连接错误

本章讨论的重要概念

　　程序，程序设计语言，机器语言，汇编语言，高级语言，C，ANSI C 标准，C99 标准，C++ 语言，源程序，程序的加工，程序执行，编译，目标模块和目标文件，连接，可执行程序（文件），集成开发环境（IDE），程序调试，程序除错，出错信息，警告信息，连接错误。

练习

1. 熟悉在学习中将要使用的开发工具，例如 1.4 节介绍的集成开发环境 Dev-C++，或其他支持 C/C++ 编程的语言系统。了解该系统的基本使用方法、基本操作（命令式或窗口菜单的图形界面方式），弄清楚如何获取联机帮助信息。设法找到并翻阅该系统的手册，了解手册的结构和各个部分的基本内容。了解在该系统中编写一个简单程序的基本步骤。

2. 输入本章例 1-1 中给出的简单程序例子（注意程序格式）。注意，在程序中主要使用英文字符（区分大小写），不能随便使用中文字符（中文字符只能出现在由一对英文双引号引起来的字符串里，或者出现在注释里）。编写完成之后保存文件，然后进行加工，如果有错误则排除错误，直到加工成功。运行程序并查看它的效果（输出了什么信息等）。

3. 修改上一题完成的程序，尝试 1.4 节中作为例子介绍的各种程序错误，加工程序，阅读并设法理解系统产生的出错信息。

4. 在上面已完成的程序中，仿照已有代码再写几个 "cout <<" 语句，其中用不同的字符串（例如 "Hello, Tom and Jerry!" 或 "床前明月光，疑是地上霜。" 等），并观察程序运行的情况。（仔细检查屏幕输出的文字！）

5. 学习编程时不能满足于试验教材上的示例，应该多试着做些修改，然后编译和运行，检查加工中产生的信息，或查看运行情况，以进一步理解程序的意义。例如，对 1.3.2 节的程序示例做如下修改：

- 把第一行（"#include <iostream>"）改为注释，编译时会出现什么信息？
- 把第二行（"using namespace std;"）改为注释，编译时会出现什么信息？
- 把原来成对的花括号删除一个，或者删除语句末尾的分号，编译时会出现什么信息？
- 把英文的分号改为中文分号，或把英文引号（第一个或第二个）改为中文引号，编译时会出现什么信息？
- 切换到中文输入法，把输入提示条上的"☽"符号（半角）改为"●"（全角），在原有空格处输入几个空格（全角空格）或英文字符（全角英文字符），编译时会出现什么信息？（有时候不小心按了"Shift+空格"而改到全角状态，就可能出现上述情况。）
- 把"cout <<"语句移动到"return 0;"语句之后，检查运行的情况。

多做些类似上面的练习，认真检查系统的反应（以及程序的输出），并动脑筋思考，有可能得到一些书上没有提及、老师也没有讲到的经验。

第2章　数据与简单计算程序

编写程序是为了完成某种计算，程序在计算中需要处理各种数据，所以编写程序也就是描述数据的处理过程，必然涉及数据的描述和从数据出发的计算过程的描述。

我们在学习初等数学时就开始学习描述计算，学会了书写下面这样的数学表达式：

$$-\frac{3.24 \times 5 + \sin 2.3}{4} \times 6.24$$

这一表达式描述的是从一些数值出发，通过三角函数和算术运算等求出一个值的计算。程序里也需要（而且可以）写出与此类似的计算描述片段，与上面的数学式对应的程序描述是：

$$-(3.24 * 5 + \sin(2.3)) / 4 * 6.24$$

这样一段描述称为一个（程序语言的）**表达式**。与数学表达式相比，这段描述还有一个作用：它可以指挥计算机自动完成相应计算，实际算出所要求的值。

编写程序的第一步就是学习如何写出所需的表达式。为了理解表达式，正确写出所需的表达式，必须了解编程语言在基本数据和表达式的写法方面的规定：表达式里可以包含什么成分？各种基本元素怎么写，意义是什么？一个表达式表示了怎样的计算过程？能得到什么样的计算结果？而要想透彻地理解这些规定，还需要了解计算机中的数值表示与存储方法。

本章将介绍程序中名字的表示、各种基本数据的描述形式，以及如何从基本数据元素出发描述基本计算过程，写出所需的表达式，还要展示一些完成简单计算的完整程序（最简单的程序）。在这一章里，读者将初步接触到计算机领域的许多重要概念，看到它们在简单程序中的地位和作用。2.6节还将介绍计算机中的数值表示与存储方法，帮助读者深入了解一些技术细节。

2.1　基本字符、名字表示、标识符和关键字

一个 C/C++ 程序就是使用基本字符按照语言的规定形式写出的一个字符序列。基本字符包括：

（1）数字字符：0 1 2 3 4 5 6 7 8 9。

（2）大小写拉丁字母：a~z，A~Z。

（3）一些可打印（可以显示）的字符（如各种标点符号、运算符号、括号等），包括：

~ ! % & * ( ) _ - + = { } [ ] : ; " ' <> , . ? / | \

（4）一些其他字符如空格符、换行符、制表符等统称为**空白字符**，在程序中主要起分隔作用。一些特殊字符要用特殊方式写出，中文字符等其他字符只能用在特殊的地方。

读者不必死记这些规定，随着学习的深入，读者将很容易记住各种字符的用途。

程序中的一段段基本字符构成了程序里的各种基本元素，包括各种名字（如上一章示例程序中出现的 main、cout 等）、各种数的表示（如 125、3.14 等）、运算符和其他符号。

　　前面说过，按照语言的规定，程序中的大部分地方都可以任意地加入空白字符，不影响程序的意义。因此人们写程序时常利用这种性质，**通过加入一些空白字符，把程序编排成适当的格式，增强程序的可读性**。应该在适当地方换行，在适当地方加入空格或制表符，使程序在形式上更好地反映其结构和所实现的计算过程。本书中的程序示例都遵循了这种规范，请读者在阅读过程中自行体会，并学会应用到自己编写的程序中。从开始写小程序起，就应该养成良好习惯。本书后面会经常提到各种程序成分的良好写法，书中的程序示例也反映了这方面的情况。

2.1.1　名字（标识符）的构成

　　程序中有许多需要命名的对象。例如，程序中常常需要定义一些东西，以便在其他地方使用。为了在定义和使用之间建立联系，表示不同位置用的是同一个对象，就需要为这些对象命名，通过名字建立起定义与使用之间、同一对象的不同使用之间的联系。为了满足这种需要，编程语言严格规定了程序里名字的书写形式。程序中的名字称为**标识符**（identifier）。

　　标识符用字母和数字字符的连续序列表示，其中不能出现空白字符，而且要求第一个字符必须是字母。为方便起见，这里特别规定将下划线字符 "_" 作为字母看待。这就是说，下划线可以出现在标识符中的任何位置，甚至可以作为标识符的第一个字符。下面是一些标识符的例子：

```
abcd    Beijing    C_Programming    _f2048    sin    a3b06    xt386ex
A_great_machine    Small_talk_80    FORTRAN_90
```

按照习惯，以下划线开头的标识符保留给系统使用，编写普通程序时不应该以其他方式使用这种形式的标识符，以免与系统内部使用的名字冲突，造成程序错误。

　　如果一个字符序列中出现了非字母、非数字、非下划线的字符（包含空格等），那么它就不是一个标识符了（但有可能其中某些部分是标识符，例如 x3+5+y，其中 x3 和 y 是标识符，中间的 +、5、+ 和空格不属于这两个标识符）。下面是一些非标识符的字符序列：

```
+=    3set    a[32]    $$$$    sin(2+5)    ::ab4==
```

注意，第 3 个例子中的 a、第 5 个例子中的 sin 都是标识符。

　　C/C++ 语言还规定，标识符中同一字母的大写形式和小写形式将作为不同字符，这样，a 和 A 是不同字符，name、Name、NAME、naMe 和 nAME 是互不相同的标识符。

2.1.2　关键字

　　在合法标识符中有一个特殊的小集合，其中的标识符称为**关键字**（key word）。作为关键字的标识符具有语言预先定义的特殊意义，不能用于其他目的，特别是不能作为普通名字。常用的关键字有：

```
break    case    char    const    continue    default    do    double
else    enum    float    for    if    int    long    return    short
sizeof    static    struct    switch    typedef    void    while
```

　　附录 B 中列出了 ANSI C 的所有关键字。随着讨论的进展，读者会一个个地接触到这些关键字并学会熟练使用它们。

除了不能随便使用关键字外（因为它们都有特殊意义），程序里可以使用任何形式上符合要求的标识符为自定义的东西命名，名字可以自由选择。但是，经过长期的程序设计实践，人们认为命名问题不是一件无关紧要的事情。为程序对象选择合理的名字能为人们写程序、读程序提供有益的提示，因此倡导采用**能说明程序对象内在含义的名字**（标识符）。

请注意，命名问题不是 C/C++ 语言的特殊情况，每种程序语言都规定了程序中名字的形式，在计算机领域到处都要用到名字，如计算机里的文件和目录、各种应用程序和系统、图形界面的图标和按钮、计算机网络中的每台计算机都需要命名。在实际命名时，应该尽可能采用能说明对象内在含义的名字，这一原则在计算机领域具有广泛的适用性。

2.2　常用数据类型

数据是程序处理的对象。C/C++ 语言把程序能够处理的基本数据分成一些集合，属于同一集合的数据具有同样的性质：采用统一的书写形式，在具体实现中采用同样的编码方式（按同样的规则对应到内部二进制编码，采用同样的二进制编码位数），对它们能做同样的操作，等等。语言中每一个具有这样性质的数据集合称为一个**类型**（type）。

计算机硬件能处理的数据也分成一些类型，通常包括字符、整数、浮点数等。CPU 为不同类型的数据提供不同的指令：对整数有一套算术指令，对浮点数有另一套指令。高级语言中的数据分为一些类型也与此有关。但类型的意义不仅于此。类型是计算机科学的核心概念之一，请读者特别注意。

C/C++ 的基本类型包括**字符类型**、**整数类型**、**实数类型**等。程序里能写的、执行中能处理的每个基本数据都属于某个基本类型。在具体语言系统里，各种基本类型都有规定的表示（编码）方式和表示范围。例如，一个整数类型里只包含有限个整数值，是数学里的整数的一个子集；存在该类型能表示的最小整数和最大整数，超范围的整数在这个类型里没有容身之地。

基本类型有各自的名字，称为**类型名**。基本类型名由一个或几个标识符（它们都是关键字）构成，其形式与前面讲的"名字"（也就是一个标识符）有所不同。本节将介绍几个常用的类型。不在这里介绍所有基本类型，是希望能尽快进入讨论的主题——程序与程序设计。

首先需要提出**文字量**的概念：文字量就是程序里直接写出的数据。语言规定了各种基本类型的文字量的书写形式。例如，程序里直接写出的整数类型的数据称为"整型的文字量"。为简单起见，人们常把整型的文字量简称为"整数"，对于其他情况也采用类似说法。后文中经常使用这类简称，只在特别需要时才使用更严格的说法。

2.2.1　整数类型和整数

C 和 C++ 提供了多个整数类型，以满足实际应用中的不同需要。**普通整数类型**（简称为"整数类型"或"整型"）的类型名是 int。在 ANSI C 标准中还有另外两个常用的整数类型：
- 短整数类型，简称为**短整型**，类型名为 short int，可简写为 short。
- 长整数类型，简称为**长整型**，类型名为 long int，可简写为 long。

这些类型的文字量分别称作"短整数"和"长整数"。short、int 和 long 都是关键字。

整数类型在计算机内部都是采用**二进制定点整数**的形式编码表示（详见 2.6.3 节）。不同整数类型的差别在于它们可能采用不同的二进制编码位数。C 和 C++ 语言没有规定各种整数的二进制编码位数，也就是说，没有规定各种整数类型的表示范围，只对它们的相对关系有如下规定：int 类型的表示范围大于或等于 short 类型；long 类型的表示范围大于或等于 int 类型。具体语言系统会明确定义它们的表示方式和表示范围。一些早期语言系统设定 int 等价于 short，目前大多数系统中的 long 等价于 int。在普通个人计算机上常用的系统里，整数的表示情况如下：

- short 类型的短整数采用 16 位（每 8 位为 1 字节，即 2 字节）的二进制表示，其表示范围是 -2^{15} ～ $2^{15}-1$（即 -32768 ～ 32767）；
- int 类型的普通整数和 long 类型的长整数都采用 32 位（4 字节）的二进制数表示，表示范围是 -2^{31} ～ $2^{31}-1$（大约正负 21 亿，即 $\pm 10^{10}$，10 位十进制有效数字）。

为了适应时代发展，C99 和 C++ 11 还规定了"长长整数类型"（简称为**长长整型**），类型名为 long long int，可简写为 long long。相应类型的文字量称作"长长整数"。根据规定，长长整数至少采用 64 位（8 字节）的二进制表示，其表示范围大约为正负 900 亿亿，即正负 10^{19}。

普通整数（int 类型的文字量）最常用的是十进制写法：用普通数字字符组成的连续序列，其中不能有空格、换行或其他字符。此外，语言还规定，十进制表示的数字序列的第一个字符不是 0，除非要写的整数本身就是 0。可以在整数前面写正负号，加负号就表示负整数。下面是一些整数的例子：

$$123 \quad -304 \quad 25278 \quad -1 \quad 0 \quad 906$$

短整数没有文字量的写法。

长整数（long 类型的文字量）的写法要求在数字序列最后附加一个字母 L 或 l 作为后缀（中间不能有空格）。由于小写字母 l 容易与数字 1 混淆，因此建议使用大写字母 L。下面是几个长整数的例子：

$$123L \quad -304L \quad 25278L \quad -1L \quad 0L \quad 906L$$

长长整数（long long 类型的文字量）的写法要求在数字序列最后附加字符 LL 或 ll 作为后缀。建议使用大写字母 LL。下面是一些长长整数的例子：

$$123LL \quad -304LL \quad 25278LL \quad -1LL \quad 0LL \quad 906LL$$

在程序中按上述方法书写的整数类型的数据，语言系统就会按照规定的方式构造出相应的计算机内部表示，进行相应的处理。

各种整数都可以采用八进制或十六进制的形式书写。

用八进制形式写的整数是由数字 0 开始的连续数字序列，序列里只允许出现 0~7 八个数字。下面是用八进制写法写出的一些普通整数和长整数：

$$0236 \quad 0527 \quad 06254 \quad 0531 \quad 0765432L$$

整数的十六进制形式是由 0x 或 0X 开头的数字序列。由于数字只有 10 个，十六进制写法需要 16 个数字，这里采用计算机领域通行的方式，用字母 a~f 和 A~F 表示另外 6 个十六进制数字（大小写无差别），其对应关系是：

字母:	a,A	b,B	c,C	d,D	e,E	f,F
表示的数字:	10	11	12	13	14	15

下面是用十六进制形式写出的一些普通整数和长长整数：

0x2073   0xA3B5   0XABCD   0XFFFF   0XF0F00000LL

请注意：八进制、十进制和十六进制只是整数的不同书写形式，提供多种写法是为了编程方便，使编程者可以根据需要选择合适的书写方式。无论采用八进制写法还是十六进制写法，写出的仍是某个整数类型的数，并不是新的类型。

日常生活中，人们习惯用十进制形式书写整数。语言提供八进制和十六进制的整数书写方式，也是为了写程序的需要。在写某些复杂的程序时，有些情况下用八进制和十六进制书写方式更方便。

2.2.2 实数类型和实数

计算中经常需要用到实数，例如圆周率的近似值 3.14159265。实数在计算机内部是以**浮点数**形式编码表示的（详见 2.6.3 节）。C 和 C++ 中有三个表示**实数**的类型：
- 单精度浮点数类型，简称**浮点类型**，类型名为 float；
- 双精度浮点数类型，简称**双精度类型**，类型名为 double；
- **长双精度类型**，类型名为 long double。

这些类型的文字量通常分别称作"浮点数""双精度数"和"长双精度数"。负实数同样以在数前加负号表示。

程序中最常用的实数类型是**双精度（double）类型**。双精度文字量中的基本部分是一个数字序列，序列中或者包含一个表示小数点的圆点"."（可以是第一个或最后一个字符），或者在表示数值的数字序列之后有一个指数部分，也允许同时有小数点和指数部分。指数部分是以 e 或 E 开头的另一个（可以包括正负号的）数字序列，指数以 10 为底，这种形式称为**科学记数法**。在各种浮点数文字量的前面加负号就表示负数。下面是一些使用常规写法的双精度数的例子：

3.2   -0.038 3.   .3   2E-3   -2.45e17   105.4E-10

下面是几个用科学记数法表示的双精度文字量（双精度数）与它们表示的实数的对照表：

双精度数	所表示的实数值
2E-3	0.002
105.4E-10	105.4×10^{-10}，即 0.000 000 010 54
2.45e17	2.45×10^{17}，即 245 000 000 000 000 000.0
304.24E8	30 424 000 000.0

浮点数（float）文字量的写法与双精度数类似，但要在最后附上后缀字符 F 或者 f。**长双精度（long double）**文字量的写法也类似，后缀为 L 和 l。下面是一些浮点数和长双精度数的例子：

13.2F   -1.7853E-2F   24.68700f   -.32F   0.337f
-12.869L   3.417E34L   .05L   5.E88L   -1.L

各种实数类型在计算机内部的具体表示方式由具体的语言系统确定。但是实际上，目前大多数系统都采用通行的国际标准（IEEE 754 标准）：

- float 类型的数用 4 字节（32 位）表示，表示范围为 $\pm(3.4 \times 10^{-38} \sim 3.4 \times 10^{38})$，远大于 4 字节表示的整数；有效数字大约为十进制 7 位，少于 4 字节表示的整数。
- double 类型的数用 8 个字节（64 位）表示，表示范围为 $\pm(1.7 \times 10^{-308} \sim 1.7 \times 10^{308})$，有效数字大约为十进制 16~17 位。
- 长双精度类型的数常用与双精度数相同的形式，也有系统用 10 字节（80 位）表示，大约有 19 位十进制有效数字，数值表示范围约为 $\pm(1.2 \times 10^{-4932} \sim 1.2 \times 10^{4932})$。

易见，这几种类型表示了实数的几个子集，实际上只能表示上述范围内的实数的近似值。如果一个实数特别小，计算机处理时就会把它当作 0 值；如果实数特别大，超出了相应类型的表示范围，在程序语言（计算机）里就无法表示。下面讨论表达式和计算时还会介绍这方面的情况。2.6.3 节会详细地介绍实数在计算机中表示的具体方法和其中的问题。

通常把所有整数类型和实数类型统称为**算术类型**。**在程序中按规定的形式写出算术类型的数据（文字量），语言系统就会按照既定方式构造出相应的数据。**

格式正确的文字量可以写在任何需要数据的位置。例如，程序里可以写：

```
cout << 1024 << endl;
cout << 24.68700 << endl;
```

把这个语句加到第 1 章的简单程序里，执行程序就会看到相应的输出。

2.2.3　字符和字符串

字符类型的数据主要用于程序的输入和输出，也是计算机文字处理的对象，在程序中使用广泛。

1. 字符

最常用的字符类型的类型名是 char，相应的值包括计算机系统所用编码字符集中的所有字符。在程序执行时，字符用对应的编码表示，通常用一个字节存储一个字符的编码值。C 和 C++ 语言没有规定具体编码字符集，只规定了对字符集的基本要求。字符集中每个字符的编码由语言系统采用的编码字符集确定，目前最常用的是 ASCII 标准字符集（American Standard Code for Information Interchange，美国信息交换标准代码），其中包含大小写英文字母、数字、各种标点符号字符和一些控制字符，共 128 个。扩展的 ASCII 字符集包含 256 个字符。

标准 ASCII 字符集中的字符和编码（ASCII 值）见表 2-1。

表 2-1　标准 ASCII 字符集中的字符和编码

ASCII 值	字符	ASCII 值	字符	ASCII 值	字符	ASCII 值	字符
0	NUT	8	BS	16	DLE	24	CAN
1	SOH	9	HT	17	DCI	25	EM
2	STX	10	LF	18	DC2	26	SUB
3	ETX	11	VT	19	DC3	27	ESC
4	EOT	12	FF	20	DC4	28	FS
5	ENQ	13	CR	21	NAK	29	GS
6	ACK	14	SO	22	SYN	30	RS
7	BEL	15	SI	23	TB	31	US

（续）

ASCII 值	字符	ASCII 值	字符	ASCII 值	字符	ASCII 值	字符
32	(space)	56	8	80	P	104	h
33	!	57	9	81	Q	105	i
34	"	58	:	82	R	106	j
35	#	59	;	83	X	107	k
36	$	60	<	84	T	108	l
37	%	61	=	85	U	109	m
38	&	62	>	86	V	110	n
39	'	63	?	87	W	111	o
40	(	64	@	88	X	112	p
41	)	65	A	89	Y	113	q
42	*	66	B	90	Z	114	r
43	+	67	C	91	[	115	s
44	,	68	D	92	/	116	t
45	-	69	E	93	]	117	u
46	.	70	F	94	^	118	v
47	/	71	G	95	_	119	w
48	0	72	H	96	`	120	x
49	1	73	I	97	a	121	y
50	2	74	J	98	b	122	z
51	3	75	K	99	c	123	{
52	4	76	L	100	d	124	|
53	5	77	M	101	e	125	}
54	6	78	N	102	f	126	~
55	7	79	O	103	g	127	DEL

注：ASCII 值 0～32 及 127（共 34 个）是控制字符或通信专用字符，为非打印字符（无法正常打印或显示），表中用大写字母缩写形式表示它们的功能。常用控制符有 HT（水平制表符）、LF（换行）和 CR（回车），其 ASCII 值分别为 9、10 和 13。ASCII 值 32 是空格符，33～126（共 94 个）是可打印显示的可读字符，其中 48～57 为 0～9 共 10 个阿拉伯数字，65～90 为 26 个大写英文字母，97～122 为 26 个小写英文字母，其余为标点符号、运算符号等。

字符文字量的书写形式是用单引号括起的单个字符，例如 '1'、'a'、'D'、' '（空格字符）等。

还有一些特殊字符，例如制表符和换行符在打印时占据位置但在视觉上不可见，而单引号字符被用于表示字符文字量的界定，它们都需要采用特殊的写法。下面是几个常用特殊字符的写法：

制表符[①]	'\t'	换行符[②]	'\n'	回车符（回到行首）	'\r'
单引号	'\''	双引号	'\"'	反斜线字符	'\\'
退格符	'\b'	响铃符	'\a'		

[①] 制表符（全称是"水平制表位字符"）是键盘上 Tab 键输入的字符，用于横向打印时按规定间隔（通常是 8 个空格）跳到下一制表位置。例如，在行首已有 3 个字符时，再输出制表符就会自动补齐 8−3=5 个字符，使随后的输出从下一个"8 的倍数"位置开始。这个字符通常用于多行打印时使输出信息垂直对齐。

[②] 传统打字机上的换行和回车是两个不同操作，"换行"将打字机滚筒卷一格，不改变水平位置，"回车"将打印头退到左边界但并不卷动滚筒。后来的电传打字机继承了这一套机制，需要用"换行+回车"这两个信号（操作字符）命令打印机另起一行从头打印，这种情况也遗留在字符集里。在计算机进行输出时，在输出"换行"时即可同时实现回车功能，所以我们常常不加区分地把"换行"直接称呼为"回车"（有些系统内部仍然用两个字符表示这一操作）。

这几个特殊字符的写法都是先写反斜线字符（\），后面再写其他字符。这里反斜线字符的作用就是表明它后面的字符不取原来的意义。这样连续的两个字符（或更多几个字符）称为一个**换意序列**，用于表示无法写出的字符。反斜线字符作为特殊的标记，称为**换意字符**。

这里需要强调两个情况：

（1）字符数据与标识符不同。例如 x 和 'x'，前者是程序中用的一个名字，可能代表程序里的某个东西；后者表示一个数据项，是程序处理的对象。显然它们不在同一个层次上。

（2）数字与数字字符不同。例如 6 和'6'，6 是一个整型文字量，表示一个 int 类型的数据，其存储要占据表示一个整数所需的单元，在常见系统里可能占 4 字节，其中保存整数 6 的二进制编码 "00000000 00000000 00000000 00000110"。'6'是 char 类型的数据，其存储只占 1 字节，其中保存着字符'6'的编码（ASCII 码中'6'的编码是 54，用二进制形式写是 "00110110"）。

由于字符编码是整数，C 和 C++ 语言**把字符也看作一种取值范围很小的整数**，允许用字符直接参与程序中的算术运算，所用的值就是字符的 ASCII 编码值，后文中有这样的例子。

2. 字符串

字符串是由一些字符构成的序列，其文字量形式是**双引号**括起的一串字符。下面是几个例子：

```
"CHINA"    "Our University"    "x"    "Welcome\n"    "\n"
```

注意，上面的第三个示例 "x"是一个只包含一个字符的字符串，它是与字符'x'不同的数据对象（第 6 章有进一步的解释）。此外，字符串里的特殊字符也需要用换意序列的形式书写，如上面的最后两个字符串里都有换意序列，连续的两个字符 \n 表示一个换行符。

字符串主要用于输入输出，在第 1 章的简单程序里有下面一行：

```
cout << "Hello, world!" << endl;
```

其中就有一个字符串"Hello, world!"用于输出。注意，'\n'表示换行符，上面的语句也可以写成：

```
cout << "Hello, world!" << '\n';          //最后输出单个换行符'\n'
```

或者

```
cout << "Hello, world!" << "\n";          //最后输出只包含一个换行符的字符串"\n"
```

或者

```
cout << "Hello, world!\n";                //在输出的字符串中含有换行符
```

编程者可以根据自己的喜好选择书写方式。

注意，虽然字符串文字量可以包含任意多个字符，但在文字量中间不能换行，否则编译会出错。如果需要写很长的字符串，可以将其分开写成几个字符串。当多个字符串之间只有空白字符（空格、换行和制表符）时，编译器自动把这样的多个字符串拼接为一个长字符串。下面是一个示例：

```
cout << "C++ (\"see plus plus\") is a very popular programming"
```

```
"language developed by Bjarne Stroustrup in 1979 at Bell Labs."
"C++ is a superset of C, and that virtually any legal C program "
"is a legal C++ program.";
```

虽然看起来需要输出四个字符串，但实际送给 cout << 的是拼接而成的一个字符串。（这里写的只是一条语句，请读者参考前一章的内容，把这条语句写在一个完整的程序中，并验证其运行效果。）

2.3　运算符、表达式与计算

为计算机写程序就是描述计算。编程语言里描述计算的最基本的结构是**表达式**（expression），**表达式由被计算的对象**（例如文字量，后面会介绍更多的基本计算对象）**和表示运算的特殊符号**（运算符）**按照一定规则构造而成。**运算符大多由一个或两个字符表示（有个别例外）。

本节介绍各种算术运算符的形式和意义，以及如何用它们构造算术表达式，还要介绍一些与运算符、表达式和表达式所描述的计算有关的重要问题。理解了这些问题，才能正确写出所需的表达式。

2.3.1　算术运算符

算术运算符一共有 5 个，它们是 +、-、*、/ 和 %，其形式和意义如表 2-2 所示。

表 2-2　算术运算符

运算符	使用形式	意义
+	一元和二元运算符	一元表示正号，二元表示加法运算
-	一元和二元运算符	一元表示负号，二元表示减法运算
*	二元运算符	乘法运算
/	二元运算符	除法运算
%	二元运算符	取模运算（求余数）

一元运算符就是只有一个运算对象的运算符，写在运算对象前面。**二元运算符**有两个运算对象，写在运算对象中间。+ 和 - 同时作为一元和二元运算符使用（作为一元运算符时表示正负号，作为二元运算符时分别表示加法和减法），*、/ 和 % 是二元运算符。对表达式里的 + 或 - 运算符，根据其出现的上下文，总可以确定是作为哪种运算符使用的。取模就是求余数，例如 17 对 5 求余数的结果是 2。取模运算符只能用于各种整数类型的数据，其余运算符可用于所有算术类型。

2.3.2　算术表达式

算术表达式由计算对象（例如数值的文字量等）、算术运算符及圆括号构成，其基本形式与数学中的算术表达式类似。为了清晰起见，在书写表达式时，可以在运算对象和运算符之间加一个空格，以改善视觉效果。这种空格并不影响程序的意义。下面是两个表达式的例子：

`-(28 + 32) + (16 * 7 - 4)`

```
25 * (3 - 6) + 234
```

请读者注意：源程序是文本文件，只能从左到右顺序地书写，不像数学中的公式那样具有二维的形式。所以，我们首先要学会把数学表达式改写为程序中的表达式（有时需要添加适当的括号）。例如，把数学表达式 $\dfrac{8.5}{4}+\dfrac{3+2\times6}{5}$ 改写为程序表达式，应该写成下面的形式：

```
8.5 /4 + (3 + 2 * 6) / 5
```

在程序里写算术表达式，就是希望计算机能求出表达式的值。实际编程时可以根据需要在程序中适当的位置写好所需的算术表达式，安排算术表达式的值的用途（例如用于输出或参与其他计算）。**计算机在运行程序时，一旦遇到一个表达式，就会执行该表达式描述的计算，并按照程序中的要求去使用得到的值。**

【例 2-1】把上面的三个算术表达式写在程序中，将它们的值用 "cout <<" 输出。

```cpp
#include <iostream>
using namespace std;

int main () {
    cout << -(28 + 32) + (16 * 7 - 4) << endl;      //输出表达式的值
    cout << 25 * (3 - 6) + 234 << endl;
    cout << 8.5 /4 + ( 3 + 2 * 6) / 5 << endl;
    return 0;
}
```

在上面的程序中，一些语句下面标了波浪线，只是为了提示读者在阅读源代码时注意。在实际编写代码时，编辑器中不会出现这些波浪线。下文很多代码中出现的波浪线或粗体都是类似的用意。

在上面的程序中，每一个 "cout <<" 后面跟着一个算术表达式，程序运行时会计算出表达式的值并送给 cout 输出。这是第 1 章中简单程序的变形，只是把其中的字符串换成了算术表达式。编译加工后运行这个程序，就能看到程序的输出结果。上面的程序运行后的输出是：

```
48
159
5.125
```

读者可以仿照上例，在 "cout <<" 后面换用其他算术表达式，程序运行时会计算出表达式的值并送给 cout 输出。后文中将介绍可以写表达式的更多不同位置及其实现的程序功能。

2.3.3　表达式求值

表达式的计算过程又称为**表达式求值**。一个表达式可能很复杂，其中可能出现多个运算符，这样的表达式将确定一个什么样的计算过程呢？或者说，其中的运算符将按什么样的顺序计算呢？程序语言对这些问题都有明确的规定。只有了解了有关规定，才能正确地写出表达式。

对表达式求值过程的规定包括几个方面：运算符优先级的规定，运算符结合方式的规定，括号的用法，以及运算对象求值顺序的规定。

1. 运算符优先级

语言里的每个运算符都有一个优先级（priority）。当不同的运算符在表达式里相邻出现时，优先级较高的运算符先行计算。对于算术运算符，表示正负的一元运算符 + 和 - 的优先级最高，二元运算符 *、/ 和 % 的优先级次之，二元运算符 + 和 - 的优先级最低。这些规定与数学中的"先乘除、后加减"的规则一致。七个运算符被放在三个不同的优先级上，如下所示：

运算符	一元运算符 + 和 -	二元运算符 * / %	二元运算符 + 和 -
优先级	高	中	低

根据规定，表达式"5 / 3 + 4 * 6 / 2"求值时将先做加法运算符两边的乘除运算，最后做加法运算。

2. 运算符的结合方式

如果表达式中相邻的运算具有相同优先级（例如"4 * 6 / 2"中的乘除运算符），按结合方式的规定确定其计算顺序为：一元算术运算符自右向左结合；二元算术运算符自左向右结合，左边运算符先做运算。这样，表达式"4 * 6 / 2"求值时先计算 4 * 6，再用它们的计算结果去除以另一运算对象 2。另外，表达式"-+-8"计算出的结果还是 8。这一规定也符合数学习惯。

3. 括号

括号是供人控制计算过程的手段。如果直接写出的表达式的计算顺序不符合需要，可以通过加括号的方式，强制要求特定的计算顺序：括号里面的表达式先行计算，得到的结果再参与括号外面的计算。例如，下面的表达式里各步骤的计算顺序已完全确定：

    -(((2 + 6) * 4) / (3 + 5))

虽然有这三方面的规定，但如果表达式比较复杂，或者采用的书写形式不好，仍然可能让人不容易看清楚情况（自己容易写错，别人也不容易阅读理解）。例如，"8 * - 3 % 5"有明确的定义，但采用的写法不太好。如果增加一对（并不必需的）括号，再删去负号和运算对象之间的空格，把上式写成"(8 * -3) % 5"，看起来就清楚多了。

还应注意：只有圆括号能改变表达式的求值顺序，方括号和花括号有其他用途，不能用在这种情况里。

此外，如果一个表达式很长，一行无法写完时，也可以换行。多行书写的表达式应该采取某种对齐方式，以利于人们阅读理解，也便于发现和改正错误。

除了以上三方面的规定之外，运算对象的求值顺序也是与表达式求值相关的一个重要问题，这方面内容将在 3.2.2 节之"对求值顺序敏感的表达式"部分介绍。

2.3.4　计算和类型

数据都有类型，计算中自然会出现许多与类型有关的问题。下面介绍一些与计算和类型有关的重要问题。

1. 类型对计算的限制

首先，**同属一个类型（int、long long、float、double 或 long double）的一个或两个数据做算术运算，计算结果仍是该类型的值**。也就是说，对两个 int 类型的数做计算，还会得到 int 类型的结果；对长整数类型、各种实数类型，情况也一样。例如，3 + 5 得到整数类型的值 8，3L + 5L 计算得到长整数类型的值 8，而 2.0/5.0 和 2.3*5.46 都得到双精度结果。

这一规定产生的一个重要影响是：**各种整型（int、long long 等类型）数据的除法是整除，得到整数的商，余数会被自动丢弃**。这种情况可能造成容易忽视的问题。例如，表达式 2/5 和 3/5 的计算结果都是 0；10/5 和 10/4 都得到 2；1 / 5 * 5 和 1 * 5 / 5 将得到不同的结果，前者的值是 0，而后者的值是 1。如果程序需要做整数的除法，就必须特别注意这些问题。如果不希望忽略两个数相除的小数部分，直接写整数的除法就是错误的（下面将介绍一些处理方法）。

算术计算中还有一个共同的问题：**每个类型都有确定的取值范围**，超出这一范围的值在该类型中就无法表示了。如果两个同类型对象的计算结果超出相应类型的表示范围，就不可能得到正确的结果，相应的计算也就没有意义了。运行中出现的这种情况称为**溢出**。

如果整数计算中发生溢出，程序既不会纠正也不会报告这种错误，计算将继续进行下去。但无论如何，得到的已不可能是编程者所希望的结果了，随后的计算也不再有任何价值。例如，在目前常见的个人计算机的 C/C++ 语言系统里，整数（int）和长整数（long）都用 32 位二进制表示，表示的范围是 $-2^{31} \sim 2^{31}-1$（即 $-2147483648 \sim 2147483647$）。因此，表达式 2147483647 + 1 在计算时就会发生溢出，不可能得到正确的和数。

实数类型的计算中也可能发生溢出，这时可能出现两种不同的溢出情况：计算结果的绝对值过大而无法在相应类型里表示，这种情况称为"上溢"；计算结果的绝对值过小（但又不是 0）而无法在相应类型里表示，这种情况称为"下溢"。出现下溢时，系统将自动把结果归结到 0，这种情况可能严重影响随后的计算（例如用这个结果作为除数，或者用它乘以一个很大的数）。

编写程序时，需要特别注意计算中是否可能出现溢出。如果有可能溢出，可以考虑换一个表示范围更大的类型，或者考虑其他计算方法。后面有一些相关讨论。

2. 混合类型计算和类型转换

二元运算符的两个运算对象具有不同类型时，就出现了**混合类型计算**。例如表达式 3.27 + 201，加法的左运算对象是 double 类型，右运算对象是 int 类型，这就是一个混合类型计算。**当表达式中出现混合类型计算时，系统的处理方式是转换某个（或两个）运算对象的值，得到相同类型的值后再做实际计算**。由算术运算符的混合类型计算引起的类型转换是一类**自动类型转换**。"自动"的意思就是，这种转换不需要人明确写出，编译器将自动加入类型转换的操作。

出现混合类型计算时，自动转换的基本原则是**把表示范围较小的类型的值转换到表示范围较大的类型的值**。前面介绍过的几个基本算术类型按照表示范围从小到大的排列顺序是：

char   short   int   long   long long   float   double   long double

如果两个运算对象的类型不同，就把位于左边的类型（表示范围较小）的值做转换，得到另一个类型（表示范围较大）的新值，然后用这个新值参与计算。例如，在对表达式

'A' - 10 + 20.5

求值时，先把字符 'A' 转换为 int 类型的值 65，计算"65 - 10"得到 int 类型的值 55，然后把这个值转换为 double 类型的值，计算"55.0 + 20.5"得到 double 类型的值 75.5。

合理利用自动类型转换可以**避免整数相除丢失小数部分的情况和整数溢出**。例如，表达式 2/5 的计算结果是 0，如果希望得到计算结果 0.4，可以采用如下几种表达形式：

2.0/5　　2/5.0　　2./5　　2/5.　　2.0/5.0

由于至少有一个运算对象是 double 类型，整数类型的值将转换到 double 类型的值，最后算出 double 类型的结果值 0.4。

long long 类型和 double 类型的表达范围大于 int 类型，对于计算时会发生溢出的表达式 "2147483647 + 1"，如果改写为 "2147483647 + 1LL"，计算时会将 2147483647 转换到对应的 long long 类型值参与计算，最后得到的是 long long 类型的 2147483648LL，避免了溢出；而如果改写为 "2147483647 + 1.0"，计算时会将 2147483647 转换为对应的 double 类型值参与计算，最后得到的是 double 类型的 2147483648.0，也避免了溢出。

在写复杂表达式时，必须注意其求值时的计算顺序和隐含的自动类型转换。例如，在计算表达式 "2L + 3 * 4.5" 的过程中，int 类型的 3 先被转换，产生相应的 double 类型的值，然后用这个值与 4.5 相乘，得到的结果仍是 double 类型的值。下一步，long 类型的 2L 也被转换，得到 double 类型的值参与计算，得到最终结果。图 2-1 形象地描述了这一计算过程，其中虚线箭头表示隐含的自动类型转换。

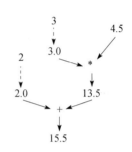

图 2-1　表达式求值过程举例

在描述一个数学计算时，应该根据表达式的求值规则，仔细考虑表达式的写法，保证写出的表达式能得到正确的"数学结果"。

举个例子，假设现在需要计算数学表达式 $1+\dfrac{2}{3+4/5}$ 的近似值，希望得到精度尽可能高的结果，那么可以考虑下面几种写法（由于有自动类型转换，除法不会丢掉小数部分）：

```
1 + 2 /( 3 + 4.0 / 5)
1 + 2 /( 3 + 4 / 5.)
1.0 + 2.0 /(3.0 + 4.0/5.0)
```

而下面几种写法在计算中都出现了整除，丢掉了余数，不符合要求：

```
1.0 + 2 /( 3 + 4 / 5)
1 + 2.0 /( 3 + 4 / 5)
1.0 + 2.0 /(3.0 + 4 / 5)
```

3. 显式要求的类型转换

如果自动类型转换不能满足需要，也可以显式地要求在计算中做特定的类型转换。显式要求的类型转换也被称为**强制转换**或者**类型强制**。

在 C 语言中，强制转换的描述形式是

(类型名)(表达式)

即在被转换表达式前写一对括号，括号里写**类型名**，表示要求把表达式的计算结果转换为指定类型。这种类型转换被看作一元运算，优先级等同于其他一元运算符，后面的表达式可根据需要添加括号。

例如，表达式

```
(int)(3.6 * 15.8) + 4
```

表示要求把 3.6 * 15.8 计算的结果（一个 double 值）首先强制转换为 int 值（实数值到整型值的转换方式是直接丢掉小数部分），而后再用这个 int 值参与加法运算。而表达式

```
(int)3.6 * 15.8 + 4
```

中，由于强制类型转换优先于乘法（参见附录 A），所以这里将把 3.6 视为待转换的表达式，将其强制转换为 int 值，然后用这个值参与乘法运算。

C++ 增加了一种强制转换描述形式：

类型名(表达式)

这种形式中的**类型名**不需要加括号，但是待转换的对象必须用括号括起来，例如：

```
int(3.6 * 15.8) + 4
int(3.6) * 15.8 + 4
```

与类型转换有关的问题综述如下：

（1）类型转换是值的转换操作，它总是从一个值出发，得到另一个特定类型的值。类型转换并不改变原来的值，而是产生了一个具有特定类型的新值。

（2）类型转换中可能丢失信息。上面要求从双精度数到整数的显式类型转换显然会丢失信息：原值的小数部分将会丢掉。自动转换也可能丢失信息，一个典型例子是整数类型的数据到 float 类型的转换。float 类型的精度位数通常比整数少，因此可能出现丢失整数的低位信息的情况。

（3）强制类型转换看作一元运算符，其优先级和结合方式与其他一元运算符相同。

（4）各种数值类型之间都可以互相转换。从整数类型到浮点数类型（包括双精度类型）的转换产生小数部分为 0 值的结果，从浮点数类型到整数类型的转换丢掉小数部分。如果转换结果超出了目标类型的表示范围，得到的结果没有定义，程序运行时没有任何保证。

学习了本节有关表达式的描述及其意义的知识后，读者就可以仿照第 1 章的简单程序实例，以及前面简单计算程序实例，写出完成各种数学计算的程序了。

2.3.5　简单计算程序

简单计算程序采用前面示例程序的框架，主函数的内容就是一系列输出语句，需要计算的表达式写在输出语句中相应的位置，源程序经过加工（编译和连接）生成可执行程序，**在运行程序时，这些表达式就会被求值**，求值的结果将输出到屏幕供人们查看。

【例 2-2】写一个程序，计算半径为 7.3 cm 的圆球的体积。

根据前面介绍的简单程序形式的说明、表达式的写法以及输出语句的使用形式，再根据圆球体积的计算公式 $V = \dfrac{4}{3}\pi R^3$，很容易写出下面的程序：

```
#include <iostream>
```

```
using namespace std;

int main() {
    cout << "Calculate sphere's volume." << endl;
    cout << "R = " << 7.3 << " cm\n";
    cout << "V = " << (3.14159265 * 7.3 * 7.3 * 7.3) * 4 / 3 << "cm^3\n";
    return 0;
}
```

main 函数里的第 1 句简单地用 cout 语句输出了一个字符串，与前例中输出 "Hello, world!" 的情况类似。第 2、3 句用 cout 语句依次输出了一些文字内容和算术表达式的值。

经过加工之后，这个程序运行时将输出所需的计算结果：

```
Calculate sphere's volume.
R = 7.3 cm
V = 1629.51 cm^3
```

三行信息分别说明了程序功能、半径参数和体积计算结果（程序中算术表达式的求值结果）。

或许有读者会想，既然题目只要求计算体积，那么在 main 函数中简单写一条语句就可以了：

```
cout << (3.14159265 * 7.3 * 7.3 * 7.3) * 4 / 3;
```

如果这样，程序运行时将只输出体积计算的结果：

```
1629.51
```

显然，这样写可以减少语句条数和输出的内容，缩短程序的长度，也确实满足了题目的要求。但是我们不建议采用这种极简的写法，而提倡让程序多输出一些信息。这里的建议是，**在编程时，应当让程序合理地输出一些信息，帮助用户更好地理解程序运行的情况和计算的结果。**

上面的程序中还有一些细节值得注意：

（1）在字符串 "R = " 和 "V = " 尾部加了空格，" cm\n" 和 " cm^3" 的头部加了空格，这就使输出数据的前后有空格，更美观易读。

（2）圆球体积的计算公式不能写成 "4 / 3 * (3.14159265 * 7.3 * 7.3 * 7.3)"，因为 "4 / 3" 求值将得到 1，整个计算产生的误差太大，可以认为结果是错误的。

（3）"cm^3" 是人们以纯文本方式书写带上标的度量单位 cm^3 时的常见简写方式。这里的 '^' 只是输出字符串里的一个普通字符，并没有运算的意义。

（4）如果需要输出换行，可以任意选择使用 endl、'\n' 或 "\n"。

这个程序示例表示了一类最简单的计算程序的模式，读者只需要把其中的表达式换成自己希望计算的其他表达式（并适当修改相关的输出内容），就可以完成各种算术表达式的计算了。

【例 2-3】前面说过，"同一类型的数据进行算术运算时，计算结果仍然是该类型的值"，所以，表达式中整数相除的结果仍为整数。请编一个程序，验证下面的情况或求出要求的结果：

（1）表达式 3/5 和 4/5 的值都是 0；

（2）求出数学式 $\frac{3}{5}$ 和 $\frac{4}{5}$ 的浮点数近似值；

（3）通过合理的表达式求出数学公式 $1 + \dfrac{2}{3 + 4/5}$ 的尽可能精确的值。

根据题目要求，可以写出下面的简单计算程序：

```cpp
#include <iostream>
using namespace std;

int main() {
    cout << "整数相除: "<< 3/5 << "\t" << 4/5 << endl << endl;
    cout << "混合类型计算: "<< 3./5 << "\t" << 4/5.0 << endl << endl;

    cout << "正确书写表达式" << endl;
    cout << 1 + 2 /( 3 + 4.0 / 5) << endl;
    cout << 1 + 2. /( 3 + 4 / 5) << " wrong\n" << endl;
    return 0;
}
```

读者可以运行和修改这个程序，考察前文中提到的与除法有关的各种写法及其计算结果。

2.4 数学函数及其使用

2.4.1 函数与函数调用

只有加减乘除运算，还不能很好地满足实际应用中各种数学计算的需要。C 和 C++ 语言定义了一个很大的标准库，提供了许多常用功能，供人们在编程中使用。每个 C/C++ 系统都提供了标准库。**标准库提供了许多常用的数学函数**，借助它们可以方便地完成各种复杂的数学计算。

在使用标准库函数时（无论是用下面介绍的数学函数，还是其他函数），我们不必关心有关函数的功能是通过什么样的计算过程实现的（实际上，它们都是专业计算机工作者编好的程序，并经过长期实践检验，质量有保证），只需要知道下面这些信息：

（1）函数的使用方式；

（2）具体函数的名字；

（3）具体函数的功能，能完成什么计算、给出什么结果。

了解了这些，只需在程序里按规定的方式写出使用函数的代码，就能利用有关函数的功能了。

标准库包含一组**头文件**（head file），分门别类地描述了标准函数的**类型特征**，也就是各函数的上述三方面信息。如果想在自己的程序中使用某一类函数，就需要用**预处理命令**"#include"把相应的头文件包含进来（关于头文件和预处理命令的详细说明见 5.6 节）。例如，前面示例程序中都有"#include <iostream>"这样一行代码，就是要求把名为"iostream"的标准库头文件包含进来，以便在程序里使用其中描述的输出功能。

有些函数在几个头文件里都有描述，包含其中任意一个头文件之后就可以使用了。数学函数就是这种情况。要使用标准库的数学函数，按 C++ 语言规范，程序前部应该写下面的包含命令：

```cpp
#include <cmath>
```

而按照 C 语言的规范，程序前部应该写下面的包含命令：

```
#include <math.h>
```

为了保持一致，后面的讨论中用到标准库头文件时，将统一地按 C++ 的规范使用。

现在以使用计算正弦值的 sin 函数为例，说明函数类型特征的情况。sin 函数的类型特征如下所示。

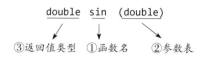

其中三个部分的说明如下：

① 函数名：函数的名字，程序中需要通过函数名去使用函数。名字为"sin"的标准库函数实现数学中正弦函数的计算（这里标准库直接借用了数学中的函数名，但情况未必都是这样）。

② 参数表：函数名后面有一对括号，括号里逐个列出本函数所需的参数的类型，有多个参数时用逗号分隔。由于这里的参数只是形式说明，因此称为"**形式参数**"（简称"**形参**"）。由上面的说明可见，函数 sin 只要求一个 double 类型的参数（遵循数学习惯，以弧度为单位）。

③ 返回值类型：许多函数执行后能得到一个结果，称为函数的**返回值**。函数执行结束时返回这种值，供后续计算使用（输出或参与表达式计算等）。使用函数时常常需要考虑其返回值的情况。在这个例子里，函数 sin 返回一个 double 类型的值，也就是正弦计算的结果。

标准库函数的使用非常方便，只需要根据希望的函数的类型特征写出相应的**调用**（call）表达式。这种表达式在形式上是先写函数名，随后是一对圆括号，其中逐个给出对应各形参的表达式，这些表达式称为函数调用的**实际参数**（简称"**实参**"）。例如，根据 sin 的类型特征，使用它时需要提供一个 double 类型的值（或表达式）作为实参。程序运行中执行这个函数调用时，标准库函数 sin 就会对给定实参的值完成所需计算，最后给出一个 double 类型的值作为调用的结果。

假设我们希望计算弧度 2.4 的正弦函数值的两倍，就应该写下面的表达式：

```
2.0 * sin(2.4)
```

乘号后面的代码段表示要求调用函数 sin，送给函数去计算的实参值是 2.4。计算机对上面的表达式求值时，就会先把 2.4 送给函数 sin，得到 sin 函数返回的计算结果后，再用这个结果参与乘法运算，最后得到整个表达式的值。显然，这个表达式正确描述了我们的需要。

程序中也可以写如下的语句：

```
cout << 2.0 *sin(2.4) << endl;
```

这个语句要求输出由表达式计算的结果。

实参可以是任意复杂的表达式。例如，如果想计算角度为 57° 的正弦函数值并输出，可以写：

```
cout << sin(3.14159265 * 57 / 180) << endl;
```

这里的表达式 3.14159265 * 57 / 180 将算出 57° 的弧度值（注意，表达式不能写作"57 / 180 * 3.14159265"。请读者想想为什么），用它作为实参调用 sin 函数。执行这个函数调用时，计算机将算出该算术表达式的值并把它提供给 sin 函数。最后通过 cout 输出函数 sin 的返回值。

【例 2-4】写程序求两邻边长度分别为 3.5 m 和 4.72 m，两边夹角为 57° 的三角形的面积。

根据计算三角形面积的数学公式 $S = \frac{1}{2}ab\sin\theta$（其中 a 和 b 为两条边的长度，θ 为这两条边的夹角）以及函数调用的写法，写出程序如下：

```cpp
#include <iostream>
#include <cmath>
using namespace std;

int main () {
    cout << "Area of the triangle: ";
    cout << 3.5 * 4.72 * sin(3.14159265 * 57 / 180) / 2 << " m^2\n";
    return 0;
}
```

这个程序运行时将输出如下信息：

```
Area of the triangle: 6.92742 m^2
```

注意，程序里的表达式不能写成 "1 / 2 * 3.5 * 4.72 * sin(3.14159265 * 57 / 180)"，那样不能得到所需的结果。请读者试一试，也考虑一下为什么。

下面列出了标准库中的数学函数（请注意，这些函数的名字都是用全小写字母拼写）。

- 常用三角函数

三角函数	sin	cos	tan
反三角函数	asin	acos	atan
双曲函数	sinh	cosh	tanh

- 指数和对数函数

以 e 为底的指数函数	exp
自然对数函数	log
以 10 为底的对数函数	log10

- 其他函数

浮点数绝对值[①]	fabs
平方根	sqrt
向上取整（结果仍为 double 类型）	ceil
向下取整（结果仍为 double 类型）	floor
四舍五入取整（结果仍为 double 类型）	round
乘幂，第一个参数作为底，第二个参数是指数	double pow(double, double)
实数的余数，两参数分别为被除数和除数	double fmod(double, double)

[①] 在 C 和 C++ 语言中还有 abs 函数，可用于求整数或浮点数的绝对值。但是其类型特征有点特殊：实参为整数时返回值为整数；实参为浮点数时返回值也为浮点数。这可能会引起额外的类型问题，建议读者不要使用该函数。

上面的大部分函数只列出了函数名，它们的类型特征都与 `sin` 函数相同，要求一个 double 类型的参数，返回值也是 double 类型。最后两个函数要求两个 double 类型的参数，返回值是 double 类型。

请注意，这里有些函数名符合数学的习惯（如 `cos`、`tan`），也有些不符合（如 `asin`、`acos`、`atan`、`log` 和 `log10`），有些是相应英文单词的部分或词组缩写（如 `exp`、`sqrt`、`fabs`、`pow` 和 `fmod`）。请读者注意这些函数名，了解它们的功能（完成的数学计算），以便正确使用它们。

在初学编程时，需要学会的一项技术就是把需要计算的数学式正确地改写成程序表达式。写较复杂的表达式时可能需要加一些括号，这时应特别注意括号的正确配对。表 2-3 中列出了一些例子。

表 2-3　算术表达式书写示例

数学式	程序里的算术表达式	说明
cos1.5	`cos(1.5)`	注意要写括号
cot2.3	`1/tan(2.3)`	用 tan 表示 cot 函数
$e^{\sqrt{\sin\pi+1}}$	`exp(sqrt(sin(3.14159265)+1))`	要注意多层括号
ln3.6	`log(3.6)`	自然对数函数是 log
log4.7	`log10(4.7)`	以 10 为底的对数函数是 log10
$\log_5 5.8$	`log(5.8)/log(5)`	底为特殊值的对数需要改写
$\arctan\left(\sqrt{\pi+1}\right)$	`atan(sqrt(3.14159265+1))`	使用 atan 函数
$|e^2-2.4|$	`fabs(2.7182818*2.7182818-2.4)`	用 fabs 函数求绝对值；平方写成简单连乘
$10 + 2.5^{3.4}$	`10 + pow(2.5, 3.4)`	求乘幂的函数需要两个参数
235.74 对 2.45 取余	`fmod(235.74, 2.45)`	用 fmod 函数求实数取余

注：本书对讨论中涉及的标准库函数的功能和用法的介绍都比较简单，如果需要更详细地了解这些函数或其他函数的情况，读者可以参考相关的编程语言手册，也可以在互联网上搜索"C 语言标准库函数"或"C++ 标准库函数"，查找相关信息。

2.4.2　函数调用中的类型转换

每个函数对实参都有明确的类型要求，当实参表达式的结果类型与函数的要求不符时，就会出现类型问题。这里的规定是，在出现这种情况时，**系统先把实参表达式求出的值自动转换为函数所要求的参数类型的值，然后再送给函数去计算**。

例如，在下面的表达式的计算过程中，会出现两次自动类型转换。在两次调用 `sin` 函数时，整型的参数值都先转换为 double 值，然后才送给 `sin` 函数：

```
sin(2) * sin(4)
```

假设有另一个函数 func，其类型特征为 `int func(int)`，在下面的表达式里调用 func 时，实参表达式算出的值将从 double 类型（表达式计算结果的类型）转换到 int 类型（func 要求的实参类型），然后提供给函数使用：

```
4 * func(3 * 2.7)
```

在编程中使用函数时，应当注意实参表达式的类型与函数形参类型是否一致、是否会发生类型转换、发生了怎样的转换、是否正确反映了编程的意图，等等。

【例 2-5】计算 $\sum_{n=2}^{8} \sin \frac{1}{n}$ 的值。

初学者可能觉得问题很简单，很容易就写出了下面的程序：

```cpp
#include <iostream>
#include <cmath>
using namespace std;

int main () {
    cout << "result: "
        << sin(1/2) + sin(1/3) + sin(1/4)
        + sin(1/5) + sin(1/6) + sin(1/7) + sin(1/8)
        << endl;
    return 0;
}
```

完成后却发现，虽然程序可以正常通过编译，但运行输出结果为 0，是错误的。也就是说，这个程序有**语义错误**。问题就出在函数 **sin** 的实参表达式上。注意，程序中的这些表达式都是在整数类型里计算的，因此，在对 sin 函数的各个调用中，实参求出的值都是整数 0（然后自动转换为双精度值后送给函数）。程序的更正很容易，应该让调用 sin 函数时的参数表达式算出双精度值，例如把 sin(1/2) 改为 sin(1.0/2.0)（或者 sin(1.0/2)、sin(1/2.0)），其他类似。

请注意上面程序的写法：这里的输出语句很长，通过换行写成几行，而且把相同的成分对齐，可以使代码更容易读。在换行时，良好的做法是通过合理的缩进编排，让代码行的形式表现出清晰的逻辑关系。上面语句中的表达式换行后对齐，处于同一层的 << 符号对齐，使人容易看出整个语句的结构。如果随手写成下面的样子，程序的意义就没那么清晰了：

```cpp
cout << "result: " << sin(1./2) + sin(1./3) + sin (1./4) + sin
(1./5) + sin(1./6) + sin(1./7) + sin(1./8) << endl;//换行较差
```

有了数学函数，我们编写程序的能力得到了很大提高，所有能使用数学函数和算术运算组合来描述的计算过程，现在都能写出相应的程序了。至少，普通科学计算器能做的计算，现在都很容易通过编程完成了。由于程序里可以写任意长的、具有任意层次嵌套的表达式，读者应该已经能解决许多实际的计算问题了。本章习题中的程序都可以采用如上例子的模式写出来。

2.4.3 inf 与 nan

根据数学知识可以知道，有些数学计算中对参数的值有要求。例如，0 不能作为除数，在实数范围内不能对负数求开方或求对数。用计算机做数学计算时，相应的运算符或函数自然也有同样要求。如果表达式计算中出现不符合数学计算需要的情况，得到结果将被表示为 **inf** 或 **nan**。

"inf" 是英语单词 "infinite" 的缩写，表示 "无穷大"。出现 "inf" 一般是因为表达式求值结果超出浮点数的表示范围，例如计算中出现了以 0 作为除数的情况，或者出现了浮点数溢出。

"nan"是英语"not a number"的缩写，表示"无效数值"。出现"nan"一般是因为对浮点数进行了未定义的操作，如对负数求开方或求对数（程序中的数学计算默认在实数范围内进行）。

很显然，如果程序运行结果中出现了"inf"或"nan"，就意味着程序中出现了不符合数学计算要求的表达式计算。这时应该仔细检查程序代码，设法找到并排除有关的错误，或者改变计算方法等。

2.5　基本输出功能

程序通常都需要输出，要理解程序的行为，也需要理解其中的输出操作。输出（output）就是程序把信息送给外部的操作，一类常见情况是把计算结果显示在屏幕上供人阅读（这种操作常被简单地说成"输出到屏幕"或"打印到屏幕"），还有其他的输出情况，例如把信息输出到文件，以保存信息或做其他处理。本节将介绍与输出有关的一些情况，2.5.1 节介绍 C++ 的基本输出功能，2.5.2 节简单介绍 C 语言的输出功能，还将通过实例展示一些输出的情况，供读者在学习中参考。

2.5.1　C++ 的基本输出功能

数据输入和输出都是做数据的传输。在这些操作中，数据就像流水一样有序地从一个地方流动到另一个地方，因此，C++ 中将数据传输机制称为"流"（stream）。流的处理只能按照数据在序列中的顺序进行，处理完前一项数据后才能处理后一项数据。程序通过输入流获取数据，通过输出流将数据送到其他设备。C++ 标准库的输出功能主要就是对输出流进行处理。前文已经多次使用的 cout 就是标准输出流，程序对 cout 的输出默认送到屏幕或屏幕特定窗口中显示。下面对 cout 进行更详细的说明（对应的标准输入流将在第 3 章介绍，4.3 节将介绍字符串输入输出流和文件输入输出流）。

标准输出流 cout 在标准库文件 iostream 中定义。如果程序里要使用 cout 和相关功能，就必须在程序开始写下面一行代码（注意，这不是语句，最后没有表示语句结束的分号）：

```
#include <iostream>
```

这种形式的代码称为**预处理命令**（详细介绍见 5.6 节），上面这条命令就是要求语言系统把定义了输出功能的标准库文件"iostream"包含到本源文件中，以便在程序里使用。

执行上面的预处理命令（称为"包含命令"，#include）后，包含进来的输出功能（包括 cout）将被包装在一个名字为 std 的名字空间里（名字空间的概念见 5.4.5 节），为了使用方便，通常用下面的语句打开这个名字空间，以便在程序中能直接使用 cout：

```
using namespace std;
```

如果不写这条语句，使用 cout 时就必须写"std::cout"（其他类似，endl 要写为 std::endl）。

针对 cout 输出的操作用"<<"（称为**插入运算符**）描述，"<<"后跟一个表达式，表示要求将该表达式的值送到 cout。可以用一个语句向 cout 输出多个表达式的值，这时需要在每个表达式前写一个"<<"。多项输出也可以分开写几个语句，每个语句最后都应该有分号表示结束。例如：

```
cout << "Hello, " << "world!" << endl;
cout << "学而不思则罔, " << "思而不学则殆" << endl << endl;
cout << "result = " << 3.14159265 * 245 / 180 << endl;
```

下文中常把使用"cout <<"进行输出的语句简称为"cout 语句"或输出语句。

如果输出表达式的类型为字符、字符串或整数，cout 语句将直接产生输出结果，情况比较简单。对各种浮点数类型的数据，cout 产生输出时能根据被输出数值的情况自动调整输出形式。如果数值的大小适中，cout 就会采用默认的精度，以包含小数点的形式输出（默认为总计 8 个字符的长度，包括正负号和小数点，因此最多 6 位有效数字[1]，可能自动舍去小数末尾的 0）。如果数值较大或较小，cout 将采用带有指数部分的科学记数形式输出，其中的底数取 6 位有效数字。

cout 也允许指定浮点数的输出精度（小数点后的位数）或宽度（输出占据的字符位置数）。标准库提供了一组 I/O 流的操纵符，用于说明这类要求。要使用这些操纵符，就需要在源程序中包含头文件 iomanip，即在源程序头部写如下的预处理命令行：

```
#include <iomanip>
```

常用的输出流操纵符有如下几个：
- setw(n)   用于设定实际输出宽度为 n 个字符位置，实际输出在这段位置中居右对齐。
- fixed   将浮点数按照普通定点格式（输出宽度为 8 的倍数，必要时在末尾填充 0）输出。
- scientific   将浮点数按照科学记数法的格式输出（带有指数部分）。
- setprecision(n)   设置浮点数的输出精度为 n。在使用非 fixed 且非 scientific 方式输出的情况下，n 为最大有效数字的位数；在使用 fixed 或 scientific 方式输出的情况下，n 是小数点后面应保留的位数。

使用操纵符的方式就像写普通的输出表达式，把操纵符写在"<<"后面送给 cout。使用操纵符时需要注意：setw 的效果是临时的，只作用于紧随其后的一个输出对象，对整数或浮点数输出都有效。setprecision、fixed 和 scientific 则是修改了本程序中输出浮点数的默认精度和格式，它们将对本程序中随后的所有浮点数输出一直起作用。

【例 2-6】使用 I/O 流的操纵符输出 π 的近似值 3.14159265 和数值 314.15900。

```
#include <iostream>
#include <iomanip>    //说明输入输出操纵符的头文件
using namespace std;

int main() {
    cout << "默认格式输出: \n" << 3.14159265 << endl;
    cout << "指定宽度输出: \n" << setw(12) << 3.14159265 << endl;
    cout << "指定精度和宽度输出: \n"
```

---

[1] 根据误差理论，数值计算结果的有效数字位数不会多于参与计算的各项数字的有效数字位数。为了保证 cout 默认输出的 6 位数字都是有效数字，在程序中需要使用圆周率 π 的近似值时，有效数字应该多于 6 位，因此本书对 π 通常取近似值 3.14159265（如果取 3.14 或 3.1416，则 cout 默认输出的 6 位数字中的有效数字不多于 3 位或 5 位）。

```
             << setprecision(8) << 3.14159265 << endl
             << setw(12) << 3.14159265 << setw(12) << 32767 << endl << endl;

      cout << "默认格式输出: \n" << 314.15900 << endl;
      cout << "定点格式输出: \n" << fixed << 314.15900 << endl;
      cout << "科学记数法格式输出: \n" << scientific << 314.15900 << endl;
      cout << "默认格式输出: \n" << 314.15900 << endl;
      return 0;
   }
```

上面的程序运行时，将产生如下输出（请读者仔细观察输出结果的数字位数和宽度。右边的注释文字说明了各行输出格式的成因）：

默认格式输出： 3.14159	默认为 6 位有效数字，多余位数被裁剪
指定宽度输出： 　　　3.14159	setw(12)设定宽度 12 位，默认 6 位有效数字
指定精度和宽度输出： 3.1415927 　　　3.1415927　　　32767	setprecision(8)设定最大 8 位有效数字 保持最大 8 位有效数字，setw(12)设定宽度 12 位
默认格式输出： 314.159	默认为 6 位有效数字，末尾的 0 被裁剪
定点格式输出： 314.15900000	定点格式，setprecision 设定 8 位小数
科学记数法格式输出： 3.14159000e+002	科学记数法格式，setprecision 设定 8 位小数
默认格式输出： 3.14159000e+002	继承了前面的科学记数法格式和小数位数

从这些输出结果可以很清楚地看到语句中插入的操纵符对后续输出的影响。

当然，程序的输出格式应该根据实际问题的需要确定。例如，假设程序中计算的是以元为单位的金额，结果应该保留两位小数，在程序中就应该按照这种要求设置输出格式，可以同时使用 fixed 和 setprecision(2)设定输出格式。

*2.5.2　C 语言中的输出函数 printf

C 语言通过 C 标准库中的一组函数提供了另一套输出功能，最常用的输出函数是 printf（格式化标准输出函数）。该函数在 C++ 程序中也可以使用，但使用起来比 cout 麻烦许多，需要了解和关注的细节更多。因此，建议读者在学习阶段始终用 C++ 的 cout 语句描述程序中的输出，本书后面部分的编程实例中也只用 cout。为了保持学习材料的完整性，也为了帮助读者读懂现存的大量使用了 printf 函数的 C 程序，本小节简单介绍 printf 函数的使用。

标准函数 printf 的功能也是把一些信息送到标准输出设备。要在程序里使用这个函数，按照 C++ 语言的要求，源程序需要包含头文件 iostream，代码最前面必须写：

```
#include <iostream>
```

对 C 语言程序（以 ".c" 为文件扩展名），源程序中需要包含头文件 stdio.h，最前面必须写：

```
#include <stdio.h>
```

这行命令告诉编译器本程序中要使用 C 标准库里的输入输出函数。

函数 printf 的使用形式是：

```
printf(格式描述串, 其他参数);
```

这样的语句也看作输出语句，其中使用了函数 printf。下面介绍 printf 的使用规则。

printf 的参数情况比较特殊，它的实参个数并不固定，调用时可以有一个或者多个实参，其中第一个实参必须是字符串，称为**格式描述串**。随后可以有多个其他实参，也可以没有，而且要求这些实参必须与格式串匹配（详情见下面的说明）。

如果格式描述串中没有百分号字符（%），那么这个调用就不应该有其他实参，这是使用 printf 的最简单形式，语句执行时的效果就是输出格式描述串本身。第 1 章例子里的语句 "printf("Hello, world!\n");" 就是这种情况，它在执行时将输出：

```
Hello, world!
```

作为另一个例子，程序在执行下面的语句时：

```
printf("Welcome to\nBeijing!\n");
```

将输出两行字符：

```
Welcome to
Beijing!
```

请注意，上面语句中的格式描述串里包含了两个换行符，它们也都被输出。

在下面这个简单程序里两次调用函数 printf，它产生的输出与上面的例子相同。

【例 2-7】以 C 语言格式使用 printf 函数进行输出。

```
#include <stdio.h>
int main() {
    printf("Welcome to\n");
    printf("Beijing!\n");
    return 0;
}
```

在**格式描述串**里起特殊作用的是以百分号字符（%）开始的连续若干个字符构成的字符段，称为**转换描述**，其作用是指明与之对应的其他参数的转换方式。printf 的一般调用形式是：

```
printf(格式描述串, 其他参数 1, …, 其他参数 k);
```

这里可以有任意多个**其他参数**，参数的个数应该与**格式描述串**中的转换描述的个数匹配（简单情况就是个数相同）。这样，每个转换描述对应一个**其他参数**，说明该参数的输出形式（转换方式）。表 2-4 列出了几个常用的转换描述、它们指定的转换，以及与其对应的其他参数应该具有的类型。

表 2-4　printf 中常用的转换描述

转换描述	指定的转换	对应参数的类型
%d	将参数按整数形式转换输出	int
%ld	将参数按长整数形式转换输出	long
%lld	将参数按长长整数形式转换输出	long long
%f	将参数按带小数点数形式转换输出	float 或 double
%m.nf	输出共占 m 列，其中有 n 位小数	float 或 double
%Lf	将参数按带小数点数形式转换输出	long double
%c	输出一个字符	字符的编码
%s	输出一个字符串	字符串

格式描述串通常包含一些普通字符和几个转换描述，所有普通字符将被正常输出，形成了实际输出的框架。而转换描述本身并不输出，它们将被"**其他参数**"经过转换得到的结果依次替代（分别替换到各转换描述出现的位置），形成最终输出。前例的"printf("Welcome to\n");"不包含转换描述，因此输出的就是 Welcome to 和一个换行。看下面的语句：

```
printf("%d + %d = %d\n", 2, 3, 5);
```

其中的格式描述串包含三个转换描述 %d，执行它时将形成一行输出：

```
2 + 3 = 5
```

可见，格式串 "%d + %d = %d\n" 说明了输出的形式：首先输出后面的第一个参数的整数形式的结果（这里是 2），然后是一个空格、一个加号和另一空格，然后是第二个参数按整数形式输出得到的结果，依此类推。这样，当程序执行到这个语句时，就产生了上面的输出。

下面是另一个例子：

```
printf("len:%f, width:%f, area:%6.2f\n", 2.0, 3.5, 2.0 * 3.5);
```

执行这个语句将输出：

```
len:2.000000, width:3.500000, area:7.00
```

采用 C 语言的 printf 函数完成输出，需要写出正确的**格式描述串**以描述输出的形式，还需要注意格式描述串中的转换描述与后面表达式的类型之间的对应关系。特别要说明的是，如果转换描述与表达式的类型不匹配，编译器通常不会报错，运行时仍然会呆板地以指定的格式输出数据（不会进行自动类型转换），输出结果通常是错误的。例如：

```
printf("len:%f, width:%f, area:%d\n", 2, 3.5, 2 * 3.5);
```

这个语句中的第一个"%f"与"2"类型不匹配，"%d"与"2 * 3.5"类型不匹配，执行时将输出：

```
len: 0.000000, width: 3.500000, area: -858993458
```

所以使用 printf 时需要非常谨慎，尽量避免出现这种错误。而使用 cout 完成输出时能自动处理这些细节，使用起来方便得多。因此建议初学者尽量使用 cout 进行输出。

*2.6　计算机中的数值表示与存储

前几节介绍了各种数据的描述（文字量）和算术表达式，读者看到了一些程序实例，应该也写了几个简单的程序，有了一些编程的经验和体会。进一步地，读者可能希望知道这些数据如何存入计算机以便用于计算，编译程序如何转换程序中的数据，输出语句怎样产生输出，等等。本节简要介绍这些方面的情况，以帮助读者更好地理解计算机处理数据的过程。已经了解计算机内部数据表示的读者可以直接跳过这一节，也可以浏览一下这里的内容，作为一次复习。

2.6.1　数制

前面讨论中已经提到过二进制等概念，本小节会较详细地介绍数的表示和各种常用进制的情况。

一种记数法就是采用一组特定符号和一组规则表示数值的一套方法。目前最常用的是进位记数法。所谓 N 进位记数法，就是首先取定 N 个数字符号（数码），分别表示最前面 N 个自然数 0 到 $N-1$。在此基础上用数码的序列 $a_{N-1}a_{N-2}...a_2a_1a_0$ 表示一般的自然数，还可以进一步引进负数、小数等数的概念和相应的记法形式。人们日常生活中最常用的是十进制数（十进位制记数法），但在不同领域也可以看到一些其他进制，例如二进制（两只鞋为一双）、十二进制（12 个为一打）、二十四进制（一天有 24 小时）、六十进制（60 秒为一分钟，60 分钟为一小时）等。

无论采用哪种进位记数法表示数值，都涉及两个基本概念：基数与位权。

N 进制中的 N 就是每个数位上可能出现的不同符号（数码）的个数，称为进位记数法的**基数**。确定了基数 N，进位原则就是"逢 N 进 1"，也就是说，高一位的 1 相当于低一位的 N。这样：
- 十进制数使用的数码有 0、1、3、4、5、6、7、8、9 共十个，基数为 10，进位原则是"逢 10 进 1"；
- 二进制数只使用 0 和 1 这两个数码，基数为 2，进位原则是"逢 2 进 1"；
- 八进制数使用的数码是 0、1、2、3、4、5、6、7，基数为 8，进位原则是"逢 8 进 1"；
- 十六进制数使用的数码是 0、1、2、3、4、5、6、7、8、9、A、B、C、D、E、F（超过 9 的数码常用英文字母表示），基数为 16，进位原则是"逢 16 进 1"。

表 2-5 中列出了常用数制中的一些数（的数制表示）之间的对应关系。

表 2-5　常用数制中 0～16 的写法

十进制	二进制	八进制	十六进制
0	0	0	0
1	1	1	1
2	10	2	2
3	11	3	3
4	100	4	4

（续）

十进制	二进制	八进制	十六进制
5	101	5	5
6	110	6	6
7	111	7	7
8	1000	10	8
9	1001	11	9
10	1010	12	A
11	1011	13	B
12	1100	14	C
13	1101	15	D
14	1110	16	E
15	1111	17	F
16	10000	20	10

如果需要区分不同记数法表示的数，就需要明确所用的进制。常见的方法是把数写在一对圆括号里，加数字或相应英文字母下标说明使用的数制。十进制数 235.15 常写成 $(234.15)_{10}$ 或 $(234.15)_D$，二进制数 11110.011 写成 $(1011.011)_2$ 或者 $(11110.011)_B$。

采用进位记数法表示数值时，处于不同位置的同样数码表示不同的值。一个数码表示的数值等于该数码本身乘以它所在数位的"位权"值，简称"权"。例如，$(234.15)_{10}$ 从高位到低位的位权分别为 10^2、10^1、10^0、10^{-1}、10^{-2}，而 $(1011.011)_2$ 从高位到低位的位权分别为 2^3、2^2、2^1、2^0、2^{-1}、2^{-2}、2^{-3}（这里的指数用十进制数表示，是惯例）。任何进位制数的值都可以表示成按位权展开的和式，这种数值表示法称为"位权表示法"，计算方法是 $\sum$（某位上的数字 × 该位上的权）。例如：

$$(234.15)_{10} = 2 \times 10^2 + 3 \times 10^1 + 4 \times 10^0 + 1 \times 10^{-1} + 5 \times 10^{-2}$$

可以利用这种公式把任何进制数转换为十进制数（按权展开后用十进制运算求出数值）。例如：

$$(1011.101)_2 = 1 \times 2^3 + 0 \times 2^2 + 1 \times 2^1 + 1 \times 2^0 + 1 \times 2^{-1} + 0 \times 2^{-2} + 1 \times 2^{-3}$$
$$= 8 + 0 + 2 + 1 + 0.5 + 0 + 0.125$$
$$= 11.625$$

利用位权表示法计算，就能把 N 进制数转换到十进制数。

要将十进制数转换为 N 进制数，需要分别转换整数部分和小数部分，规则是：

- 整数部分采用"**除 N 取余**"法：将原整数部分除以 N，得到商 Q_1 和余数 R_1，再用商 Q_1 除以 N 得到下一个商 Q_2 和余数 R_2，这样反复除下去，直到商为 0 为止。将各次除法得到的余数 $R_1, R_2, \cdots, R_k$ 按**逆序**排列，得到的 $R_k \cdots R_2 R_1$ 就是原数的 N 进制表示的整数部分。
- 小数部分采用"**乘 N 取整**"法：将原小数部分乘以 N 并取走整数部分，再用剩下的小数部分乘以 N 并取走整数部分，反复这样做，直到小数部分为 0 或达到所需精度为止。将各次得到的整数部分由左到右（即由高位到低位）排列，就得到了原数的 N 进制表示的小数部分。

2.6.2　数据存储单位

计算机是用电子器件构造的电子设备，考虑到经济性、可靠性、容易实现、运算的实现简便快捷、节省器件等诸多因素，**计算机中数据的存储和计算采用二进制的表示形式。**

在讨论计算机数据存储时，常常用到下面几个数据单位。

1. 位

数据在计算机内部以二进制表示，最小的数据存储单位就是一位的二进制数，称为一个位（bit，也称为"比特"）。每个二进制位只有 0 和 1 两种可能状态，因此，一个位只能表示一个"0"或"1"。在物理上，一个位用某种能稳定呈现两种状态的物理量表征，如电平的低/高、磁性材料的未磁化/已磁化等。

2. 字节

字节（Byte，简记为 B）**是计算机数据处理的基本单位**，一个字节包含 8 个二进制位，即 1 B = 8 bit，可以表示 8 位的二进制数。字节是计算机领域最重要的一种数据单位，表现在：

- 目前大多数计算机存储器是以字节为单位组织起来的，每个字节有一个地址码（就像门牌号码一样），通过地址码可以找到这个字节，进而能存取其中的数据；
- 计算机存储器容量大小、计算机处理的数据量的大小等都是用其中包含的字节数来度量的。由于字节作为单位太小，人们也经常使用其特殊的倍数 KB、MB、GB、TB 等，其转换关系如下所示。

$$1\,KB = 1024\,B = 2^{10}\,B$$
$$1\,MB = 1024\,KB = 2^{10} \times 2^{10}\,B = 2^{20}\,B \approx 10^6\,B$$
$$1\,GB = 1024\,MB = 2^{10} \times 2^{10} \times 2^{10}\,B = 2^{30}\,B \approx 10^9\,B\,（10\,亿字节）$$
$$1\,TB = 1024\,GB = 2^{10} \times 2^{10} \times 2^{10} \times 2^{10}\,B = 2^{40}\,B \approx 10^{12}\,B\,（1\,万亿字节）$$

2.6.3 基本类型数据的表示

粗略地说，计算机中存储的信息可以分为计算机指令和数据两类。在使用高级语言编程时，我们不需要了解底层的计算机指令，也不需要了解具体指令如何编码表示。但是，编程就是处理数据，因此，了解数据的编码方式，有助于理解高级语言中各类数据的情况及其处理。

1. 机器数

计算机中一项数据的长度指表示它的二进制位数。**由于计算机存储器以字节为单位编址和存取，因此数据的长度通常也按字节计算。** 在一台计算机里，同一类数据的长度是统一的，不足的部分用 0 填充，整数在高位补 0，纯小数在低位补 0，超出表示范围的数是无法表示的。

那么，数值型数据的**符号**（正负号）如何表示呢？又如何与数值位一道参加运算？为处理好这些问题，人们设计了一些把符号位和数值位一起用 0/1 编码的方法。为了区别数的书写表示和机器中的编码表示，通常将用"+""−"表示正负符号的原数称为**真值**，将计算机中的表示形式称为**机器数**。**在机器数里通常规定符号位为 0 表示正号，为 1 表示负号**。

人们提出了多种整数的机器表示法。最基本的是**原码表示法**，用二进制机器数的最高位表示符号，其余的位（数值位）表示数的绝对值，因此，原码表示法也称为"符号 + 绝对值"表示法。

例如，下面是在 1 字节里存储整数的两个例子（小数与此类似，见下文）：

$$X = +0100101，\ 则\ [X]_{原码} = \underline{0}0100101$$
$$X = -0100101，\ 则\ [X]_{原码} = \underline{1}0100101$$

式中 X 是真值，$[X]_{原码}$ 是用原码表示的机器数（注意最高位的 0 和 1 是表示正负号）。

原码表示法有一些缺点，例如，其中会出现两个 0，即+0 和-0。而且，原码的加减运算也不太方便。为了机器中计算的方便，人们又开发了**反码表示法**和**补码表示法**，它们可以克服原码表示法的一些缺点。具体内容这里不详细介绍，有兴趣的读者请自己查找资料。

2. 定点整数

如上例那样用 1 字节以原码表示法存储整数，能表示的整数最大值是 +127，最小值是 −127；而用 1 字节以补码表示法（与原码有所不同，实际中最常用）存储整数时，表示范围是 −128 ～ +127（本书对其原理不详细介绍）。如果想表示更大范围的整数，就需要使用连续的多字节。当数据长度为 2 字节时，以补码表示的整数范围是 -2^{15} ～ $+(2^{15}-1)$，即 −32768 ～ +32767。如果用 4 字节存储整数，则以补码表示的整数范围为 -2^{31} ～ $+(2^{31}-1)$，即−2147483648 ～ 2147483647，正负各约为 21 亿（$\pm 2.1 \times 10^9$）。

在表示整数时不需要额外记录小数点，这时总是默认小数点固定地隐含在所有数位的最后。这样存储的整数也称为**定点整数**。

例如，某台计算机使用的定点整数长度是 2 字节，则十进制整数 +1898 的二进制数真值为 +11101101010，在机内以二进制原码定点数表示时，这两个字节中的情况如下图所示（最前面的 0 表示正号，缺少的高位也补四个 0）：

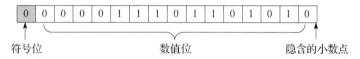

符号位　　　　　　　数值位　　　　　　隐含的小数点

3. 浮点数

为了更灵活地表示范围比较大、可能同时包含整数部分和小数部分、情况比较复杂的各种数值，人们提出了**浮点数**表示法，其中小数点的位置可以根据需要前后浮动。

设 V 是既有整数部分又有小数部分的二进制数，则它可以用类似于十进制科学记数法的形式表示为 $V = (-1)^s \times M \times 2^E$，其中 s 是符号（sign），决定这个数是负数（$s=1$）还是正数（$s=0$）；M 是一个二进制小数，称为**尾数**（Mantissa）；E 是一个二进制的定点整数，称为**指数**（Exponent）或**阶码**，反映该二进制数的小数点的实际位置。

很显然，上述表示法中的 M 和 E 并不唯一。例如$(3.75)_{10} = (11.11)_2$，可以表示为$(-1)^0 \times 11.11 \times 2^0$、$(-1)^0 \times 1.111 \times 2^1$ 或$(-1)^0 \times 0.1111 \times 2^2$。为了唯一性，规定尾数不包含整数部分，且小数点之后的第一个数字必须为 1（即小数点隐含在有效数字之前，称为**定点小数**），这称为**规格化**。$(11.11)_2$的规格化表示为$(-1)^0 \times 0.1111 \times 2^2$。

在计算机中表示既有整数部分又有小数部分的二进制数时，只需要存储符号 s、尾数 M 和指数 E（实际上是依次存放符号 s、指数 E 和尾数 M），在读取和计算时则按照上述表示形式的含义进行处理。通常用一串连续的二进制位存放这两部分信息，其一般结构如下图所示：

符号 s	指数 E	尾数 M

例如，−110101101.01101000000000 规格化表示为$(-1)^1 \times 0.11010110101101 \times 2^{+1001}$（指数 +1001 等于十进制的 9），只需依次保存符号 1、指数 +1001（正负号数值化，小数点隐含在最低位之后，用 8 位定点整数形式表示时就是 00001001）和尾数 0.11010110101101（用 23 位定点小数形式表示是 11010110101101000000000）。用 4 字节（32 位）的原码浮点数表示的形式如下：

0	00001001	11010110101101000000000
1 位	8 位	23 位

采用这种表示法，虽然尾数的小数点隐含在有效数字之前，但实际数值的小数点是按照指数的值在尾数上前后浮动，所以称为**浮点数**。

按照 IEEE 754 浮点数标准，单精度浮点数用 4 字节存储，采用 8 位阶码，23 位尾数。双精度浮点数用 8 字节存储，采用 11 位阶码，52 位尾数。

需要注意的是，十进制小数转换到二进制浮点数表示时可能产生**浮点误差**，即得到的二进制小数与原十进制小数有误差。误差的产生有下面两个原因：

（1）有限位的十进制小数转为二进制表示时可能会得到一个无限位的小数。例如，十进制数 0.9 转化成二进制表示时将得到一个无限循环小数 0.1110011001100110011…。

（2）计算机浮点数表示的精度有限，例如，按上面所说形式，单精度浮点数只能表示十进制至多 7 位有效数字，双精度浮点数可以表示十进制 16～17 位有效数字。超过有效数字的数位只能忽略。例如，上面的十进制数 0.9 在计算机中用二进制表示，受表示精度所限，有效数字之后的部分就要忽略。这样，用单精度浮点数表示时，对应的值转回十进制是 0.89999998；用双精度浮点数表示时，转回十进制是 0.90000000000000002。

4. 字符

编码字符集里的不同字符对应不同的编码。编码就是整数，同样采用二进制形式表示。例如，字符 `'A'` 的 ASCII 编码值是 65，转换为二进制就是 `1000001`（7 位数），存入 1 字节（共 8 位）中，前面要加一个 0 补足 8 位，得到 `01000001`，存储情况如下：

```
0    1    0    0    0    0    0    1
```

程序处理这个数据时，作为字符就把它当作 `'A'`，参与数学计算时就把它当作整数 65 使用。

2.7 Dev-C++ 中的辅助编辑功能

集成开发环境 Dev-C++ 提供了许多有用的编程辅助功能，熟悉这些功能，有助于编程工作的开展，特别是可以提高工作效率。下面简单介绍一些这方面的情况。

2.7.1 插入头部注释和标准代码模块

单击 Dev-C++ 工具栏上的"插入代码块"按钮，弹出的菜单中列出了一些常用的文字或代码模板（参见图 2-2）。选择所需文字或代码，就能在当前光标位置插入成块的文字或代码。常用的有以下两个：

（1）文件头注释块：注释模板，用成串的星号标识，可在其中写入程序名、版权、作者等信息。

（2）C++ main：最常用的 C++ 源程序代码段模板，其中包括预处理命令和打开名字空间 std 的语句，并带有一个空白的 main 函数。

其他条目如各种复杂语句（后面介绍）的框架等，与上面两个条目类似。

建议：新建源文件时可以插入一个"文件头注释块"，在其中填入程序名和作者；再插入"C++ main"源程序代码段模板，然后就可以方便地开始具体编程工作了。在完成了一个源文件的编程工作后，应该在文件头注释模块的"说明"部分写入一些说明性文字，以便自己

和他人阅读理解。

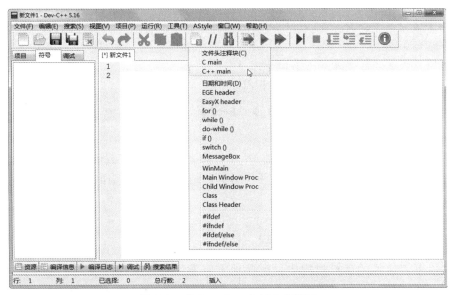

图 2-2　在 Dev-C++ 中插入代码块

2.7.2　其他编辑功能

Dev-C++ 中的菜单项"文件"的下拉菜单中提供了许多文件管理操作功能，例如，单击"另存为"可以把当前文件改名存储，单击"最近用过的文件"可以选择并快速打开最近用过的文件。

菜单项"编辑"的下拉菜单中提供了多种编辑功能。例如，利用"设置/取消行注释"（快捷键是 Ctrl+/），可以快速地把当前光标所在行或已选中的多行切换为行注释或取消行注释。

菜单项"搜索"的下拉菜单中提供了多种搜索功能，例如，"搜索"用于在当前文件中搜索特定的文字，"替换"用于在当前文件中搜索特定的文字并替换为指定的其他文字。

此外，Dev-C++ 的一些功能和菜单与常见编辑器类似。在其菜单栏的"帮助"菜单里提供了许多信息。建议读者花一点时间浏览有关功能，有助于提高自己编程工作的效率。

本章讨论的重要概念

基本字符，名字表示，标识符，关键字，数据，类型，类型名，文字量，整数类型，长整数类型，表示范围，十进制写法，实数类型，浮点类型，双精度类型，长双精度类型，字符类型，特殊字符，字符串，运算符，表达式，计算，一元运算符，二元运算符，运算对象，算术运算符（+、-、*、/、%），算术表达式，优先级，结合方式，求值顺序，溢出，类型转换，类型强制，数学函数，函数的类型特征，函数名，参数表，返回值类型，函数调用，实际参数，函数调用时的类型转换，输出流对象 cout，插入运算符 <<，函数 printf，格式描述串，转换描述，数制，二进制，数据存储单位，位（bit），字节（Byte），KB，MB，GB，机器数，定点整数，浮点数。

练习

2.1   基本字符、名字表示、标识符和关键字

2.2   常用数据类型

2.3   运算符、表达式与计算：例 2-1~例 2-3[①]

1. 指出下面哪些字符序列不是合法的标识符。

```
_abc        x+-         3x1        Xf_1_4     Eoof__
a$#24       x__x__2     bg__1      ____       I am
```

2. 首先严格按照 C/C++ 语言的计算规则，手工计算下列只含有整数运算的表达式的值，然后编写程序计算各个表达式的值。对比手工计算的结果与程序的输出。

（1）24 * 3 / 5 + 6

（2）36 + - (5 - 23)/ 4

（3）35 * 12 + 27 / 4 / 7 * (12 - 4)

3. 分析在以下表达式的计算过程中，哪些地方将发生什么类型转换？手工计算出各个表达式的值，然后编写程序计算各个表达式的值，对比两种结果，发现不同时请设法找出原因。

（1）3 * (2L + 4.5) - 44

（2）10 / 25 + 10.0 / 25 + 10 /25. + .1 / 2

（3）5 / 3 * 4.2 + 'A' + 4.0/5

（4）'A'/10. + 10/'a'

4. 写程序计算下面各个数学式的值（要注意类型转换和函数写法）。

（1）$\dfrac{2.34}{1+257}$ （2）$\dfrac{1065}{24*13}$ （3）$\dfrac{23.582}{7.96/3.67}$ （4）$1+\dfrac{2}{3+4/5}$

5. 已知铁的密度是 7.86 g/cm^3，金的密度是 19.3 g/cm^3。写程序分别计算出直径为 10 cm 的铁球和直径为 15 cm 的金球的质量。

6. 已知两个电阻的阻值分别为 10.5 Ω 和 15.6 Ω，写程序求出它们串联和并联的电阻值。（附加说明：在程序中输出电阻的单位时，既可用希腊字母“Ω”，也可用其英文写法“Ohm”。）

2.4   数学函数及其使用：例 2-4 和例 2-5

7. 分析在下面含有多种类型数据而且使用了数学函数的表达式的计算过程中，在什么地方将发生什么类型转换？编写程序计算各个表达式的值。

（1）3 * (int)sqrt(34) - sin(6) * 5

（2）cos(2.5f + 4) - 6 *27L + 100

（3）fabs(-2) + ceil (8.6) + 10

（4）floor(8.6) + round(16.6) + 5

[①]   在练习题前列出节标题和例题编号，表明下方的练习题与这几节相对应，方便读者解题时参考正文和相应的例题。

8. 写程序计算下面各个数学式的值（要注意类型转换和函数写法）。

（1）$\sqrt{\pi^2+1}$　　　　　　　（2）$\log_5\sqrt{2\pi-1}$　　　　　　（3）$e^{\sqrt{\pi+1}}$

（4）$\arctan(\log_3(e+\pi))$　　　（5）$\sqrt{\dfrac{13-(2.24-0.24^2)^2}{3.68}}$　　（6）$\ln(2\pi\sqrt{13+e})$

9. 已知三角形三边的长度分别是 3 cm、5 cm、7 cm，按照三角形面积公式 $S = \sqrt{s(s-a)(s-b)(s-c)}$（其中 a、b、c 为三边的边长，半周长 $s = (a+b+c)/2$），编写程序求该三角形的面积。

2.5　基本输出功能：例 2-6 和例 2-7

10. 计算半径分别为 2.50 cm 和 34.2 cm 的两个圆的面积，要求输出结果固定宽度为 10 个字符，小数点后保留 4 位数字。

11. 写程序计算并输出一个圆球半径与体积的对照表，半径分别取 1 cm、2 cm、4 cm、8 cm、16 cm。利用 C++ 的输出操控符编排出整齐的输出形式。

2.7　Dev-C++ 中的辅助编辑功能

12. 请查看你所使用的集成开发环境（例如 Dev-C++）的"文件"菜单、"编辑"菜单、"搜索"菜单和"帮助"菜单下面的各个菜单项，并探索它们的功能。

第 3 章 变量和控制结构

学习了第 2 章的内容后，读者应该能写一些简单程序了，但是只能描述**从基本数据出发的简单计算过程**，每个程序只能描述一项具体计算工作，执行它能算出一个具体结果。即使要用其他数据做同样的计算，也必须修改写好的程序，在其中改用新的数据。类似地，如果一个程序里需要多次做相同的计算，同样的程序片段需要重复写几遍。例如，第 2 章已知三个边长求三角形面积的程序里就包含了几个类似的子表达式。显然，反复修改程序很不方便，还可能修改出错，重复的代码段也使程序变得更长、更复杂。我们当然希望完成的程序更具有通用性，能方便地处理不同数据。随着要解决的问题规模变得更大、更复杂，使程序里每个计算只描述一次将变得更加重要。下面的许多讨论都与此有关。

本章将讨论另外一些重要的编程机制，介绍如何使用它们去做程序设计，其中包括：变量的概念和使用、程序的输入、描述复杂计算流程的基本控制结构等。这里不仅要展示一些程序实例，还要特别讨论在面对需要解决的问题时深入分析情况，为实际程序设计做准备的过程。

3.1 语句、复合结构和顺序程序

前面讲到，程序中描述计算过程的基本单位是**语句**（statement）。一个语句是**由分号结束的（符合语言规则的）一段字符**，例如，第 1 章给出的简单程序里就包括下面这条语句：

```
cout << "Hello, world!" << endl;
```

语句的形式必须符合要求，否则就是非法的。这是程序形式的问题，即程序的**语法**问题，编译程序能检查程序的语法并在发现语法错误时报错。另外，每个形式合法的语句都表达了一种含义，表示在程序执行中要做的一些操作，这称为语句的**语义**。上述语句的语义就是要求通过输出流 cout 执行输出操作，程序执行到这个语句时，就会向系统的标准输出送去一串字符，这些字符通常显示在计算机屏幕上。语言里还有许多语句形式，读者将逐渐接触和熟悉它们。

语句也可以只有一个分号而没有其他字符，这样的语句称为**空语句**。下面就是一条空语句：

```
;
```

空语句执行时什么也不做，有时需要用它将程序的语法结构补充完整。

一个基本语句只能完成一项简单的工作，复杂的计算过程需要通过许多基本动作才能完成，而且这些动作需要按特定的顺序执行。为了描述复杂的计算过程，编程语言还需要有一些控制结构，从而实现对语句的执行过程（流程）的控制。描述计算流程的最基本结构是**复合结构**（也称**复合语句**），它实现最常用的顺序执行。复合结构的形式是以一对花括号作为定界符，**在括号内可以写任意多个语句**。当一个复合结构执行时，列在其中的各条语句将顺序

执行，直至复合结构里最后一条语句执行完毕，整个结构的执行就完成了，这就是复合结构的语义。允许写不含任何语句的复合结构（空复合结构），执行这种结构时什么也不做，立即结束，相当于一个空语句。

在例 1-1 中给出的简单程序里，程序的主要部分是 main 函数：

```
int main () {
    cout << "Hello, world!" << endl;
    return 0;
}
```

main 函数的主体部分就是一个复合结构，其中包含了两个语句。该程序执行时，这两个语句顺序执行。前面说过，第一个语句输出作为"cout <<"输出对象的字符串，第二个语句是一个 return 语句，它把表示本程序正常完成的整数 0 送给运行环境（操作系统）。

根据复合结构的语义和"cout <<"所完成的输出动作，下面的 main 函数将产生与例 1-1 中的程序相同的输出：

```
int main () {
    cout << "Hello, ";
    cout << "world!";
    cout << endl;
    return 0;
}
```

这个程序执行时，复合结构里的三个输出语句顺序执行，产生的输出正好与前面程序一样。

复合结构实现程序中的顺序控制，一个操作完成后就执行下一个操作。这种执行方式对应于计算机硬件中指令执行的最基本方式：一条指令执行完毕之后执行下一条指令。

3.2　变量的概念、定义和使用

程序变量简称为变量（variable），用于表述数据的存储，是各种常规程序设计语言中最重要的概念之一。在计算机硬件层面，程序运行中的数据保存在内存的存储单元里，通过存储单元的地址访问。这种存储机制在程序语言层面上的反映就是程序变量的概念。

一个程序变量应看作一个用于存储数据的容器。每个变量有一个名字，在语句里通过名字使用相应变量，可以把计算产生的数据（结果）存入变量，或者提取以前存入变量的数据，还可以反复地把新数据存入同一个变量。由于具有这些操作特性，同一个变量在程序执行中的不同时刻可能具有不同的值。由此可见，程序变量与数学中的变量是完全不同的概念。

3.2.1　变量的定义

1. 变量定义的形式

程序里的**每个变量都有一个固定的类型**，这说明**每个变量只能保存一种类型的（数据）值**。例如，程序里可以有只能保存 int 值的变量，也有只能保存 double 值的变量。下面的讨论中说到变量时，常常要提出它们的类型。例如经常会说某变量是整型变量（int 类型的、只能保存 int 值的变量），或者双精度变量（只能保存 double 类型的值），或者字符变量等。

程序里的变量必须先定义，定义变量时需要提供两方面的信息：**变量的类型和变量的名**

字。变量的名字（简称**变量名**）用标识符表示，形式上必须符合标识符的命名要求（参见 2.1 节）。

定义变量的语言结构称为**变量定义**，在形式上是先写出被定义变量的类型，然后写变量名，最后写一个分号（这使得变量定义具有与语句相同的形式，因此也被称为"变量定义语句"）。例如，下面几行代码分别定义了一个整型变量 m、一个双精度变量 x 和一个字符变量 ch：

```
int m;
double x;
char ch;
```

允许在一个变量定义里同时定义多个类型相同的变量，形式上是用逗号把这些变量名分隔开。例如，下面是三个变量定义，分别定义了四个整型变量、两个双精度变量和两个字符变量：

```
int m, n, sum, count;
double x, y, z;
char c1, c2;
```

多个变量定义可以写在同一行。但是，为了程序的清晰性，人们提倡分行书写（如上面的例子所示）。

2. 变量名

前面说过，变量名是标识符，其形式要符合标识符的规则。除了不能用关键字作为变量名外，写程序时可以用任何标识符作为变量名。在实践中，人们通常遵循如下的习惯做法：

（1）通常用字母 i、j、k、m、n（尽量不用字母 l，以免与数字 1 混淆）或以这些字母开头的标识符表示整型变量，也常用字母 x、y、z 或以这些字母开头的标识符（如 x1、x2 等）表示实数类型的变量。

（2）提倡遵循"见名识义"的原则，使用能说明变量用途或作用的有意义的英语单词（例如 radius、erea、sum、total、year、month、day，等等）或单词缩写为变量命名。如果在编程求解数学问题时希望用希腊字母（如 α、β、γ、θ 和 π 等），通常使用它们的英文名 alpha、beta、gama、theta 和 pi 作为相应的变量名。如果英文单词较长，通常可以用"去掉元音字母、保留辅音字母"等方式进行缩写。例如，表示"计数"的 count 可以缩写为 cnt，表示"信息"的 message 可以缩写为 msg。

（3）如果变量的用途或含义需要用多个单词来表示，则尽量用单词或单词缩写的拼接形式（分段首字母大写，或用下划线连接）来表示其最准确的意义。例如，某个用于表示学生姓名的变量可以选用如下形式之一：StudName、student_name 或 Stud_Name 等。

遵循这些习惯做法有助于提高程序的可读性，方便与别人（老师、同学或同事）进行交流和合作。如果不注意命名方法，可能给自己和别人带来不必要的麻烦。例如，如果随意地定义整型变量"x"，而在后面误以为它是双精度变量，那么在进行除法运算时可能产生意料之外的结果。

还要注意的是，在程序中有多个变量时，不仅应当以合理的方式给它们命名，还应该让不同的变量名有明显的区分，避免由于太相似而导致录入错误（从而引起程序中的计算错误）或视觉混淆。例如，如果在一个程序中同时定义仅有大小写区别的变量 s 和 S，而编辑程序时出现了录入错误（从而引起计算中的错误），后面将很难找出并排除这个错误。

3. 变量定义的位置

在 ANSI C 标准中，复合结构里的变量定义必须写在所有可执行语句之前。例如，在 main 函数里的变量定义只能出现在 main 函数体那一对花括号里的最前面部分（在早期的教材里经常可以看到这种要求）。然而，按照 C99 标准和所有的 C++ 标准，**变量定义可以出现在复合结构里的任何位置**。也就是说，允许先定义一些变量，然后写一些语句，再定义另一些变量，后面再写其他语句。本书中的程序是按照 C99 和 C++ 标准来书写的。

程序里使用的每个变量都必须**先定义，然后才能使用**（简称为"先定义后使用"规则）。**在一个复合结构里定义的变量可以在该复合结构的内部使用，这样的变量称为"局部变量"。**

变量定义中的常见错误：未定义与重复定义

在程序中定义一个变量，就是告诉编译器这个变量可以在语句中使用。如果程序中有一个名为 a 的变量没有定义就使用，就违背了"先定义后使用"规则，编译时会报错，Dev-C++ 显示的信息是：

[错误]'a'在此范围内没有被声明

看到这种错误报告，我们应该考虑在合理的位置补充对该变量的定义语句。

在同一层复合结构中，不允许定义多个名字相同的变量。例如，用户在程序中重复定义了同名字的整型变量 a，在编译时，编译器将在发现重复定义的位置给出错误信息：

[错误]重复定义'int a'

同时还会对首次定义的位置给出提示信息：

[提示]'int a'先前在此处已被定义

这时应该删除相应变量的重复定义。

---

4. 基本数据类型的选择

C/C++ 语言有多个浮点数类型和多个整数类型，程序开发人员可以选择适合的类型，满足复杂系统的程序设计中的需要。在实际中，不同程序或软件对数值的表示范围和精度的要求会有很大差异。对一些应用问题，选择合适的数值类型可能很重要，在写那些程序时，人们就需要更仔细地考虑，确定每个变量应该采用哪个数值类型。这是专业程序员开发特殊程序时的一项重要工作。

然而，对简单的程序，特别是对程序设计的初学者而言，这种选择就不那么重要了。在学习编程的阶段，可以采用如下的类型选择原则，这也是在大多数程序里的最合理选择：

（1）如果没有特殊需要，整数总采用 int 类型，因为它是每个系统里最基本的类型，必定能得到硬件最好的支持，其使用效率不会低于其他整数类型。

（2）如果没有特殊需要，浮点数总采用 double 类型，因为它的精度和表示范围能满足一般程序的需要（float 类型的精度常常不够，而 long double 类型有可能影响程序的效率）。

（3）如果没有特殊需要，字符总采用 char 类型。

*5. 无符号数

2.6.3 节介绍了计算机内部表示整数的情况，其中最高位一般用于表示正负号，整数类型的表示范围都是以 0 为中心的一个区间。实际中也存在一些情况，某些变量只需要取非负的整数值（而不需要取负整数），可能还希望它表示更大的整数值。C/C++ 语言提供了几个"无符号"整数类型，可以在定义变量时选择使用。定义无符号类型的变量时，需要在类型名前面加限定词 unsigned。例如：

```
unsigned int um;        //定义一个无符号整数类型的变量 um
unsigned un;            //相当于 unsigned int un;
unsigned char uch;
```

在计算机内部用机器数表示无符号数时，最高位并不用于表示正负符号，而是表示数值的最高位，因此其数值表示范围的正数最大值是相应的有符号数的两倍。

无符号类型的变量通常用于某些特殊目的，使用中也有一些特殊的注意事项。如果使用它们，需要弄清这些类型的细节规定。例如，它们采用的运算规则、与其他类型混合使用的转换规则等。初学者通常没有必要使用无符号类型的变量，本书示例未使用 unsigned 类型。

3.2.2 变量的使用：赋值与取值

对变量的基本操作只有两个：

（1）将数据（值）存入变量中。这个操作称为给变量赋值。程序语言对于怎样给一个变量赋值、能赋什么值往往有一些限制，具体语言常有具体的规定。

（2）取得变量里当时保存的值，在语句（计算）中使用。这个操作称为取值。

变量具有**保持值**的性质，也就是说，如果在某个时刻给某变量赋了一个值，此后使用该变量的值时，每次得到的总是那个值。这种情况将一直持续到给这个变量赋一个新值为止，再次赋值后该变量就会保持被赋的这个新值。由于变量具有这种功能，因此在程序里可以根据计算过程的需要，把一些数据存入变量，而后在必要的时候取出变量的值，在计算中使用。当然，由于赋值操作的存在，在程序执行的不同时刻，同一个变量里保存的值可能不同（总保存着此前最后一次赋值的值）。

1. 赋值运算符和赋值表达式

C/C++ 语言用等于符号"="作为赋值运算符（简称为赋值号），用它可以构造赋值表达式，计算这种表达式的主要效果就是给指定变量赋一个新值。例如，下面是一个简单的赋值表达式：

```
x = 5.0
```

这里假设 x 为 double 类型的变量。计算上面的表达式时，双精度值 5.0 将被赋给 x（在计算机内部，就是把 5.0 按规定形式存入 x 的内存单元）。此后 x 就保存着数值 5.0，直到被再次赋值为止。

一般来说，位于赋值运算符左边的应该是对一个变量的描述，最简单的情况就是一个变量名（后面会看到其他情况），而右边可以是任意的表达式。下面是两个赋值表达式的例子：

```
x = 5.0 + 3.0 * 1.5 / 20
y = 2 + 3 * sin (x)
```

赋值号左边的变量描述指定赋值的目标，右边用一个表达式描述应该赋的值。**赋值运算的主要效果就是求出赋值号右边表达式的值并赋给其左边指定的变量**。如果在右边的表达式中有变量（例如上面第二个语句中的 x），计算时就会去取该变量当时的值（也就是对该变量做取值操作），用这个值参与计算。显然，如果某个表达式里包含变量，它的计算结果就依赖于这些变量的值。由于变量的值可能变化，同一表达式在不同时刻就可能求出不同的值。

赋值运算符的优先级低于所有算术运算符，所以，对表达式 "y = 2 + 3 * sin(x)" 求值时，系统会先算出赋值号右边的算术表达式的值，最后将这个值赋给变量 y。

2. 赋值语句

赋值表达式在程序里很少独立出现，最常见的情况是用在赋值语句中。**在一个赋值表达式后面写一个分号**，就构成了一个赋值语句（其他情况会在后面介绍）。赋值语句是最基本的语句，代表着程序中最重要的赋值操作，实现对变量的赋值。下面是两个赋值语句的例子：

```
x = 5.0 + 3.0 * 1.5 / 20;
y = 2 + 3 * sin (x);
```

赋值语句的主要用途是把计算过程中得到的中间结果存入变量，以便用于后续计算，或者用于输出等（用于上一章介绍过的 "cout <<" 方法或 printf() 函数）。

需要注意，赋值操作中也有类型问题：被赋值的变量有自己的类型（由变量定义确定）；赋值号右边的表达式的计算结果也有确定的类型。如果这两个类型相同，赋值自然可以顺利进行。如果这两个类型不一致，相应的规定是：**在可以转换的情况下，表达式的值将自动转为被赋值变量的类型的值，然后再赋值**。对于不能转换的情况，编译时将报错。

下面重新考虑第 2 章的一道课后练习题。

【例 3-1】已知三角形三边的长度分别是 3 cm、5 cm、7 cm，按照三角形面积公式 $S = \sqrt{s(s-a)(s-b)(s-c)}$（其中 a、b、c 为三边的边长，半周长 $s = (a+b+c)/2$），编写程序求该三角形的面积。

上面的三角形面积公式中多次用到半周长，如果没有变量，在程序里写计算三角形面积的表达式时，就必须多次写出求半周长的表达式。如果先计算半周长的值，并用一个变量保存这个值，后面的计算中就可以通过变量直接地多次使用这个值。这样写出的程序更简单，还能避免重复计算。

还有，由于在计算半周长和面积时都要使用三边的边长，用三个变量分别保存三边的边长，可以增强程序的通用性（需要计算另一个三角形的面积时，只需修改这三个变量的值）。下面是实现题目要求功能的程序：

```cpp
#include <iostream>
#include <cmath>
using namespace std;

int main () {
    double a, b, c, s, area;        //定义变量
    a = 3;                          //对变量赋值
    b = 5;
    c = 7;
    s = (a + b + c) / 2;            //对a、b和c的取值进行计算，计算结果赋值给s
    area = sqrt(s * (s - a) * (s - b) * (s - c));
    //对a、b、c和s的取值进行计算，计算结果赋值给area
    cout << "Area = " << area << endl;    //对area取值，用于输出
```

```
    return 0;
}
```

请读者将这个程序与自己在第 2 章完成同样工作的程序进行对比。它们采用同样的算法，但是，本程序通过使用变量保存计算的中间结果，更简单也更清晰，还避免了同样数据的重复计算，因此程序的执行效率也更高。这个例子很清楚地说明了变量的使用方法及其意义。

对这个程序，需要注意如下几点：

（1）赋值操作中的类型问题。程序里变量 a 的类型是 double，因此赋值表达式 a = 3 在执行中会做一次类型转换，a 得到的值是 double 类型的值 3.0。变量 b 和 c 的情况也是如此。

（2）写表达式时，同样需要注意表达式求值时的类型转换问题（特别要注意两个整型变量计算得到的结果为整型）。如果把上例程序中对变量 s 的赋值语句改写成：

```
s = (3 + 5 + 7) / 2;
```

或

```
s = 1 / 2 * (a + b + c);
```

就会发现虽然程序能正常地完成编译，但运行时输出的结果完全不对。请读者分析这个语句在执行中的类型转换情况，弄清楚运行结果出错的原因。

（3）在数学上，人们习惯用大写字母 "S" 表示面积。但上面的程序中已经使用小写字母的变量名 "s" 表示半周长，为了避免变量名太相似而导致无意中出现录入错误（导致程序计算错误），这里表示面积的变量名没有用 "S"，而是用 "area"，意思也更清楚。

（4）注意，字符串中的等于符号 "=" 是普通字符，没有任何特殊意义（与赋值运算无关）。上面程序中的 "Area = " 就是这种情况，其中的 "=" 作为普通字符输出。

3. 变量定义时的初始化

程序运行中遇到变量定义时，系统将为变量安排内存单元，用于存储变量的值。对于函数里定义的变量，在给它们赋值之前，相关内存单元里的内容未知（有可能是以前残留的二进制编码值）。所以，**必须保证在程序中对变量取值之前，已经给它们赋过值。若从没赋过值的变量中取值，得到的值无法预料，也是没有意义的。**例如，例 3-1 的程序中先有语句分别给变量 a、b、c 赋值，再取它们的值参与计算。读者可以试一试，如果把该程序中对变量 a、b、c 的赋值语句注释掉，运行结果会是什么样。（在不同的机器上多次运行时所得的结果可能相同，也可能不同，总之，这种情况将使程序变得毫无意义。）

实际上，**定义变量时**可以通过类似赋值的写法给出指定变量的初始值，这种描述方式称为变量的**初始化**。在这里常用类型合适的文字量或简单表达式（更多规定在第 5 章介绍）。**在定义变量时直接初始化，既方便又能避免忘记给变量赋值就去取值使用的常见错误，值得提倡。**

【例 3-2】改写例 3-1 的程序，采用定义变量时初始化的方式。

```
#include <iostream>
#include <cmath>
using namespace std;

int main () {
    double a = 3, b = 5, c = 7;
```

```
    double s = (a + b + c) / 2.0;
    double area = sqrt(s * (s - a) * (s - b) * (s - c));
    cout << "Area = " << area << endl;
    return 0;
}
```

对于同一个问题，上面写出了两个程序，其中的语句有些不同，但实现了同样的功能。这两个例子说明，**相同的功能完全可能通过不同的语句序列来实现**，在学习编程时，重要的是掌握各种语言结构的形式（语法），理解其语义，并灵活组合和运用它们完成工作，而不要死记硬背具体问题的答案。例如，下面也是解决同一个问题的 main 函数，其功能完全正确：

```
int main () {
    double a = 3, b = 5, c = 7, s;
    s = (a + b + c) / 2.0;
    cout << "Area = " << sqrt(s * (s - a) * (s - b) * (s - c)) << endl;
    return 0;
}
```

下面是另一个正确的 main 函数定义：

```
int main () {
    double s = (3 + 5 + 7) / 2.0;
    cout << "Area = " << sqrt(s * (s - 3) * (s - 5) * (s - 7)) << endl;
    return 0;
}
```

后面会看到，解决同一个问题有可能采用大不相同的多种方法，写出的程序可能有天壤之别，但它们都是通过深入分析问题找出了解决方法后，正确利用语言机制写出的良好程序。

在上面两段示例程序中没有写 "#include <iostream>" "#include <cmath>" 和 "using namespace std;"，这些部分通常都需要，不能省略不写，这里没写只是为了节省篇幅。如果需要做成完整的程序，读者可以自行添加。本书后面很多示例代码也这样做。

4. 赋值运算符的值与结合性

赋值运算符 "=" 主要用于写赋值语句，给变量赋值。但也要看到，赋值运算符也是运算符，与算术运算符 "+" "-" 等类似，赋值表达式也是一种表达式。而作为表达式，对它的计算就会得到一个值。实际上，**赋值表达式的值就是赋给左边变量的那个值**。举例说，在执行时，下面的表达式（注意，这不是一个语句，因为它不包括表示语句结束的分号）

```
s = (3 + 5 + 7) / 2.0
```

先求出赋值号右边表达式的值（7.5），并将这个值赋给变量 s。如果变量 s 是 double 类型，它将直接得到值 7.5，整个赋值表达式也将得到 double 类型的值 7.5。如果变量 s 是 int 类型，赋值时就会做类型转换，s 会得到 int 值 7，整个赋值表达式的值就是 int 类型的值 7。

一般情况下，人们不关心也不使用赋值表达式的值。最常见的用法是把赋值表达式用作赋值语句的基本部分，描述给变量赋值的操作。在这种情况下，赋值完成后，表达式的值就丢弃了。

由于赋值表达式也能得到一个值，因此可以将它作为更大的表达式的组成部分。例如，在计算下面的表达式时, 系统先求出其中赋值表达式的值, 然后完成给变量 x 赋值的操作(赋值表达式的执行效果), 最后执行加法运算, 整个表达式将求出 double 类型的结果 13.0:

```
(x = 5.0) + 8          // 假设 x 是 double 类型的变量
```

这样, 下面的语句都是合法的、有意义的:

```
y = (x = 5.0) + 8;   // 假设 x 和 y 是 double 类型的变量
cout << (x = 5.0) + 8;
```

在这两个语句中, 括号里的赋值表达式给 x 赋值 5.0, 而后这个赋值表达式的值 5.0 与整数 8 相加。第一个语句用赋值表达式的结果给变量 y 赋值, 第二个语句将其输出。

虽然这两个语句在语言里是合法的, 但其意义比较容易被误解(在后文中还会提到一些由这类形式的表达式引起的常见错误), 因此**不提倡写这样的代码**。

有时, 人们以一种特殊形式使用赋值表达式的值, 就是把一个赋值表达式放在另一个赋值号的右边。这样做的效果就是用同一个表达式为多个变量赋值。假设已经定义了变量 x、y 和 z(例如 "double x, y, z;"), 下面的赋值语句用一个算术表达式给三个变量赋了值:

```
y = (z = (x = 3.5 * 2));
```

赋值运算符采用从右向左的结合顺序, 因此上面的语句可以简化为下面的形式, 效果不变:

```
y = z = x = 3.5 * 2;
```

这种赋值语句形式也称为 "多重赋值"。

但是请注意, 在变量定义时进行初始化, 不能采用多重赋值的形式。例如, 假设想定义三个变量 x、y 和 z, 并对它们进行初始化。下面的写法是错误的:

```
double y = z = x = 3.5 * 2;
```

编译器认为这里只是要求定义变量 y, 后面的部分(整体)就是对 y 的初始化表达式, 其中使用了变量 z 和 x。如果前面没有 x 和 z 的定义, 编译器就会报告 "变量在此范围内没有声明"错误。

5. 变量赋值与复合赋值运算符

应该看到, 虽然 C/C++ 语言用等于符号 "=" 表示赋值, 但赋值操作与数学中的 "等于"关系是完全不同的两个概念。看一个典型的例子。在数学里, 等式 k = k + 1 是个矛盾式, 因为没有任何数值能满足这个等式。然而, 在程序里经常能看到下面这样的语句:

```
int k = 0;
... ...
k = k + 1;
```

第二条语句的语义是: 取出变量 k 当时的值加 1, 把得到的结果再赋给变量 k。这个语句的执行效果就是使变量 k 的值增加 1。这是一个合法语句, 完成的是一件计算中经常要做的工作。

同理, 在程序中还常常需要下面这类语句:

```
K = k + 2;
k = k - 2;
```

```
k = k * 2;
k = k / 2;
k = k % 2;
```

它们的共同点是取出一个变量的当前值，进行某种算术运算，再把结果重新赋给这个变量。

由于程序中经常用到上述形式的语句，语言专门为此提供了几个**复合赋值运算符**，如下所示：

+=	加法赋值	-=	减法赋值	*=	乘法赋值
/=	除法赋值	%=	模运算赋值		

利用这几个运算符可以更简洁地描述一些修改变量操作。例如，上面的五条语句可以改写如下：

```
k += 1;
k -= 2;
k *= 2;
k /= 2;
k %= 2;
```

6. 增量和减量运算符

程序中经常要做变量加 1 或减 1 的操作，语言为此提供了专门的增量和减量运算符（++、--）。这两种运算符都有前置写法和后置写法，如下所示：

操作	前置写法	后置写法
将变量 k 的值增加 1	++k	k++
将变量 k 的值减少 1	--k	k--

单独使用增量和减量运算符写语句时，前置写法和后置写法是等价的。例如，语句 "k++；"与"++k；"都使 k 的值增加 1，语句"k--；"与"--k；"都使 k 的值减少 1。

然而，前置写法与后置写法作为表达式求出的值不同：**前置写法 ++k 求出的是 k 加 1 之后的值，后置写法 k++ 的值是 k 加 1 之前的值。** 减量操作的情况也类似。下面是几个语句及其解释：

```
k = 2;
m = 2 + ++k;    // k 值变为 3，++k 的值是加 1 之后的值，m 被赋值为 5
n = 3 + k++;    // k 值变为 4，k++ 的值是加 1 之前的值 3，n 被赋值为 6
```

【例 3-3】为了帮助读者更好地理解上面介绍的几类运算符，这里提供一个简单的测试程序（读者也可以自行加入一些语句进行测试）。

```
int main() {
    cout << "变量相关知识测试" << endl << endl;

    int m, n;  //定义变量
    cout << "定义后未赋初值: m= " << m << " n= " << n << endl << endl;
    //未赋初值就取值，错误！运行时所输出的 m 和 n 的值无法预料

    m = 5;    //正常赋值
```

```
n = 5.5;   //赋值时有类型转换
cout << "已赋初值: m = " << m << "\t n = " << n << endl << endl;
m = m + 1;
cout << "m 再次赋值之后: m = " << m << endl << endl;
cout << "赋值表达式的值: " << (m = 5) << "  " << (n = 5.5) << endl;

cout << "\n 测试复合赋值运算符\n";
m -= 4;
cout << "m -= 4 之后:\t" << m << endl;
n *= 2;
cout << "n *= 2 之后:\t" << n << endl;

cout << "\n 测试增量减量运算符的前置和后置写法\n";
m = n = 8;
cout << "m = " << m << "  n = " << n << endl;
cout << "++m : " << ++m << endl;
cout << "n++ : " << n++ << endl;
cout << "m = " << m << "  n = " << n << endl;

return 0;
}
```

7. 对求值顺序敏感的表达式

2.3.3 节中介绍了在表达式求值中对运算符优先级、运算符结合方式和括号用法等方面的规定，在表达式中涉及变量运算时，还需要了解求值顺序对表达式求值的影响。

先看下面两个简单的表达式：

```
5 / 3 + 4 * 6 / 2
(5 + 8) * (6 + 4)
```

显然，对第一个表达式，应该先计算 5 / 3 和 4 * 6 / 2，最后做加法。但是 5 / 3 和 4 * 6 / 2 这两个表达式先计算哪个呢？对于第二个表达式，当然是先计算(5 + 8)和(6 + 4)，后做乘法。但子表达式(5 + 8)和(6 + 4)中先计算哪个呢？这里涉及的就是**二元运算符的两个运算对象的求值顺序**问题。

C/C++ 的语言规范中对这个问题**没有明确规定**，即二元运算符的两个运算对象的求值顺序由具体的语言系统自行确定。语言设计者这样做，是为了编译器开发者能更好地利用计算机硬件的功能，开发出性能更好的编译器。不同的编译系统上的具体实现可能不同，有的可能先计算左边对象；有的可能先计算右边对象；也有的可能在某些情况下先计算左边对象，另一些情况下先计算右边对象。甚至在同一个系统的不同版本中、同一个版本的不同编译模式下，编译结果都可能不同。

很明显，上面两个不含有变量的表达式对运算对象的求值顺序不敏感，求值顺序不影响求值结果。在有变量参与的表达式中，通常也不受求值顺序的影响，例如本节前面所列举的各个表达式都是如此。

然而，在涉及赋值、增量和减量运算时，有人可能写出下面的（或者类似的）语句：

```
int k = 2, n1 = 0, n2 = 0;
```

```
n1 = (k = 3) * k;
n2 = k++ + k++;
```

那么，这些语句执行之后，变量 n1 和 n2 的值是多少？仔细分析不难发现，对 n1 和 n2 赋值的右边表达式的计算结果依赖于加法或乘法这些二元运算符的两个运算对象的计算顺序（包括何时对变量取值或更新变量值），采用不同的计算顺序将得到不同的结果。这种语句在不同的编译系统上，或者在同一编译系统的不同版本或不同编译模式下，编译后运行得到的值都可能不同。

某些书籍中可能会详细讨论上面这种语句在某些特定的编译系统上（例如在 Visual C++ 6.0 或 GCC）的编译运行结果，但这种讨论是没有意义的，会把读者引入歧途。

应当这样理解语言的规则：**编写程序时，不应该写依赖于特殊计算顺序的表达式。** 上面两个对 n1 和 n2 赋值的语句虽然在语法上是正确的，但是其求值结果依赖于特殊的计算顺序，违背了语言规则的精神，所以应该重写（最好是根据实际需要将其拆分成多条语句）。**写程序时，不应该写语言中没有规定确切意义的代码，** 那样得到的程序的意义没有保证。在学习中不要去纠结、思考语言中没有明确规定的代码的实际行为，而应该**只写语言明确规定了意义的语句和表达式，** 尽力保证写出的程序在任何编译系统上的编译运行结果都相同。

运算对象的求值顺序问题是程序语言中的特殊问题，在数学里并不存在这种问题，由此也可以看出计算机（程序）与数学的不同。

8. 常变量、枚举常量与符号常量

程序里经常需要一些数值或其他量，它们有特殊的意义，其值在程序运行中不变，可能需要在程序中的多个地方一致地使用。如果直接写文字量，无法表现这些量的意义，也难以保证一致性。而用变量表示，又可能因为疏忽或修改不当而造成错误。在这种情况下，最合适的方法就是定义代表这种特殊值的**常量**。常量有名字，能起到提示其意义的作用，方便在程序中的多个地方统一使用。如果需要修改其值，只需要在定义处进行修改，所有使用该常量的地方都将自动使用修改后的新值。

常量名也用标识符表示，形式上应符合标识符的规则。但在编程实践中，为了方便识别，并有效地避免与变量等其他标识符混淆，人们通常用**全大写字母拼写的标识符作为常量名**。

常量有三种表示方式，分别为常变量、枚举常量和宏常量，下面逐一介绍。

常变量通过变量定义语句进行定义，但需要在类型名前面加上修饰符 const，还必须在定义时直接初始化。这种变量的特点是其值只能通过初始化设定，不允许（重新）赋值，因此在其存在期间总代表着初始化时给定的值。下面是一个常变量定义：

```
const int NUM = 10;
```

人们经常在程序的最前面定义一批常变量，供程序中各处使用，例如：

```
const double PI = 3.14159265;    //圆周率
const double E = 2.7182818;      //自然对数的底
```

允许在一个定义语句里定义多个同类型的常变量，也允许定义任何类型的常变量。

如果在程序中需要整型（int）常量，那么就可以通过写**枚举**定义的方式定义**枚举常量**。一个枚举定义由关键词 enum 开始，在紧接着的花括号内可以写一个或多个枚举常量的名字

（标识符）和希望用它们表示的常数值，这样就可以很方便地定义出一组符号形式的整型常量。例如：

```
enum {NUM = 10, LEN = 20};
```

有了这个定义之后，标识符 NUM 就代表整数 10，LEN 代表 20，可以随意使用。注意，通过 enum **只能定义代表整数的常量**。enum 定义还有其他用途，这里只介绍了它作为常量定义的用途。

定义常量的另一种方式是通过预处理命令"#define"定义**宏**（macro）。宏是一种简单的文本替换机制，执行一套替换规则（详见 5.6.2 节）。

使用预处理命令"#define"定义宏的描述形式是：

```
#define   宏名   替换文本
```

其中，**宏名**是一个标识符，至少一个空格之后的**替换文本**可以是任意的文字。请注意，这里不写"="号，而且句末无分号，因此这个代码行不是语句，也不进行赋值。

由 #define 开始的行称为**宏定义命令行**，其用法与 #include 类似，通常写在源文件的最前面部分。例如，程序中可以定义如下的宏（通常写在程序头部，与"#include"语句相邻）：

```
#define PI 3.14159265
```

在此之后，程序中出现的 PI 就表示常量"3.14159265"了。

上面三种定义符号常量的方法各有特点。基于编程实践，人们倡导在一般情况下采用 const 的方式定义常变量，尽量不采用通过 #define 定义的宏常量。

【**例 3-4**】常变量的定义和使用。考虑定义常变量 PI，然后计算给定半径 r =1.5m 的圆的周长和面积，并计算给定半径 r =2.4m 的球的体积。

根据题目要求写出 main 函数如下：

```
int main () {
    const double PI = 3.14159265;
    double r;

    r = 1.5;
    cout << "r=1.5 的圆的周长: " << 2 * PI * r << " m" << endl;
    cout << "r=1.5 的圆的面积: " << PI * r * r << " m^2" << endl;

    r = 2.4;
    cout << "r=2.4 的球的体积: " << PI * r * r * r * 4/3 << " m^3" << endl;

    return 0;
}
```

函数中表示半径的变量取名 r，源于英文单词 radius，这样简写也符合"见名识义"的原则。还请注意，圆面积公式 $S = \pi r^2$ 和球体积公式 $V = \frac{4}{3}\pi r^3$ 中分别要对 r 求平方和求立方，通常写成连续相乘的形式（也可以使用标准库中的数学函数 pow）。

为了方便编程，标准库也定义了一些常量，包含相应的头文件之后就可以直接使用了。

【**例 3-5**】标准库有一个头文件 limits.h，其中定义了两个符号常量 INT_MIN 和 INT_MAX，分别表示当前系统中 int 类型数据的最小值和最大值。现在希望输出这两个符号常量的值，展示超范围加减产生溢出错误的情况，并考虑转换到双精度值避免溢出（本例的目的是复习上一章关于溢出的知识）。

根据题目要求写出程序如下：

```cpp
#include <iostream>
#include <iomanip>
#include <limits.h>     //提供了各种类型数据的取值范围常量
using namespace std;

int main() {
    cout << "int 类型的最小值和最大值:\t" << INT_MIN << "\t"
         << INT_MAX << endl;
    cout << "减1加1发生溢出得到错误结果:\t" << INT_MIN - 1 << "\t"
         << INT_MAX + 1 << endl;
    cout << "转换到双精度数避免了溢出:\t" << setprecision(12)
         << INT_MIN - 1.0 << "\t" << INT_MAX + 1.0 << endl;
    return 0;
}
```

程序还包含了头文件 iomanip，在输出语句中用 "setprecision(12)" 要求双精度数输出最多 12 位有效数字，以便看到浮点数值的更多位数。

有些编译器在加工这个程序时可能产生以下的警告信息：

[警告] 类型为'int'的表达式中出现整数溢出，导致结果为 '##########' [-Woverflow]

由于本例的目的就是观察溢出错误，因此可以忽略这个警告。此程序在运行时会输出如下信息：

int 类型的最小值和最大值：	-2147483648	2147483647
减1加1发生溢出得到错误结果：	2147483647	-2147483648
转换到双精度数避免了溢出：	-2147483649	2147483648

请仔细检查程序和输出，理解其中出现了溢出的情况和转换到双精度类型避免了溢出的情况。

*9. 变量功能的实现

要更深入地理解变量的性质，就需要了解计算机存储器的基本知识，并且理解变量在计算机内部的实现方法。这些知识对后续的学习也有帮助。

计算机内存通常用"内存条"一类的物理器件实现。内存包含一系列存储单元，常见情况是一个单元中可以存放一个字节的二进制数据。内存中的每个字节有一个"地址"，软件基于内存地址访问（存入或读出）相应位置的数据。内存数据访问通常以计算机的字长（一个字节或多个字节，例如 32 位计算机的字长是 32 个二进制位，也就是 4 字节，64 位计算机的字长是 64 个二进制位或 8 字节）为单位。每次访问内存时，CPU 都给出数据的首地址和希望访问的字节数。

在计算机运行中，CPU 只能直接使用内存中的信息，要使用外存中的信息，必须先将信息装入内存。例如，系统软件和应用软件的程序和数据都需要先装入内存，然后才能使用。存放了有用程序或数据的内存单元称为"被占用了"。一个程序运行结束时，操作系统将收回其占用的内存空间（的所有内存单元），以后可以安排给其他程序使用。所以，在整个系统的运行过程中，内存单元的占用和空闲状态是可能变化的，占用和空闲的内存可能不是连续的。图 3-1 描绘了有关的情况。

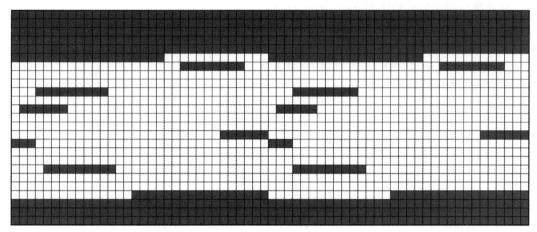

图 3-1　计算机运行时的内存占用情况示意图，灰色为占用，白色为空闲

如果一个程序里定义了变量，那么在这个**程序运行的过程**中，系统会在合适的时刻（第 5 章将介绍与此相关的"生存期"概念）在内存中为它们安排存储位置，分配给一个变量的存储单元数由变量的类型确定。例如，如前所述，一个整型变量通常被分配连续 4 字节的一块内存区域，正好放下一个整型值；一个双精度类型变量通常被分配连续 8 字节的一块存储区域，正好能放下一个双精度值；一个字符类型的变量通常被分配一个 1 字节的存储区域。其他类型的变量也一样，由编译系统根据数据类型的大小分配存储区域。假设程序中定义了如下几个变量：

```
int m, n;
double x, y;
char c1, c2;
```

图 3-2 中描绘了程序运行中为这些变量安排内存的可能情况。图中每个小方框表示 1 字节，左边的整数表示该行第一个字节的内存地址（其他字节的地址依此类推）。图中用同一种颜色或底纹表示一个变量所占用的连续内存空间，变量名标于其中。可以看到，整型变量 m 在内存中占据 4 字节，double 变量 x、y 各占据 8 字节，char 变量 c1、c2 各占据 1 字节。

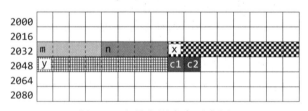

图 3-2　变量占用内存示意图

程序执行中给某个变量赋值时，这个值就被存入该变量的内存单元；需要使用变量的值时，就从相应内存位置取出值来使用。如前面所说，变量可以看作一种能存值和取值的"容器"。

　　由于各种类型的变量都按系统设定的存储方式分配到了固定数量的存储单元，因此每种类型的变量都有特定的取值范围，具体情况如 2.6.3 节中所述。

　　在程序中可以用运算符 sizeof 求各种类型数据的大小（占用的存储空间，按字节数计）。例如，下面三个语句将输出所在系统中 int 类型、double 类型和 char 类型数据的大小：

```
cout << "size of int: " << sizeof(int) << endl;
cout << "size of double: " << sizeof(double) << endl;
cout << "size of char: " << sizeof(char) << endl;
```

sizeof 还可以获取变量和表达式结果的大小（等于相应类型的大小）。例如：

```
cout << "size of variables: " << sizeof(m) << "\t" << sizeof(x) << "\t"
     << sizeof(c1) << endl;
cout << sizeof(m + x);
```

3.3　数据输入

　　在前面的示例中，程序使用的数据都直接写在代码里，这种方式虽然能解决问题，但也限制了程序的功能：这些程序只能处理代码里明确写出的数据，完成一项具体的计算工作。应该看到，许多计算问题及其解决方法具有一般性。例如，根据三角形三边长计算面积的公式，不仅可用于计算边长分别为 3、5、7 的三角形的面积，也能用于计算其他边长的三角形的面积。我们当然希望写出的面积计算程序具有通用性，能用于计算任何三角形的面积（而不是只能用于一个具体三角形）。如果能这样，只需要写一个程序，就能计算任意三边长的三角形的面积了。

　　为了完成上面的设想，一种可能做法是写出一段具有通用性的代码，让它能在每次执行时从程序的使用者那里获取计算中所需的一些数据，然后针对这些数据完成计算工作。程序从外部获取数据的操作称为**输入**。现在考虑最简单的情况：**让程序从输入流或标准设备得到用户通过键盘输入的数据**。本节介绍实现程序输入的基本方法，第 4 章将会介绍更多的情况。

3.3.1　通过输入流获取数据

　　在 C++ 程序中，基本输入操作通过标准输入流 cin 实现。cin 由 C++ 标准库定义，通常与右向双箭头 ">>" 配合使用。这里的 ">>" 称为**提取运算符**，表示要求从输入流中获取数据并赋给指定的变量。程序中使用 cin 完成输入（输入语句）的一般描述形式是：

```
cin >> 变量名 1 >> 变量名 2 >> ……>> 变量名 n;
```

程序运行中遇到这种输入语句时，执行将暂停在这里，等待用户从标准输入设备（通常是键盘）输入所需项数的数据（由输入语句里的变量个数确定）。如果语句要求多项数据，实际输入的不同数据之间需要**用空格、制表符或换行符分隔**。用户输入完语句要求的数据并按回车键之后，cin 就会从输入流中获取这些数据，并依次将它们赋给语句中指定的变量。

　　下面是一个使用输入的简单例子。

【例 3-6】请写一个程序的主函数，它要求输入一个三角形的三条边长 a、b、c，然后利用公式 $S = \sqrt{s(s-a)(s-b)(s-c)}$ 算出三角形的面积。

根据已有的编程知识和 cin 的使用方法，不难写出下面的 main 函数定义：

```
int main () {
    double a, b, c, s;
    cout << "Please input a, b, c: ";
    cin >> a >> b >> c;
    s = (a + b + c) / 2.0;
    cout << "Area = " << sqrt(s * (s - a) * (s - b) * (s - c)) << endl;
    return 0;
}
```

根据前面的解释，这个程序运行时，会要求用户输入三角形的三条边长（三项数据），然后计算并输出三角形的面积。这个程序是对例 3-1 中程序的简单修改，这里说明一些细节：

（1）在输入之前写了一个输出语句"cout << "Please input a, b, c: ";"，这是为了提示用户进行输入操作。从程序功能上说，这个语句可以不写，但加入这个语句，**增强了程序与用户之间的友好互动，能帮助用户理解程序运行的情况和对用户输入的要求**。

（2）cin 在执行输入操作时，能根据变量类型自动完成数据转换。注意，用户实际输入的是一串字符，而 a、b 和 c 是双精度浮点型的变量，无论用户输入的数字序列中有没有小数点，cin 都会根据变量类型把输入转换成双精度型数据（的内部形式）。如果程序要求输入一个整数，但用户输入包含小数点，cin 就会把小数点之前的部分转换为一个整数赋给变量。输入转换的更多细节将在后面介绍。

（3）当然，程序运行时，实际输入的数据应该满足"三角形任意两条边长之和大于第三条边长"的基本要求。如果输入数据不满足这一要求，程序输出将为："Area = nan"，其中的"nan"表示"Not a number"，说明程序中的算术计算出错，计算结果不是双精度类型能表示的数。原因是程序中出现了对负数求平方根，而 sqrt 函数不能处理这种情况。

在程序里写输入语句，就是要求使用程序的人为它提供所需的数据。进一步说，程序中输入语句的写法也对用户的实际输入提出了要求。上面程序里的写法要求用户连续输入三段表示浮点数的数字序列，每段中可以包含一个小数点，不同的段之间用空白字符（空格、制表符或换行符）分隔。只要实际输入形式正确，程序就能正确获得所需数据并完成计算工作。

另一个情况值得再强调一次：上面的程序通过输入获取计算中需要的数据，这就使它与前面所有示例程序都不一样。这个程序是一个通用的根据三边长计算三角形面积的程序。只要在其运行时得到的是一个三角形的三边长，也就是说，得到满足输入的形式要求的三个数，而且任意两个数之和大于另一个数，这个程序就能算出相应三角形的面积。这样，用一个程序就解决了所有三角形面积的计算问题。当然，所输入的三个数不能太大或太小，要保证计算中不出现溢出。

*3.3.2　C 语言的格式输入函数 scanf

上一小节介绍了在 C++ 语言中常用的使用 cin 进行输入的方法，有关介绍已经能够满足大部分简单程序中输入工作的需要了。cin 机制也是本书后面章节里始终使用的输入机制。本小节简单介绍 C 和 C++ 标准库中的另一种输入机制：格式化输入函数 scanf。

scanf 是与前面简单介绍过的输出函数 printf 对应的输入函数，其功能也是从标准输入读取信息，而后根据一套特殊的**格式描述**，把读入信息转换为指定数据类型的数据（的内部形式），并把得到的数据赋给指定的程序变量。scanf 的使用形式与 printf 类似：

> scanf(格式描述串, &变量名,……);

"格式描述串"的形式与函数 printf 类似，其中可以包含一个或几个转换描述（同样以 % 开头），说明输入的形式和数据的转换方式。格式串之后可以有若干其他参数，参数个数应该与格式串中的转换描述一致。这些参数指明接受输入数据的变量，其书写形式是在**变量名**前面加一个 & 符号。应特别注意，**这个 & 符号必须写，不写 & 符号可能造成严重后果**，例如导致程序执行中出错，甚至破坏系统（死机等）。这种写法的实际意义将在 7.2.5 节中解释。

前面说过，调用 printf 时，需要注意两方面的一致性：格式串中的转换描述与对应位置上的描述输出的表达式（最简单的情况下是普通变量）的类型必须一致，否则表达式的值就可能按错误方式转换，产生不正确的输出。使用函数 scanf 的情况更复杂，它要求三方面一致：**格式串中的转换描述、对应参数变量的类型，以及程序实际运行时用户提供给程序的数据形式**。

下表列出了几个常用的转换描述，及其对应参数变量类型和实际要求的输入之间的关系。

转换描述	参数变量的类型	要求的实际输入
%d	int	十进制数字序列
%ld	long	十进制数字序列
%f	float	十进制数，可以有小数点及指数部分
%lf	double	十进制数，可以有小数点及指数部分
%Lf	long double	十进制数，可以有小数点及指数部分

注意，虽然 scanf 的转换描述在形式上与 printf 的转换描述相同，但对转换对象的规定却有差异。scanf 规定，%f 对应的参数应是 float 类型的变量，而 %lf 对应的参数才是 double 类型的变量。这与 printf 的规定不同，请读者注意对照。**如果在编程中对此疏忽大意，可能产生意想不到的错误**。

在程序中使用 scanf 进行输入时，对实际运行时用户提供的数据的形式也有很严格的要求。通常，scanf 格式串的转换描述之间只写空格或完全不写字符，那么输入数据之间只允许有空白字符，不能出现其他字符。例如，假设已经有了下面的变量定义：

> int n; double x; float y;

那么，语句

> scanf("%d %lf %f", &n, &x, &y);   //转换描述之间有空格

或

> scanf("%d%lf%f", &n, &x, &y);   //转换描述之间没有其他字符

都是要求在程序运行时读入三个形式合适的数，scanf 将把输入按指定类型进行转换，并把转换结果顺序赋给三个变量。对于上面的语句，用户实际输入的三项数据之间都应该用一个或多个空白字符（空格、制表符或回车符）分隔。例如输入

```
234 2252.18 220.4
```

执行中, scanf 就会将 234 存入变量 n, 将 2252.18 存入 x, 将 220.4 存入 y。

另外, 如果在 scanf 格式串里的转换描述之间写有其他字符, 那么在输入数据时就必须严格地输入这些字符。例如语句

```
scanf("%d, %lf, %f", &n, &x, &y);   //转换描述之间写有逗号
```

也是要求在程序运行时读入三个数据, 但同时要求用户输入的不同输入项之间用逗号分隔(在逗号前后可以有任意数目的空白字符, 也可以没有), 例如用户输入

```
234, 2252.18 , 220.4
```

可以满足要求。但是, 如果输入的数据之间没有逗号, 那么数据就不能正常读入!

总结一下, 如果在程序中使用 scanf, 就要注意下面几点:

（1）每个待输入的变量名前面要写 & 字符;

（2）double 变量的格式描述要用 %lf;

（3）转换描述之间通常只写空格（而不写其他字符）, 程序运行中输入数据时也只用空格分隔数据;

（4）最重要的是保证格式串里的转换描述、接受输入的变量类型和实际输入三者之间的一致性。

使用 scanf 和 printf 函数也能写出通用的以三边长为输入、计算并输出三角形面积的程序。请读者参考前面的程序和上面的讨论, 自己完成这一工作。

对比 cin 和 scanf 机制, 可以看到两者都可以用于实现程序的输入, 它们的功能是重复的（就像 cout 和 printf）。这个情况反映了编程语言的发展历史, 以及语言设计者对实际软件开发的认识和经验总结。实际上, scanf 和 printf 是 C 语言发展早期开发的输入输出功能, 虽然功能强大, 但用起来很不方便, 需要考虑的因素太多, 稍不留意就会出错。在设计 C++ 语言时, 设计者为了避免 C 语言输入输出功能的这些弱点, 开发了 cin/cout 和流输入机制。考虑到使用方便性和易理解性, 也为了方便读者学习, 本书后面的实例中将只使用 cin/cout 机制。

3.4   关系表达式、逻辑表达式和条件表达式

只使用前面已经介绍过的机制, 写出的程序就是顺序排列的一系列语句。程序执行的过程也非常简单, 就是一个个地执行这些语句, 执行完所有语句时结束。在解决实际问题时, 经常需要检查实际数据, 根据不同情况采取不同的处理方式, 为此就需要检查变量的取值, 或对变量/数据进行比较, 判断某个条件是否成立。为了描述比较操作、完成逻辑判断, 就要使用**关系运算**和**逻辑运算**。

3.4.1   关系运算符与关系表达式

关系运算符用于判断两个数据之间是否存在某种关系。使用关系运算符可以写出**关系表达式**, 而后就可以利用这种表达式的求值结果去控制计算的进程。

关系运算符共有 6 个, 它们分别是:

>	大于
>=	大于等于
<=	小于等于
<	小于
==	等于
!=	不等于

这些运算符可以用于各种数值类型。如果关系运算符的两个参数的类型不同，就按照算术运算符的规则，先做类型转换，转换为同类型之后再做比较。下面是几个简单的关系表达式：

```
3.24 <= 2.98
5 != 3 + 1
5.0 <= 7 - 4
```

关系表达式描述了一种逻辑判断，对它求值只有两种可能结果：或者其描述的关系成立，或者该关系不成立。当一个关系成立时，人们就说这个关系式所表达的关系是"**真的**"，或说它具有**逻辑值**"**真**"；而在其关系不成立时，就说该关系是"**假的**"，或说表达式具有**逻辑值**"**假**"。

在程序中如何表示逻辑值"真"和"假"呢？ANSI C 语言没有专用的逻辑类型，**任何基本类型的值都可以当作逻辑值使用，值等于 0 就表示逻辑值"假"，所有不等于 0 的值都表示逻辑值"真"**。

为了更利于理解，C99 和 C++ 中提供了一个专门的逻辑值类型 bool[称为"布尔型"，这个名字源于英国数学家、逻辑代数的奠基人 George Boole（乔治·布尔）]，还定义了两个逻辑值 true 和 false 分别表示"**真**"和"**假**"，bool 类型的变量只能取这两个值。实际上，bool 类型是一种只包含 1 或 0 值的整数类型，可以认为 true 和 false 就是 1 和 0 的别名。**关系表达式求值将得到 bool 类型的值：关系成立时得到 true，关系不成立时得到 false**。这样，关系表达式"3.24 <= 2.98"的值就是 false，而"5 != 3 + 1"的值是 true。**其他表达式的值也可以当作逻辑值来使用，这样使用时，非 0 值自动转换为 true，0 值**（包括浮点的 0.0 等）自动转换为 false。

关系运算符的优先级低于算术运算符，高于赋值运算符。其中，== 和 != 的优先级低于另外四个运算符。关系运算符同样是自左向右结合，并且没有规定参与比较的两个运算对象的计算顺序。

【例 3-7】使用 cout << 输出方法，计算一些关系表达式的值并输出到屏幕。

下面是一个包含了一些关系表达式的 main 函数：

```
int main() {
    cout << "测试关系表达式的值\n\n";
    cout << "2 > 1 \t" << (2 > 1) << endl;
    cout << "1 >= 0 \t" << (1 >= 0) << endl;
    cout << "3.24 <= 2.98 \t" << (3.24 <= 2.98) << endl;
    cout << "6 <= 12 / 2 \t" << ( 6 < 12 / 2) << endl;
    cout << "5 == 3 + 1 \t" << (5 == 3 + 1 ) << endl;
    cout << "10 != 2 * 5 \t" << (10 != 2 * 5) << endl << endl;

    int k = 10;
    cout << "k = " << k << endl;
```

```
        cout << "k > 100 \t" << (k > 100) << endl;
        cout << "k >= 10 \t" << (k >= 10) << endl;
        cout << "k == 10 \t" << (k == 10) << endl;

        bool logic = true;
        logic = (k > 10);
        cout << "logic= " << logic << endl;

        return 0;
}
```

应特别提出，一种常见的编程错误是（录入时）把"=="误写成"="，它符合语法但很可能不符合编程者的本意。请读者注意防范这种错误。

3.4.2 逻辑运算符与逻辑表达式

程序里经常需要描述复杂的关系，例如，判断变量 k 的值是否在区间 [3，5] 之内。要在程序里描述复杂的条件，可以使用**逻辑运算符**，利用它们可以描述多个条件是否同时成立、多个条件中是否至少有一个成立、某个条件是否不成立等。

逻辑运算符有 &&、|| 和 !（可读作 "and" "or" 和 "not"），分别表示"与""或者"和"否定"三种逻辑运算，简称为"**与**""**或**"和"**非**"，前两个是二元运算符，! 是一元运算符。利用这些运算符可以写出各种**逻辑表达式**。逻辑表达式的计算结果都是 bool 类型的 true 或 false。下表解释了这三个逻辑运算符的意义及其计算方式。

逻辑运算符	意义与计算方式
表达式 1 && 表达式 2	只有两个表达式都非 0 时结果为 true，否则为 false。 计算方式：先求表达式 1，若值为 0 则不计算表达式 2，直接以 false 作为整个表达式的结果；否则（表达式 1 非 0）计算表达式 2，如果它为 0，则整个表达式的结果为 false，否则结果为 true。
表达式 1 || 表达式 2	只有两个表达式的值都为 0 时结果为 false，否则为 true。 计算方式：先求表达式 1，若结果非 0 则不计算表达式 2，直接以 true 作为整个表达式的结果；否则（当表达式 1 的值是 0 时）计算表达式 2，如果它为 0，则整个表达式的结果为 false，否则结果为 true。
!表达式	把表达式的值看作逻辑值，以该值的否定作为结果。 计算方式：如果表达式的值非 0，则结果为 false；如果表达式的值是 0，则结果为 true。

使用以上三个逻辑运算符可以描述各种复杂的关系。

假设已经定义了两个变量 m 和 n，现在想判断变量 m 和 n 的值是否**同时满足** m > 10 和 n < 0，可以用下面的逻辑表达式：

```
    m > 10 && n < 0
```

如果要判断变量 m 和 n 的值是否**满足** m > 10 和 n < 0 **之一**，可以用下面的逻辑表达式：

```
    m > 10 || n < 0
```

再如，若想判断一个整型变量 k 的值是否在区间 [3,5] 之内（即同时满足 k >= 3 和 k <= 5

这两个条件），则可以用下面的逻辑表达式：

```
k >= 3 && k <= 5
```

注意，不能写成"5 >= k >= 3"！因为按运算符的结合性，这个表达式表示"(5 >= k) >= 3"，计算时第一步是计算关系 (5 >= k) 是否成立，如果成立，计算结果就是 true，不成立时计算结果是 false。于是，第二步就是计算 1 >= 2 或 0 >= 2，这两种情况下求出的值都是 false！

如果要判断整型变量 k 的值是否在区间 (-∞, 3) 或 (5, +∞) 内（是否满足 k < 3 或 k > 5，也就是说，满足"k < 3"和" k > 5"这两个条件表达式之一），可以用下面的表达式：

```
k < 3 || k > 5
```

类似地，如果要判断字符型变量 ch 是否为英文字符（包括大小写），可以用下面的表达式：

```
('A' <= ch && ch <= 'Z') || ('a' <= ch && ch <= 'z')
```

应特别说明，运算符 && 和 || 在计算方式上采用了特殊的规则（注意上表里的说明），它们在一些情况下不对第二个运算对象求值。下面是一个能说明其特殊用途的例子：

```
x != 0.0 && y/x > 1.0
```

如果计算这个表达式时 x 的值为 0，那么不会计算 && 右边的运算对象，因此不会出现除以 0 的问题。

逻辑运算符 ! 把运算对象的值看作逻辑值（如果原来不是逻辑值，就会自动转换为逻辑值），以该值的否定作为结果。下面是几个使用 ! 运算符的例子：

```
!(m > 10)            // m 的值不大于 10，相当于写 m <= 10
!(m > 10 && n < 0)   // 不同时有 m 大于 10 和 n 小于 0
!(k < 3 || k > 5)
!15                  // 恒假，因为 15 不是 0，表示"真"
!k                   // k 值非 0
```

否定运算符是一元运算符，其优先级与其他一元运算符相同；两个二元运算符的优先级低于关系运算符，且 && 的优先级高于 ||（参看本书附录 A）。

例如，根据运算符优先级关系，逻辑表达式

```
x + 3 > y + z && y < 10 || y > 12
```

等价于

```
(((x + 3) > (y + z)) && (y < 10)) || (y > 12)
```

显然，加上适当的括号之后可以更清楚地看出该逻辑表达式的含义。

关于逻辑运算符的额外说明：

（1）逻辑运算符 &&、|| 和 ! 分别有别名（规范运算符名之外的名称）and、or 和 not。使用这些别名可以提高程序的可读性。例如"(ch>='A' && ch<='Z') || (ch>='a' && ch<='z') "也可以写成"(ch>='A' and ch<='Z') or (ch>='a' and ch<='z') "。

（2）在书写逻辑运算符 && 和 || 时，不要误写成单个字符的 & 或 |。写错时编译器不会报错，因为后两个也是 C/C++ 的运算符，称为字位运算符。这种运算符共有四个，分别是字位"否定"（~）、字位"或"（|）、字位"与"（&）、字位"异或"（^）。这种运算符有特殊用途，初学者一般用不到。

【例 3-8】使用 cout << 输出方法，计算一些关系表达式和逻辑表达式的值并输出到屏幕。

```cpp
int main() {
    int m = 15, n = 3;
    cout << "m= " << m << " n= " << n << endl;
    cout << "(m > 10) \t" << (m > 10) << endl;
    cout << "!(m > 10) \t" << !(m > 10) << endl;
    cout << "(n < 0) \t" << (n < 0) << endl;
    cout << "!(n < 0) \t" << !(n < 0) << endl << endl;

    cout << "(m > 10 && n < 0) \t" << (m > 10 && n < 0) << endl;
    cout << "!(m > 10 && n < 0) \t" << !(m > 10 && n < 0) << endl << endl;

    int k = 4;
    cout << "k= " << k << endl;
    cout << "(k >= 3 && k <= 5 ) \t" << (k >= 3 && k <= 5 ) << endl;
    cout << "(k < 3 || k > 5) \t" << (k < 3 || k > 5) << endl << endl;
    k = -10;
    cout << "k= " << k << endl;
    cout << "(k >= 3 && k <= 5 ) \t" << (k >= 3 && k <= 5 ) << endl;
    cout << "(k < 3 || k > 5) \t" << (k < 3 || k > 5) << endl;

    cout << "!k \t" << (!k) << endl;
    cout << "!(k + 10) \t" << !(k + 10) << endl;
    cout << "!(k == 0) \t" << !(k == 0) << endl;
    return 0;
}
```

3.4.3 条件表达式

前面说过，程序中经常需要用逻辑判断（条件和逻辑表达式的结果）控制计算的进程。程序里有许多地方需要使用逻辑值，本小节介绍的条件表达式就是其中之一。

条件表达式是一种特殊的表达式，用它写出的表达式可以根据不同情况（某个条件成立与否）完成不同计算。构造条件表达式需要用条件运算符，这个运算符由一个 ? 字符和一个 : 字符构成，这是语言中唯一包含三个运算对象的运算符。条件表达式的形式是：

表达式 1 ? 表达式 2 : 表达式 3

条件表达式的计算方式也比较特殊：首先计算**表达式 1**，如果该表达式的值是 true（条件成立），那么接着计算**表达式 2**，并用得到的值作为整个条件表达式的值；如果**表达式 1** 的值是 false（条件不成立），就计算**表达式 3**，并用它的值作为整个条件表达式的值。

请注意，**表达式 1** 的值为 true 时不计算**表达式 3**（即使此时求值表达式 3 会出现诸如除 0 的非法操作，也不会执行），其值为 false 时不计算**表达式 2**（无论表达式 2 是什么）。

【例 3-9】使用条件表达式计算整型变量 n 的绝对值和正负符号。

通常可以用标准库函数 abs 求得变量的绝对值。用如下条件表达式亦可求得变量 n 的绝对值：

```
n >= 0 ? n : -n
```

符号函数的数学定义是：

$$\text{sign}(n) = \begin{cases} 1 & n > 0 \\ 0 & n = 0 \\ -1 & n < 0 \end{cases}$$

在变量 n 的值大于、等于或小于 0 时，结果分别为 1、0 和 -1。利用嵌套写出如下条件表达式：

```
n > 0 ? 1 : (n == 0 ? 0 : -1)
```

把上面两个条件表达式写在一个 main 函数里，就能得到所需结果：

```
int main() {
    int n;
    cout << "please input n: ";
    cin >> n;
    cout << "abs of n: " << (n > 0 ? n : -n) << endl;
    int sign = (n > 0 ? 1 : (n == 0 ? 0 : -1));
    cout << "sign of n: " << sign << endl;
    return 0;
}
```

在上面的程序中，int 变量 n 的绝对值是用条件表达式求出并直接输出的，而它的正负符号是用条件表达式求出之后赋值给 int 型变量 sign 再输出的。在求出正负符号并赋值给 sign 时，赋值号右边的条件表达式被写在一对括号内。由于条件运算符的优先级高于赋值号，也可以不写括号：

```
int sign = n > 0 ? 1 : (n == 0 ? 0 : -1);
```

显然，写上括号有助于理解语句的含义。

3.5　语句与控制结构

程序里最基本的语句包括**赋值语句**和**函数调用语句**[①]，它们完成一些基本操作，如赋值等。一次基本操作能完成的工作很有限，要实现复杂的计算过程，就需要做许多基本操作，这些操作还必须按照某种特定的顺序进行，形成一个特定操作序列，一步步完成复杂的计算工作。为了描述各种操作的执行过程（操作流程），就需要一套合适的流程描述机制，这种机制称为**控制结构**，它们的作用就是控制具体操作的执行过程。

在机器指令层面，执行序列的形成由 CPU 硬件直接完成。最基本的控制方式是顺序执行，一条指令完成后执行下一条指令，其实现基础是 CPU 里的指令计数器。另一种控制方式的代表是分支指令，这种指令的执行会导致某种特定的控制转移，要求执行过程转到另一个特定位置继续下去。通过这两种方式的结合可以形成复杂的执行流程。

如果将程序中的流程想象成在程序指令序列里的线路轨迹，那么早期程序的控制流通常表现为一团乱线，使人很难把握。随着程序设计实践和理论的发展，人们逐渐认识到，随意

① 按 C 和 C++ 语言的说法，这些语句都称为**表达式语句**，它们都是在一个表达式后面加表示语句结束的分号构成的。表达式语句是使用最多的基本语句，还有一些表示控制的基本语句，例如 return 语句就是一个控制语句。

的流程控制并不好，这种随意性会带来许多麻烦，使得程序设计不能变成一种具有科学性的技术工作。在分析了程序流程中的各种情况后，人们总结出三种基本流程模式，即**顺序执行模式**、**选择执行模式**和**重复执行模式**。

- 在顺序执行中，一个操作完成后接着执行跟随其后的下一个操作；
- 选择执行是根据当时遇到的情况，从若干可能做的事情中选出一种去做；
- 重复执行过程则是在某些条件成立的情况下反复做某些事情。

图 3-3 描述了这三种基本流程模式的典型情况。其中，图 3-3a 是顺序执行，即执行完一个操作再做下一个操作。图 3-3b 描绘的是一种典型的选择执行模式，在两种可能性里选出一种执行。这种结构开始执行时先计算"条件"，条件成立时执行左边分支（操作 1），不成立时执行右边分支（操作 2）。分支执行完毕则整个结构执行完毕。此外，还存在多中选一等其他选择模式。图 3-3c 是一种重复执行结构，其中条件判断在前动作在后。这种结构开始执行时先计算"条件"，条件成立时执行循环体操作，操作完成后回到开始的状态；条件不成立时这个循环就结束。同样，还存在其他重复执行模式。

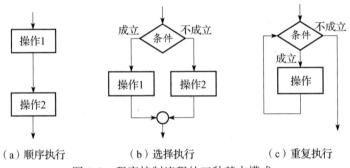

（a）顺序执行　　　　（b）选择执行　　　　（c）重复执行

图 3-3　程序控制流程的三种基本模式

应该特别指出，上述几种模式有一个共同点：它们都**只有一个开始点和一个结束点**。这一特点使一个流程模式的整体可以看作一个抽象的操作，嵌入其他不同的（或相同的）流程模式中，构成更复杂的计算流程。这样的流程称为**结构化流程模式**。

通过结构化流程模式形成的复杂流程具有层次性，能实现程序功能的良好分解，其意义也比较容易把握。人们已严格证明，上述三种模式适用于编写任何程序。也就是说，如果能用其他方式写出一个程序，那么通过这三种模式的嵌套构造也能实现它。

C 和 C++ 语言提供了一组控制机制，包括直接针对上述几种模式的控制结构，这些控制结构也被称作**结构化控制结构**。在语言里，由一个完整控制结构形成的程序片段也可以当作一个语句看待，可以出现在任何允许写语句的地方。这一规定使人可以嵌套地使用这些结构，写出各种复杂的程序。正因为如此，控制结构也常常被称作**控制语句**。

前面讨论过的复合结构就是一种控制结构，它实现的是顺序执行模式。当一个复合语句执行时，作为其成分的语句被一个一个地顺序执行，这是程序最基本的执行方式。下面介绍另外几种常用的控制结构，它们分别实现选择执行和重复执行。

3.6　选择语句

3.6.1　if 语句

条件语句用于描述选择执行。它以一个逻辑条件的成立与否为前提，在两种不同的操作中选一个执行，或者决定一个操作的做或不做。条件语句有两种不同形式，分别是：

```
if (条件) 语句
```

和

```
if (条件) 语句 1 else 语句 2
```

请注意：关键词 if 后面的**条件**必须用圆括号括起来，这是 if 语句的语法要求。这里的**条件**可以是任何基本类型的表达式（常见的是逻辑表达式和算术表达式），其值将被当作逻辑值使用，控制随后**语句**成分的执行。上面两种条件语句的执行过程分别是：

（1）第一种形式是首先求出条件的值，其值为真时[1]执行语句，该语句完成也标志着整个条件语句完成；否则（条件为假时）就不执行语句，整个条件语句直接结束。

（2）第二种形式（如图 3-3b 所示）是首先求出条件的值，其值为真时接着执行语句 1；否则（值为假时）执行关键词 else 后面的语句 2。这两个语句之一执行完成时条件语句结束。

条件语句中的**语句**、**语句 1**、**语句 2** 可以是**一个简单语句**，也可以是**复合语句**（如下面的例 3-10 所示）、（嵌套的）条件语句（见例 3-11）或其他语句（见后文）。

由于**语句**、**语句 1**、**语句 2** 从属于 if 语句，因此在具体编辑程序代码时，应该把这两个部分向右缩进一个层次（通常是按下键盘上的 Tab 键以输入一个制表符），它们是复合语句时也采用类似策略。这样就**以排版格式上的向右缩进体现出程序结构之间逻辑上的层次关系**，人们读代码时更容易看到其中的逻辑层次（以及整个程序的逻辑关系）。也就是说，if 语句通常写成如下形式：

```
if (条件)
    语句
```

和

```
if (条件)
    语句 1
else
    语句 2
```

在后文讲到其他控制结构时，同样应该把源程序按类似规则缩进书写：**处于同一逻辑层次的代码相互对齐排列，逻辑上低一层的代码内容向右多缩进一层**。

【例 3-10】对于从键盘输入的学生的成绩（分数值 0~100），根据其值是否大于等于 60 分来评定一个等级值（表示"Pass"的'P'或表示"Fail"的'F'），最后输出等级值。

使用 if... else... 结构很容易写出一个满足题目要求的主函数：

```cpp
int main() {
    int score;
    char rank;

    cout << "please input score: ";
    cin >> score;
```

---

[1] 表达式的真假问题在前面介绍关系表达式和逻辑表达式时已有详细说明，下面不再重复。

```
    if (score >= 60)
        rank = 'P';
    else
        rank = 'F';
    cout << rank << endl;
    return 0;
}
```

对此例稍加修改：在评定一个等级值之后，还要输出"及格"或"不及格"的文字说明。那么，在 if 结构中就要相应地添加花括号，写成复合语句，如下所示：

```
if (score > 60) {
    rank = 'P';
    cout << "及格\t";
} else {
    rank = 'F';
    cout << "不及格\t";
}
```

如果误写为下面的形式（没有添加花括号），编译时就会报错。请读者想想是什么原因。

```
if (score > 60)
    rank = 'P';
    cout << "及格\t";
else
    rank = 'F';
    cout << "不及格\t";
```

上面的例子里出现的第二种形式的 if 结构的**语句 1** 和**语句 2** 部分都是复合语句的情况。前面说过，这些部分都可以是简单语句或者复合语句；同理，第一种形式的 if 结构中的**语句**部分也允许是简单语句或者复合语句，下面是一个简单的例子。

【例 3-11】对于输入的两个整数 a 和 b，如果 a 大于 b，则交换它们的值，最后输出这两个值。

使用一个 if 语句就可以实现题目的要求：

```
int main() {
    int a, b;
    cout << "please input a, b : " ;
    cin >> a >> b;
    if (a > b) {
        int t = a;
        a = b;
        b = t;
    }
    cout << "now, a=" << a << ",  b=" << b << endl;
    return 0;
}
```

注意，为了完成 a 与 b 的值互换，代码中用了一个临时变量 t 作为中介。有人可能想能否写两个语句 "a = b; b = a;" 实现互换，但这样做显然是错误的，个中缘由请读者思考。

实际上，要交换两个数值变量的值，也可以不用临时变量作为中介，而是利用一点技巧。

例如，下面几个语句也能完成交换 a 和 b 的值的工作：

```
a = a + b;
b = a - b;
a = a - b;
```

请读者自己分析这种写法的原理。当然，从易理解的角度考虑，我们不推荐这类"巧招"。

3.6.2 if 语句的嵌套

if 结构中的**语句**、**语句 1**、**语句 2** 可以是任何语句，也包括 if 语句。在这里出现 if 语句的情况就**称为"if 语句的嵌套"**。下面是一个简单的例子。

【例 3-12】编写程序，在实数范围内求解一元二次方程 $ax^2 + bx + c = 0$（其中 $a \neq 0$），计算并输出方程的实根。

根据数学知识，求二次方程的实根，首先需要求出方程判别式 $b^2 - 4ac$ 的值，根据判别式可以区分出三种情况：被求解的方程有两个实根、有一个重根，或者没有实根。这里需要注意，由于浮点数可能存在浮点误差，所以不能直接用"=="运算符来比较一个浮点数是否等于 0，而应该判断它是否为 0 附近一个很小范围内的数（例如 $-10^{-6} \sim 10^{-6}$）。相应地，程序中应该先判断判别式是否等于 0，再比较是否大于 0。

根据题目要求写出主函数如下，其中的主要部分是一个嵌套的条件语句。

```
int main() {
    double a, b, c;
    cout << "请输入一元二次方程的三个系数a  b  c: ";
    cin >> a >> b >> c;
    double delta = b * b - 4 * a * c;
    cout << "b*b - 4*a*c = " << delta << endl;
    if (delta > -1e-6 && delta < 1e-6) {
        cout << "One real root: " << - b / 2 / a << endl;
    } else if (delta > 0)
        cout << "Two real roots: " << (- b + sqrt(delta)) / 2 / a
            << ", " << (- b - sqrt(delta)) / 2 / a << endl;
    else
        cout << "No real root\n";
    return 0;
}
```

在这个函数里，出现了一个条件语句的 else 语句部分又是一个条件语句的情况，通过连续判断分别完成对三种情况的处理。嵌套的 if 语句在程序里很常见，本例中是一种典型情况，其中连续出现多个判断。遇到这种情况时，人们常采用上面例子里所用的书写方式，直接把下一个 if 结构连续地写在关键词 else 之后，看起来就像使用了另一种"else if"结构。

本题要求写出一个能求解任意一元二次方程的程序。上面这个程序能不能完成这一工作呢？为做好工作，首先需要认真分析问题，安排好计算的步骤，然后写出代码，还应该仔细检查以确认代码无误。另外，在程序能够通过编译并且能运行之后，还需要用一些数据去检查它的运行情况。

程序测试（testing）就是在完成了一个程序或程序的一个部分后，进行一些试验性运行，并仔细检查运行效果，设法确认该程序或部分确实能完成所期望的工作。反过来也可以说：测试就是设法用一些特别选出的数据去挖掘程序里的错误，直至无法发现更多错误为止。测试程序时，需要考虑的基本问题是给程序提供什么样的数据，才可能最大限度地将程序中的缺陷和错误挖掘出来。对于自己编写的程序，我们可以**根据程序的内部结构和由此产生的执行流程来选择数据，使程序在试验性运行中能通过"所有"可能出现的执行流程**（这也称为"白箱测试"）。如果通过每种执行流程的计算都能给出正确结果，那么这个程序的正确性就比较有保证了。

顺序执行的复合语句只有一条执行流，从其中的第一个语句开始，到最后一个语句结束。条件结构"**if (条件) 语句**"有两条可能的执行流：当**条件**成立时就执行**语句**，**条件**不成立时就不执行**语句**；"**if (条件) 语句 1 else 语句 2**"也有两条执行流：当**条件**成立时执行**语句 1**，当**条件**不成立时执行**语句 2**。如果是嵌套的条件语句，则可能产生更多条执行流。因此，如果程序中包含条件语句，测试时就应该提供多种测试数据，检验、确认程序在每种执行流程的情况下都能正确完成工作。

上面的程序有三条可能的执行流（有两个实根、只有一个实根和无实根），我们可以根据数学知识，在多次运行程序时分别输入不同的数据（例如"2 5 2""1 2 1"和"1 -4 5"），使程序运行能分别通过三条执行流。还要仔细检查程序对不同输入数据的输出结果，以及这些结果是否符合数学结论（通过人工计算进行验证，也可以另写程序来验证）。

如果发现程序的结果不符合预期，就需要设法排除错误。**除错**（debugging）是指在发现程序有错时，设法找到产生错误的根源，而后通过修改程序，排除这些错误的工作过程。3.8节和 5.7 节将详细讨论有关的问题和技术。

嵌套 if 语句的配对问题

if 语句有两种不同形式，各种语句又可以嵌套，这样就可能出现一些复杂的情况。像前例中那种在 else 部分又出现条件语句的情况不会引起疑问，但是，如果在**条件**之后的第一个分支又是条件语句，就会出现关键词 if 和 else 如何配对的语义问题。下面是一个例子：

```
if (x > 0)
    if (y > 1) z = 1;
else z = 2;    // 这个 else 部分属于哪个 if?
```

按照条件语句的语法，这段代码可以有两种解释。第一种解释：外层是一个没有 else 部分的条件语句，最后一行的 else 属于内层的那一个 if 语句。第二种解释：内层是一个不带 else 部分的条件语句，最后一行的 else 属于外层条件语句。但是，程序语言绝不允许两种不同解释同时存在（这种情况称为歧义性，是语言定义的大忌），对这个问题必须有一个明确的说法。

语言的规定是，**每个 else 部分总属于前面最近的那个还没有对应的 else 部分的 if 语句**。根据这一规定，上面的第一种解释是正确的，第二种解释不正确。进一步说，上面示例里的写法很不合适，它的缩进格式容易让人迷惑，造成误解。正确的缩进形式应该是：

```
if (x > 0)
    if (y > 1)
        z = 1;
    else
        z = 2;
```

如果真需要写具有第二种意义的嵌套条件语句，那么就应该添加花括号，写成如下形式：

```
if (x > 0) {
    if (y > 1)
        z = 1;
} else
    z = 2;
```

3.6.3　if 语句的优化

在实际编程中，常常需要根据复杂的条件区分不同的处理情况，这时应该仔细分析有关的条件，设法找到尽可能优化的条件语句形式，使程序更清晰或者更高效。

【例 3-13】地球自转一周为一 "日"，地球绕太阳公转一周为一个 "回归年"。严格的天文观测表明，一回归年的时长为 365.2422 日（即 365 日 5 时 48 分 46 秒）。为了使人类既能方便地以 "日" 为单位生活，又使长期的历法不产生混乱，国际现行公历（由教皇格列高利十三世于 1582 年颁行，故称为 "格列高利历"）规定了平年和闰年。计算方法如下：

（1）平年一年为 365 日，比回归年短 0.2422 日，四年累积短 0.9688 日；

（2）年份为非整百数的每四年增加一日，该年有 366 日，就是闰年；

（3）如果按每四年增加一日，实际时长将比四个回归年多 0.0312 日，400 年将多 3.12 日，故在 400 年中少设 3 个闰年，只设 97 个闰年。

由此可知，年份是整百数时，只有 400 的倍数年份才是闰年，例如 2000 年是闰年，而 1900 年、2100 年都不是闰年。这套历法相当精确，使公历年的平均长度与回归年非常接近，1000 年累积的误差也仅有 0.12 日。请写一个程序，输入作为年份的整数，判断其是否为闰年。

【分析】初看上去，是否为闰年可以按照如下逻辑判断：

（1）年份不能被 100 整除的，如果能被 4 整除，就是闰年；

（2）年份能被 100 整除的，又能被 400 整除才是闰年。

可以写出如下程序：

```
int main() {
    int year, leapyear;
    cout << "please input a year: ";
    cin >> year;
    if (year % 100 != 0)
        if (year % 4 == 0)
            leapyear = 1;
        else
            leapyear = 0;
    else if (year % 400 == 0)
        leapyear = 1;
    else
        leapyear = 0;
    if (leapyear == 1)
        cout << year << " 是闰年" << endl;
    else
        cout << year << " 不是闰年" << endl;
    return 0;
}
```

上面程序里的逻辑判断很复杂，语句也很多。然而，仔细分析闰年的条件，可以发现其实闰年的判断可以改进为满足以下两个条件之一：

(1) 能被 4 整除但不能被 100 整除的都是闰年；

(2) 能被 400 整除的年份都是闰年。

因此，程序中的判断语句可以改进为：

```
if ((year % 100 != 0 && year % 4 == 0) || year % 400 == 0)
    leapyear = 1;
else
    leapyear = 0;
```

进一步，如果把变量 leapyear 设置为默认值 0，还可以将程序简化为下面的形式：

```
int leapyear = 0;
if ((year % 100 != 0 && year % 4 == 0) || year % 400 == 0)
    leapyear = 1;
```

利用条件表达式，还可以更简单地完成变量 leapyear 的赋值，也简化了输出操作：

```
leapyear = ((year % 100 != 0 && year % 4 == 0 )|| year % 400 == 0);
cout << year << (leapyear? " 是闰年" : " 不是闰年") << endl;
```

可见，在一些情况下，利用条件表达式代替条件语句可以简化程序代码。

请读者特别注意条件语句与条件表达式的不同。条件表达式根据给定条件决定求值方式，其目的是算出一个值，以便用于后面的计算。条件语句也有条件，但其作用是根据条件成立与否决定做什么、执行什么语句，这里没有值的概念。在许多情况下，两种结构都可以用，这时可以从程序的简洁清晰等方面加以考虑和选择。有些情况下，两种写法在各方面的差异都不大，可以根据自己的喜好选择。

进一步思考还可以发现，完全可以把闰年判断和结果输出合并，变量 leapyear 可以省略。这样就能把 main 函数中的核心语句改写成如下所示的一条语句：

```
cout << year << (((year%100 != 0 && year%4 == 0 ) || year%400 == 0)
            ? " 是闰年" : " 不是闰年") << endl;
```

由这个例子的多种写法可以看到，写程序时应该仔细分析条件语句的逻辑条件，这样做可能简化条件语句。还应该考虑优化程序的流程，设法简化程序的流程。

编程的一个基本要求是"**描述简洁，逻辑清晰易理解**"。很显然，第一种写法过于啰唆，而最后一种写法合并了判断和输出，虽然简短，但不易写好，也略微难懂。上面给出了多种不同写法，主要是想帮助读者开拓思路。在考虑具体问题时，还是需要根据具体情况选择合理的描述方式。

【例 3-14】请写出程序，让用户输入三个整数 a、b 和 c，输出其中的最大值。

要得到三个数中的最大值，就需要比较这三个数。简单思考后可能写出如下的主函数：

```
int main() {
    int a, b, c;

    cout << "请输入三个整数: ";
    cin >> a >> b >> c;
```

```
        cout << "最大的数是: ";
        if (a >= b)
            if (a >= c)
                cout << a;
            else
                cout << c;
        else  //a < b
            if (b >= c)
                cout << b;
            else
                cout << c;
        return 0;
    }
```

这个程序里采用的方法比较复杂。如果按照同样的方法求 4 个数中的最大值，程序的长度将会加倍（读者可以仿照上面的程序写出处理 4 个数的程序，验证这一说法）。

换一种思路，可以引入一个临时变量 max 记录已经比较过的数值中找到的（临时）最大值。按这种想法重新写出的程序如下：

```
    int main(){
        int a, b, c, max = INT_MIN;

        cout << "请输入三个整数: ";
        cin >> a >> b >> c;
        if (a >= b)
            max = a;
        else
            max = b;
        if (max < c)
            max = c;
        cout << "最大的数是: " << max;
        return 0;
    }
```

这里用变量 max 记录已知的最大值，定义时将其初始化为最小的 int 值。采用这种方法，如果要多处理一个数，只需要增加一个简单的 if 语句，程序更容易修改，不容易弄错，程序长度增加得也不多。

利用条件表达式描述同样的功能，可以把比较和输出的部分写得更简洁一些：

```
    max = (a >= b ? a : b);
    max = (max >= c ? max : c);
    cout << "最大的数是: " << max;
```

3.6.4 使用 if 语句的技术

if 语句的语法要求在关键词 if 后的括号里面写一个**条件**。有读者可能想当然地认为，这里必须写条件表达式或逻辑表达式。实际上，**条件**可以是任何基本类型的表达式（常数或变量也是表达式），其值将被 if 语句当作逻辑值使用。下面举几个例子，帮助读者进一步理解 if 语句的使用。

（1）如果一个 if 结构中需要用整型变量 k 的值**不等于零**作为执行条件，直观的写法是（下面几个示例中用 { …… } 表示 if 语句体的语句）：

```
if (k != 0) { …… }
```

注意到 k 的值本身也可以当作逻辑值使用，采用下面的写法效果完全一样：

```
if (k) { …… }
```

此外，if 语句也允许用常数作为条件：

```
if (1) { …… }
```

由于 1 表示真（条件成立），这是一个条件始终为真的 if 语句（符合语法，但没什么实际价值）。

（2）如果需要用 k 的值**等于零**作为条件，直观的写法是：

```
if ( k == 0 ) { …… }
```

把 k 的值本身作为逻辑值使用，下面形式的语句具有同样的功能：

```
if (!k) { …… }
```

（3）如果要用 k 是否等于某个固定值（例如 10）作为条件，直观的写法是：

```
if (k == 10) { …… }
```

也可以写成

```
if (k - 10 == 0) { …… }
```

或者

```
if (!(k - 10)) { …… }
```

正因为任何表达式都能用作 if 的条件，导致了人们写程序时的一种常见错误：无意之中把关系运算符 "==" 写成赋值运算 "="，例如下面这个语句：

```
if (k = 10) { …… }      //错误示例
```

在大多数情况下，用这样的赋值表达式作为条件，都不是编程者的本意（当然，不能断言这就是错误，也可能编程者就是想这样做）。由于赋值表达式的值也可以作为逻辑值，因此这个语句在语法上并没有错，可以正常完成编译，但运行结果可能是错的！请读者在写这种表达式时特别注意。

为避免这种失误，有人建议把形如 "k == 10" 的关系运算式两边互换，写成 "10 == k"。这样，如果误写为 "10 = k"，编译器就会指出代码有错。

还要指出初学者在使用 if 语句时经常犯的另一种错误：由于不注意，在 if 结构的条件之后写了一个分号，例如下面这个语句：

```
if (k == 10);
    n += 3;
```

编译器将认为这里的分号是一个空语句，是这个 if 结构的体。后面的语句不在 if 结构的控制之下（缩进格式没有反映真实的语义），n 值总是会加 3。这个结果通常不是编程者所需要的。

3.6.5　开关语句

在计算中，有时可能需要通过一个整型表达式的值区分多种情况，分别做不同处理。显然，利用嵌套的 if 语句可以解决这种问题，但是写出的代码可能比较烦琐。**开关语句**（switch 语句）专门用于处理这类情况，如果使用得当，得到的代码可能更简洁一些。

开关语句是一种多分支结构，用于实现多个分支的选择执行。开关语句的成分比较多，需要使用 switch、case、break 和 default 这几个关键词，其最常用的形式是：

```
switch (整型表达式) {
    case 整型常量表达式: 语句序列; break;
    case 整型常量表达式: 语句序列; break;
    ......
    default: 语句序列; break;
}
```

语句头部的**整型表达式**用于选择分支。各个 case 关键词后面的**整型常量表达式**（下面称其为 case 表达式）必须能在编译时确定值，通常用整型或字符型的文字量。这些"case 整型常量表达式:"被当作标号看待，不同 case 表达式的值必须互不相同。default 开始的段可以没有。各个 case 和 default 之后的**语句序列**可以包含任意多个语句，也允许不包含语句（可以是空序列）。

开关语句的执行过程如下：首先求出语句头部的**整型表达式**的值，然后用这个值顺序地与各个 case 表达式的值比较。如果遇到相等的值，就进入那个 case 分支的语句序列开始执行；如果找不到匹配的值，而这一开关语句有 default 部分，就执行 default 部分的语句序列；如果找不到匹配的 case 表达式，又没有 default 部分，整个开关语句执行结束。

switch 语句中的"break;"称为 break 语句，其形式就是关键字 break 后加一个分号。在执行 switch 语句的过程中，一旦遇到 break 语句，当前 switch 语句立即终止，跳转到它的后续语句执行。在写开关语句时，通常在每个 case 分支的语句序列最后写一个 break 语句（为了代码规范，通常在 default 的语句序列最后也写一个 break 语句），以保证 switch 语句中各个分支的独立性。

如果某个 case 分支的语句序列后面没有 break 语句，则程序执行完该 case 分支的语句序列后，会接着执行下一个 case 分支的语句序列。这种情况实际上导致一些分支的语句序列被其他分支共享。一般认为，除非多个分支都需要执行完全一样的语句序列（这时一些 case 标号后没有语句序列，与后面的标号使用同一个语句序列），否则不提倡这种代码共享（虽然在实际中有时也有用）。部分代码共享会导致程序片段间存在依赖关系，既不清晰，也不利于程序的修改。

【例 3-15】写一个程序，它输入一个表示学生考试成绩的整数（评分），根据这个成绩给学生赋一个等级，通常每 10 分为一个等级，成绩在[90,100] 范围内为"优"，成绩在[80-90)范围内为"良"，成绩在[70, 80) 范围内为"中"，成绩在[60, 70) 范围内为"及格"，其余为"不及格"。

很显然，通过一串 if 语句可以完成这一工作：

```cpp
int main() {    //版本1: 用多个嵌套 if 语句
    int score;
    cout << "Input score(0~100): ";
    cin >> score;
    if (score >= 90)
        cout << "优 " << endl;
    else if (score >= 80)
        cout << "良 " << endl;
    else if (score >=70)
        cout << "中 " << endl;
    else if (score >= 60)
        cout << "及格 " << endl;
    else
        cout << "不及格" << endl;
    return 0;
}
```

考虑到这里需要区分 5 种情况，用 switch 语句可能更合适。由于分级的情况比较规范，每 10 分为一级（只有 100 分比较特殊），这里考虑把每一段归结到一个整数，把成绩值整除 10 正好能满足这一需要，得到的整数可用于在 switch 结构里选择分支：整除的商值为 10 和 9 时共享同一段代码，值为 8、7、6 时分别处理，其他值为默认处理。考虑了这些因素，利用 switch 写出主函数如下：

```cpp
int main() {
    int score, rank;

    cout << "Input score(0~100): ";
    cin >> score;
    rank = score / 10;
    switch(rank) {
        case 10:
        case 9:
            cout << "优 " << endl;
            break;
        case 8:
            cout << "良 " << endl;
            break;
        case 7:
            cout << "中 " << endl;
            break;
        case 6:
            cout << "及格 " << endl;
            break;
        default:
            cout << "不及格" << endl;
            break;
    }
    return 0;
}
```

由这个例子可见，switch 结构适合用于处理多分支选择。但要使用它，就必须选择（设计好）一个合适的整型表达式。如果找不到这样的表达式，就只能用嵌套的 if 语句了。

3.7　循环语句

如果一个程序里只有顺序结构和条件结构，那么启动运行后很快就会结束了，做不了太复杂的工作。程序（计算机）能完成复杂工作的奥秘，就在于它能重复地快速执行大量操作，在其中根据情况做出各种选择。要指挥计算机反复执行一些操作，就需要用循环语句（循环控制结构）。本节介绍语言中的三种循环控制结构：while 语句、do-while 语句和 for 语句。

3.7.1　while 语句

while 语句是最简单的循环结构，使用较多。while 语句也称为**当型循环**语句，其形式是：

> **while (条件) 语句**

与 if 结构类似，关键词 while 后面的圆括号内的**条件**可以是任何基本类型的表达式，其值将被当作逻辑值使用，控制随后的**语句**部分的执行。**语句**部分称为**循环体**，可以是单条语句，也可以是复合语句或者其他控制结构。语句体又是循环结构的情况在 3.7.4 节有专门的讨论。

while 循环的执行方式如图 3-3c 所示，也就是：

（1）首先求出**条件**的值；

（2）如果**条件**的值为假，则这个 while 语句结束；否则

（3）执行**循环体**，然后回到（1）继续。

【例 3-16】常用的角度量单位有两种：角度制和弧度制。在角度制中，一周划分成 360°（degree，通常缩写为 deg），角的大小以度数给出。弧度制是用弧的长度来度量角的大小，弧度单位定义为圆周上长度等于半径的圆弧与圆心构成的角。角度以弧度给出时通常不写弧度单位，有时记为 rad 或 R。弧度制和角度制的转换关系为：弧度值/π = 角度值/180°。现在要求写一个程序，它能从角度值 0° 到 180°，每隔 5° 为一项，计算并输出角度值与弧度值的对照表。

很明显，这里要处理的是一项重复性的工作——反复计算并输出一对对的角度值和弧度值，可以考虑使用循环结构：用一个变量保存被处理的角度值，循环开始前给这个变量赋初始值 0，每次循环体执行就将它的值加 5，一直加到 180。在循环体的每次执行中计算所需结果，并输出一行信息，其中包括当时的角度值和与之对应的弧度值。这一分析就形成了一套解决问题的方案。

根据上面的分析，写出程序已经不困难了。将表示角度值的变量取名为 deg，令其为 int 类型，而表示弧度值的变量取名为 rad，设为 double 类型。相关主函数的定义如下：

```
int main() {
    int deg = 0;      //定义变量并初始化
    double rad;

    cout << "deg \trad" << endl;
    while (deg <= 180) {
```

```
        rad = 3.14159265 * deg / 180;
        cout << deg << "\t" << rad << endl;
        deg = deg + 5;
    }
    return 0;
}
```

在上面的程序中，变量 deg 在循环开始之前设置初值，每次循环时递增一个固定值 5，以表达式 "deg <= 180" 为条件控制循环的进行，当 deg 的值不满足此条件时循环结束。在循环语句中经常使用类似的方法，用某些变量的值控制循环的进行和结束，我们通常称这些变量为**循环变量**。

请注意程序中的弧度转换表达式的写法。如果写成 "deg / 180 * 3.14159265"，就会出现整型数据相除得到整型结果的情况，显然不符合需求。

这个程序运行时产生 20 行输出，其中前面几行是：

deg	rad
0	0
5	0.0872665
10	0.174533
15	0.261799

程序输出的第一行（通常称为 "标题行"）说明了输出的两列的内容：第一列是角度值，第二列是弧度值。其他各行（称为 "数据行"）就是相应的角度值数据和弧度值数据。同一行的数据之间用制表符分隔。

【例 3-17】 写程序求出数学式 $\sum\limits_{n=1}^{100} n^2$ 的值。

【分析】反复加是重复性操作，可以利用循环处理。为计算这里的 "累加和"，需要两个变量：定义一个变量 n，让它在循环过程中从 1 增长到 100，利用它计算出各个加数；另外定义一个变量 sum 存放累加和，循环中反复地将 n 的平方加到 sum 中。根据这些安排，可以写出下面的程序：

```
int main() {
    int n = 0, sum = 0;
    while (n < 100) {
        n = n + 1;
        sum = sum + n * n;
        cout << "n = " << n << " sum = " << sum << endl;
    }
    cout << "Result: sum = " << sum << endl;
    return 0;
}
```

程序中的循环完成后，变量 sum 的最终值就是所需结果。

从这两个例子可以看到循环程序的一些特点：

（1）在进入循环之前，需要给循环中使用的各个变量设定初值，上例中在定义变量 n 和 sum 时的初始化中完成了这项工作（也可以不在变量定义时初始化，而是用赋值语句给变量赋初始值）。

（2）在每次执行循环体时，虽然执行的是同样的程序片段，但由于参与循环的一些变量的值改变了，实际做的事情就可能不同。上例程序的循环体中，变量 n 每次增 1，变量 sum 相应做一次累加求和计算。（顺便说一下，变量需要加一或减一时，用增量运算符更方便。本程序中的 n = n + 1 是独立的表达式，可以直接改为 n++ 或 ++n。sum 的更新也可以改为 sum += n * n。）

（3）显然，一个循环结构需要有一个继续条件（不满足条件时循环终止），通过它控制循环的过程。在这个例子里，继续条件是 n < 100，所以在 n 的值为 99 时仍然进入循环体，进入循环体后 n 值变成 100，执行完循环体时 n 的值还是 100，这时再计算循环条件时得到假，循环终止。也就是说，循环结束时，n 的值为 100（如果后续还要使用 n 的值，就必须注意这一情况）。

可以看到，虽然上面这两个程序都不长，但是由于循环结构的执行方式，循环体里的语句会多次执行，由不长的程序片段引起的计算过程还是比较长的。在编写实际程序时，最重要的一项工作就是**确定计算过程中的重复性动作，并通过适当的循环结构正确描述这种重复动作**。

仔细考虑循环前变量的初始值、循环中各个变量的变化情况、循环结束条件等因素，可以发现，上面程序中的循环也可以改为如下形式：

```
int n = 1, sum = 0;
while (n <= 100) {
    sum += n * n;
    cout << "n= " << n << " sum= " << sum << endl;
    n++;
}
```

这种写法与前一种写法有如下不同：

（1）n 的初始值由 0 改成了 1；

（2）在循环体内，修改变量 sum 和 n 的顺序改变了，更新变量 n 的语句 n++; 移到了语句 sum += n * n; 之后；

（3）循环继续条件由 n < 100 改为 n <= 100（所以循环结束时，n 的值将是 101。如果后续工作中还要使用 n 的值，就必须注意这个情况）。

由此可以看到，编程时特别需要注意各个语句之间的配合。

给出上面两种写法是希望读者从中体会到，描述循环时需要进行细致的逻辑分析。循环语句各要素的细节都必须想清楚，并精确无误地描述。在任何细节上出错都可能导致最终结果错误。

在上面的程序中，while 循环体里写了一个输出 n 值和 sum 值的语句。这并不是题目要求的输出（题目只要求给出最终结果），而是编程中常见的一种技术和方法。**在循环体中输出变量的中间值**，就可以观察程序的运行情况，检查变量的变化情况和得到结果的过程。在完成了程序，仔细检查确定程序无误后，可以再把这种临时性输出语句改为注释，消去无用的中间结果输出。

对上面的程序，读者可以试着把累加求和的上限由 100 修改为更大的值（例如 200、500、1000、2000、10 000），然后观察计算结果。在 Dev-C++ 中以 TDM-GCC 编译器编译之后，运行时可以发现，当求和上限值为 2000 时，最终输出结果变得不正常了。仔细观察可以看到，实际上是在 n 的值从 1860 变到 1861 时，sum 的值发生了突变，居然从一个正数变成了负数：

```
n= 1859 sum= 2143222510
n= 1860 sum= 2146682110
n= 1861 sum= -2144821865
n= 1862 sum= -2141354821
```

产生这种情况的原因是程序中变量 sum 为 int 类型，在 n 的值为 1861 时，计算得到的 sum 值已经超出了 int 类型容许的最大值（INT_MAX），发生了溢出错误，所以后续计算的值都是错误的。如果把求和上限继续增大，可以看到 sum 值时而为正数、时而为负数（都是错误的）。

因此，如果需要在程序中通过循环进行累加、累乘时，一定要考虑计算结果是否会变得太大（这可能需要根据高等数学知识来判断），以至于超出了变量容许的最大值而出现溢出。由于 C/C++ 系统在整数计算溢出时并不报错，因此这方面的问题需要用户自行考虑。

对这个例子，把变量 sum 的类型改为 double 或者 long long，可以避免结果很快溢出变负的明显错误，但改用浮点数计算就不能得到精确的整数结果。当然，n 太大时最终也会出现溢出。通过这段讨论希望读者理解，虽然计算机能高速完成各种数值（和其他）计算，但由于数据表示的限制，计算机的能力也有局限性（可以通过软件技术缓解这种局限性，但计算机存储有限，故无法彻底消除）。

3.7.2　do-while 循环结构

do-while 是另一种循环结构，形式是：

```
do
    语句
while (条件);
```

其执行过程可以用图 3-4 的流程图描述：首先执行**语句**，然后判断**条件**。注意，这里的**条件**也是循环继续条件，在条件为真时继续循环，条件为假时循环结束。还请注意围绕**条件**的括号和最后的分号，这些都是 do-while 的语法要求。

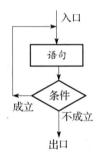

与 while 循环不同，这里的循环体执行在前而判断在后，所以 **do-while 循环体至少执行一次**。对于 while 结构，如果开始时循环条件不成立，循环体将一次也不执行。

图 3-4　do-while 循环结构的执行流程

下面是用 do-while 语句重写的求 $\sum_{n=1}^{100} n^2$ 的代码段，请与前面用 while 语句写的代码比较一下：

```
sum = 0;
n = 0;
do {
    n++;
    sum = sum + n * n;
    cout << "n= " << n << " sum= " << sum << endl;
} while (n < 100);
```

对这个题目，采用 while 结构与采用 do-while 结构写出的代码的差别不太大。总而言之，while 和 do-while 循环结构都比较简单，只是检查循环条件的时机不同。在一般程序里，while 循环用得多，do-while 循环用得少。这是由于 do-while 结构具有"循环体至少执行一次"的特点，所以通常只在需要这一特点的情况下才使用它（见后文）。

3.7.3　for 语句

1. for 语句的基本用法

从前面的程序示例中可以看到循环的一种常见模式：循环开始前先做一些准备工作，为循环中用到的一些变量赋（循环）初值；然后进入循环，首先需要考虑循环继续的条件是否成立，如果条件成立就执行循环体；循环体最后常需要更新一些控制循环的变量。这种模式很普遍，for 语句就是针对这种模式提供了一种循环结构。for 结构的成分较多，其完整形式是：

for (表达式 1; 表达式 2; 表达式 3) 语句

其中**表达式 1** 完成初始变量设置（通常写赋值表达式），**表达式 2** 是确定循环是否继续的条件，**表达式 3** 常用于循环变量更新，**语句**部分是循环体。for 语句的执行方式是：

（1）先求**表达式 1** 的值，这只做一次。这里通常写给循环变量赋初值的赋值表达式。

（2）求**表达式 2** 的值，如果其值为假则循环结束，否则就继续。

（3）执行作为循环体的**语句**。

（4）求**表达式 3** 的值。这里通常写更新循环变量的赋值表达式。

（5）转到第 2 步继续执行。

其执行过程可以形象地表示如下：

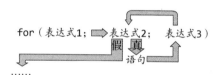

for 语句头部的三个表达式都可以没有，但分号不能省略。缺少了**表达式 1** 或**表达式 3** 表示不做该部分动作。缺少**表达式 2** 表示条件总是真，得到一个不终止的循环（程序中有时需要使用这种不终止的循环，而且可以用语言提供的其他机制从循环中退出，后文将对此进行说明）。

【例 3-18】用 for 循环计算 $\sum\limits_{n=1}^{100} n^2$ 的程序。

写出程序如下：

```cpp
int main() {
    int n, sum;
    for(n = 1, sum = 0; n <= 100; n++) {
        sum += n * n;
        cout << "n= " << n << " sum= " << sum << endl;
    }
    cout << "sum= " << sum << endl;
    return 0;
}
```

与前面的示例相比，这个程序更紧凑。for 语句的所有控制信息都出现在语句前部，通常更容易阅读和理解。这种有变量准备部分、有循环条件、有变量更新的重复计算，特别适合用 for 语句实现。

请注意上面程序中的几个细节：

（1）for 语句的括号内的**表达式 1** 是 "n = 1, sum = 0"，在表达式 "n = 1" 和 "sum = 0" 之间的逗号表示特殊的**逗号运算符**。它是优先级最低的运算符（优先级比赋值运算符还低），其书写形式是把多个表达式用逗号连接起来，构成一个**逗号表达式**。逗号运算符采用从左向右的结合方式，在程序执行时，这里的各个表达式从左到右依次求值，并以最后一个表达式的值作为整个逗号表达式的值。例如，下面是由 3 个表达式构成的一个逗号表达式：

```
num = n++, m--, k += 3
```

执行时依次对三个表达式求值，最后以表达式 k += 3 的值作为整个逗号表达式的值（这里只是作为例子。因为语义太复杂，人们并不提倡这种写法）。逗号表达式常用在 for 语句头部的变量赋初值部分（如上例）和变量更新部分。利用逗号表达式，可以在这两个部分中赋值或更新多个变量。

（2）上例中 for 结构的循环体是一个复合语句（包含两条简单语句），所以用花括号括起。如果不需要它输出中间变量，那么循环体内就只有一条简单语句了，可以不用花括号：

```
for(n = 1, sum = 0; n <= 100; n++)
    sum += n * n;
```

（3）当循环体是一条简单语句时，甚至可以把它放到 for 语句头部，而循环体写一个空语句：

```
for (sum = 0, n = 0; n < 100; n++, sum += n * n)
    ;
```

单独的分号表示循环体是空语句，这是正确的写法。当然，这个写法不如前一种写法清晰。

请读者注意一种常见错误：在 for 语句头部最后多写了分号。这时编译器不会报错，但将把这个分号看作表示循环体的空语句，导致程序的不正确行为。例如，下面这段代码就存在这种问题：

```
for(n = 1, sum = 0; n <= 100; n++);
    sum += n * n;
```

这个 for 语句将反复执行空语句 100 次，最后执行语句 sum += n * n; 一次。代码的缩进表明编程者希望以这个语句作为循环体，但是，由于前面空语句的存在，这个更新变量 sum 的语句并不受循环语句的控制。很显然，这种情况不可能符合编程者的想法。

（4）上例中在 for 结构的**表达式 1** 部分给变量 n 和 sum 赋初值，也可以在定义变量时完成它们的初始化，让**表达式 1** 为空。例如，程序中的主要部分可以写成：

```
int n = 1, sum = 0;
for(; n <= 100; n++) {
    sum += n * n;
    cout << "n= " << n << " sum= " << sum << endl;
}
```

这种写法也能得到正确结果。但是，这样做就把对变量赋初值的操作移到了 for 结构之外，造成 for 结构本身的功能描述不够完整、不再独立了。不建议读者采用这种写法。

（5）请注意 n 和 sum 这两个变量在功能上的不同点。sum 记录的是循环完成后将要输出的累加和，是循环的主要结果，而 n 只是在循环过程中临时使用的变量，循环之后就没用了。**变量的定义应该尽可能局部化**。为支持这一编程原则，for 结构允许在**表达式 1** 的位置定义只在循环语句内部使用的变量。在下面的程序段中，n 被定义为只在 for 语句内部（包括其头部和循环体）起作用的变量：

```
int sum = 0;
for(int n = 1; n <= 100; n++) {
    sum += n * n;
    cout << "n= " << n << " sum= " << sum << endl;
}
```

也就是说，for 头部括号里的第一项可以是变量说明，以一个类型名开始，可以定义一个或几个同类型的变量，它们必须在这里初始化，只能在这个 for 语句内部使用。下面是一个简单例子：

```
for (int i = 0, j = 10; i < j; i += 2, j++)
    cout << "i= " << i << "  j= " << j << endl;
```

请读者分析这个循环语句的执行情况。

有读者会问：能不能把对 sum 的定义也写在 for 语句里面呢？答案是：如果把变量 sum 的定义移到 for 循环头部，它就是只在这个 for 语句内部可用的变量了，在 for 语句之后不再有定义。因此，编译器会报告 for 结构之后的输出语句中的 sum 无定义。对这个问题，后面章节有详细解释（参见 5.1.5 节），请读者暂且把它当作一个规则：**只在 for 结构内部使用的变量可以在头部的表达式 1 部分定义，这种变量只在 for 结构的头部和循环体里可用。而需要在 for 结构之外使用的变量，应该在 for 结构之前定义。**

2. for 语句的常用技巧

在例 3-18 的循环中，循环变量 n 从最小值开始按整数间隔 1 递增，直到某个限定的值，这种方式称为"向上循环"。如果需要，完全可以让变量从最大值递减到某个最小值，这种方式称为"向下循环"。例如，上面程序中的 for 结构也可以改成向下循环：

```
int sum = 0;
for(int n = 100; n >= 1; --n) {
    sum += n * n;
    cout << "n= " << n << " sum= " << sum << endl;
}
```

上面的程序实际上代表了一类计算过程：等差序列求和，也就是说，对一个范围内**等间距的一批数值求和**，都可以通过简单地修改上面的程序而解决。例如，假定现在希望求出 [1, 100] 里相差 7 的各个整数的平方和，只需要把前面程序里的循环变量的增量改为 7：

```
int main() {
    int sum = 0;
    for (int n = 1; n <= 100; n += 7) {
```

```
        sum += n * n;
        cout << "n= " <<n << " sum= " << sum << endl;
    }
    cout << "sum= " << sum << endl;
    return 0;
}
```

对于循环程序，有一个问题值得特别提出：**通常不应该用浮点类型的变量作为循环控制变量**，尤其当增量为小数或者包含小数部分的时候。下面的例子可以很清晰地说明其中的问题。假设现在想求从 0 到 100 间隔为 0.2 的各数的平方和，简单想想，可能写出下面的代码：

```
double x, sum;
for (x = 0.2, sum = 0.0; x <= 100.0; x += 0.2) {
    sum += x * x;
}
cout << "x= " << x << " sum= " << sum << endl;
```

初学者可能预期这里会对 x 做 499 次增量 0.2，最后得到 100.0，循环体也正好执行 500 次。但是，因为浮点数运算有误差，做最后一次 x += 0.2 后，x 的值可能比 100.0 略大（例如 100.00000000001），预期的最后一次循环迭代就不会执行。也就是说，这段代码不能保证循环体恰好执行 500 次，从而无法保证执行时得到所需结果。另外，每次加 0.2 是浮点数计算，有积累误差。即使循环体正好执行了 500 次，得到的结果的误差也可能比较大。读者可以在循环体中加入输出语句，检验程序实际执行的情况。注意，即使这里的循环体恰好执行 500 次，换一下数据也可能出错。

正确做法是改用整型变量来控制循环，就能保证正确的循环次数：

```
int main() {
    double x, sum;
    int n;
    for (n = 1, sum = 0.0; n <= 500; ++n) {
        x = 0.2 * n;
        sum += x * x;
        cout << "x= " << x << " sum= " << sum << endl; // 输出中间结果
    }
    cout << "sum= " << sum << endl;
    return 0;
}
```

3.7.4　多重循环

前面说过，几种控制结构都是模块化的，可以互相嵌套。如果一个循环结构的循环体又是循环语句，这个结构就称为"多重循环"。下面是两个利用嵌套的 for 循环完成工作的例子。

【例 3-19】写程序输出九九乘法表。

九九乘法表的计算很简单，只需要做一些简单的乘法。对被乘数 1 到 9 中的每一个数，需要产生它与从 1 到 9 的乘数的乘积。针对不同被乘数的工作显然是重复性工作，应该用循环描述，用 for 循环特别方便。而对每个被乘数，乘数需要分别从 1 到 9 取值，这又是重复性工作，可以用另一个 for 循环描述。考虑清楚这些问题，自然就形成了一个两层嵌套的 for

循环结构。

输出应该模拟常见乘法表的形式：以循环变量 m 作为被乘数从 1 到 9 取值，每个值输出一行，一共输出 9 行；用一个循环变量 n 作为乘数从 1 到 9 取值，在一行内依次输出 m 与 n 的乘式和乘积，每行的最后输出一个换行符。按这种安排写出程序如下：

```cpp
#include <iostream>
#include <iomanip>
using namespace std;

int main() {
    int m, n;
    cout << "9*9 multiplication table" << endl;
    for (m = 1; m <= 9; m++) {
        for (n = 1; n <= 9; n++)  // 也可写为 n <= m
            cout << m << "*" << n << "=" << setw(2) << m * n << "  ";
        cout << endl;
    }
    return 0;
}
```

为使乘法表呈现出规范的矩形排列，程序中让 cout 在每项输出之后输出两个空格，与下一项分隔，生成一个被乘数的全部输出后再换行。如果采用默认输出格式，生成的乘法表（请读者自己试验）中的各项不能很好地对齐，既不美观，看起来也不够清楚，主要原因是有的乘积是一位数，有的乘积是两位数。为使上下行的各列严格对齐，需要加空格填充。在输出每个 m*n 项之前加入 setw(2)，就是要求 cout 把输出宽度设定为 2 个字符位，保证各行输出相互对齐。

由于乘法的可交换性，乘法表是（按主对角线）对称的：其左下部分和右上部分完全重复。如果把内层 for 循环的控制条件由 n <= 9 改为 n <= m，则输出一个只包含左下部分的乘法表。

【例 3-20】两个乒乓球队比赛，每队出 3 个人。甲队队员为 A、B 和 C，乙队队员为 x、y 和 z。通过抽签决定比赛名单。有人在抽签后（尚未正式公布之前）向队员打听比赛的名单，A 说他不与 x 比赛，C 说他不与 x 和 z 比赛。请编程找出 3 对比赛选手的名单。

这个题目是一个逻辑推理问题，可以用如下方法解决：固定一队的队员不动，循环检查另一队的各个队员能否满足已知条件。下面固定甲队三个队员的顺序为 A、B 和 C，假设 i 是 A 的对手，j 是 B 的对手，k 是 C 的对手，用 i、j 和 k 在三层循环中分别逐一取乙队的各个队员为值。

由于在 C/C++ 程序中可以把字符当作取值范围较小的整数来使用，因此可以把 i、j 和 k 直接对三个连续的字符 'x'、'y' 和 'z' 进行循环取值。对于这三个变量的每一种取值情况进行检测时，不仅要求 i、j 和 k 互不相等，同时还要满足条件 i != 'x'、k != 'x' 和 k != 'z'。

据此写出程序主函数如下：

```cpp
int main() {
    char i, j, k; //i是A的对手, j是B的对手, k是C的对手
    for (i = 'x'; i <= 'z'; i++)
```

```
        for (j = 'x'; j <= 'z'; j++)
            for (k = 'x'; k <= 'z'; k++)
                if (i != j && i != k && j != k
                    && i != 'x' && k != 'x' && k != 'z')
                    cout << "A -- " << i << "\nB -- " << j
                        << "\nC -- " << k << endl;
    return 0;
}
```

请注意，这里的 3 个循环变量以字符为值，利用了字符（x-y-z）编码连续排列的性质。

上面介绍了 C/C++ 语言的三种循环结构，程序中需要描述重复性计算时，可以根据情况选择使用。while 和 do-while 循环的结构比较简单，while 循环用得最多。另外，for 语句的功能强大，实际上覆盖了 while 的功能。for 循环的结构比较复杂，成分多，但它的设计确实反映了循环的典型特征，也很常用。在许多情况下，用 for 结构实现的循环比用 while 结构实现的循环更简洁清晰，特别是 for 结构把与循环控制有关的部分都集中在语句的头部，有利于阅读和理解。

读者可能会因为前面的程序示例产生一个误解，以为 for 语句执行的循环次数必定是事先确定的。其实不然。循环初始值、循环条件、变量更新操作都影响 for 语句的循环次数，但请注意，控制循环的变量也是循环体内的普通变量，这里的语句也可以修改循环变量的值，从而影响循环的进程，包括影响循环体的执行次数。在后面章节的示例程序中，可以看到这种情况。

前面说过，各种控制结构都可以相互嵌套使用。上面几个例子只展示了条件语句的嵌套和循环语句的嵌套，以及在它们的语句体中使用复合语句的情况。实际上，条件语句与循环语句也可以互相嵌套使用。下一小节的判断质数程序里就出现了在循环语句中嵌套条件语句的情况。读者在下一章还会看到如何利用这两类语句互相嵌套写出更复杂的程序，解决更复杂的计算问题。

3.7.5   与循环有关的控制语句

有时候我们在程序中写了循环，但可能不希望每次运行都执行到循环条件为假，而是希望在某些情况下从循环中途退出。这时就需要用一些编程技术，或者利用其他控制程序流程的语句。

1. 利用标志变量或 break 语句退出循环

为了说明从循环中途退出的问题，先看一个例子。

【例 3-21】质数（也称素数）指只有 1 和它自身两个正因子（不存在真因子）的自然数（在集合论和计算机科学中，自然数通常指非负整数）。有真因子的正整数称为合数。1、0 和负整数都既非质数也非合数。要求写一个程序，它从键盘接受一个不小于 2 的整数，判断其是否为质数并输出判断结果。

判断一个整数是否为质数有许多高级的数学方法，这里只考虑最简单的方法，就是检查它有无真因子。对整数 n，整数 k 是否整除 n 可以用条件 (n % k == 0) 描述，如果 k 整除 n，k < n 而且 k 不是 1，它就是 n 的真因子。这样考虑下去就能得到一种检查质数的简单方法：令变量 k 由 2 开始递增取值，一个个试除 n，直至完成判断。整个工作可以通过一个循环完成，如果在循环中找到 n 的真因子，就可以确定 n 不是质数；如果直到循环结束也没找

到真因子，n 就是质数。

循环结束后，需要知道是否找到过真因子。一种可行方法是引进一个 bool 类型的变量，例如根据见名识义的原则取名为 found，其值是 false 时表示尚未发现真因子，发现真因子时给它赋值 true。循环开始前应该把 found 置为 false，表示尚未找到真因子。

通过上面的分析，可以写出如下主函数：

```
int main() {      //判断质数程序，版本 1
    int n, k;
    bool found;

    cout << "please input a positive integer (>= 2): ";
    cin >> n;
    for (found = false, k = 2; k < n; k++) {
        if (n % k == 0)
            found = true;
    }
    cout << n << (found ? " 不是质数" : " 是质数") << endl;
    return 0;
}
```

这里的 for 循环结构中出现了一个条件语句，实现在找到真因子时给 found 赋值的工作。稍加分析不难看出，反复检查只需要试到 k * k > n 就够了，继续试下去已经没有意义，把条件"k < n"改为 "k * k < n"，可以明显减少循环的次数。n 越大，改善越显著。

进一步说，变量 found 为真表示发现了 n 的真因子，这时已经可以完成判断，继续循环已无价值了。可以利用这个情况，将 found 加入循环条件中，以尽早结束循环：

```
int main() {      //判断质数程序，版本 2
    int n, k;
    bool found;

    cout << "please input a positive integer (>= 2): ";
    cin >> n;
    for (found = false, k = 2; k * k < n && !found; k++) {
        if (n % k == 0)
            found = true;
    }
    if (found)
        cout << n << " 不是质数" << endl;
    else
        cout << n << " 是质数" << endl;
    return 0;
}
```

在没有找到真因子（也就是说，found 的值为假，!found 的值为真）的情况下继续检查，否则就停止循环，这个循环语句的条件满足了逻辑要求。

在上面的程序中，for 语句中的 "k < n" 或 "k * k < n" 是控制该循环的基本条件，在循环中途找到真因子时也希望终止循环。这种在基本循环条件之外、某些情况下也希望终止循环的需求，在实际中也很常见。通过引入新的控制变量，如上面的 found，并把它们的

真假情况加入循环条件，完全能解决这类需求。但这样做毕竟比较麻烦。break 语句就是专门为处理这类问题提供的。

前面介绍过在 switch 语句中使用 break 语句的情况，这种语句更多地使用在循环语句里，其作用就是使该语句所在这一层循环语句立刻终止，使程序从被终止的循环语句之后继续执行下去。通常应该把 break 语句放在条件语句的控制之下，以便在某些条件成立时立即结束循环。利用 break 语句的功能，上面的主函数可以改写如下：

```
int main() {      //判断质数程序，版本 3
    int n, k;
    cout << "please input a positive integer (>= 2): ";
    cin >> n;
    for (k = 2; k * k <= n; k++)
        if (n % k == 0)
            break;
    cout << n << ((k * k <= n && n % k == 0)? "不是质数": "是质数") << endl;
    return 0;
}
```

在这个程序中有几个细节值得注意：

（1）一个 if 结构也视为一条语句，因此可以直接作为 for 语句的循环体。

（2）这里的 for 循环结束有两种可能：通过变量 k 描述的循环条件算出假（也就是说，k * k 的值超过 n）；或者由于找到 n 的真因子，执行了 break 语句（而中断循环）。

（3）还请注意，在 for 循环之后的输出语句中用了一个条件表达式，依据 k 与 n 的关系判断 n 是否为质数，这样才能正确地判断 2 和其他质数。请读者思考：条件表达式中为什么使用了逻辑表达式 "(k * k <= n && n % k == 0)"？仅用其中一个关系表达式行不行？也可以不用条件表达式而改用条件语句实现同样的功能。这个改动请读者自己完成。

上面程序中的条件比较复杂，也容易写错。可以考虑另一种做法，让程序在找到真因子后直接输出结果，然后就结束。在这种情况下，循环正常结束就是没找到真因子，此时也输出相应结果。实现这个想法的程序主函数如下，其中的逻辑更简单，也更清晰：

```
int main() {      //判断质数程序，版本 4
    int n, k;
    cout << "please input a positive integer (>= 2): ";
    cin >> n;
    for (k = 2; k * k <= n; k++)
        if (n % k == 0) {
            cout << n << "不是质数" << endl;
            return 0;
        }
    cout << n << "是质数" << endl;

    return 0;
}
```

这个程序的特殊之处在于主函数里有两个 return 语句，它们的执行都导致主函数结束，并向系统报告本程序成功完成工作（返回 0 值）。这样做是允许的。return 也是一种普通的语句，其执行导致函数结束。return 语句更详细的意义和一般使用方式将在第 5 章里介绍。

对于同一个问题，上面给出了多个求解程序。它们的主要部分都是一个内部带有选择结构的循环。这些情况再次说明，对于同一个问题，常能写出多个在逻辑或技术上或多或少有差异的程序。对于这些程序，我们都需要做测试。如前所述，**可以根据程序的内部结构和由此产生的执行流程，设法选择测试数据，使程序在试验性运行中能通过"所有"可能出现的执行流程**。

循环结构（以及内嵌有选择结构和循环结构）的测试更复杂，因为这种结构的执行流情况更复杂。从本质上说，一个循环结构可能产生无穷多条不同的执行流：循环体不执行（第一次条件检测就失败），循环体执行一次，循环体执行两次，等等。这意味着我们可能**无法完全地测试一个循环的所有可能执行流程**。这也正是循环结构比较复杂，理解和书写都比较困难的内在根源。

为了测试程序中的循环，常用方法是选择测试数据，检查循环的某些典型情况，包括循环体执行 0 次、1 次、2 次的情况，有时再根据具体问题选择若干其他典型数据进行测试。如果能确认在这些情况下程序的执行效果都如编程时所期望的那样，那么我们对这个循环的正确性就比较有信心了。

对于本例的几个版本的程序，运行时键入 2、3、4、5、10、17、60、73、9767 等符合 ">= 2" 要求的合法数据（满足题目要求的"不小于 2 的整数"），可以发现程序都能做出正确判断。但是，如果在程序运行时故意输入一些不符合 ">= 2" 要求的数据（例如 1、0、-1、-5、-100 等），就会发现程序都给出了"是质数"的错误判断。这一情况说明，上面这几个程序都不能正确地处理用户输入的非法数据。可以说，这几个程序的健壮性（robustness）差。

健壮性是指程序应对异常情况（包括非法输入情况）的能力。对于非法输入，健壮性强的程序应该能判断出其不符合规范要求，并能合理地处理。对于上面几个程序，为了提高健壮性，应该添加对 n <= 1 的处理，例如在语句 "cin >> n;" 之后添加如下语句：

```
if (n <= 1) {      //n <= 1 时直接判断为非质数，并结束程序
    cout << n << "不是质数" << endl;
    return 0;
}
```

2. 用 continue 语句改变循环过程

continue 语句是另一种可以改变循环过程的语句，其语法形式也很简单：

```
continue;
```

这个语句只能用在循环里，**执行它将使该语句所在这一层循环体的本次执行结束，立即进入循环的下一次执行**。对 while 和 do-while 循环，continue 语句执行之后的下一个动作是条件判断；对 for 循环，continue 语句执行后的下一个动作是变量更新。

请注意，break 语句和 continue 语句的功能不同。break 语句导致最内层循环终止，使程序执行跳到这个循环语句之后；而 continue 引起的是循环内部的一次控制转移，使执行控制跳到循环体的最后，相当于跳过循环体里该语句之后的所有语句。图 3-5 描绘了 break 语句和 continue 语句引起的控制转

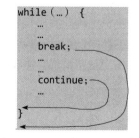

图 3-5　break 和 continue 语句引起的控制转移

移的情况。

【例 3-22】写一个程序，它执行时输出 0~100 之间所有不能被 3 整除的整数。

　　程序里可以用一个循环，让循环变量取值 0~100 并输出。题目要求跳过所有能被 3 整除的数，这个要求可以通过一个条件语句控制下的 continue 语句实现。完成相关工作的主函数如下：

```
int main() {
    int k;
    for (k = 0; k <= 100; k++) {
        if (k % 3 == 0)   // k 能被 3 整除，跳过。也可写为 if (!(k % 3))
            continue;
        cout << k << endl;
    }
    return 0;
}
```

上面的程序是使用 continue 语句的一个练习，也可以改用 if 语句控制输出语句：

```
for (k = 0; k <= 100; k++)
    if (k % 3)              //k 不能被 3 整除，输出 k
        cout << k << endl;
```

注意这个程序片段中的 if 结构，其中把表达式 k % 3 得到的算术值当作逻辑值使用。

　　上面的第二个程序更简单，这里看不出 continue 语句的价值。但在实际中也会遇到一些情况，使用 continue 写出的程序既简单又清晰，比不用 continue 语句的程序好得多。

3. goto 语句

　　goto 语句又称**转移语句**或**转跳语句**，是计算机指令直接支持的控制动作，也是程序语言里历史最悠久的控制语句。随着人们对程序性质的认识的发展，以及程序语言里其他控制结构和语句的出现与编程经验的积累，今天 goto 语句在程序语言里已经变得越来越不重要了。但是由于历史原因，许多语言仍然提供了 goto 语句，C 语言和 C++ 语言都是这样。

　　goto 语句需要与程序里的标号协同工作，其作用是实现在一个函数体内部的任意控制转移。在早期的程序实践中，人们无节制地使用 goto 语句，写出了许多很"巧妙"的程序，其中有的程序十分令人费解，有的程序看起来正确，其实带有隐藏很深、难以发现的错误。1968年，荷兰计算机科学家迪克斯特拉（E. W. Dijkstra）写了一篇短文"goto 是有害的"，引起计算机界的强烈反响，导致了一场持续约六年的大辩论。这场辩论的结果是计算机领域的"结构化程序设计"革命：新设计的各种语言都引进了几种标准的控制结构，计算机教育和实践大力提倡结构化程序设计，尽量使用结构化的控制结构和函数（过程）机制写程序。对于 goto 语句的共同认识是：应当不用或尽量少用。

　　由于这些情况，本书将不对 goto 语句做进一步介绍，也不提供任何使用 goto 语句的示例程序。

3.7.6　死循环

　　循环结构的特点就是可能多次重复执行其循环体，这样就出现了一种可能性：某个循环结构在某次执行时可能无穷无尽地重复下去而永不结束，这时人们就说这个程序（或其中某循环结构）进入了"死循环"或"无限循环"的状态。如果在一个程序执行时，其中某个循环结构进入死循环，该程序就会无限执行下去，不能终止运行，也导致该循环之后的语句永远不会被执行。

死循环是程序运行中可能发生的一种情况，有些死循环可以在代码中明显看出来。例如，下面是一个明显会死循环的 while 结构，一旦运行它，程序将无休止地打印"*"字符。

```
while(1)
    cout << "*";
```

下面是一个必然会死循环的 for 语句，它运行时不产生任何屏幕输出，只是无休止地执行下去。

```
for (i = 0; ; )
    ;
```

当然，在实践中，人们不会专门去写上面这样明显会死循环的代码，却可能由于循环结构的结束条件写得不正确，或者循环体里的代码有错，或者有些情况考虑不周，使得程序（在某些情况下）无法达到循环的结束条件，导致程序运行中出现死循环。这些情况说明，在写程序中的循环时，需要警惕可能出现死循环的情况。下面看几个例子。

例 1：在下面的程序片段中，由于忘记在循环体中更新变量 n 的值，因此，无论循环体执行多少次，也不可能使条件"n < 100"变为假。这段代码一旦执行，就会进入死循环。

```
int n = 0, sum = 0;
while (n < 100) {
    sum += n;
}
```

例 2：下面的程序片段中有一个语句"n++;"，编程者以为变量 n 的值能不断增大，最终使得条件"n < 100"变为假。但请注意，代码中更新变量 n 的语句并不是循环结构的一部分（应该是忘记写复合语句的花括号，错误的缩进格式又使人误解），所以这段代码运行时也会形成死循环。

```
int n, sum = 0;
while (n < 100)
    sum += n;
    n++;
```

例 3：在下面的程序片段中，可能是编程者不小心把"n == 50"误写成了"n = 50"，导致每次执行循环体时都会把 n 赋值为 50，从而形成死循环。

```
for (int n = 0; n < 100; n++)
    if(n = 50)
        cout << "n equals 50! ";
    else
        cout << " " << endl;
}
```

请注意，死循环是程序执行中可能发生的一种现象，而不是程序正文的一种形式。完全可能有某个循环结构，它的执行有时出现死循环，有时不出现死循环。

例 4：下面的程序片段运行时要求用户输入一个整数 m，循环中检查 n 与 m 是否相等：

```
int m;
cin >> m;
for (int n = 0; n != m; n += 2)
    cout << n << endl;
```

如果用户输入的是正偶数，这个程序段就能正常结束，输入其他数就会出现死循环。当然，这个例子是编造的，但实际中确实经常出现某程序在一些特殊情况下出现死循环的情况。

在实践中，判断程序运行中是否出现死循环也不是简单的事情。有些程序里出现了"while(1){...}"，看上去像死循环，但如果循环体包含能退出循环的语句，也可能不会导致死循环。而有些程序需要运行很长时间，用户可能误以为其出现了死循环。下面是一个这样的例子：

```
int main() {
    int i = 0;
    while(1) {
        cout << i++ << " ";
        if (i == 1000000)
            break;
    }
    return 0;
}
```

还有一些情况可能造成用户误判。例如下面这个程序：

```
int main() {
    int a, b, c, d, e;
    //cout << "input a, b, c, d, e: ";  //输出提示信息
    cin >> a >> b >> c >> d >> e;
    while( a + b + c + d + e < 100) {
        a++;
    }
    cout << a << endl;
    return 0;
}
```

这个程序运行后不做任何提示，等着用户输入多项数据，如果用户没有输入足够数量的数据（但是自以为已经输入足够多），程序就会一直等待输入，这时用户会误以为程序出现了死循环。由此可以看到，在要求用户输入数据时，事先输出提示信息是很有必要的。

总之，在编写程序和测试程序时，需要根据各种知识来判断程序运行时是否出现了死循环。一旦判断程序在运行中确实出现了死循环，就需要强制终止程序的运行。

各种程序开发系统（或操作系统）通常都提供了强制终止程序的方法。在 Dev-C++ 系统里，当程序正在运行时（出现死循环时程序也正在运行），按快捷键 Ctrl + Break 就能终止其运行。如果发现程序长时间运行不结束，可以强制终止它，然后仔细检查，确定是否真的是因为程序有错误而导致死循环，这时主要是检查程序里的各个循环。另请参考下一节和后面章节中有关排除程序动态错误的讨论。

3.8　程序动态除错方法（一）

程序很复杂，人写出的程序常包含错误（初学者更是如此），因此，**排除程序错误**（debugging）是编程过程中的一项常规工作。学习程序设计时首先应该牢记，程序中的错误其实都是编程序的人自己的错误。所谓排除程序错误，就是排除自己在程序设计的过程中犯下的错误，或者说是排除自己写在程序里的错误。因此，如果发现程序有错，就需要仔细检查程序，设法排除它们。

程序中的错误基本上可以分为静态错误和动态运行错误两大类。

（1）**静态错误**就是程序的形式在某些方面不符合语言的要求。对这类错误，语言系统在对源程序进行编译和连接的过程中能够检查、发现错误，并给出错误信息或警告信息。实践经验说明，**排除程序静态错误的基本原则是：每次编译后应该集中精力排除语言系统报告的第一个错误**。找出报错的原因，思考并修改产生第一个错误的语句，然后重新编译。解决了第一个错误常常能够顺带地消除后续的一批错误信息。如果编译加工中又报告错误，则继续排除系统发现的第一个错误。如此重复，直到所有错误都被排除。前面两章已经讨论过这方面的问题。

（2）如果程序的书写形式没有问题，编译和连接工作都能正常完成，就能生成可执行程序。但是，程序执行中可能出错，可能报告错误或直接崩溃，也可能计算结果（或执行效果）不符合需要。这类错误称为**动态运行错误**。下面详细介绍检查、分析和解决这类错误的技术和方法。

3.8.1　动态运行错误的分析与确认

初学者有一个常见的误区：看到自己的程序在正常编译和连接之后可以运行，屏幕上显示了一些输出信息，就以为编程工作已经成功，万事大吉了。其实情况通常并不是这样。编译器和连接器只能检查源代码中的**语法错误**，不能检查程序中的动态错误和**逻辑**错误。能完成编译的程序在运行时也有可能出错，例如执行非法操作（例如除 0 等）、出现动态运行错误而非正常终止，或者出现死循环等。程序里还可能存在逻辑错误，导致程序的输出不正确或者执行效果不符合需要等。所以，我们首先必须摒弃侥幸心理，在程序已经能运行后，系统化地试验和检查程序。

1. 观察程序运行情况

一旦程序能运行，就应该转到下一个工作阶段，认真检查程序的功能是否正确。下面是程序出现运行时错误的几类典型情况，一旦发生这些情况就可以断定程序中有错：

- 操作系统弹出错误信息窗口，提示程序执行中出现了异常情况，或者程序没完成工作就突然结束了。这些情况通常说明程序执行中发生了致命错误，人们通常说这个程序崩溃了。导致这种错误的典型原因是对整数除 0 等操作，后面章节里还会介绍一些其他情况。
- 预期一个程序的工作能很快结束，但它却运行了很久；或者程序输出了一部分信息，然后就没动静了，也没结束；或者程序重复地生成大量输出。这些都说明程序可能进入了死循环。
- 应该输出正的结果（结果应该大于 0），但实际输出是负数；或者应该输出（绝对值）不太大的数值，实际输出了（绝对值）非常大的奇怪数值；或者其他输出很不合理的情况。例如，浮点数输出中出现 inf 或 nan，可能是计算中出现了某些错误情况。

当然，实际中程序运行错误的情况多种多样，不可能一一列举。特别是程序输出的结果更需要靠人认真检查，并根据专业知识思考和判断是否正确。

2. 程序测试

3.6.2 节和 3.7.4 节中已经通过两个具体例子分别简单地介绍了如何针对选择结构和循环结构，正确地计划和设计相应的测试方法。随着编程学习的深入，开发的程序会越来越复杂，其中可能包含多种控制结构，还可能出现各种结构的复杂嵌套。在这种情况下，我们就需要综合前面介绍的方法，灵活应用各种基本测试技巧，对程序进行尽可能完全的测试，设法发现其中隐藏的错误。

3.8.2　排除程序的动态运行错误

如果程序（试）运行中出现了不正常的情况，我们就要通过分析和思考，首先判定程序是不是出现了动态运行错误。如果确定有错，下一步工作就是设法找到错误的原因，确定实际造成错误的代码，然后想办法修改代码、排除错误。下面介绍初学者首先应该了解的两种常用方法。

1. 整理源代码的缩进排版格式

检查程序错误的最基本方法就是仔细阅读和分析代码。在做这件事之前，首先要保证程序的代码是按照良好格式编排的。如果不是，就应该先整理好代码的缩进排版格式。

C/C++ 语言是自由格式语言，它们对源代码的排版格式没有特殊要求。但是编程实践告诉我们，必须严格地按一定的缩进格式编排程序代码。原因在于，代码的形式和语义都很复杂，而且可能很长，难以准确理解。如果不用**严格的缩进格式体现代码中的逻辑关系**，阅读代码时很难把握其中的逻辑关系，容易产生误解，就可能造成错误。所以，从初学编程时**就要特别注意养成良好的代码排版习惯**。经验表明：**如果看不出程序里的错误，就应该先把程序的排版格式整理好**。

例如下面的程序片段（前面讨论过），其排版缩进格式并没有正确体现出代码内在的逻辑结构（循环体的范围），导致阅读者难以立刻看到代码中的逻辑错误：

```
int n, sum = 0;
while (n < 100)
    sum += n;
    n++;
```

当把它改写成正确的缩进排版格式之后，就容易看到其中的逻辑错误了：

```
int n, sum = 0;
while (n < 100)
    sum += n;
n++;
```

Dev-C++ 中有两个功能可用于凸显源代码的逻辑结构，或帮助整理代码的缩进格式。

（1）**Dev-C++ 可以自动识别源代码中的复合结构，并在编辑区左边的装订栏显示代码折叠按钮**。例如，图 3-6 是例 3-18 中用 for 循环计算 $\sum_{n=1}^{100} n^2$ 的程序在 Dev-C++ 中编辑时的显示效果。可以看到，每个复合结构首行（左花括号所在行）的行号旁都显示了一个"□"按钮，在复合结构结束行（右花括号所在行）的行号旁都显示了一个"┝"或"└"符号，这些能帮助我们看清复合结构的开始和结束位置。如果编辑时键入的左右花括号不配对，也可以很明显地看出来。所以，只要简单地浏览装订栏，就可以看到每个复合语句的范围，以及花括号是否正确配对。

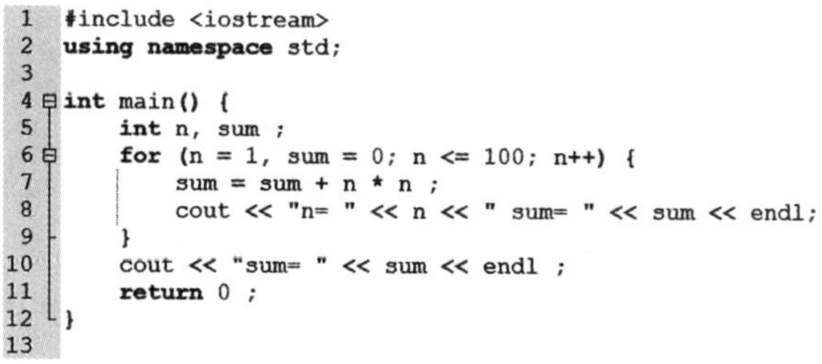

```
1   #include <iostream>
2   using namespace std;
3
4   int main() {
5       int n, sum ;
6       for (n = 1, sum = 0; n <= 100; n++) {
7           sum = sum + n * n ;
8           cout << "n= " << n << " sum= " << sum << endl;
9       }
10      cout << "sum= " << sum << endl ;
11      return 0 ;
12  }
13
```

图 3-6　Dev-C++ 中的装订栏与编辑区

注：如果单击菜单"工具"下的"编辑器选项"，在对话框中勾选了"☑点击以折叠或展开代码"，那么以后在单击"⊟"按钮时，相应的复合结构就会折叠起来，同时该按钮变成"⊞"，再次单击即能展开相应复合结构。这种功能在编辑很长的程序时非常有用，可以避免反复地上下翻页。

（2）Dev-C++ 带有一个名为 AStyle 的源代码自动格式化工具，只要单击菜单"AStyle"→"格式化当前文件"，该工具就会对当前编辑文件的源代码按其中的逻辑关系调整缩进格式、重新排版。这种功能对初学者很有用。利用这个工具重新调整源代码的缩进编排格式，注意观察调整后的编排格式与调整之前有什么变化，有可能发现程序中的问题。

例如，下面的主函数想要输出 1~100 之间能被 7 整除的数：

```
int main() {
    int i;
    for (i = 0; i< 100; i++);
        if (i % 7 == 0)
            cout << i << "\t";
    return 0;
}
```

程序运行时没有产生输出，明显是有问题。但可能通读了几遍代码也没找到问题所在。

用 AStyle 整理、缩进代码的排版格式之后，上面的函数就会变成下面的样子：

```
int main() {
    int i;
    for (i = 0; i < 100; i++);
    if (i % 7 == 0)
        cout << i << "\t";
    return 0;
}
```

再次检查代码，根据缩进立刻能发现其中的 if 结构不在 for 语句的控制下，说明代码未正确体现我们的想法。再仔细检查，就可能发现 for 语句行的最后有一个多余的分号，使这个循环的体成为一个空语句。程序运行时，这个 if 语句只在循环结束后执行一次。找到了原因，也就找到了消除错误的办法：删除 for 语句行末的分号。重新编译后，可以看到运行结果正确。

有读者可能想：既然 AStyle 能帮助调整格式，那么编程序时就可以随便写，只要最后用 AStyle 调整就行了。不应该有这种偷懒的思想。按正确的格式编辑程序，也是整理自己的思考成果并将其正确表现出来的过程，AStyle 不可能起这种作用，它只能做一点辅助性工作。

关于缩进排版风格

　　爱动脑筋的读者可能会问一些与此相关的问题：在 Dev-C++ 中，使用 AStyle 自动调整缩进格式之后的排版效果为什么是这个风格？本书中的源代码的缩进排版效果为什么采用这样的风格？这与其他一些教材上的源代码缩进排版风格好像不大相同呢！

　　源代码缩进排版风格（主要是指左右花括号的位置等）的意义就在于提高程序代码的可读性和可维护性。在实践中，一些编程专家对源代码的缩进排版格式提出了自己的看法，从而形成了多种缩进排版风格。例如 B. W. Kernighan 和 D. M. Ritchie 在《C 程序设计语言》一书中提出了一种缩进排版风格，称为"K&R 风格"。此外，还存在其他风格，例如"Allman风格""Java 风格"和"GNU 风格"等（读者可以在 Dev-C++ 中单击菜单"AStyle →格式化选项"，所显示对话框中的"括号风格"中列出了这些条目）。各种缩进排版风格各有优缺点，选用哪种风格取决于编程者的偏好。本书作者认为，从兼顾结构清晰和节约篇幅的角度来看，选用"Java 风格"为好。这种风格的特点是：表示复合语句开始的左花括号总写在行尾，不单独成行；表示复合语句结束的右花括号放在同与之相应的控制语句在同一缩进级别的行首，通常单独成行。

---

2. 输出中间量的值

　　排除程序运行错误的基本方法就是设法检查程序运行中发生的情况。与此相关的一种（前面简单介绍过）常用方法就是，**在代码中适当的位置加入输出语句，输出一些中间量的值**。

　　假设有人写出下面的程序，想要计算从 1 到 100 区间的所有整数之和（即，求出 $\sum\limits_{n=1}^{100} n$）：

```cpp
int main() {
    int n, sum;
    for (n = 1; n < 100; n++)
        sum = sum + n;
    cout << "sum= " << sum << endl;
    return 0;
}
```

这段程序看起来挺正常，可以通过编译和连接，运行时也能输出计算结果，但是输出的计算结果显然并不符合数学规律（请观察程序输出结果，并根据数学知识判断）!

　　如果不能直接找出程序的错误，就可以考虑**在程序的循环结构里加入一个输出语句，输出循环过程中多个变量的值**。这样做时，需要把原来的单条语句改为复合语句，如下所示（带波浪线的文字为新添加的部分，末尾写有注释"//debug"表明该语句是为除错之用，而非程序本身功能所需的语句）：

```cpp
int main() {
    int n, sum;
    for (n = 1; n < 100; n++ ) {
        sum = sum + n;
```

```
        cout << "n= " << n << "  sum = " << sum << endl; //debug
    }
    cout << "sum= " << sum << endl;
    return 0;
}
```

再次编译运行，程序输出了大量信息。**从头开始**检查这些输出，可以发现，当 n 的值为 0 时，sum 的值不为 0，再看代码就会发现 sum 没有初始化！修改（例如把第一句改为"int n, sum = 0;"）之后重新编译连接，再次运行，程序又输出了大量信息。我们不能掉以轻心，应该再次**仔细**检查全部输出信息！这时可能发现，最终计算结果还是不正确。错误出在哪里呢？这个问题留给读者去解决。

最后还要说明，添加语句输出变量的值是一种常用的除错技术，每次输出耗费的时间不多，但是循环产生大量重复输出也可能花费很多时间，还使人不容易看到所期望的真实输出。因此，在成功除错之后，可以删掉为此而添加的语句，也可以改为注释（这也是一种常见做法，不仅可以提醒自己曾经在这里花费了时间进行除错，将来还可能取消注释、再次启用这些语句），如下所示：

```
//cout << "n= " << n << "  sum =" << sum << endl; //debug
```

上面介绍的两种方法（**整理排版缩进之后通读源代码、添加输出语句显示中间量的值**）都是初学编程时就应该熟练掌握的。最后要指出的是，要排除程序中的错误，最重要的是认真分析问题和积极思考。

3.8.3　源代码的可读性

本章介绍了 C 和 C++ 语言的几种语句和控制结构，利用它们已经可以编写出很多有意思的程序了。这里还想说明一个情况：由于 C/C++ 的灵活性，读者可能会在某些教材或资料上看到一些利用 C/C++ 语言的技巧写出的奇形怪状、晦涩难懂的程序（或片段），例如下面这样：

```
void main() {
    int x = 3;
    do
        cout << (x -= 2) << " ";
    while(!(--x));
}
```

这段程序实际上是错误的，它违反了语言的规范（把 main 函数的返回值写成 void 类型），而且故意把循环结构写得晦涩难懂，要求读者去分析程序的意义。

按本书作者的看法，这样做是很不合适的，会把读者引入歧途。程序开发已经成为一项重要的社会生产活动，人们已经开发了巨量的程序代码，今后还会开发更多的代码。这些代码被用在各种重要或不重要的软件中，支撑着各种各样的社会生产和生活活动。源代码是专业人员的工作成果，其中沉淀了重要的思想和知识。不仅开发者需要阅读和检查，将来还有其他人需要阅读、分析和修改。因此，代码的可读性是极其重要的。逻辑清晰、简明易懂的源代码不仅更容易避免潜在的程序错误，也能方便编程人员之间互相交流、提高合作效率。

从初学编程开始，就应该阅读并努力学会编写逻辑清晰、简明易懂的程序代码。应该拒绝如上所示的错误或晦涩难懂的代码，更不要学它们的做法。

　　将上面的程序片段改写为下面的样子才符合常规的编程规范，而且逻辑清晰、简明易懂：

```
int main( ) {
    int x = 3;
    do {
        x -= 2;
        cout << x << " ";
        --x;
    } while (x == 0);
    return 0;
}
```

虽然这一段代码比上面那段代码多了几行，但形式清晰，一目了然，表达的计算过程也很容易理解。

　　提高代码的可读性可以节省代码阅读者的时间和精力（排除错误、扩展功能或性能优化的前提条件都是读懂这段代码），传达正确信息，避免误解。下面列出的若干要素可供初学者参考：

● 变量名采用助记、易理解的英语单词（或其缩写），也可以考虑用汉语拼音等；
● 采用人们在编程实践中总结出来的惯用法和惯写法，如变量和常量名的统一构词方法、代码中的空格、长表达式（或语句）的换行和对齐、区分代码中不同部分的空行，等等；
● 代码中的语句和控制结构（包括嵌套结构）应尽可能清晰地表现计算的步骤和过程，其中采用清晰、常规、易理解的处理方式；
● 恰到好处的注释，在程序中写下简明扼要的注释，不能太多或太少；
● 简单就是美，尽量让每条语句只做一件事，避免对简单的功能写出复杂的代码。

　　我们还可以提出很多这方面的建议，目前暂时说到这里。本书的"附录 E　编程形式规范"列出了更多细节。总而言之，我们应该把代码的简单、清晰、易理解作为编程工作中的一个重要目标。在初始的编码中就应该特别注意这些问题；修改代码时也必须关注这些问题，不能因为偷懒而降低代码的可读性；在适当的时候要重新审视和整理已完成的代码。本书后面章节介绍其他编程要素和结构时，还会提出一些这方面的建议。此外，也建议读者查找并参考相关材料，包括专业组织和企业发布的一些（C/C++）编码规范。

本章讨论的重要概念

　　语句，空语句，语义，复合结构（复合语句），顺序控制，变量，赋值，取值，变量定义，变量命名，局部变量，赋值运算符（=），赋值表达式，赋值语句，多重赋值，变量初始化，复合运算符，增量运算符（++），减量运算符（--），常变量，枚举常量，符号常量，宏，关系，关系运算符（<、<=、>、>=、==、!=），关系表达式，逻辑值，条件运算符（?:），条件表达式，逻辑运算符（!、&&、||），逻辑表达式，结构化程序设计，控制结构，顺序执行，选择执行，重复执行，结构化控制结构，条件语句（if 语句），条件语句的嵌套，while 语句，do-while 语句，for 语句，逗号运算符（,），从循环中退出，break 语句，continue 语句，死循环，动态除错，编程规范。

练习

3.1　语句、复合结构和顺序程序

3.2　变量的概念、定义和使用：例 3-1～例 3-5

3.3　数据输入：例 3-6

1. 下面的字符序列中哪些不是合法的变量名：

```
-abc      _aa       for       pp.288    to be     IBM/PC    ms-c      #micro
m%ust     tihs      while     r24_s25   _a__b     a"bc      _345
```

2. 如果四边形四个边的长度分别为 a、b、c、d，一对对角之和为 θ，则其面积为：

$$S = \sqrt{(s-a)(s-b)(s-c)(s-d) - abcd\cos^2\frac{\theta}{2}}$$

其中半周长 $s = \frac{1}{2}(a+b+c+d)$。设有一个四边形，其四条边边长分别为 3、4、5、5，有一对对角之和为 145°（转换成弧度是 π*145/180），请写程序计算它的面积。

提示：

（1）题目中采用数学语言，用希腊字母 θ 表示角度，但在程序中不能用这个字母作为变量名（为什么？），应当按"见名识义"的原则设定一个合理的变量名（例如 theta 或 angle）。

（2）题目中出现了字母 s 和 S，分别表示半周长和面积，如果在程序中直接用这两个字母作为相应变量的名字，则区分度太小，容易写错或看错，应该选用区分度较大的两个变量名。

（3）程序中书写表达式时，需要注意避免"两个整数相除的结果为整数"而产生计算错误。

（4）注意，数学公式中的变量或表达式相乘时通常省略不写乘号，而程序中必须写乘法运算符 *。

3. 圆柱体的底部半径为 r、高为 h，请写一个程序，它要求用户从键盘上输入 r 和 h，然后分别求出圆柱体的底面积、体积和表面积。

3.4　关系表达式、逻辑表达式和条件表达式：例 3-7～例 3-9

4. 假设整型变量 a 的值是 1，b 的值是 2，c 的值是 0，在这种情况下，首先手工计算下面各表达式的值，然后编写程序计算并输出各个表达式的值，验证手工计算的结果是否正确。

（1）(a > b) && (b > c)

（2）(a > b) || !(a < b < c)

（3）!(a && b) || !(b || c)

（4）!(a + b < c) && b <= c * a – b

（5）a && !((b || c) && !a)

5. 假设整型变量 a 的值是 1，b 的值是 2，c 的值是 4，在这种情况下，首先人工分析并算出下面各条语句之后整型变量 k 的值，然后编写程序输出 k 的值，验证人工计算结果是否正确。

（1）k = (a > 0 ? b : c);

（2）k = (a ? b : c);

（3）k = ((a == 2) ? b + c : b - c);

（4）k = ((a = 2) ? b + c : b - c);

3.5 语句与控制结构

3.6 选择语句：例 3-10～例 3-15

6. 改进例 3-12 里的程序，使之能够处理一元二次方程的复数根的情形（以类似于 "$a + bi$"
   的形式输出，并请注意使用合理的数据进行测试）。

7. 读入用户通过键盘输入的四个整数 a、b、c 和 d，然后输出其中最小的数。（参考例 3-14，
   选用简洁高效的方法。）

8. 输入一个年份和月份，打印输出该月份有多少天（考虑闰年），用 switch 语句编程。

9. 输入一个日期（包含年、月、日），判断该年是否为闰年，并计算该日期为该年的第几天
   （建议针对月份使用 switch 语句）。（提示：请注意考虑用于判断是否闰年的 if 语句与
   针对月份的 switch 语句相互配合的方式，设法避免大段源代码重复出现。）

3.7 循环语句：例 3-16～例 3-22

10. 使用 while 结构，求出：（1）–10 到 20 之间以 3 为间隔的整数的立方和；（2）公式 "$\pi +$
    $2\pi + \cdots + 20\pi$" 的值（π 取近似值 3.14159265）。

11. 分别使用 while 结构、do… while 结构和 for 结构实现如下功能：在 0°～90° 之间每隔
    5° 输出一行数据，整齐地打印出角的度数以及它们对应的正弦、余弦、正切、余切函数
    值。（提示：注意把角度转化为弧度；用 cout << 输出时可用 "fixed" 控制产生固定
    位数的双精度数输出；注意 0° 和 90° 时的正切与余切函数值可能输出 inf，这是合理的
    输出结果。）

12. 读入用户通过键盘输入的两个整数（两者的大小未知），然后从小到大地输出这两个整
    数之间的所有整数（包含这两个整数本身）。

13. 使用循环语句，在屏幕上打印输出如下图案：

    ```
    *
    * *
    * * *
    * * * *
    * * *
    * *
    *
    ```

14. 请改进例 3-19 中输出九九乘法表的程序，给输出的乘法表加上美观的表头，以及被乘数
    列和乘数行。按自己的想法尽可能地美化乘法表的输出。

15. 假设银行一年期定期存款的年利率是 1.75%，五年期定期存款的年利率是 2.75%。假定现
    在要存入 10 000 元，每次存款到期后立即将利息与本金一起再次存入。请写出程序，计
    算按照每次存 1 年和每次存 5 年，分别都存 50 年后两种存款方式的得款总额。对这两种
    情况，都按每 5 年输出一次当时的总金额。（提示：假设本金为 dep，利率为 r，则每次存
    1 年、连存 5 年后的得款是 dep*(1+r)*(1+r)*(1+r)*(1+r)*(1+r)，而每次存 5 年的得
    款是 dep + dep*r*5。连续存款 50 年的情况可以类似地计算。）

16. 能够组成直角三角形三个边的最小一组整数是 3、4、5。写程序求出在 1～100 范围里所有
    可以组成直角三角形三个边的整数组，输出三个一组的整数。设法避免重复的组。

17. "百马百瓦问题"：有 100 匹马共驮 100 块瓦，其中每匹大马驮 3 块瓦，每匹小马驮 2 块
    瓦，每两匹马驹驮 1 块瓦。编程求出大马、小马和马驹各有多少匹。

第4章　基本程序设计技术

在前面的学习中，读者应该已经试验了一些程序示例，完成了一些编程练习。从工作中可以体会到，虽然写程序时要处理许多琐碎的细节，但它也是一件很有趣的工作，是对人的智力的挑战。为了完成一个程序，首先需要认真地分析问题，寻找解决方案，这时需要发挥人的聪明才智和想象力，各种相关领域的知识和技术都可能有用。要把设计变成可以运行的程序，既需要智力，又需要有条理地工作，还要非常细心。一个小错误就可能使程序无法编译或不能正确执行。当然，**高度精确性**也是现代社会的需要，写程序的过程能带来许多有益的体验。

学习程序设计总要经历一个很长的过程，但这并不表示这里的学习就是简单的经验积累，也不意味着只要多写程序就一定能写得好。人们从多年的实践中总结出程序设计领域许多规律性的东西，以及许多模式、方法和技术，也进一步研究了许多理论问题。

在学习程序设计时，读者从一开始就应该吸取前人的经验。正确的好程序不可能是随随便便写出来的，也不应该是修修补补改出来的。只有认真学习怎样写好小程序，弄清其中的基本道理，才可能进一步写出规模更大、更复杂的程序。这些都是本书中特别强调的。

在进一步学习 C 和 C++ 语言的其他功能之前，需要更好地理解如何把已知的东西应用于实际，这就是本章的目的。前面讨论了三种结构化流程模式和相关语言结构。顺序模式最简单，很容易用复合语句实现。使用选择模式时最重要的问题就是正确描述条件，考虑不同条件下应该做的动作，用条件语句实现也不困难。学习程序设计初期的主要难点是重复执行模式。这种模式比较复杂，用循环实现时牵涉的问题较多，是本章讨论的重点。本章还将介绍一些编程中经常用到的标准库函数，讨论完成输入输出的一些实用技术，最后将通过一些实例综合性地展示这些技术。

4.1　循环程序设计

要写好程序里的循环，首先必须发现计算过程中可能需要（应该使用）循环。在分析问题时，应该特别注意识别计算过程中重复执行的类似动作，这是重要的线索，说明可能需要引入一个循环，统一描述和处理这些重复性工作。常见的情况如：程序中需要一批可以按统一规律计算出来的数据，需要对一系列类似数据做同样处理，需要反复从一个结果算出下一个结果等。这些情况都可看作重复性动作，如果重复的次数较多，或者次数无法确定，就应该（或者必须）考虑用循环描述。

从发现重复性动作到写好一个循环，还需考虑和解决许多具体问题。首先是弄清每次循环中要做的工作，这是最重要的问题。再就是循环的控制，弄清它应该怎样开始、继续和停止。这方面牵涉的问题很多，一般包括：在循环中涉及哪些变量？循环开始前应该给它们赋什么初值？循环体中应该如何修改它们？在什么情况下应该继续（或应该终止）循环？循环终止后如何得到所需结果？等等。具体问题还包括使用哪种结构实现循环等。这些都是本节讨论的重点。

本节将展示一批程序设计实例,介绍一些典型的循环程序设计问题。对许多实例,这里用的方法都是先分析问题,逐渐挖掘完成程序的线索,最终完成能解决问题的程序。这样讨论是为了帮助读者理解"从问题到程序"的思维过程。此外,对许多实例将给出能解决问题的多个不同程序,并着重讨论它们之间的差异及优缺点。这样做是希望读者能理解程序设计不是教条,即使对一个典型问题,也没有需要死记硬背的标准解答。只要不是极端简单的问题,总会有多种解决方法,可以写出许多有着或多或少形式或者实质差异的程序,它们往往各有长短。当然,能写出多个程序,并不说明这些程序有同等价值。实际上,正确的程序也常有优劣之分,讨论中也会对此提出一些看法。

4.1.1 输出一系列完全平方数

【例 4-1】如果一个数能表示成某个整数的平方的形式,则称这个数为完全平方数。请写程序输出 1 到 200 之间的所有完全平方数。

通过分析可以发现,即使是这样一个简单的问题,也存在多种不同解法。

第一种方法

最显然的方法是逐个检查 1 到 200 之间的所有整数,遇到完全平方数时就输出。这一计算过程中有一系列重复动作(每次检查一个数),可以考虑用循环描述。循环中需要用一个变量,令其顺序地取被检查的值,从 1 开始每次增加 1。这样就可以得到所需循环的框架:

```
for (int n = 1; n <= 200; ++n)
    if (n 是完全平方数) 打印 n;
```

循环中,变量 n 遍历从 1 到 200 的各个整数。这种循环特别适合用 for 语句描述。

上面只是一个程序框架,其中有些部分不是用程序语言描述的,需要在随后的工作中填充(改写)。这种做法很值得提倡:**先写出一段程序的框架,再考虑其中的细节**。这样做可以有效地分解问题的复杂性。上面的框架分解了面对的问题,把对一批数的处理归结到对一个数的处理,此后的工作只需要考虑如何判断一个数是不是完全平方数、如何输出它。任何复杂的工程设计工作都需要通过这样一步步分解才能最终完成,复杂的编程工作也应该这样做。

打印输出语句很容易写,剩下的主要问题就是如何写条件语句里对"n 是完全平方数"的判断。由于 C/C++ 语言中没有提供直接判断一个数是不是完全平方数的功能,因此需要进一步分析。

要判断某个 n 是不是平方数,一种可能方法是从 1 开始检查整数,看看是否有某个数的平方正好等于 n。如果有,n 就是完全平方数,否则就不是。这个过程又应该用一个循环处理,需要用另一变量(例如 k)记录检查中使用的值。计划写这个循环又衍生出一组新问题:k 的取值从哪里开始,什么条件下应当继续(或结束)等。不难看到,k 应该从 1 开始,一旦其平方大于 n 就可以结束循环了,因为更大的数都不会是 n 的平方根。按这种分析写出循环:

```
for (int k = 1; k * k <= n; ++k)
    if (k * k == n) 打印 n;
```

显然,在这个循环的执行中至多能发现一个数的平方等于 n。如果 n 是完全平方数,这个值就会打印出来,而且只打印一次。

现在需要把各部分的代码组合起来。由于刚做好的这段代码应该作为前面框架里的循环体，把它放在循环体的位置，就出现了循环体又是一个循环的情况。各种控制结构都可以相互嵌套，嵌套的循环也是程序里很常见的结构，再加上其他部分，就得到了下面的程序：

```
int main() {
    int n, k;
    for (n = 1; n <= 200; ++n)
        for (k = 1; k * k <= n; ++k)
            if (k * k == n)   //如果 n 是 k 的平方，即 n 是完全平方数
                cout << n << " ";
    cout << endl;              //最后换一行
    return 0;
}
```

上面解决问题的框架是一种常见策略的具体例子，这种策略可以概括为：采用某种较简单的方法生成候选数据，然后检查它们是否满足需要。这种策略称为"**生成与检查**"，在程序中很常用。

第二种方法

题目要求打印 1 到 200 之间的所有完全平方数，不难想到，这些数就是从 1 开始的一些整数的平方。基于这个想法可以得到另一个解决方案：用一个循环变量 n，从 1 开始逐个打印 n 的平方，直到 n 的平方大于 200 为止。最后这句话就是循环结束条件。按这种想法写出的程序更简单，只需要一层循环。用 for 语句写出的程序主要部分如下：

```
for (int n = 1; n * n <= 200; ++n)
    cout << n * n << " ";    //请注意打印的是 n*n
```

不难从它出发写出一个完整的程序，这一工作留给读者完成。

第三种方法

还有一种可能的方法是递推。由初等数学可知，平方数序列有如下递推关系：
$$a_1 = 1$$
$$a_{n+1} = a_n + 2n + 1$$
利用这个公式可以写出一个程序，还可以写出只使用加法的程序。这些都请读者考虑。

从上面的讨论中可以看到，即使是很简单的问题，也可能有不同的求解途径，完成的程序也可能大相径庭。这些讨论还说明，通过对问题的深入分析，可能发现许多解决问题的线索。

4.1.2　整数范围与浮点误差

在程序中经常使用整型变量和实型变量。第 3 章介绍过，计算机中是采用一定长度的二进制数表示整数，因此整型变量所能表示的整数只能处于某个最大值和最小值所规定的范围内。同时，计算机中是用二进制浮点数表示实数，浮点数计算可能出现**浮点误差**，也就是说，计算机中的浮点数计算与数学的实数计算之间有误差。通常，这种情况对计算结果影响不大，但是在特定情况下有可能对计算结果产生严重的影响。下面用一个求和的例子来说明这方面的情况。

【例 4-2】假定有一只乌龟决心去做环球旅行。出发时它踌躇满志，第 1 秒四脚飞奔，爬了 1 米。随着体力的下降，它第 2 秒爬了 1/2 米，第 3 秒爬了 1/3 米，第 4 秒爬了 1/4 米，依此类

推。问：这只乌龟 1 小时能爬多远？爬 20 米需要多长时间？

显然，题目中要求计算的就是无穷级数和式 $\sum\limits_{n=1}^{\infty}\dfrac{1}{n}$ 的有限项和。由高等数学可知 $\sum\limits_{n=1}^{\infty}\dfrac{1}{n}=\infty$，也就是说，只要乌龟坚持爬下去，它不但能完成环球旅行，还能爬到宇宙的尽头。这个题目有两问，分别要求算出给定 n 时级数的有限项之和，以及该级数的有限项和达到给定值时项数 n 的值。这里想用这个例子展示整数的取值范围和浮点数计算误差带来的问题。

根据题意，不难写出下面的程序：

```cpp
#include <iostream>
#include <iomanip>
using namespace std;

int main() {
    int m, n;
    double x, dist;
    //float x, dist;

    //计算乌龟 m 秒爬出的距离
    cout << "请输入乌龟爬行时间（以秒为单位）: ";
    cin >> m;
    for (n = 1, dist = 0.0; n <= m; ++n) {
        dist += 1.0 / n;
        if (n % 100000 == 0)
            cout << "n= " << n << "  dist=" << dist << endl;
    }
    n--;    //循环结束时，n 的值为 m+1，比实际所用值多 1，所以要减 1
    cout << "乌龟在 " << n << " 秒时爬行了 " << dist << " 米远。" << endl;

    //计算乌龟爬行 dist 米所需的时间
    cout << "\n 请输入待爬行的距离（以米为单位，例如 20）: ";
    cin >> dist;
    x = 0.0;
    for (n = 1; x < dist; ++n) {
        x += 1.0/n;
        if (n % 100000 == 0)
            cout << "n= " << n << "  x= " << setprecision(10) << x << endl;
    }
    cout << "乌龟爬行 " << dist << " 米需要 " << --n << " 秒。" << endl;
    cout << "约为 " << n/3600 << " 小时," << n/3600/24 << " 天。" << endl;
    return 0;
}
```

试验运行时，先输入一个时间（例如 3600 秒），程序会很快输出结果：

```
乌龟在 3600 秒时爬行了 8.76604 米远。
```

如果试着输入一个较短的距离（例如 20 米），程序会在一段时间之后输出结果：

```
乌龟爬行 20.0000000000 米需要 272400600 秒。
约为 75666 小时，3152 天。
```

　　为了观察计算的进展情况，两个循环在执行中都输出了一些信息。由于没必要关心变量的每一次变化，这里选择每做 100 000 次迭代输出一次，在满足 n % 100000 == 0 的条件下输出中间值。如果去掉条件"if (n % 100000 == 0)"，程序运行中就会产生大量输出，很长时间也看不到最终结果（提示：如果需要，通常可以在终端窗口状态下按 Ctrl + Break 键中断程序的执行）。第二个循环中输出 x 时使用了格式控制符 setprecision(10)，要求输出 10 位有效数字。如果加大输出中间状态的间隔，或者删除这个输出语句，程序将会更快给出结果。

　　我们可以用这个程序做更多试验，观察整数取值范围和浮点数误差对计算的影响。建议读者自己做一下，并自己考虑更多的试验。

　　（1）运行时输入更大的时长和更长的距离，观察程序的运行情况和最终结果的变化。

　　显然，在输入时长时，由于 m 是 int 类型的变量，最大可能取值是 INT_MAX，最终循环总能结束，得到一个合理的结果。但如果输入一个更长的距离（例如 23），由于调和级数的部分和增长非常慢，循环可能迭代很多次，甚至导致整型循环变量 n 溢出，使最终结果失去意义。这种情况说明，**计算机中的整数（类型）表示范围有限，只能在有限的范围内正确工作**。

　　（2）把变量 x 和 dist 的类型改为 float，重新编译并运行程序，观察程序运行情况。这时将会发现，大约在 2 100 000 秒之后，爬行距离达到 15.403 682 71 后就不再增长了。这意味着，当 n 大于 2 100 000 时，采用 float 类型的计算产生了明显误差，不再继续增大了。

　　在一些特殊情况下，浮点数运算误差的积累可能更迅速。下面是两个特殊情况：

　　（1）**将很小的数加到较大的数上，常会导致小数的重要部分丢失，甚至导致该小数完全丢失**（例中反复把 1.0/n 累加到 x 上，当 n 很大时 1.0/n 很小，把它加到 x 上时就可能出现这种情况）。

　　（2）**两个值比较接近的数相减，可能导致结果的精度大幅下降**。

　　由这个例子可见：

　　（1）当循环执行次数很难预测时，需要特别考虑循环变量是否会溢出的问题。

　　（2）**浮点计算总是应该用 double 类型**，而不要用 float 类型。一些旧教材中广泛使用 float 类型，是由于几十年前的计算机内存很小，因此当时的人不得不精心考虑如何节省内存。目前常规使用的计算机内存已经相当大了，所以，在编写简单程序时，通常不需要特别考虑节省内存的问题。

　　那么，采用 long double 类型能否有效减小浮点误差，实现在更大范围内的计算？实际上，C 和 C++ 语言标准只要求 long double 能表示的数值范围不小于 double，具体实现由编译器自行决定。不同 C/C++ 系统中这两种类型的表示范围可能不同，检查 sizeof(double) 和 sizeof(long double) 可以确认实际情况。

　　就本问题而言，如果所用 C/C++ 系统中 long double 的表示范围大于 double 的表示范围，把变量 x 和 dist 的类型改为 long double 类型，可以实现更大范围的计算。但是程序里的循环还受到整型变量 n 的取值范围的限制。把变量 n 定义为 long long 类型（由 C99 和 C++ 11 支持的长长整型），可以大大扩展其取值范围。

4.1.3　迭代与递推

　　迭代法（iterative method）是用计算机解决问题的一种基本方法，其基本思想就是让程序从一个初始值（问题解的初始估计值）出发，反复从已知值递推出新的更好的值（新的近似解），逐步逼近问题的精确解，最终解决问题。

【例 4-3】已知求 x 的立方根的迭代公式（递推公式）是 $x_{n+1} = \dfrac{1}{3}\left(2x_n + \dfrac{x}{x_n^2}\right)$。写一个程序，从

外部输入 x 的值，利用上述公式求 x 的立方根的近似值，要求精度达到 $\left|\dfrac{x_{n+1} - x_n}{x_n}\right| < 10^{-6}$，其中

x_n 是第 n 步迭代得到的近似值。

　　从上面的公式中可以看到，迭代中每次求下一近似值时都用到参数 x，所以这个值需要保留。另外，完成计算所需的迭代次数也无法事先确定，只能按题目要求给出循环结束条件，期望这一条件能在某个时刻得到满足（人们对计算方法的研究保证了这一点）。按照定义，判断迭代终止要用到前后两个近似值，因此应该用两个变量保存它们。根据这些分析写出如下程序：

```
int main() {                                    //迭代法求 x 的立方根（版本 1）
    double x, x1, x2;

    cout << "Please input x: ";
    cin >> x;

    x1 = x;                                     //x1 初值
    x2 = (2.0 * x1 + x / (x1 * x1)) / 3.0;      //x2 初值
    while ((x2 - x1) / x1 <= -1E-6 || (x2 - x1) / x1 >= 1E-6) {
        x1 = x2;                                //保存原值
        x2 = (2.0 * x1 + x / (x1 * x1)) / 3.0;  //递推出新值
        cout << x2 << endl;                     //输出新值供观察
    }
    cout << "cubic root of x is : " << x2 << endl;
    return 0;
}
```

　　程序中循环的条件为 (x2 - x1) / x1 <= -1E-6 || (x2 - x1) / x1 >= 1E-6，要求**在精度未满足时继续执行**（继续迭代），直到满足精度时结束。利用标准库 cmath 中求绝对值的标准数学函数 fabs 可以简化循环条件的描述，写为 fabs((x2 - x1) / x1) >= 1E-6。

　　在上面的程序中，对 x2 的同样赋值语句出现了两次。利用 do-while 结构"先执行循环体，再判断循环条件"的特点，可以把程序主体部分改写为：

```
x2 = x;
do {
    x1 = x2;
    x2 = (2.0 * x1 + x / (x1 * x1)) / 3.0;
    cout << x2 << endl;
} while (fabs((x2 - x1) / x1) >= 1E-6);
```

　　运行这个程序，分别输入不同的数据观察计算结果，可以看到程序对输入 1000、27、-1000、3、-1 等都能给出正确的结果。但是输入数据 0，得到的输出是：

```
cubic root of 0 is : nan
```

这是因为当 x 的值为 0 时，程序执行中会发生以 0 作为除数的错误。这一情况说明，对输入数据为 0 的情况需要进行特殊处理。为此，应该在程序中添加专门的处理语句，修改如下：

```
int main() {   //迭代法求 x 的立方根（版本 2）：对数据 0 进行专门处理；用 do-while 结构
    double x, x1, x2;

    cout << "Please input x: ";
    cin >> x;
    if (x == 0) {       //对 x 为 0 时专门处理
        cout << "cubic root of " << x << " is : " << x;
        return 0;       //程序结束，返回值为 0
    }

    x2 = x;
    do {
        x1 = x2;
        x2 = (2.0 * x1 + x / (x1 * x1)) / 3.0;
        cout << x2 << endl;
    } while (fabs((x2 - x1) / x1) >= 1E-6);
    cout << "cubic root of " << x << " is : " << x2 << endl;
    return 0;           //程序结束，返回值为 0
}
```

这里增加了对 x 值为 0 的处理，输出后用语句"`return 0;`"结束程序（不继续执行后面的 `do-while` 循环）。请读者用这个程序多做几次其他试验。

这个程序也很典型。人们研究了许多典型数学函数的计算方法，许多函数都采用某个特殊的计算公式，通过迭代取得一系列近似值，逼近实际函数值。实现这类计算的程序通常具有类似的形式：使用几个互相协作的临时变量，通过它们的相互配合，最终算出所需结果。

【例 4-4】数学里非常重要的斐波那契（Fibonacci）数列指的是如下数列[①]：1, 1, 2, 3, 5, 8, 13, 21, 34, 55, 89, 144, 233, 377, 610, …。这个数列在现代物理、化学等领域都有直接的应用。斐波那契数列 $\{F_n\}$ 的定义如下：

$$F_1 = 1, F_2 = 1, \cdots, F_n = F_{n-1} + F_{n-2} \quad (n > 2)$$

这个序列中项的值增长非常迅速。请写一个程序，对于从键盘输入的 3～46 之间的正整数 n（在 n 大于 46 时即可能对 int 类型发生溢出），利用上述公式求出 F_n。

题目要求输入的正整数在 3～46 之间，所以，程序中需要检查输入，只对满足要求的数完成计算。如果用户输入不满足要求，则要求用户重新输入，直到用户输入满足要求才继续计算（另一种较为粗糙的处理方法是直接报错并结束程序）。

斐波那契数列的前两项已知。根据上面的定义，已知连续两个斐波那契数，就能算出序列中的下一项。这也说明了计算第 n 个斐波那契数的一种方式：从 F_1 和 F_2 出发，向前逐个推算，直至算出所需的 F_n 为止。每次推算时需要由前两项算出后一项，可以用两个变量进行推算。开始时让两个变量保存数列中的 F_1 和 F_2，在随后的每一步计算中进行递推，使得对每个

[①] 顺序排列的一系列数称为一个**数列**，其中的数称为数列的**项**，通常从 1 开始编号，依次称为第 1 项（或**首项**），第 2 项，…，第 n 项等（也有依习惯从 0 开始给项编号）。数列一般写成 $a_1, a_2, \cdots, a_n, \cdots$ 的形式，其中 a_n 表示第 n 项。数列也常简记为 $\{a_n\}$。一个数列可以看作一个定义域为自然数集 **N** 或其有限子集 $\{1,2,3, \cdots, n\}$ 的函数，数列中的各项根据自变量依次取各编号值对应的函数值。如果数列 $\{a_n\}$ 中的第 n 项 a_n 与编号 n 的关系可以用一个公式表示，该公式称为该数列的**通项公式**。数列也可以用其他方式定义，如斐波那契数列采用递推定义。

$k > 2$ 进行递推之后那两个变量对应着 F_{k-1} 和 F_k。这样，当 k 等于 n 时就得到了 F_n。据此写出的程序如下：

```cpp
int main() {                    //求斐波那契数列的项
    int n;
    do {
        cout << "Please input n (between 3 and 46): ";
        cin >> n;
    } while (n < 3 || n > 46);

    int a = 1, b = 1;    //a和b表示前后相邻的两项，初始化为第1、2项
    int tmp;             //临时(temporary)变量
    cout << a << "\t" << b << "\t";
    int k = 2;
    while (k < n) {
        tmp = b;         //暂存
        b = b + a;       //递推
        a = tmp;         //跟进
        ++k;
        cout << b << (k % 5 == 0 ? "\n" : "\t");
    }
    cout << "\nThe " << n << "th Fibonacci number is " << b << endl;

    return 0;
}
```

这个程序里的循环比较复杂，要写好这个循环，必须先想清楚它需要做什么。这个循环的最终目标是：循环结束时（变量 k 增加到等于参数 n 时），变量 b 的值应当正好是所需的 F_n。为做到这点，就要求每次判断条件时变量 b 的值正好就是第 k 个斐波那契数。不难检查，上面的循环确实保证了这种关系。循环中使用了两个递推变量和一个临时变量，进入循环体时递推变量 a 和 b 分别保存 F_{k-1} 和 F_k，更新方式是先用临时变量 tmp 暂时存储 b 的值，然后按照公式 $F_{k+1} = F_k + F_{k-1}$ 递推计算出 F_{k+1} 并存储于 b 中，再让 a 跟进存储 tmp 的值，然后 ++k 将 k 值加 1。所以，再次检查循环条件时，递推变量 a 和 b 分别保存着 F_{k-1} 和 F_k，刚好向前推进了一项。

循环表示一种反复进行的计算过程，根据实际执行中遇到的情况，循环体可能执行很多次。在这种情况下，怎样保证该循环对所有可能的数据都能正确完成计算呢？显然，循环里总有一些每次循环体执行都被修改的变量。人们认识到，写好循环的关键就在于弄清一些重要变量的相互关系，并设法保证这些关系在整个循环的过程中保持不变。这种关系被称作**循环不变式**。

实际上，要想正确写出一个循环，最重要的就是弄清"**循环中应当维持什么东西不变**"，仔细考虑在循环中需要维持哪些变量之间的什么关系，才能保证当循环结束时，各有关变量都能处在所需要的状态。写完循环后还要仔细检查，看看提出的要求是否满足了。对于简单的循环，这些事情可能很自然。在处理复杂的循环时，有意识地思考这个问题就更重要了。在上面斐波那契程序的循环里，需要保持的是变量 b 与 k 的值之间的关系，保证每次执行到循环体条件判断时，变量 b 的值正好是第 k 个斐波那契数。有了这一保证，程序一定能得到正确的结果。

需要附加说明的是，题目只要求计算（并输出）斐波那契数列的第 n 项，而上面的程序中把数列的所有项都依次输出，做了题目要求之外的工作。运行时输出所有这些数列项有助于判断程序的工作是否正确。此外，输出语句中使用了一点小技巧，每输出 5 个数据就换行，行内数据用制表符分隔。

上述程序中用递推法求斐波那契数列项时，使用了一个临时变量 tmp 暂时存储 b 的值，也可以不用临时变量，改用如下语句实现递推功能：

```
b = a + b;  //递推
a = b - a;  //跟进
```

请读者思考并理解这些语句。

4.1.4　通项计算

有些函数的值可以通过对某个数列的通项公式进行累加求和而得到。在做这种累加求和时，仔细分析数列的通项公式有可能提高计算的效率。现在看一个这方面的例子。

【例 4-5】请写一个程序，它从键盘上输入一个 x 值，然后利用公式 $\sin x = \sum_{n=0}^{\infty} (-1)^n \frac{x^{2n+1}}{(2n+1)!}$ 求出 $\sin x$ 的近似值，并与标准库中的 sin 函数的计算结果进行比较。

题目给出的公式要求计算一个累加和，计算过程中需要不断地把每一项的值加进来，在 n 趋向无穷时，项的值趋于 0。为了写出程序，首先需要给"近似值"概念一个精确的定义。例如，采用项的值小于 10^{-6} 作为结束条件[①]，满足条件时结束循环，以得到的累积值作为近似值。

很显然，这一循环中需要一个保存累加和的变量，假定变量名用 sum。循环的每次迭代求出一项的值，用变量 t（来源于英语单词"term"）保存这个值。下面的问题是如何计算 t 的值。直截了当的方式是每次按通项公式 $(-1)^n \frac{x^{2n+1}}{(2n+1)!}$ 计算，有关代码不难写出：

```
for (t = x, i = 1; i <= n; ++i)
    t *= -(x * x / (2 * i) / (2 * i + 1));
```

仔细分析不难看到，这一做法将产生许多重复的计算，因为后一项的大部分计算在算前一项时已经做过了。如果记录当前项的值，就很容易算出下一项的值。也就是说，这些项的值可以递推算出。不难写出从一项算出下一项的递推公式：$t_n = -t_{n-1} \frac{x^2}{2n(2n+1)}$。有了这个公式，计算上述级数中各项的工作就很简单了。

整个循环的初始值应是：sum = 0.0, n = 0, t = x。现在很容易写出如下的程序：

```
int main() {
    double x, sum, t;

    cout << "Please input x: ";
```

[①] 这个结束条件只考虑项的值，没有像例 4-3 那样考虑前后两项的相对误差。请读者结合高等数学知识思考其中的原因。

```
    cin >> x;
    //x = fmod(x, 2 * 3.14159265);   //把 x 对 2*pi 取余

    sum = 0.0;
    t = x;
    int n = 0;
    while (t >= 1E-6 || t <= -1E-6) {
        sum = sum + t;
        n = n + 1;
        t = -t * x * x / (2 * n) / (2 * n + 1);
        cout << "n= " << n << " t= " << t << " sum= " << sum << endl;
    }

    cout << "my sin " << x << " = " << sum << endl;
    cout << "standard sin " << x << " = " << sin(x) << endl;

    return 0;
}
```

通过分析发现了项的递推性质，在这个程序的执行中可以节省许多计算。假设需要计算 m 项，采用这里的方法，计算中各种基本运算的次数与 m 的值成正比。如果采用分别计算各项的方式，总的计算量将与 m^2 成正比。如果项数很多，两种不同方式的效率差异将很明显。

现在需要仔细测试这个程序，输入各种值（例如，输入一些位于 $[-\pi, \pi]$ 范围内的数值，以及另一些更大或更小的值），并仔细查看程序的输出。通过试验可以看到，程序中循环体的执行次数高度依赖参数的情况，甚至很难做出近似估计。

根据数学知识，当输入的 x 绝对值较小时（例如，$x \in [-\pi, \pi]$ 时），这个级数收敛很快，项的绝对值将迅速减小，程序很快完成工作。例如，在输入 x 值为 2.5 时得到如下结果：

```
my sin 2.5 = 0.598473
standard sin 2.5 = 0.598472
```

可见所得结果还是比较精确的。

如果输入 x 的绝对值很大，循环就可能迭代许多次，甚至一直做到 n 的值超出 int 的表示范围（这样会发生什么情况？请读者仔细分析题目中的级数）。如果输入 x 的绝对值很大，计算过程中项的值（即使除以作为分母的阶乘）可能超出 double 的表示范围，使得到的结果完全失去意义。另外，计算中的项正负交替，如果 x 的绝对值很大，就会出现很大的正数加上很大的负数的情况。按前面的说法，这种计算可能导致很大的误差。这些都不难通过试验来验证（请读者参考前面试验，自己动手试一试）。例如，输入 x 值为 100 时，程序的输出是

```
my sin 100 = -2.2286e+026
standard sin 100 = -0.506366
```

其中 "-2.2286e+026" 表示 $-2.2286 \times 10^{+26}$，这个结果已完全失去意义了。

一个有效改进是利用标准库函数 fmod，将实际参数值对 2π 取余数（即在 "cin >> x;" 语句后面加一句 "x = fmod(x, 2 * 3.14159265);"），计算就不会产生严重偏差了。

从这个例子和讨论可以看出，对问题本身的理解非常重要。对级数收敛性质的分析有助于认识到许多情况。所以前面一直强调，**写程序时必须仔细考虑问题本身的性质**。

　　这个程序也很典型。许多程序里需要计算一系列数据项的值，此时，寻找这些项的共性就尤为重要。上面的程序很好地利用了前后项之间的关系，大大减少了计算的工作量。一般而言，在用循环实现重复性的计算工作时，应该仔细考虑循环体的实现，尽可能提高程序的效率。

4.1.5　循环中的几种变量

　　前面看了不少编程实例，现在对循环体里使用的变量的情况做一些总结。

　　在循环中，有几类变量很常见，它们在循环中的使用方式非常典型，理解这些情况有助于我们分析、思考与重复计算和循环有关的问题。这些分类分析也是人们对循环程序开发的经验总结。注意，这里提出的变量种类并不是绝对的，不同种类之间常常没有明显的界限。

1. 循环控制变量（简称循环变量）

　　这种变量在循环开始之前设置初值，每次循环时递增（或递减）一个固定值，直到其值达到（或超过）某个界限时循环结束。这种变量控制着循环的进行和结束，实现一大类事先确定了迭代次数的循环。在典型的 for 循环中通常都能看到这种变量。下面三个例子中的 n 就是典型的循环控制变量：

```
for (int n = 0; n < 10; ++n)      //向上循环，每次增 1
......
for (int n = 30; n >= 0; --n)     //向下循环，每次减 1
......
for (int n = 2; n < 52; n += 4)   //向上循环，每次增 4
......
```

循环控制变量特别适合定义为 for 循环的局部变量（如上所示）。

2. 累积变量

　　这类变量在循环的每次迭代执行中被更新，其更新经常用诸如 += 或 *= 之类的运算符，而循环开始前变量的初值常用相应运算符的单位元素（例如，采用加法更新的变量用 0 作为初值，采用乘法更新的变量用 1 作为初值，等等）。循环结束时，累积变量里将留下一个最终值，这种最终值常被作为循环计算的结果，因此不能定义为 for 循环的局部变量。

3. 递推变量

　　这种情况更一般，循环变量或累积变量都可以看作特殊的递推变量。递推变量常指在循环中互相协调工作的多个变量，它们亦步亦趋，每次循环通过其中一个或几个变量算出另一个变量的新值，然后依次更新各变量（后面的变量取前面变量的值，推进一步）。

　　在例 4-3 中看到过的两个递推变量 x1 和 x2 采用如下方式更新：

```
x1 = x2;
x2 = (2.0 * x1 + x / (x1 * x1)) / 3.0;
```

在例 4-4 程序的循环体中有两个递推变量 a 和 b，它们在递推时借助一个临时变量进行更新：

```
tmp = b;
b = b + a;
a = tmp;
```

可以形象地把 b 看成"走在前面"的变量，而 a 紧随其后，两个变量亦步亦趋。

当然，这里的讨论只是为了给读者提供一些认识问题的线索，而不是作为一种教条的规定。在本书后面的大量实例里，读者可以看到许多变量能归于三类中的某一类，也有些变量不好清晰归类。

4.2 常用标准库函数

4.2.1 库函数

C 和 C++ 语言本身只提供了最基本、最重要的编程机制和结构，编程中所需的许多功能都是通过函数库的方式提供。例如，语言本身甚至不包括处理输入输出的结构。

第 2 章已经介绍过标准库中的数学函数。实际上，每个 C/C++ 系统都带有一个很大的函数库，其中以函数方式提供了许多程序中常用的功能。**ANSI C 标准和 C++ 98 标准的设计中都考虑了常用函数的问题，总结出一批常用功能进行规范化，** 定义出标准库。后续的语言标准又对标准库做了扩充。**常见的 C/C++ 系统都提供了标准库函数，** 供人们开发程序时使用。

标准库的功能通过一批头文件描述。每个头文件包含一些常量的定义和一些函数的类型特征说明（函数原型），C++ 标准库还包含一些标准类的声明。在程序中，如果需要使用标准库的功能，就需要用 #include 命令引入相应的头文件。

需要指出，C 语言和 C++ 语言的标准库头文件有差别。C++ 标准库除兼容 C 语言的标准库外，还定义了一些特有的功能。C 标准库的头文件名带有 ".h" 扩展名，写成 "*name*.h" 的形式（例如 "math.h"）；C++ 对 C 标准库文件重新命名，删除 ".h" 扩展名并在前面添加字母 "c" 前缀（表示这是属于 C 标准库的头文件），写成 "c*name*" 的形式（例如 "cmath"）。这样一对名字不同的头文件的内容相同，不同之处只在于，C++ 头文件中定义的功能属于名字空间 "std"（参见 5.4.5 节），而 C 的头文件中定义的功能属于全局名字空间。

一般来说，写 C/C++ 程序（本书练习或相关课程的程序）建议选用文件名为 "c*name*" 形式的头文件，把标准库中的名字统一放在名字空间 std 里。如果选用 "*name*.h" 形式的头文件，就需要牢记哪些是从 C 语言继承的、哪些是 C++ 独有的，比较麻烦。

此外，具体系统通常还根据运行环境的情况提供了**扩充库**，使采用这些系统开发的程序可利用特定硬件或操作系统的功能等。例如，运行在 Windows 操作系统上的 C 和 C++ 语言系统都提供了一批与 Windows 环境有关的函数；运行在 UNIX 上的 C 和 C++ 语言系统也提供了一批与 UNIX 系统接口的函数。扩充库的功能也是通过一批头文件描述的，使用时也需要引入相应的头文件。

无论是标准库函数还是扩充库函数，都可看作常用计算过程的抽象。只要适用，就可以（也应该）尽可能利用它们，不必自己重新实现。使用库函数时不必关心它们的细节，可以减轻工作负担。这样，语言系统的开发人员做一次工作，就使所有编程人员节省了大量时间和精力。这些也说明了标准库函数的意义和作用。下一章将说明，我们自己也可以定义程序中需要的函数，并因此获益。

标准库函数实现了最常用的功能，包括基本输入和输出、文件操作、存储管理，以及一些常用函数，如数学函数、数据类型转换函数等。本书一些章节里包括了对其中一些函数的介绍。要想全面了解标准库中其他函数或具体系统的扩充函数库，可以查阅系统的联机帮助材料、系统手册或其他参考书籍。在学习编程的过程中，也应注意使用手册和联机帮助材料，学会阅读它们。

下面介绍几个常用的标准库函数。

4.2.2 程序计时

统计一个程序或程序片段的计算时间，有助于了解程序的性质，实际程序开发人员经常需要做这件事。可以采用普通计时器（如手表或秒表）为程序计时，但那样做既费事又不精确。许多程序语言或系统提供了内部的计时功能，下面介绍标准库的计时功能。

标准库里有几个与时间有关的函数，在标准头文件 `<ctime>` 或 `<time.h>` 里说明。如果要在程序中统计时间，按照 C++ 标准，程序的头部应当写：

```
#include <ctime>
```

做程序计时最常用的是库函数 `clock()` 和符号常量 `CLOCKS_PER_SEC`。其中 `clock()` 函数返回从"启动本程序"的时刻到"本次调用 `clock()` 函数"的时刻之间的 CPU 时钟计时单位（clock tick）数。符号常量 `CLOCKS_PER_SEC` 表示一秒等于多少个时钟计时单位。

为了给一段计算计时，**应该在需要被计时的那段代码的前后分别调用 `clock()` 函数，得到执行这两次调用的返回值（可能需要用变量保存）之差，再除以符号常量 `CLOCKS_PER_SEC` 的值，就得到这两个计时点之间所经历的时间，结果以秒为单位。**

这里需要说明，每个系统都有一个最小时间单位，小于这个时间单位的计时值都是 0，计时结果也是以这个时间单位步进增长的。所以，如上方式得到的计时值只能作为参考。

【例 4-6】程序中经常需要用 cout << 方法进行屏幕输出，那么执行一次 cout << 输出一个整数要花费多少时间呢？

执行一次 cout << 耗费的时间很少，计时的结果可能是 0。如果在程序中执行大量整数输出，统计总时间，就可以通过求平均计算出执行一次耗费的时间了。写出程序如下：

```cpp
#include <iostream>
#include <ctime>
using namespace std;

int main() {
    int t0, t1;
    const int NUM = 50000;

    t0 = clock();  //计时起始点
    for (int i = 0; i < NUM; i++)
        cout << i << endl;
    t1 = clock();  //计时结束点

    cout << "Time elapsed: "
         << (double)(t1 - t0) / CLOCKS_PER_SEC << " s" << endl;
    cout << "per excution: "
         << 1000.0 * (t1 - t0) / CLOCKS_PER_SEC / NUM << " ms" << endl;

    return 0;
}
```

这个程序里定义了一个常变量 NUM，表示被统计的 cout << 输出的次数。另外用变量 t0 和 t1 分别记录在执行 NUM 次 cout << 输出之前和之后的时刻。程序的最后算出这两个时刻之差，再强制转换为 double 类型数据并除以常量值 CLOCKS_PER_SEC，得到 NUM 次输出的总时间，以秒为单位。然后求平均，计算出执行一次 cout << 输出的平均时间（以毫秒为单位）。

在本例中使用多次执行并求平均的办法，当 NUM 值较大时所得结果较为精确，当 NUM 值较小时误差就比较大。读者可以取 NUM 为不同的值进行验证。另外，t1-t0 得到的实际上是整个循环语句的执行时间，比 NUM 次输出的时间略长，因此有关结果都存在误差。

此外，标准库中还有一个函数 time()，它给出从格林威治时间 1970 年 1 月 1 日零时开始计时到本次函数调用所经过的时间，以秒为单位。也可以用它完成上面所说的程序计时工作，只是误差会比较大。此外，time() 函数可以使用比较复杂的实参，在简单使用时常以 0 作为实参。

4.2.3　随机数生成函数

普通的计算机程序实现的都是确定性计算。给出一个或者一组初始数据，程序总是算出同样的结果。然而，在实际计算机应用中，有时也需要带有**随机性**的计算。

这方面的一个例子是程序测试，在测试中需要用各种数据进行运行试验，看能不能得到预期结果，有时用随机性数据作为试验数据是很合适的。另一个重要应用领域是**计算机模拟**，也就是用计算机模拟真实世界的某种实际情况或者过程，希望能揭示其中的规律。客观事物的变化中总有一些随机因素，如果用确定性数据模拟，多次模拟得到同样结果，则不能很好地反映客观过程的实际情况。由于这些实际需要，人们希望能用计算机生成具有随机性质的数值，称为**随机数**。

实际上，用计算机很难生成真正的随机数，通常只是生成所谓的**伪随机数**。如何用计算机生成随机性较好的随机数仍是一个研究问题。最简单的生成方法是定义一种递推关系，通过它生成一个数值序列，设法使这个序列中的数看起来具有随机性。

标准库提供了一些与随机数相关的基本功能，要想使用它们，就应该在程序头部包含标准库头文件 cstdlib（而 C 语言中要求包含头文件 stdlib.h），即在文件头部写：

```
#include <cstdlib>
```

这个头文件里描述了与随机数相关的两个函数（还有许多其他函数）。

（1）随机数种子函数 srand。它的类型特征说明是：

```
void srand(unsigned seed)
```

这个函数用参数 seed 的值重新设置随机数生成函数的种子值，这是为生成下一个随机数而保存的一个整数值（由它出发递推，生成下一个随机数）。函数的返回值类型描述为"void"表示这个函数没有返回值。默认的初始种子值是 1。用户可以使用如下语句指定另一个种子值（例如指定为 10）：

```
srand(10);
```

当然，如果每次都用同样的种子数，多次运行中生成的随机数序列就总是一模一样的。为突破这种限制，一个常用技巧是使用 time() 函数取得从格林威治时间 1970 年 1 月 1 日零时开始计时所经过的秒数，把它视为一个整数，作为种子数调用 srand：

```
srand(time(0));
```

这样做，就可以让程序在多次运行时使用不同的随机数序列了。

（2）随机数生成函数 rand。它的类型特征说明是：

```
int rand(void)
```

这是一个无参函数，调用时得到一个新的随机整数，其值在 0 和系统定义的符号常量 RAND_MAX（其值随系统而不同）之间。例如，下面的语句调用了 rand（假设整型变量有定义）：

```
k = rand();
```

有时可能希望得到一个位于某特定范围里的随机数，这时就需要把 rand() 产生的随机数转换到该特定范围内。如果希望产生的随机数位于整数区间 [min, max] 内（满足 max - min ≤ RAND_MAX），可以使用如下的表达式完成转换：

```
k = rand() % (max + 1 - min) + min;
```

如果希望产生区间 [dmin, dmax] 内的随机实数（设 dmin 和 dmax 都是 double 类型的值。如果 dmax - dmin 很大，产生的随机数将很分散），可以用下面的语句（设 x 是已定义的 double 变量）：

```
x = double(rand()) / RAND_MAX * (dmax - dmin) + dmin;
```

【例 4-7】用当前时间作为种子值之后，产生 40 个处于[0, RAND_MAX]范围内的整数随机数和 40 个处于区间 [-5.5, 10.5] 内的实数随机数，将它们打印输出，每输出 5 个数之后换行。

```
#include <iostream>
#include <ctime>           // 使用 time() 函数所需的库文件
#include <cstdlib>         // 使用随机数函数所需的库文件
using namespace std;

int main() {
    int i, k;
    cout << "产生从 0 到 " << RAND_MAX << " 的整数随机数: " << endl;
    srand(time(0));        //用 time()取得时间值，以此作为种子初始化随机数生成函数
    for (i = 0; i < 40; i++) {
        k = rand();
        cout << k << (i % 5 == 4 ? '\n' : '\t');
    }
    cout << endl << endl;

    double x, dmin = -5.5, dmax = 10.5;
    cout << "从 " << dmin << " 到 " << dmax << " 的实数随机数: " << endl;
    srand(time(0));
    for (i = 0; i < 40; i++) {
        x = double(rand()) / RAND_MAX * (dmax - dmin) + dmin;
        cout << fixed << x << (i % 5 == 4 ? '\n' : '\t');
```

```
    }

    return 0;
}
```

请注意，如果需要一批随机数，只需要在开始使用 srand 函数之前设定一次种子值。请读者多次重复运行这个程序，观察程序的输出数据是否显得非常随机。

4.3　交互式程序设计的输入输出

程序可以分为两类：一类程序启动后自己运行，可能产生一些输出后结束；另一类程序执行中不断与外界（用户）打交道，从外界获取信息。后者称为**交互式程序**（interactive program）。简单地说，所有接受输入的程序都可以看作交互式程序。

前文中的很多程序都是交互式程序，不过都比较简单，只要求用户输入一两个数据。如果程序要求很多输入，那么就需要考虑合适的处理技术。本节探讨这方面的问题和技术。

4.3.1　通过计数器控制循环输入

假设程序运行中需要多项输入，且在编程时**已经明确知道需要输入数据的项数**。在这种情况下，可以采用一个简单的计数循环，通过计数器的值控制循环的结束。

【例 4-8】假设用户手头有一批 double 类型的数据，现在要求写一个程序，它在运行中首先要求用户输入数据总项数，然后依次输入这些数据，求出所有输入数据的总和并最后输出。

很显然，这一程序中的输入操作可以通过一个计数的输入循环完成：

```
int main() {
    int i, n;
    double x, sum;
    cout << "Please input number of data items: ";
    cin >> n;                            //用户输入数据总项数
    for (i = 1, sum = 0; i <= n; ++i) {  //用 i 控制循环，共输入 n 个数
        cout << i << " : ";  //提示用户输入
        cin >> x;                        //用户输入
        sum += x;                        //累加
    }
    cout << "Sum=  " << sum << endl;
    return 0;
}
```

程序中用了一个简单循环来控制输入，运行中依次输出"1："" 2："等提示性文字，要求用户输入。当然，输出这些文字并不必要，但增加这些提示对用户更友好。

用户每次键入一项数据并按回车键以完成一项数据的输入。实际上，用户也可以连续键入多项数据（用空格分隔）再按回车键，一次完成多项数据的输入。键入每项数据后都必须按回车键才能完成输入，造成这种情况的原因是：计算机操作系统通常采用**缓冲式输入**。用户通过键盘输入的字符临时保存在操作系统的"输入缓冲区"（系统管理下的一块内存区域），直至用户按回车键，操作系统才把位于缓冲区的输入字符送给执行中的程序，这时输入函数才能读到键盘输入的数据。

4.3.2　用结束标志控制循环输入

如果**事先不知道需要输入的数据的项数**，采用简单计数循环的路就走不通了。这时有一种简便的方式，就是选用一个特殊的"结束标志"来控制循环。这个结束标志应该是一个特殊的输入值，**具有与输入数据同样的类型，但又不是正常的输入数据**。只要在循环中不断检测输入，看到这个特殊数据就知道全部数据输入已经完成。采用这种技术，程序里的循环结束条件实际上就成为编程者与程序用户之间的一种约定，当输入满足约定时循环就结束。

【例 4-9】现有一批货物，品种总数未知，需要把它们的单价和数量依次输入计算机，以计算其总价值。由于输入前不知道需统计的货物的品种总数，因此这里不能采用计数循环的技术。可以考虑用一个特殊的"结束标志"通知程序数据输入已经完成。例如，用单价为 0 作为结束标志（因为在实际中货物的单价不可能为 0）。这样就可以写出下面的程序：

```cpp
int main() {
    int cnt = 0;                     //货物品种计数(count)
    double price, amount, sum = 0;   //单价, 数量, 总价值
    cout << "请依次输入货物单价和数量 (0 0 结束) : " << endl;
    while (true) {
        cout << "第 " << ++cnt << " 项数据（单价　数量）: ";
        cin >> price >> amount;
        if (price == 0)
            break;
        sum += price * amount;
    }
    cout << "货物品种总数: " << --cnt << endl;
    cout << "货物总价值: " << sum << endl;
    return 0;
}
```

在循环中使用变量 cnt 和 sum 作为累积变量，所以这两个变量在定义时必须初始化为 0。while 循环的条件写成 true，允许它无限循环，在循环体内部用 if 语句检查输入的单价是否为 0，遇到 0 时就用 break 语句退出循环。

这个程序在运行时，将会不断地要求用户输入一对对可以解释为浮点数的数据，直到用户输入的 price 为 0 时循环结束。程序最后输出货物品种总数和计算出的货物总价值。

上面这两个程序的行为与前面的示例程序很不一样，其中循环的执行次数是由程序运行时外部提供的输入确定的。对例 4-9 中的程序，其中的循环将重复执行多少次取决于用户通过键盘提供了多少对单价不为 0 的数据项。这些都是典型的交互式程序的特征。这种程序不断地与外部打交道，根据用户输入的情况决定如何操作。

4.3.3　输入函数的返回值及其作用

例 4-9 中的程序很有意思，它并不要求用户事先知道需要输入的数据的确切项数。但请注意，这里的做法也有前提。由于正确的货物单价都应该是正数，因此存在合适的特殊值作为输入结束标志。对于一般情况，如果可能输入的数据涵盖了相应类型的所有可能取值，该例中采用的控制策略就行不通了。在这种情况下，只能通过**输入函数的返回值**来控制输入循环的结束。

前面的程序一直用 cin >> 进行输入，实际上，提取运算符 ">>" 也会返回一个值。如果得到了用户的合法输入数据并正确赋给指定的变量，">>" 就会返回一个非零值（准确地说，实际返回的就是获取输入的那个流，参见第 7 章）。当用户送来 "并非合适的输入" 时，">>" 将返回一个零值。程序中可以检查这个返回值，判断是否得到了合法输入，并据此确定下一步的操作。

【例 4-10】请写一个程序，它接受一系列 double 类型的数据输入（总项数事先未知），对数据项数计数，并求出所有数据的累加和。

这个程序需要处理项数不能事先确定的输入数据，而且输入的数据可能是任意 double 值，所以无法采用前面的两种方法控制循环。利用 cin >> 的返回值，可以直接写出如下的程序：

```
int main() {
    int n = 0;
    double x, sum = 0;
    cout << "input x: ";
    while( (cin >> x) ) {   //接受用户输入，并以输入函数的返回值作为循环条件
        n++;
        sum += x;
        cout << "input x: ";
    }
    cout << "n = " << n << endl;
    cout << "sum = " << sum << endl;
    return 0;
}
```

运行这个程序时，用户可以输入任意数量的 double 数据（输入整数时会自动转换为 double 数据）。一旦用户输入非数值型数据（例如，输入字母，或按 Ctrl+Z 等），循环就会结束。

检查输入操作的返回值还有其他作用。初学者通常都会假定交互式程序的用户总会配合程序的要求，而且输入时不会出错。但在实际中，正常用户也可能失误，这就要求程序检查输入错误，并允许用户重新输入。另外，也可能出现用户恶意输入错误数据、试图破坏程序运行的情况（黑客经常这样做）。这些情况都说明，程序需要检查输入，从而避免错误数据造成的破坏。

【例 4-11】例 4-8 中有两条语句（即 "cin >> n;" 和 "cin >> x;"）要求用户输入。现在进一步假定用户输入可能出错（例如，要求输入数值型数据时却输入字符型数据，或要求输入非负数时却输入负数等）。为处理这种情况，就需要在代码中增加对输入的检查，这里再假定只允许用户输入每项数据时出错三次（四次之内必须有正确输入），否则就结束程序。改写的程序如下：

```
int main() {
    int i, n;
    double x, sum;
    int ierr = 0, ERRNUM = 3;
    cout << "请输入数据项数: ";

    while (!(cin >> n) || n <= 0) { //获得输入，并处理可能的出错情形
        ierr++;
```

```
        if (ierr <= ERRNUM) {        //输入出错次数小于最大允许次数
            cin.clear();              //清除错误标记
            cin.sync();               //清空缓冲区
            cout << "输入出错 " << ierr << " 次。请重新输入数据项数: ";
        } else {                      //输入出错次数超过最大允许值
            cout << "\n致命错误: 输入出错超过 " << ERRNUM << " 次! \n";
            exit(1);                  //结束程序
        }
    }
    cin.sync();                       //成功获得输入数据之后，也要清空缓冲区
    cout << "n = " << n << endl;

    for (i = 1, sum = 0; i <= n; ++i) {
        cout << i << " : ";
        ierr = 0;
        while (!(cin >> x)) {         //获得输入，并处理可能的出错情形
            ierr++;
            if (ierr <= ERRNUM) {     //输入出错次数小于最大允许次数
                cin.clear();          //清除错误标记
                cin.sync();           //清空缓冲区
                cout << "输入出错 " << ierr << " 次。请重新输入数据: ";
            } else {                  //输入出错次数达到最大允许次数
                cout << "\n致命错误: 输入出错超过 " << ERRNUM << " 次! \n";
                exit(1);              //结束程序
            }
        }
        sum += x;
    }
    cout << "Sum = " << sum << endl;
    return 0;
}
```

现在稍微深入地解释一下程序的"输入"行为。标准输入（通常来自键盘）可以看成一个绵延的字符序列（字符流），从键盘输入的字符顺序排到这个序列的末尾，键入回车键会让系统把已键入的字符序列转存入缓冲区。程序里调用输入函数，就是要求用掉该序列最前面的一个或几个字符。例如，执行 `cin >> n` 输入整型数据时，就会用掉序列最前面的连续的一串数字字符。序列中的字符用一个就少一个，未用的字符仍然留在序列中。如果调用 `cin >>` 时要求做的转换失败，它就会返回表示错误的值，并设置输入流的出错标志，记录这个错误。另外，已经在输入流中的字符（序列）保持此次读入前的状态（读入失败的字符并没有被用掉）。`cin` 出错后，如果继续对它使用提取运算符将导致出错，输入仍然会失败。调用 `cin.clear()` 将清除 `cin` 的出错状态，使之恢复正常。

在上面的程序里，每次输入后都做检查，出错次数小于 ERRNUM 时调用 `cin.clear()` 清除错误标记，并用 `cin.sync()` 函数清空缓冲区[①]（这两个函数应该配合使用），然后提示用

[①] 这里的 `cin.clear()` 和 `cin.sync()` 可能让读者不解。简略地说，"cin" 是 C++ 的标准输入流对象，它有多个成员函数，`clear()` 和 `sync()` 都是 `cin` 的成员函数。调用成员函数的写法是在 `cin` 后写英文点号，再写成员函数名和参数表。详细解释涉及 C++ 语言中的"面向对象"功能，这超出了本书的范围。请读者暂且将其当作一种固定写法。

户重新输入。当某项数据输入出错超过 3 次时，程序调用 exit 结束。exit 函数用于终止运行中的程序并返回操作系统。通常用 exit(0) 表示程序正常结束，用非 0 参数调用 exit 表示程序异常结束[①]。

在上面的程序中输入数据项数 n 时，显然 n 应该是非负数，如果在检查输入时发现 n < 0，当然也应该判断为输入出错。而在输入变量 x 时，对其值并无这方面的要求。读者可以考虑：如果要求变量 x 的值大于 0 并小于 100，应该怎么写在输入检查的条件中？请读者自行练习。

最后，在成功获得了输入数据的项数 n 后，上面的程序中再次使用了 cin.sync() 函数清空缓冲区。这是为了防止用户输入 n 时误输入多余字符（例如输入 "5 a b c"，输入语句读取 "5" 并设置 n 的值后，后续的字符还在输入流里，调用 cin.sync() 将丢弃这些字符）。

有读者可能会问：是不是每个程序中的每个输入操作都需要做这样完善的检查和处理？回答是：在学习中编写和试验简单程序时，自己自然会配合程序的要求进行输入，因此可以不做太多的输入检查。但是，在开发较大型的程序时，如果希望它们能最终交付给其他用户在实际工作中使用，就应该对每个输入操作都做完善的检测，合理地处理各种不当输入。

4.3.4　输入输出流：字符串流与文件流

前面说过，C 语言标准库提供了一套输入输出功能，但是用起来比较麻烦，不小心就容易用错，对它们的错误使用是很多实际软件系统中的错误和安全缺陷的主要根源。C++ 对 C 的一个重要改进就是提供了流式输入输出。这套操作采用统一的描述形式（通过运算符 ">>" 和 "<<"），能根据接受输入的变量或提供输出内容的表达式正确完成数据转换，因此更加易用和安全。前面展示的交互式程序实例都采用了流式输入输出，接受用户从标准输入设备（通常是键盘）提供的输入，或者把程序输出送到标准输出设备（通常是屏幕或窗口）。

前面简单介绍过流的概念，流就是有穷或无穷长的一串字符形成的流（序列），可以作为输入操作的对象，也可以接收输出操作的产出。用户在键盘上的一系列击键动作产生一串字符，是典型的可以作为输入对象的输入流。程序中执行输出操作产生的一系列字符也形成了一个输出流，可以送到标准输出设备（如屏幕或窗口）中显示出来。但是，实际上，流式输入输出的对象不仅可以是键盘或屏幕窗口，各种可能提供输入序列或者能够接受输出序列的设备也都可以作为流式输入输出的对象。本小节介绍流式输入输出的另外两种对象：字符串和文件。

这些对象也可用于处理实践中一个很显然的问题：如果每次运行程序都需要用户输入数据，多次运行就有可能需要**反复输入同样数据**。有没有办法让用户只输入一次数据，或编辑好一批需要输入的数据，然后就能任意多次地使用呢？用字符串或文件进行输入都能解决这个问题。

1. 使用字符串进行流式输入

字符串也可以用作输入输出的对象，C++ 标准库提供了与字符串输入输出有关的功能，这里只简单介绍字符串输入流的用法。

利用 istringstream 类[②]的对象可以把字符串转化为输入流。要使用这个类，就需要包

---

① 程序执行 exit 函数的返回值被送交操作系统，说明程序的运行状况。本程序无法处理 exit 函数的返回值。如果有其他程序使用本程序，在那个程序里可以检查本程序的结束状况（检查本程序调用 exit/return 的返回值）。

② 这里介绍的 istringstream 与下面将要介绍的 ifstream、ofstream 和 fstream 在 C++ 中称为类（class）。初学者可以把它们视为 "类型"，学习它们的使用方法。

含头文件<sstream>，即在源程序头部写如下的代码行：

```
#include <sstream>
```

下面的语句定义了一个**字符串输入流**变量并用字符串对其初始化：

```
istringstream inss("36  25  12  42  64  55");
```

其中 inss 是被定义的字符串输入流（变量），随后的括号里放置用于初始化它的字符串。

也可以先定义一个字符数组并存入一个字符串（详见第 6 章），再将其绑定到字符串输入流：

```
char str[] = "36  25  12  42  64  55"; //定义字符数组 str 并存入字符串
istringstream inss(str);               //定义字符串输入流 inss 并绑定到字符数组 str
```

在定义了字符串输入流之后，就可以像 cin 一样，对这种流应用提取运算符 ">>" 进行输入操作。例如，下面的语句从 inss 读取一个数赋给变量 n：

```
inss >> n;
```

在读取时会自动从字符串输入流中以空格作为分隔符读取一些字符，并转换为与后面的变量相对应的数据类型，再存放到后面的变量中。

【例 4-12】 重做例 4-8，但改用一个字符串变量存储一些示例数据用作输入源，实现该例的功能：先读入数据总项数，然后依次读入数据，最后求出所有数据的总和并输出。

下面的程序采用字符串流的方式实现输入，完成有关的操作：

```
#include <iostream>
#include <sstream>
using namespace std;

int main() {
    int i, n;
    double x, sum;

    //定义字符串输入流并用字符串初始化
    istringstream inss("8 1.2 3.5 6.4 4.7 8.9 10.5 5.8 9.4");

    inss >> n;                      //从字符串输入流中读入第 1 个数据
    cout << "number of data items: " << n << endl;
    for (i = 1, sum = 0; i <= n; ++i) {
        inss >> x;                  //从字符串输入流中读入数据
        cout << i << " : " << x << endl;
        sum += x;
    }
    cout << "Sum=  " << sum << endl;
    return 0;
}
```

在这个程序里，首先定义了字符串输入流 inss 并直接用一个字符串初始化。字符串开头的 "8" 对应于数据的项数，后跟 8 项实型数值。这个字符串的内容被作为程序的输入数据。程序里的语句要求先读入一个整数赋给整型变量 n，然后通过一个循环依次读入 n 个实型数值。

由于输入流中的数据只能顺序地读取，因此字符串输入流中的文本内容与后续的读入操作应该相互配合：要根据后面的读入操作顺序来准备文本内容；要根据已有的文本内容来编写合适顺序的读入操作。

2. 文件的流式输入输出

在例 4-12 里，送给程序处理的数据放在一个字符串里。这样，如果需要反复修改程序并试验运行，就不用每次输入数据，减轻了调试工作的负担。这种做法的不足之处是数据写在程序内部，只有编程序的人能修改，修改后还需要重新编译。程序的用户无法利用这种程序处理自己的不同批次的数据。这些情况说明，进一步的"**数据与程序分离**"是非常值得考虑的问题。为了让用户比较方便地为程序提供大量数据，就应该用**文件**作为程序的输入源。

要想用计算机中的文件作为 C++ 程序的数据源或输出的目标，就需要把相应文件绑定到程序里的一个文件输入或输出流。相关类型如下：`ifstream` 和 `ofstream` 分别是输入和输出文件流类，文件流类 `fstream` 的对象能同时支持输入输出操作。要使用这三个类，程序必须包含头文件`<fstream>`，即需要在源程序文件头部写如下代码行：

```
#include <fstream>
```

下面的代码行定义了一个文件输入流变量：

```
ifstream infile;
```

这里的 `infile` 就是自定义的文件输入流的名字。要使用某个文本文件[①]作为程序的输入源，就可以通过 `infile` 的成员函数 `open()` 打开该文件并将其绑定于这个文件输入流。假设 `data.txt` 是已存在于当前程序所在目录中的纯文本文件，下面的语句将其打开并绑定于 `infile`：

```
infile.open("data.txt")
```

另一种做法是在定义文件输入流时就为其绑定一个文本文件：

```
ifstream infile("data.txt");
```

一个文件输入流绑定了文件后，就可以像 `cin` 一样使用了（用提取运算符 ">>" 对其进行输入操作）。例如，下面的语句从 `infile` 中读取一项数据并将其赋给变量 n：

```
infile >> n;
```

显然，在这样做时，文件里将要读入的字段应该表示一个整数（否则将导致输入错误）。

文件输入流的使用和 `cin` 一样，也支持顺序地读入多项数据，例如：

```
infile >> n >> m >> k;
```

如果读入失败或文件内容读取完毕，插入运算符将返回 0 值。可以利用这个特性控制输入循环。

类似地，程序里也可以定义文件输出流，并把一个文本文件与之绑定：

---

① 简单来说，如果一个文件中只含有人类可读的字符（包括各种英文字符、中文字符）和普通分隔符（包含空格、制表符和回车符）而不包含仅供机器读取的特殊字符，则这种文件称为纯文本文件（或简称为文本文件）。

```
ofstream outfile("output.txt");
```

outfile 是这里定义的文件输出流的名字，而 "output.txt" 是绑定的输出文件的名字。

建立了一个文件输出流并绑定文件后，这个输出流就能像 cout 一样使用插入运算符 "<<" 进行输出操作了。下面的语句把整型变量 n 的值输出到 outfile（进而输出到 "output.txt"）：

```
outfile << n;
```

在程序里打开并使用文件，使用完毕之后一定要关闭文件。各种文件流类的成员函数 close() 用于关闭文件。下面两个语句分别关闭与文件输入流 infile、文件输出流 outfile 绑定的文件：

```
infile.close();
outfile.close();
```

【例 4-13】重做例 4-10，假设有一个文本文件作为输入源，文件里存储着需要处理的数据。实现该例要求的功能：读入一系列 double 类型的数据（总项数事先未知），对数据项数计数，并求出所有数据的累加和。把计数结果与累加和结果输出到屏幕和文件。

根据题目要求，不难写出下面的程序：

```
#include <iostream>
#include <fstream>
using namespace std;

int main() {
    int n = 0;
    double x, sum = 0;

    ifstream infile("data.txt");       //创建文件输入流并绑定到文件（打开文件）
    if (!infile) {                     //如果文件输入流创建出错
        cout << "ERROR: can't open input file." << endl;
        exit(1);
    }
    ofstream outfile("output.txt");    //创建文件输出流并绑定到文件（打开文件）
    if (!outfile) {                    //如果文件输出流创建出错
        cout << "ERROR: can't open output file." << endl;
        exit(1);
    }

    cout << "read data from input file." << endl;
    while( (infile >> x) ) {           //从文件输入流获得数据，并以输入返回值控制循环
        n++;
        sum += x;
        cout << x << endl;             //输出读入的数据以供观察
    }
    infile.close();                    //关闭文件

    //输出到屏幕和文件
    cout << "n = " << n << endl;
    outfile << "n = " << n << endl;
```

```
cout << "Sum = " << sum << endl;
outfile << "Sum = " << sum << endl;
outfile.close(); //关闭文件
cout << "results saved in file  output.txt" << endl;

return 0;
}
```

这个程序以文件 data.txt 作为输入源。语句"ifstream infile("data.txt");"把该文件绑定到输入流 infile。while 循环条件中的"infile >> x"要求从 infile 反复读入数据，并在循环体里处理。"infile >> x"的返回值也被用于控制循环。

显然，使用这个程序的用户应该**根据程序对于读入数据的需要，事先准备好相关的数据文件**（这里的 data.txt 应包含一些满足浮点数形式要求的数据，以空白字符分隔），**并把该文件保存到当前程序所在的目录中**，以便程序执行时能够正常打开文件并从中读取数据。

在完成了读取数据并进行计算与求和之后，语句"ofstream outfile("output.txt");"把文件 output.txt 绑定为一个文件输出流，后面的语句完成数据输出。在运行程序之后，通过文件管理器就可以找到这个文件，可以用编辑器打开该文件并查看其中的内容。

在上面的程序里，在创建文件输入流和文件输出流并绑定文件的操作之后，都加入了检查语句，这是因为这种操作有可能失败。例如，假设希望使用的输入文件 data.txt 并不存在（或者不在当前程序所在的文件夹中），或者程序里写错了文件名，文件输入流 infile 就无法正常创建。在这种情况下，检查 !infile 将返回 true，表示建立文件输入流的操作出了问题。如果无法建立起输入流与所指定文件的关联，从这样的流进行输入当然是毫无意义的。

输出的情况稍有不同。如果为输出文件流绑定的文件不存在，系统就会自动按给定的名字建立一个新文件，随后的输出将存入这个新文件。如果文件已经存在，系统就清空这个文件，并准备从头开始写入新内容。然而，绑定输出文件的操作也可能失败。例如，磁盘可能已经没有空间，无法创建新文件；或者用户没有权限在指定的位置创建新文件。因此，在绑定输出文件的操作后，也必须检查操作成功与否。如果这个操作不成功，随后的输出自然也没有意义。

最后需要说明，上面程序中的输入和输出文件只写了文件名，没有说明它们所在的位置，这时就是默认它们应当位于程序文件所在的同一目录中。如果需要使用不在这个目录中的输入输出文件，就必须指明它们的位置，可以用绝对路径或相对路径的方式描述。例如，假设要用"d:\mydata"目录下的"data.txt"作为输入文件，按照 Windows 系统的文件描述形式，就应该写：

```
ifstream infile("d:\\mydata\\data.txt");
```

或者

```
ifstream infile("d:/mydata/data.txt");
```

前面说过，Windows 系统的文件描述中用反斜线符"\"作为路径分隔符，但反斜线符又是字符和字符串文字量中的换意符，所以，在用字符串文字量描述文件路径时，其中的反斜线符必须用换意序列"\\"表示（第一种写法）。为避免这种麻烦，语言也允许用正斜线符"/"作为路径分隔符（第二种写法），这时标准库函数会自动将其转换为操作系统支持的文件表示方式。

最后，应该注意到，文件名用普通的字符串表示，它也是程序可以处理的数据。这也意味着文件名可以不写在程序里，而是通过输入或者通过其他方式获得。完全可以让用户在程序运行中为其提供数据文件名，从而做到数据与程序的进一步分离。相关技术可参见例 6-18 和例 6-21。

文件系统和文件的描述

这里简单介绍文件的概念和一些相关情况。在计算机领域的术语中，**文件**是操作系统用于管理和组织外部存储器（磁盘、U 盘或光盘等）中保存的信息的基本单位。一个文件里包含了一组相关信息，由操作系统管理。每个文件有一个名字，称为**文件名**，作为存取文件内容的依据，使用方（人或者程序）可以通过文件名使用相关的文件。操作系统通常规定了文件名的描述形式，例如可能不允许在文件名中使用某些特殊字符。

操作系统（如 Windows 操作系统）把外部存储器，如硬盘（或硬盘分区、光盘、U 盘）等称为驱动器，通常用字母命名。第一个驱动器常称为 C 驱动器，第二个驱动器称为 D 驱动器，还可以根据硬件情况依次给光盘、U 盘或网络驱动器等命名。在 Windows 操作系统命令中指明驱动器时，需要在驱动器名后面加一个冒号，如 "C:" "D:" 等。

在 Windows 系统中，文件名的描述一般分为两个部分，即**文件主名**和**扩展名**，两者之间用一个圆点 "." 作为分隔符。如果一个文件名中有多个 "." 分隔符，则最后一个 "." 之后（右边）的字符串看作该文件名的扩展名。文件的扩展名通常用于标识该文件的类型，也允许文件名不包括扩展名部分。

目前各种外存储器的容量都很大，可能达到 GB（10^9 字节）或 TB（10^{12} 字节）的量级，能保存大量文件。为了方便而有效地管理这些文件，需要分门别类地存放它们。操作系统通常把文件组织在一些**目录**里。在 Windows 系统中，目录又称为**文件夹**。操作系统采用**目录树**或称为**树形文件系统**的结构组织系统中的文件。

操作系统管理着一个或多个驱动器，每个驱动器有一个主目录（称为**根目录**或**根文件夹**），主目录下可以有子目录，子目录下面还可以有子目录。在任何一层目录（无论是根目录或子目录）之下，都可以存储任意多个子目录和文件，这样组织起来的目录文件形成了一种自上而下（树根在上而倒着长）的树形结构。与文件类似，目录也需要命名，通过目录名访问。目录的基本命名规则与文件相同，但按照习惯，目录名一般不包含扩展名部分。实际上，从操作系统的视角，目录也是一类特殊的文件，只是其中保存的是一些文件和目录的信息。根目录是一个特殊的目录，一个磁盘（分区）上的整个树形文件系统就是从这里开始生长出来的。

为了访问目录结构中的文件（或目录），操作系统规定了一套目录和文件的说明（描述）方式。很明显，从一个驱动器及其根目录开始，系统总能通过一层层目录，一步步地最终找到这个驱动器中的任何一个文件或目录，这样的一串目录名（以及最后可能出现的文件名）就称为最终的那个文件或目录的（访问）**路径**。显然，一条路径确定了唯一的一个文件或者目录，因此可以成为文件或目录描述的基础。

DOS 和 Windows 操作系统规定，根目录用符号 "\" 表示（称为 "反斜线符" 或简称 "反斜线"，注意其与正斜线符 "/" 不同），例如，"C:\" 表示 C 驱动器的根目录，"C:\Windows"

表示 C 驱动器根目录下的 Windows 目录。路径上出现前后相继各级目录名时，它们之间以及最后一个目录名与文件名之间用 "\" 分隔。这样，如果要访问某个文件或目录，总可以写出从它所在的驱动器（和根目录）出发到该文件或目录的访问路径。这种文件（目录）描述是清晰且无歧义的，称为相应文件（或目录）的**绝对路径**描述，这是文件目录的基本描述方式。

有了绝对路径描述，已经完全能满足用户使用文件和目录的需要。但是，绝对路径总是从驱动器和根目录开始，描述可能很长，写起来不方便。为了方便使用，人们引进了**当前驱动器**和**当前目录**的概念。当前目录可以通过操作设置和更改，正在运行的程序通常默认把它设置为该程序文件所在的目录。当前驱动器就是当前目录所在的驱动器。

当前驱动器和当前目录的概念使用户能用**相对路径**的方式描述目录和文件。操作系统规定，如果一个路径描述未包含驱动器名，默认表示使用当前驱动器；如果路径描述不是从根目录符号 "\" 开始，就表示要求从当前目录开始向下查找文件（或目录）。例如："\progs\exam1\test.cpp" 表示当前驱动器根目录下 progs 目录的子目录 exam1 下的文件 "test.cpp"，而 "exam1\test.cpp" 表示当前目录下子目录 exam1 下的文件 "test.cpp"。

文件路径中的目录名还可以写一个圆点 "." 和两个圆点 ".."，一个圆点表示当前目录，两个圆点表示上一层目录。例如 ".\..\files\data.txt" 就表示当前目录的上一层目录下的 files 子目录下的文件 "data.txt"。

4.3.5　字符输入输出与字符相关函数

上面讨论的都是数值型数据的输入。下面介绍字符型数据的输入和输出。

1. 从标准设备输入和输出字符

字符型数据也可以用 cin >> 输入，用 cout << 输出。如下所示：

```
char ch;
cin >> ch;
cout << ch;
```

但请注意，输入流的提取运算符 ">>" 把空白字符当作数据项之间的分隔符，自动跳过所有空白字符。这意味着，采用上面的输入方法不能正确读入空格、制表符和换行符等。

如果需要把键盘输入的每个字符（包括空格、制表符和换行符）都作为输入字符读入程序，有两种方法。第一种方法是使用 C 标准库函数中专用的字符输入函数 **getchar()**；另一种方法是使用标准输入流对象 cin 的成员函数 get（通过 **cin.get()** 的形式调用），前面介绍过的其他输入流都支持这个函数，可用于从字符串或文件里读入字符。上述两个函数的功能基本上等价，在实际应用中可以任选其中一个使用，本书后面的例子里将统一使用 **cin.get()**。

（1）输入字符

getchar 和 **cin.get** 都是没有参数的函数（简称 "无参函数"），它们的功能都是从标准输入流读一个字符，返回该字符的编码值。其类型特征分别为：

```
int getchar(void)
int cin.get(void)
```

需要特别说明，getchar 和 cin.get 的返回值类型都是 int，而不是 char。原因在于，在 C 和 C++ 语言中，基本字符类型通常对应计算机系统的基本字符集（目前最常见的是 ASCII 字符集），采用范围为 0～127 的整数编码。为了程序控制的需要，人们希望这种输入函数不仅能接收所有合法字符，还能接收表示输入结束的特殊值。为此，这两个函数的返回值被设定为 int 类型。

标准库定义了一个符号常量 EOF（意为"End Of File"，文件结束），getchar 和 cin.get 在读字符时遇到文件结束（或输入结束）就返回常量 EOF 值，说明已经没有输入了。当程序从标准输入流输入时，用户可以用组合键 Ctrl+Z 输入一个 EOF 值。

有些读者可能想知道 EOF 到底是什么。一般系统把 EOF 的值定义为 –1。但实际上这并不重要，因为程序只需要判断输入函数的返回值是否为 EOF，用这个常量标识符就行了。很明显，这个 EOF 值必须与任何字符的编码值都不同（否则就会产生混乱）。正是为了处理这一情况，C/C++ 标准库把 getchar 和 cin.get 的返回值类型定义为 int（而不是 char），因为 int 类型除了包含 char 类型所有的值之外，还可以有空闲位置表示 EOF。由于同样原因，调用 getchar 和 cin.get 时也应该用 int 类型的变量接收其返回值，这样才能保证 EOF 信息不丢失，保证文件结束判断的正确性。

调用无参函数时应在函数名后写一对空括号。getchar 和 cin.get 的典型用法是：

```
int ch;  //定义整型变量 ch
ch = getchar();
ch = cin.get();
```

这两个语句都要求从标准输入读一个字符，并把字符的编码赋给整型变量 ch。默认情况下，标准输入连到键盘，因此，当程序执行到这个 getchar 或 cin.get 调用时，该函数将从键盘读取字符。如果没有已经键入的字符，程序就会等待，直到用户再次输入字符并按回车键之后，函数 getchar 或 cin.get 才能得到结果，语句完成后程序继续运行下去。

如果需要通过循环输入一系列字符，可以使用前面讲过的技术：事先已知待输入字符的个数时，可以用固定次数的循环；事先未知待输入字符的个数时，可以用特殊标志 EOF 来控制循环。

非标准库的字符输入函数 getch 和 kbhit

也许有好奇的读者会问：使用上面这些函数，运行时输入的字符都会回显在屏幕上，而且采用缓冲方式，用户必须按回车键后程序才能得到实际输入。那么，能不能不让输入的字符回显，不按回车键就直接输入？

答案是"可以"。但这需要使用一个非标准库函数 getch()。该函数的功能是从控制台读取一个字符，但并不显示在屏幕上。要使用这个函数，程序中需要包含头文件 conio.h，在源程序头部写如下代码行：

```
#include <conio.h>
```

getch 函数的常见用法有两种：

```
getch();
```

或

```
int ch;    //或 char ch;
ch = getch();
```

前一种用法并不关心用户的实际输入，可用于让程序暂停并等待用户按任意键后继续执行。

后一种用法导致程序等待用户按键，并把实际输入字符所对应的编码赋给 ch，然后继续执行。无论是哪种用法，getch() 执行时都会一直等待，直到用户按下某个键。用户不按键时该函数不会返回，程序也就不会向下执行，所以这个函数相当于一个阻塞函数。conio.h 不属于标准库文件，但大部分 C/C++ 系统都提供这个文件。

还有一个类似的问题：能不能让程序连续、重复地执行，直到用户按任意一个键时停止？

答案也是"可以"。这需要使用一个非标准库函数 kbhit()。该函数的名字来源于英文"keyboard hit"的缩写，用于非阻塞地响应键盘输入事件。它将检查当前是否有键盘输入，若有就返回一个非 0 值，否则返回 0。要使用这个函数，也需要包含头文件 conio.h。

以前人们开发字符界面的小游戏时常常需要使用这个函数。例如，如果需要对编号为 $0 \sim n-1$ 的 n 个人进行一次抽奖，就需要在屏幕上连续、随机地显示编号，按下任意键时停止。如下代码片段可以实现这一功能：

```
int n = 1000;
srand(time(0));
do {
    cout << "\b\b\b" << rand() % n;    //"\b"是控制输出时向左退回一个字符
} while (!kbhit());
```

（2）输出字符

与输入对应，标准库的 putchar 和 cout 的成员函数 put（用 cout.put(…) 的形式调用）专用于输出字符，它们的功能基本上等价，实际应用中可以任选一种方式。

如果在程序里写如下语句：

```
putchar('O');
cout.put('K');
```

程序运行时，字符'O'和'K'将被依次送到标准输出，默认效果是在计算机屏幕上显示"OK"。

如果一个整型变量 a 里保存着某个字符的编码，则用 putchar、cout.put 和 cout 输出时的效果不同：执行 putchar(a) 输出编码为 a 的值的字符，用 cout.put(a) 也一样；但用 cout << a 将直接以整数的形式输出 a，想要输出字符就需要做类型转换。例如：

```
int ch;
ch = getchar();
putchar(ch);              //输出字符
cout.put(ch);             //输出字符
cout << ch << endl;       //输出 ch 的字符编码
cout << (char)ch << endl; //输出字符
```

这是因为提取运算符将根据被输出表达式的类型确定输出方式。

【例 4-14】写一个程序，它输入一系列字符，然后逐个输出这些字符及其对应的编码值（常见为 ASCII 值），最后输出字符的个数。请考虑以换行符结束或者允许接受换行符。

借鉴前文讲到的"以输入函数的返回值"方法，写出程序如下：

```
int main () {
    int ch, n = 0;
```

```
    cout<< "please input some chars: " << endl;
    while ((ch = cin.get()) != '\n'){     //获得字符输入，并以换行符为结束标志
    //while ((ch = cin.get()) != EOF ){   //获得字符输入，并以 EOF 为结束标志
        cout << ch << "\t" << (char)ch << endl;
        ++n;
    }
    cout << "Totally get " << n << " chars." << endl;

    return 0;
}
```

上面的程序中提供了分别以回车键为结束标志和以 EOF 为结束标志的方法。在实际应用中，只能选用其中一个循环头部行（把另一行设为注释）。

这个程序执行时立即进入等待状态，等待用户输入字符。用户通过键盘输入一个字符并按回车键后，程序将把输入的字符及其编码值（一般为 ASCII 编码）输出到屏幕。如果让程序以换行符作为结束标志，用户按回车键将视为要求程序结束，这个换行符不会被认为是输入字符（不会输出换行符及其编码值），程序正常结束。如果让程序以 EOF 作为结束标志，用户按回车键不仅被视为完成缓冲输入，输入的换行符还将被看作输入字符，程序将输出换行符及其编码值。用户还可以继续操作，直至在新的输入行开始按下 Ctrl+Z 并键入回车键为止（如果紧接着普通字符按下 Ctrl+Z，程序将认为输入了一个值为 26 的含义为"替代"的特殊字符，并不将其看作 EOF 标志）。

程序中的 cout << 语句以两种方式输出变量 ch 的值：第一次的输出表达式就是 ch，要求直接输出 ch 的值，实际输出的是字符的编码值（一个整数）；第二次的输出表达式是 (char)ch，也就是先进行强制类型转换，把 ch 转换为 char 类型再输出，实际输出的是一个字符。

2. 通过字符流和文件流输入输出字符

前面的 4.3.4 节介绍了通过标准输入输出流 cin 和 cout 输入或输出字符。也可以从字符串流或者文件流输入字符，或者向字符串流和文件流输出字符。对这些流输入输出（用 >> 或者 <<）字符时，也会遇到上面介绍的情况和问题。

字符串流和输入文件流也像 cin 一样，提供了成员函数 get。所以，程序里也可以采用类似 cin.get 的方式，从字符流和输入文件流输入字符。例如：

```
istringstream inss("Hello, World");   //定义字符串输入流并绑定到字符串
int ch;
while((ch = inss.get()) != EOF)       //从字符串输入流读取字符
    putchar(ch);    //输出字符
```

或

```
ifstream infile("plain.txt");         //定义文件输入流并绑定到现有的文本文件
int ch;
while((ch = infile.get()) != EOF)     //从文件输入流中读取字符
    cout.put(ch);                     //输出字符
```

从字符流输入字符时，流中字符用完时再调用 get 函数，就会返回 EOF 值。从输入文件流读入字符时，读完文件内容后再调用 get 函数，就会返回 EOF 值。因此，上面的循环都会正常结束。

在后面的一些示例程序里，可以看到这些技术的应用。

3. 与字符相关的标准库函数

在编写处理字符的程序时，可能需要检查字符的类别，例如检查字符变量 ch 的值是否为字母或者数字。根据字符的 ASCII 值（数字字符的 ASCII 值范围为 48～57，大写英文字符为 65～90，小写英文字符为 97～122）就能完成这种判断，例如用下面的逻辑表达式：

```
(ch >= 48 && ch <= 57) || (ch >= 65 && ch <= 90) || (ch >= 97 && ch <= 122)
```

或

```
(ch >= '0' && ch <= '9')||(ch >= 'a' && ch <= 'z')||(ch >= 'A' && ch <= 'Z')
```

显然，这两种写法都比较麻烦，写出的表达式不容易看清楚。此外，第一个语句还依赖于 ASCII 编码值（如果所用系统采用其他标准编码，这种写法就失效了），也不容易看清这是字符编码的比较。从这两方面看，第二种写法更好。进而，这两种写法都依赖字母和数字编码的连续排列。虽然常见标准编码都具有这种特性，但如果程序运行所在的系统不保证这一点，这两种写法就失效了。

为了编程方便并使程序的意义明显，标准库中提供了一批字符类别检查函数。按照 C++ 标准，这些函数包含在 **iostream** 库中（按照 C 语言标准，要使用这些函数，就需要包含系统头文件 **ctype.h**）。字符分类函数对满足条件的字符返回非 0 值，否则返回 0 值。人们把这种函数称为**谓词函数**，它们的返回值常被作为逻辑值使用，用于控制程序流程，或放在条件表达式的控制部分。出于可读性的考虑，标准库的谓词函数名常以英语单词 "is" 开头。下表中列出了标准库的字符分类函数。

函数名及用法	说明
isalpha(ch)	判断 ch 是不是字母字符
isdigit(ch)	判断 ch 是不是数字字符
isalnum(ch)	判断 ch 是不是字母或数字字符
isspace(ch)	判断 ch 是不是空格、制表符、换行符
isupper(ch)	判断 ch 是不是大写字母
islower(ch)	判断 ch 是不是小写字母
iscntrl(ch)	判断 ch 是不是控制字符
isprint(ch)	判断 ch 是不是可打印字符，包括空格
isgraph(ch)	判断 ch 是不是可打印字符，不包括空格
isxdigit(ch)	判断 ch 是不是十六进制数字字符
ispunct(ch)	判断 ch 是不是标点符号

如果程序中需要做字符分类判断，利用标准库函数比自己写条件判断更合适，值得提倡。

标准库还提供了两个字母大小写转换函数：

函数名及用法	说明
int tolower(int ch)	当 ch 是大写字母时返回对应小写字母，否则返回 ch 本身
int toupper(int ch)	当 ch 是小写字母时返回对应大写字母，否则返回 ch 本身

【例 4-15】写一个程序，从标准输入流读取一系列字符（以键入 EOF 结束），程序中分类统计所输入字符中的数字字符、小写字母和大写字母的个数。

输入循环可以采用前文介绍的方法，然后用标准库的几个字符分类函数进行分类统计。

```cpp
int main() {
    int ch, cd = 0, cu = 0, cl = 0;    //digit, upper, lower
    cout<< "Please input some characters: " << endl;
    while ((ch = cin.get()) != EOF) {
        if (isdigit(ch)) ++cd;
        if (isupper(ch)) ++cu;
        if (islower(ch)) ++cl;
    }
    cout << "digits: " << cd << endl;
    cout << "uppers: " << cu << endl;
    cout << "lowers: " << cl << endl;
    return 0;
}
```

C 和 C++ 语言的输入输出功能还有许多机制和相关技术，具体细节很多。但是，由于本书是作为编程课程和自学的入门书，因此不计划在输入输出方面花费太大的篇幅。一方面，这些细节主要是为了更好地处理输入输出的格式，内容比较琐碎，在简单的入门程序中的应用有限。另一方面，这种细节对于提升初学者对编程的思考能力和技术水平的作用也比较有限。本章剩下的部分和后面的章节有许多应用输入输出功能的实例，供读者学习和参考。

4.4　程序设计实例

本节讨论几个稍微复杂一点的编程示例，会综合使用本章前几节中学过的各种知识。这些讨论也可以帮助读者回忆和总结在前几章中讨论过的内容。

4.4.1　编程实例 1：一个简单猜数游戏

【例 4-16】写一个简单的交互式游戏程序。在执行中的每一轮，程序应自动生成一个位于某范围内的随机数，要求用户猜这个数。用户输入一个数后，程序有三种应答：too big，too small，you win。程序重复这一操作，直到用户希望结束为止。

【分析】随机数可以用随机数生成器产生。为了提供更大灵活性，可以在程序开始时要求用户提供一个范围（例如 0 到 RAND_MAX 之间的某个整数），然后进入游戏循环。每次用户猜出一个数之后询问是否继续。这个程序的主要部分是一系列交互式的输入和输出。

首先考虑整个程序的工作流程，可以给出如下基本设计：

```
从用户得到随机数的生成范围（0 ~ max）
do {
    生成一个数 target
    交互式地要求用户猜数，直至用户猜到
} while (用户希望继续);
结束处理
```

其中，"生成一个数 target" 的工作可以直接调用标准库函数 rand 完成。假设希望随机数的范围为 0 到 max，采用如下语句可以得到所需的随机数：

```
target = rand() % (max + 1);
```

根据上面的基本构思，不难写出如下程序，其中考虑了用户输入出错情形的处理。

```
#include <iostream>
#include <cmath>
#include <cstdlib>
#include <ctime>
using namespace std;

int main() {
    int max, target, guess, ch;
    const int ERRNUM1 = 3, ERRNUM2 = 10;   //允许的最大输入错误次数和猜错次数
    int err1 = 0, err2 = 0;      //err1 记录输入出错次数；err2 记录猜数出错次数

    cout << "Number-Guessing Game" << endl;
    //设定最大值
    cout << "Choose a range [0, max]. Input max: ";
    while (!(cin >> max) || max <= 0) {   //获得输入，并处理可能的出错情形
        err1++;
        if (err1 <= ERRNUM1) {               //输入出错次数小于最大允许次数
            cin.clear();                      //清除错误标记
            cin.sync();                       //清空缓冲区
            cout << "Input again: ";
        } else {                              //输入出错次数达到最大允许次数
            cout << "Too many input errors! exit!" << endl;
            exit(1);
        }
    }
    cin.sync();                          //成功获得输入数据之后，也要清空缓冲区
    cout << "max = " << max << endl;

    srand(time(0));                       //设定随机数种子
    do {                                  //程序主循环
        target = rand() % (max + 1);      //产生新的待猜数字（注意取模的数为 max+1）
        cout << endl << "A new rand number generated." << endl;
        err2 = 0;
        while (1) {                       //猜数循环
            err1 = 0;
            cout << "Your guess: ";
            while(!(cin >> guess) || guess < 0 || guess > max ) {
                //获得用户输入，并处理可能的出错
                if (++err1 <= ERRNUM1) {
                    cout << "Wrong. Need a number in [0, " << max << "]\n";
                    cin.clear();
                    cin.sync();
                } else {                   //输入出错次数达到最大允许次数
                    cout << "Too many input errors! exit!" << endl;
                    exit(1);
```

```
        }
            cout << "Your guess: ";
        }
        cin.sync();                    //清空缓冲区

        //评价猜测结果
        if (guess > target) {
            cout << "Too big!" << endl;
            err2++;
        } else if (guess < target) {
            cout << "Too small!" << endl;
            err2++;
        } else {
            cout << "Congratulation! You win!" << endl << endl;
            break;
        }
        if (err2 > ERRNUM2 ) {
            cout << "Too many errors. Stop!" << endl;
            break; /* 猜数时出错次数太多 */
        }
    }                                  //猜数循环结束
    //继续游戏吗
    cout << "Next game? (y/n): ";
    while ((ch = toupper(cin.get())) != 'Y' && ch != 'N')
        ;                              //空循环体
    cin.sync();                        //清空缓冲区
} while (ch != 'N');                   //程序主循环结束

cout << "Game over. Thanks for playing." << endl;
return 0;
}
```

请读者注意，这个程序里考虑了输入环节中用户可能出现的各种错误，因此是很健壮的，即使用户故意反复给出错误的输入，程序中也能正常地处理（多次提示用户正确输入，出错次数太多时就正常地终止程序，必要时清除缓冲区内的数据），不会出现崩溃等异常情况。

另外，整个程序比较长（有 70 多行）。虽然其中加入了很多注释，读者阅读时可能仍然感到困难。确实，程序越长，理解就越困难。不容易理解的程序更难写正确，发现了错误也更难改正。很显然，实际软件系统可能包含成千上万行代码，甚至上千万行代码。对于大型程序而言，提高代码的可理解性是极其重要的。下一章将特别讨论解决这方面问题的技术。

4.4.2　编程实例 2：一个简单计算器

【例 4-17】现在考虑一个简单的交互式计算器程序。假定这个程序从键盘读入如下形式的输入行：左右是两个运算数，中间是加减乘除运算符，运算符前后可能有空格。

```
12.8 + 36.5
254 - 14.38
10313 / 524
```

程序每读入一个形式正确的表达式后就计算并输出其结果，直至用户要求结束。

【分析】很容易想到, 程序的主体应该是一个循环:

```
while (还有输入) {
    取得数据
    计算并输出
}
```

在每次循环中, 程序需要依次读入**左运算数**、**运算符**和**右运算数**, 然后计算表达式并输出。读取数据时需要考虑各种出错情况的处理: 读入左运算数时出错(遇到非数字)就直接结束程序; 读入运算符时需要跳过空格, 直至读到 + - * / 这四个字符之一, 如果出错则跳出此次循环; 在读入右运算数时如果出错也跳出此次循环。在输入过程中, 用户也可以键入 EOF 来结束程序。

```
int main () {
    int op;      //operator
    double left, right;              //左运算数和右运算数

    cout << "小小计算器\n";
    cout << "(输入非数字字符可以退出程序) \n";
    cout << "请输入数学计算式: ";
    while ((cin >> left)) {           //读入左运算数, 如果读取错误则结束循环
        while ((op = cin.get()) == ' ')  //跳过空格字符, 直到读得运算符
            ;                        //空语句
        if (op != '+' && op !='-' && op != '*' && op != '/') { //如果出错
            cout << "公式错误: 未读得运算符! 请重新输入\n";
            cin.clear();
            cin.sync();
            continue;                //跳出此次循环
        }
        if (!(cin >> right) ) {        //读入右运算数, 如果读取错误则跳出此次循环
            cout << "公式错误: 未读得右运算数! 请重新输入\n ";
            cin.clear();
            cin.sync();
            continue;                //跳出此次循环
        }
        cout << left << " " << (char)op << " " << right << " = ";
        switch(op){                   // 完成计算并输出结果
            case '+': cout << left + right; break;
            case '-': cout << left - right; break;
            case '*': cout << left * right; break;
            case '/': cout << left / right; break;
            default : cout << "运算符错误! "; break;
        }
        cout << endl;
        cout << "请输入数学计算式: ";
    }
    return 0;
}
```

请读者反复运行这个程序, 试着输入一些正确的和错误的表达式, 观察程序的处理情况。

另外，这个程序将如何退出主循环？正如前面所说，如何结束循环是一种约定。

对这一程序可以做许多改进和扩充。本章练习中提出了一些改进和扩充工作，请读者设法完成。

4.4.3　编程实例 3：文件中的单词计数

本小节讨论一个很有意思的例子，在解决这里的问题时使用了一种很有效的分析和描述问题的方法。读者不仅应该注意这个例子本身，还应当注意其中的方法。后面的一些练习也可能利用这种方法，它能帮助我们比较容易地把问题分析清楚，把程序写得更简洁和正确。

【例 4-18】单词计数和有穷自动机的应用。一个英文纯文本文件可以看成一个字符序列。在此序列中，有效字符被各种非打印的空白字符（包括空格' '、制表符'\t'、换行字符'\n'）或标点符号（包括','、'.'、'\'、'/'和';'等）以及括号（下面统称为"分隔符"）分隔为一个个单词（为简化起见，这里把各种数也看作单词）。写程序统计这种文件中单词的个数，最后给出统计结果。

【分析】显然这个程序里需要有一个计数器变量，在处理文本的过程中，每遇到一个词就将计数器加 1。程序中最主要部分的框架描述如下：

```
while (文件未结束)
    遇到一个单词时计数器加 1;
打印统计信息;
```

由于编程时不知道被处理文件的内容，只能考虑基于字符的处理方式，用输入文件流的 get() 函数完成文件内容的读入。用这个函数逐个读取字符，文件结束的判断很简单，剩下的问题就是如何确定"**遇到一个单词**"，只要能完成这一工作，整个问题就迎刃而解了。

根据题目要求，在读入和检查字符时，只需要区分当前字符是否分隔符。遇到的非分隔字符总是某个单词的内容，而分隔符的作用就是分隔单词。进而，在输入过程中，只要确定**当前字符是单词的首字符**，就知道遇到了新单词，应该把单词计数器加 1。但是，即使当前字符不是分隔符，它是否为新单词的开始还依赖于前一字符是否为分隔符。由此可见，这里的处理步骤不能孤立地进行，判断是否为新单词的开始需要依赖于前面的历史情况。或者说，这个程序需要在处理的过程中记录当时遇到的情况，以便在后面的工作中参考。

通过分析，可以总结出读入过程中前后字符的关系：

（1）当前字符是分隔符时应该告知后面的步骤，遇到非分隔字符就是遇到了新单词；

（2）当前字符是非分隔字符，说明正在处理一个单词的过程中，后面无论遇到什么都不需要计数。

在计算机领域里，人们把这类情况看作处理过程中的不同状态，因此可以说，读入文本的过程有两个不同的状态：

（1）读入过程当时正处在单词之外（如果遇到非分隔符，那就是新词）；

（2）读入过程当时正处在某单词的内部（下一步读入不会遇到新词）。

在处理过程中，读入状态将根据遇到的情况不断转换。

这种过程在计算中非常典型，计算机工作者们提出了一种抽象的模型来描述这种动态过程，以便清晰地反映一个"系统"的状态、状态转换的条件、转换时的动作，等等。这种抽象模型称为**自动机**。如果用 IN 和 OUT 表示读入过程当时处在词内部或外部的状态标志，

图 4-1（这是自动机的一种图示形式）形象地描述了这个程序读入字符的动态过程。

用**状态**和**状态转换**的语言描述本例中的问题如下：

（1）当读入过程处在 IN 状态时，读到非分隔字符状态不变（读入过程还处于单词内部），读到分隔字符转到 OUT 状态（读入过程离开了一个单词）。

（2）当读入过程处在 OUT 状态时，读到分隔字符不转换，读到非分隔字符转到 IN 状态。

不难看到，出现最后一种情况时就是遇到了新单词。

剩下的问题就是把上面分析清楚的过程用程序语言写出来。实现这一处理过程需要记录状态，为此在程序中设一个表示读入状态的变量 status，其值可以是 IN 或 OUT，表示读入的当时状态。IN 和 OUT 用常量表示，这里只要求这两个值不同（程序不可能同时处在这两种状态）。

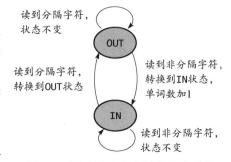

图 4-1　描述读入状态转换的自动机

对于从文件中读到的当前字符（假设它存放在变量 ch 中），可以用标准库函数 isalnum( ) 检查其是否为字母或数字字符（也相应地判断了是否为分隔字符），然后按照图 4-1 的自动机描述进行相应处理。这样，一个字符的处理就可以用下面的程序片段描述：

```
if (!isalnum(ch))                      //ch 是分隔字符（不是字母或数字字符）
    if (status == IN)
        status = OUT;
    else                               //status 为 OUT
        status = OUT;
else                                   //ch 不是分隔字符
    if (status == IN)
        status = IN;
    else {                             //status 为 OUT
        status = IN;
        ++cnt;                         //单词数增 1
    }
```

这段代码直接对应于前面的自动机描述，其中 cnt 是计数器变量，在从 OUT 状态转换到 IN 状态时，单词数增 1。不难看出，上面代码中的直接翻译方式引进了一些冗余动作，在下面的完整程序里，代码中的相应部分尽可能做了简化：

```
int main () {
    const int OUT = 0, IN = 1;
    int ch, cnt = 0, status = OUT;

    ifstream infile("plain.txt");      //定义文件输入流并关联到文件
    if (infile)
        cout << "Reading from file: " << endl;
    else {
        cout << "ERROR: can't open input file." << endl;
        exit(1);
    }

    while ((ch = infile.get()) != EOF) {  //从文件输入流中读取字符
```

```
        cout.put(ch);
        if (!isalnum(ch))           //ch是分隔符（不是字母或数字字符）
            status = OUT;
        else if (status == OUT) {  // ch 不是分隔符且当前状态为 OUT
            status = IN;
            ++cnt;
        }
    }
    cout << "\ntotal words: " << cnt << endl;
    return 0;
}
```

当然，上面的自动机模型完全有可能采用其他方式来实现。例如，下面的程序片段采用另一种实现方式，请读者自己分析理解：

```
int ch = ' ', cnt = 0;
while (ch != EOF) {
    while ((ch = infile.get()) != EOF && !isalnum(ch))
        //从文件中读取字符，当 ch 是分隔字符时重复读取
        ;                    //空循环体
    if (ch == EOF)
        break;
    ++cnt;
    while ((ch = infile.get()) != EOF && isalnum(ch))
        //从文件中读取字符，当 ch 是字母或数字字符时重复读取
        ;                    //空循环体
}
```

这段代码开始时用空格符给 ch 赋初值，只是为了保证循环开始时不会出问题。

本例中使用的分析方法和描述方法都很重要。本章后面有的练习题可以用类似技术处理。自动机是一类抽象计算模型，这里讨论的是最简单的**有限状态自动机**。自动机理论是计算机科学的一个重要领域，既有理论价值也有实用价值，这方面的更多情况可以参考其他书籍、资料。人们在计算机的研究和应用中还提出了许多模型，它们可以作为工具应用于实践，用于问题的分析、描述和建模。许多模型还有重要的理论价值，能帮助我们进一步认识计算过程、程序、程序设计的规律性。在对计算机领域知识的进一步学习中，希望读者能有意识地关注这些模型和理论的作用及其重要性。

中文信息的表示和处理

　　读者可能还记得，本书前 3 章中特别强调了"源程序中只能在字符串和注释里使用汉字"，而本章所介绍的字符相关函数和本节的单词计数程序都只处理英文字符，未涉及中文字符。原因在于中文字符的处理有诸多复杂情况。

　　中文字数多，是一个"大字符集"，不能用一个字节编码。各种自然语言（中文、英文、日文、韩文等）都需要用计算机处理，早期各非拉丁语系的国家大都分别提出了自己的文字编码标准，例如中国政府发布了中文编码的国家标准（有几个标准）。由于国际交流越来越多，以及互联网等国际信息通道的使用越来越广泛，人们认识到有一套统一的语言文字编码非常重要。在国际语言统一编码方面最重要的成果是 Unicode（称为**统一码**或**万国码**），

它把全世界在用的各种重要语言的文字统一到一套编码系统中。但是，现存的各种包含中文字的文件可能采用了不同的中文编码，这一情况造成了处理的困难，也是有时在应用软件的显示中看到"乱码"（实际上是解码错误）的原因。

成熟的能处理中文的应用软件都包含了一套比较复杂的机制来处理中文编码的识别问题，即使如此，仍可能出现不能正确识别（因此显示乱码）的情况。对初学编程的读者，要写出完善的中文处理程序，显然是不太现实的。但无论如何，读者应该了解这方面的一些基本情况，知道如何写出简单的能处理一些中文信息的程序。

国标中文字符（Windows 的记事本中用 ANSI 编码方式创建的文本文件采用国标编码）是双字节字符，也就是说，每个中文字符用两个字节来存储表示。前一个字节称为"高字节"，后一个字节称为"低字节"。为了与 ASCII 码兼容，编码规范要求高字节的最高位为 1（而 ASCII 码所有字符的最高位都是 0，所以彼此不会冲突）。例如，汉字"中"的一种二进制储存格式如下（请注意高字节的最高位为 1）：

1	0	1	0	0	1	0	0	1	1	1	1	0	0	1	1

如果通过文件流用字符方式读入包含中文字符的文件，一次只能处理中文字符中的一个字节。如果按字符方式直接输出高字节或低字节的内容，通常会显示为奇怪的字符（这称为"乱码"）。如果把这种值当作整数，可以看到一个小于 0 的数值。要想比较正常地处理使用国标编码的文本中的中文字符，一种简单的策略是：**如果发现某个字节的数值小于 0，就应该认为它和后续的一个字节一起构成了一个双字节字符，需要把这两个字节放在一起处理。**

为了更完善地解决问题，C 和 C++ 语言提供了 wchar_t 类型，也就是**双字节类型**（又叫宽字符类型）。相应地，为处理双字节字符，在程序中需要另外的一套技术，这超出了本书的范围，有兴趣的读者可以查阅其他书籍。

国际码则采用另一套编码系统（Windows 的记事本中用 Unicode 编码方式创建的文本文件采用国际码），按最常用的国际码 UTF8 编码，一个中文字编码为 3 字节。有关编码规则更复杂，这里不介绍了。

此外，中文是方块字，字词之间并不使用空格作为分隔符，因此对中文进行分词远比英文复杂。但是在实际应用中对中文进行分词又有着重要的用处，这是计算机科学技术领域中一个很有趣的研究领域。

*4.4.4　编程实例 4：图形界面程序

读者可能注意到，前面的示例程序执行时，都是在字符终端界面单调地显示一行行字符，而常见的应用程序则是在图形界面中显示多彩的图形内容。那么，我们能写出具有图形界面的程序吗？

当然可以！但是，为做到这一点，就需要了解（学习）能支持图形操作的扩展函数库，在程序中使用这种图形库中的函数编写程序的图形显示界面。

早期由 Borland 公司开发的 Turbo C 或 Borland C 集成开发环境中包含一个名为"BGI"的图形函数库，可以方便地用于开发具有图形界面的程序。目前也有多个不同的图形函数库，可供用户在 C/C++ 中编写图形界面程序。本书作者推荐使用 EGE（Easy Graphics Engine）图形函数库（主页：https://xege.org/），这是一个比较简单的、可以在 Windows 系统下使用的 C/C++ 简易图形函数库。该库可以在多种开发环境下使用，包括 Microsoft Visual C++

（VC6、VC2008、VC2010、VC2015）和以 MinGW 为编译环境的 IDE（包括 C-Free、Code::Blocks、CodeLite、Dev-C++ 等）。在本书推荐使用的 Dev-C++ 安装包中已经集成了 EGE 图形函数库。

EGE 图形函数库包含大约 20 个与绘图相关的函数以及其他函数，从其帮助文档中可以找到所有相关信息。限于篇幅，本书中不对这些函数作详细介绍，下面只通过一个实例介绍其基本使用。

EGE 图形函数库中的函数在标准头文件 `<egegraphics.h>` 里说明。如果要在程序中使用这些函数，则需要在程序头部写如下代码行：

```
#include <egegraphics.h>
```

除此之外，在程序加工时还需要连接到一些特定的函数库，并使用特定的连接参数。因此需要在程序头部写如下几行预处理命令：

```
#pragma comment(lib, "libgraphics64 libuuid libmsimg32 libgdi32")
#pragma comment(lib, "libimm32 libole32 liboleaut32 libgdiplus")
#pragma comment(linker, "-mwindows")
```

要在程序中执行各种绘图操作，首先需要初始化图形窗口（初始化图形环境），初始化后的图形窗口就能接受绘图操作了。图形窗口定义了坐标，其左上角首行首列的绘图坐标为 (0, 0)，水平向右方向为绘图的 X 坐标正方向，垂直向下方向为绘图的 Y 坐标正方向。坐标值以屏幕的显示像素为单位。

下面来看一个简单的绘图程序实例，以了解编写图形界面程序的基本方法。

【例 4-19】在一个宽度为 900、高为 600 的图形窗口中，取绿色为背景，取绘图颜色为白色，笔刷宽度为 15。以窗口中心点为圆心，取最小半径为 20，然后半径依次增大 30，画出一系列同心圆。

在 Dev-C++ 中单击"插入代码块"按钮，再选择单击"EGE header"，即可插入使用 EGE 编程所需的头部代码块，然后编写主函数如下：

```
int main() {
    int width = 900, height = 600;
    initgraph(width, height);            //初始化图形窗口

    setbkcolor(GREEN);                   //背景色设为绿色
    cleardevice();                       //清空屏幕
    setcolor(WHITE);                     //绘图颜色为白色
    setlinestyle(SOLID_LINE, 0, 15);     //笔刷为实线，宽度为 15
    for (int radius = 20; radius < height / 2; radius += 30) {
        circle(width / 2, height / 2, radius);    //画圆
    }

    getch();                             //等待用户按下任意键
    closegraph();                        //关闭图形窗口
    return 0;
}
```

编译运行上面的程序，就会显示一个图形窗口，并在其中显示一系列同心圆，用户按下任意键后就关闭图形窗口并结束程序。

本章讨论的重要概念

循环程序设计，循环控制变量，累积变量，递推变量，浮点计算的误差，迭代公式（递推公式），库函数，程序计时，随机数，交互式程序，循环输入，结束标志，输入函数的返回值，文件结束与标准常量 EOF，字符串输入输出流，流式文件输入输出，字符输入输出，字符相关函数，状态与转换，自动机，带有图形界面的程序，图形函数库 EGE。

练习

4.1 循环程序设计：例 4-1～例 4-5

1. （生成与检查）一个三位的十进制整数，如果它的 3 个数字的立方和等于这个数的值，就称为一个"水仙花数"。例如，$153 = 1^3 + 5^3 + 3^3$，所以 153 是水仙花数。写程序找出 100 ～ 1000 之间所有的水仙花数并输出它们。（提示：可以利用整除和取余数运算得到整数的各位数字。）

2. （生成与检查）如果一个数出现在它的平方数的右端，则这个数称为一个"同构数"。例如，5 出现在它的平方 25 的右端，5 就是同构数；25 出现在它的平方 625 的右端，故 25 也是同构数。写程序找出 1～100 之间所有的同构数。

3. （整除范围与浮点误差）已知 $\sum_{n=1}^{\infty} \frac{1}{n^2} = \frac{\pi^2}{6}$，利用该公式编程序求 π 的近似值，看用这个和式的前多少项求出的近似值与 3.14159265 的误差分别小于 10^{-5}、10^{-6} 和 10^{-7}。程序每次达到所需精度时输出三项数据：达到所需误差时的求和项数，计算得到的累加和，以及由这个和求出的 π 的近似值。

   提示：

   （1）可以在最外层写一个整数循环，用于分别设置三种误差值，再用内层循环按照该公式进行计算；

   （2）计算 $\frac{1}{n^2}$ 时，程序中不能写成 1/(n*n)，否则会导致整数相除而得 0；也不应写成 1.0/(n*n)，那样当 n 增大时可能导致 n*n 溢出，正确的方式是写成 1.0/n/n；

   （3）输出 π 的近似值时应该使用输出流操纵符，以保留适当的小数位数。

4. （迭代）已知求 x 平方根的迭代公式（递推公式）是 $x_{n+1} = \frac{1}{2}\left(x_n + \frac{x}{x_n}\right)$，请写一个程序，它从键盘输入 x 值，然后利用上述公式求 x 的平方根的近似值，要求达到精度 $\left|\frac{x_{n+1} - x_n}{x_n}\right| < 10^{-6}$。

5. （递推）考虑使用如下算法递推计算斐波那契数列项：使用两个变量保存相邻的奇数项和偶数项（初始化为第 1 项和第 2 项），在循环中根据当前待求项数的奇偶性选择只更新奇数项或偶数项。

6. （通项计算）输入一个整数 k，计算 $1! + 2! + \cdots + k!$（请分别用二重循环和一重循环求解）。请测试 k 取从 1 到 10 的结果。这个程序对 $k = 20$ 能得到正确结果吗？

7. （通项计算）有这样一个数学函数：$f(x) = 1 + 1 / (1 + 1 / (1 + 1 / (1 + 1/x)\cdots))$，公式中有 n 层嵌套。请写程序计算 $x=1.0$，2.0，$\cdots$，20.0，$n=10$ 时的函数值。

8. （通项计算）已知双曲正弦反函数 $\sinh^{-1} x = x - \dfrac{1}{2} \times \dfrac{x^3}{3} + \dfrac{1 \times 3}{2 \times 4} \times \dfrac{x^5}{5} - \dfrac{1 \times 3 \times 5}{2 \times 4 \times 6} \times \dfrac{x^7}{7} + \cdots$ （$|x| < 1$），请写程序计算 $\sinh^{-1} x$ 的近似值（项值小于 10^{-7} 时截断)，并与标准库函数 `asinh` 比较以确认结果正确。

4.2　常用标准库函数：例 4-6 和例 4-7

9. 在第 3 题（求 π 近似值）的程序中添加计时功能，分别计算所取误差为 10^{-5}、10^{-6} 和 10^{-7} 时程序的执行时间并记录下来，设法总结出误差减小与执行时间之间的关系。

10. 随机生成两个其值介于 0 和 1 之间的实数作为平面点的 x 和 y 坐标值，检测这个点是否在单位圆内（与坐标原点的距离是否小于 1）。生成一系列这样的随机点，统计位于单位圆内的点数与总点数，看它们之比的 4 倍是否趋向 π 值。取总点数为 100、500、1000、5000、10 000 和 50 000 做试验并输出算出的值及其与 π 值之差（这种数据方法称为"蒙特卡罗模拟"）。

4.3　交互式程序设计的输入输出：例 4-8～例 4-15

11. 写一个程序，从标准输入设备（键盘）读入一系列整数（第一个数是数据的项数，其余的是数据），输出其中的最大数和最小数，并且输出所读入数据的平均值。

12. 把上例改写成从字符串流输入和从文件流输入。

13. 事先准备一个内容较多的英文纯文本文件（例如，从一个英文网页上复制所有文字，粘贴到记事本中，然后保存为"mytext.txt"），写程序读取该文件中的全部字符，分别统计其中的英文字符、数字字符、标点符号和分隔符（空格、制表符和换行符）的个数，把统计结果输出、显示在屏幕上，并同时输出、保存到纯文本文件"output.txt"。

4.4　程序设计实例：例 4-16～例 4-19

14. 改造本章正文中讨论的计算器程序，使之能处理多个连续的加减运算（例如"1.2 + 2.4 − 1.5 + 8.7 − 3.6 ="）或连续的乘除运算（例如"3.1416 * 1.5 / 2 * 3 / 5 * 8 / 7 ="）。为了降低题目难度，请不必考虑加减与乘除的混合计算式，每个计算式以"="作为结束标志。（提示：每次把一个运算符和它后面的运算对象视为一次循环处理的对象。）

15. 改造上述计算器程序，使得在用户输入表达式的过程中出现任何错误时，程序都能给出适当的错误信息，并重新回到等待用户输入的状态。直至用户要求结束时程序才终止。（提示：需要设计一个用户要求结束的约定，并实现这个约定。）

16. 现有一个含注释的源程序文件"test.cpp"，其主函数如下：

```cpp
int main() {    //test program
    cout << "Hello, world!" << endl;    // 输出
    cout << "// He said:\"this is not a comment.\" \n";
    cout << '\"' << "/* That\'s OK. */" << '\"' << "\n";
```

```
    return 0;
}
```

写一个程序读入该源程序文件，删除该源程序中的注释，并输出、保存为 "testout.cpp"。

提示：

（1）不仅要考虑 "/*" "*/" 和 "//" 构成的注释，而且不要误判含有类似注释的字符串或字符。

（2）分析问题，可以发现源代码的读入过程可以划分出四种读入状态，即正在读入普通源代码、块注释、行注释和字符串；

（3）画出状态转换图；

（4）编程实现状态转换时，注意有些地方需要根据连续的两个字符进行判断。

第5章 函数与程序结构

需要处理的问题越来越复杂，程序也会变得越来越长。程序变长带来许多问题：长的程序开发起来更困难，牵涉的情况更多、更复杂，编程者更难把握。长程序也更难阅读、更难理解，这又反过来影响程序的开发和维护。如果要修改程序，必须首先理解想做的改动对整个程序的影响，防止其破坏程序的内在一致性。另外，随着程序规模变大，程序中常常出现一些相同或类似的代码片段，这使程序变得更长，也增加了程序里不同部分间的互相联系。

科学和工程中处理复杂问题的基本方式，就是设法把问题分解为一些相对简单的部分，先分别处理这些部分，然后设法用各个部分的解去构造整个问题的解。为了支持复杂计算过程的描述和程序设计，程序语言应提供分解复杂描述的手段，也就是把代码段抽象出来作为整体使用和处理的手段。随着人们对程序设计实践的总结，许多抽象机制被引进程序语言。这些机制极为重要，只有借助它们，我们才可能把握复杂的计算过程，完成复杂的程序或软件。C 是 20 世纪 70 年代初开发的语言，那时人们在这方面的认识还比较粗浅，只提供了对计算过程片段的抽象机制，即**函数机制**。C++ 在这方面有很大增强，特别是支持面向对象的编程方法。但作为入门教程，本书不准备深入介绍有关内容。

本章将详细介绍与函数相关的知识和技术。首先介绍如何自定义函数，包括函数的参数机制、函数分解的思想和技术，以及函数使用的技术等；接下来介绍变量的定义位置和功能的关系、程序中不同的变量类，以及变量的作用域和存在期。本章还将讨论函数和变量的声明与定义的概念，以及程序的函数分解和多文件开发，最后介绍预处理和程序的动态除错方法。

5.1 函数的定义与调用

前面已经介绍了如何使用标准库函数，包括各种数学函数、随机数函数和计时函数等。这些函数可以看作语言基本功能的扩充。**函数**是 C 和 C++ 语言中最重要的概念之一。一个函数是一段特定计算过程的抽象，具有一定的通用性，可以按规定的方式（参数数目、类型等）应用于具体数据。对具体数据执行函数，可以算出一个结果供后续计算使用，或者产生某些具体的效果（如输出等）。

语言中提供函数机制，就是为了让人可以把一段计算抽象出来并封装（包装），定义为一个函数，使之成为程序中的一个独立实体。这样封装起来的一段代码需要取一个名字，做成一个**函数定义**（function definition）。当程序中需要做这段计算时，可以通过一种简洁的形式要求执行这段计算，这种要求执行函数的程序片段称为**函数调用**（function call）。

函数抽象机制带来了许多益处：

（1）重复出现的程序片段可以用一个唯一的函数定义和一些形式简单的函数调用取代，这样做能使程序变得更简短、更清晰。

（2）由于在整个程序里同样的计算片段仅描述一次，需要改造这部分计算时只需要修改一个地方：改变函数的定义。程序的其他地方可能完全不需要修改。

（3）函数定义和调用分解了程序的复杂性，使编程者在程序设计中可以相对孤立地考虑函数本身的定义与函数的使用问题。这种注意力的分解有可能提高程序开发的效率。

（4）把具有独立逻辑意义的适当的计算片段定义为函数后，函数可以看成更高层次上的程序基本操作。一层一层的函数定义使我们可以站在一个个抽象层次上看待、把握和处理程序，这些对于开发大型软件系统是非常重要的。

在讨论函数调用时，通常把调用者称为**主调函数**，被调用者称为**被调函数**。在函数调用的执行过程中，存在着程序执行的控制转移。如图 5-1 所示，当主调函数执行到函数调用（语句）时，它自己的执行暂时中断，执行控制权转到被调函数，使该函数开始执行。被调函数执行结束时，函数返回，使执行控制权回到主调函数，然后，主调函数从中断点之后继续执行。

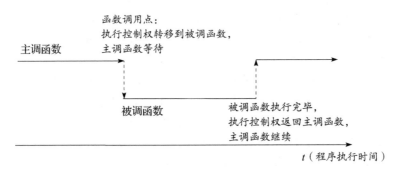

图 5-1　函数的调用、执行与返回

5.1.1　对自定义函数的需求

标准函数库包含了很多有用的函数，而且，开发系统还可能通过扩充函数库提供更多函数，这些函数都可以很方便地在编程中使用。但是，函数库的功能是有限的，不可能满足实际程序设计中的所有需要，而编程中确实存在许多对特定函数的需求。现在看两个简单的例子。

【例 5-1】哥德巴赫猜想是数论中的一个著名的难题，它的陈述为"任意一个大于 2 的偶数都可写成两个质数之和"。这个难题至今没有得到解决。请编写程序在一定范围内验证这一猜想：对 6～200 之间的各个偶数找出质数分解，也就是说，找出两个质数，它们的和等于相应的偶数。

不难写出这个程序的主体结构：

```cpp
int main() {
    int m, n;
    for (m = 6; m <= 200; m += 2)
        for (n = 3; n <= m/2; n += 2) {
            if ( n 是质数 && m-n 是质数) {
                cout << m << " = "<< n << " + " << m-n << endl;
                break;
            }
        }
    return 0;
}
```

第 3 章的例 3-21 展示了一个判断整数是否为质数的程序，可以考虑借用其主体代码开发所需程序。然而，由于当前程序中需要分别判断 n 和 m-n 是否为质数，如果通过两次复制判断质数的代码段来分别处理 n 和 m-n，修改代码的工作还是有些麻烦的（请读者试一试），得到的程序也不容易理解。我们很自然地会产生一个想法：如果能把判断质数的代码片段提取出来，做成类似于 sin、cos 那样的函数去调用，就能使程序维持如上所示的主体结构，简洁明了。

【例 5-2】例 4-16 展示了一个简单的猜数游戏，整个程序的工作流程并不复杂，都写在一个主函数里，有 70 多行。但阅读这样的代码，全面把握这个程序的工作情况也不容易。如果能根据内在功能，把程序拆分成几个部分，就可能使主程序变得更简洁明了。还可以看到，程序中输入最大值和用户猜测数据的部分分别用多条语句处理输入出错的情形，而这些语句在功能上有些重复。如果能把功能相似的语句合并起来，也可以降低程序的复杂度。

这些例子和情况都说明，编程时经常可能出现自己定义函数的需求。它们也分别说明了实际编程中需要自定义函数的两种场合：一种是**需要多次重复使用同样的计算片段**，另一种是**把较长的程序进行合理拆分，从而使主程序变得简单易读，以利于人们把握整个程序的工作流程**。

在定义函数时，需要把实现相关功能的代码段包装在一种特殊结构里，这种结构称为**函数定义**。在程序里写了某个函数的定义后，就可以在任何需要它的地方写调用语句来使用了。

定义好的一组有用函数可以作为后续开发中使用的基本构件，也可能满足其他开发工作的需要。这一思想的发展就是函数库（C 和 C++ 语言的标准库都是这一想法的规范化）。这种思想引出了许多关于重复使用软件构件的研究，并已经发展成为现代软件技术的一个重要领域。

5.1.2　函数的定义

如上所述，在编程工作中可以自己**定义**（define）函数，然后在程序中需要的地方**调用**（call）它们。**函数的定义**（definition）**和调用**（call）**必须相互配合：调用函数时必须按定义的要求写调用语句，而在定义函数时需要根据调用所需的功能进行设计**。下面分别说明如何定义和调用函数。

从语法上看，一个函数定义包含**函数头部**（head）和**函数体**（body）两个部分。函数头部说明函数的名字和**类型特征**，描述函数外部与内部的联系；**函数体**实现相关的计算功能。

在形式上，函数头部是顺序写出的几个部分：

> 返回值类型　函数名(参数表)

一个函数执行时通常会得到一个结果，将其返回供调用处的计算使用。这种结果称为**函数返回值**（简称**返回值**），函数头部的**返回值类型**说明了返回值的类型。一个函数可以将任何标准类型（如 int、double、char 等）作为返回值类型，还可以返回其他类型的值（但也有限制，后面说明）。

也有些函数只是在执行中完成一些工作，不需要返回任何值。在定义这种函数时，应该**在返回值类型的位置写关键字 void，表示定义的是一个无返回值的函数**。

函数名用标识符表示，供调用这个函数时使用。函数名必须符合标识符命名的规则。

标识符命名规则

程序中需要命名的对象很多，包括变量、函数和类型（第 8 章将介绍结构体和类）等。显然，如果在命名时始终遵循某种分类命名规则，会使程序更清晰易读。软件工作者提出了一些不同的命名形式，常见的有以下几种：

（1）全小写字母式：标识符中的英文字母全用小写字母，不使用下划线；

（2）大驼峰式命名法（也叫帕斯卡命名法）：在采用连续的多个英文单词（或单词缩写）构成的标识符时，英文单词连续书写（单词之间不留空格），而且每个英文单词的词首字母大写；

（3）小驼峰式命名法：在采用连续的多个英文单词（或单词缩写）构成的标识符时，英文单词连续书写（单词之间不留空格），而且第一个单词的首字母小写，其余英文单词的词首字母大写；

（4）下划线命名法：在用多个英文单词（或单词缩写）构成标识符时，所有字母小写，单词之间用下划线连接。

软件工作者至今还没有接受某种统一的命名形式，不同程序设计教科书可能采用（提倡）不同的命名形式。但全书统一使用某种命名规则，有助于读者阅读和理解。本书使用的规则（也是目前最常用的形式之一，详见附录 D）是：

（1）变量用全小写字母的形式；

（2）常量用全大写字母的形式；

（3）函数名通常用全小写字母，函数名为"动词+名词"形式时使用小驼峰式命名；

（4）自定义类型名（见第 8 章）用大驼峰形式。

参数表描述函数参数的类型和参数名，形式上是在一对圆括号中依次列出各个参数的类型和名字，参数之间用逗号分隔。一个函数可以有 0 个或多个参数。参数表里给出的参数名为函数的形式参数，简称**形参**，函数体里可以通过形参使用函数调用时提供的参数值。如果一个函数没有形参，参数表的括号里可以什么都不写，或者写关键字 void。

函数头部之后的**函数体**就是一个普通复合结构（一对花括号括起的一系列声明和语句），描述函数封装的计算过程。函数体里定义的变量只能在该函数体内部使用，称为函数的**局部变量**。**参数表中定义的参数也看作局部变量**（不需要在函数体内重新定义），可以像其他局部变量一样在函数体里使用。函数被调用时，其函数体的语句将在参数具有特定实际参数值的情况下执行。

函数体里经常用到一个有特殊作用的语句：return 语句（返回语句）。return 语句的基本作用是结束它所在函数的执行。return 语句有两种形式：

（1）对于有返回值的函数，所用的形式是在 return 关键字后面写一个表达式，即：

```
return 表达式;
```

执行这种 return 语句时首先计算**表达式**，把得到的结果作为本次函数调用的返回值。显然，这一规定也要求 return 表达式的类型能转换到函数定义的返回值类型。

（2）对于无返回值的函数（**返回值类型为 void 的函数**），函数体中的 return 语句只能采用如下的形式（return 关键字后面不写表达式）：

```
return;
```

执行这样不带表达式的 return 语句直接导致函数结束。

一个函数体里可以有多个 return 语句。所有 return 语句在是否带表达式和所带表达式的类型方面都必须与函数头部一致。函数结束的另一种情况是执行到达函数体结束处（但没执行 return 语句），这时函数也结束，其返回值没有定义。显然，这种结束方式只能出现在无返回值的函数中。

　　在定义函数时，首先需要认真分析程序中的需求，做好函数的整体设计：**准备用几个什么样的参数进行计算，计算完成之后返回什么样的值，还需要给函数起一个合适的名字**。在根据自己的设计写好函数头部之后，就可以**在函数体中写出相应的语句，实现所需要的功能**。

　　下面是几个相当简单的函数示例。

【例 5-3】编写一个函数，对于给定的半径，计算出圆的面积。

　　如上所述，首先需要根据题目要求，设计好函数头部的各个部分，然后编写函数体的代码。

　　计算所需的信息应该通过参数传递给函数。"给定的半径"意味着这个函数应该有一个表示半径的参数。圆的半径通常用实数表示，可以用 double 类型的值表示。因此，本函数应该有一个 double 类型的表示半径的参数，根据"见名识义"的原则将其命名为 radius。

　　函数需要返回圆的面积，这也应该是一个实数。因此，函数的返回值类型也为 double。

　　函数名只要求是标识符（满足标识符命名要求），如 a、f、s1 等都合法，可以自由选择。这里还是应该遵循"见名识义"的原则，选一个能反映函数功能的名字。本函数要计算圆面积，可以考虑的名字如：circle、circle_area、area、CircleArea、SCircle、scircle 等（请注意，标识符区分大小写）。下面选择全小写字母组合的"scircle"（类似于数学中用 S 表示面积的"S_{circle}"）。

　　根据上面的设计考虑，可以写出如下的函数头部：

```
double scircle(double radius)
```

　　下一步工作是编写函数体。根据数学知识，在函数体内写出计算面积的表达式和语句。圆面积的计算很简单，可以直接用 return 语句的表达式描述。这样就得到了如下的函数定义：

```
double scircle(double radius) {      //计算圆面积函数之版本 1
    return 3.14159265 * radius * radius;
}
```

　　这个函数相当简单。可以看到，函数参数作为局部变量，被直接用在函数体里的语句（表达式）中。函数要求返回 double 类型的结果，所以其中的 return 语句包含了表达式"3.14159265 * radius * radius"，以这个表达式的求值结果作为函数的返回值。

　　另一种写法是在函数体内定义一个局部变量，例如采用下面的函数定义：

```
double scircle(double radius) {      //计算圆面积函数之版本 2
    double area = 3.14159265 * radius * radius;
    return area;
}
```

在这里引进一个局部变量，多占用了存储，也多做了赋值，但 area 的名字能起一点求面积的提示作用。由于这个函数非常简单，多引进一个变量的意义不太大。

【例 5-4】编写一个函数，对于给定的矩形的长和宽，计算出矩形的面积。

　　此例与上例的差别在于有关计算需要参考两项数据（长和宽），因此函数需要有两个参数。这两个参数都可以取 double 类型，将其简单命名为 a 和 b。矩形面积也用 double 类型表示。遵循"见名识义"的原则，采用类似于上例的命名方法，将函数命名为 srect。函数定义如下：

```
double srect(double a, double b) {
```

```
    return a * b;
}
```

这个函数也很简单，只有一点需要注意：函数有多个参数时，需要在参数表里逐一说明各参数的类型和参数名，即使类型相同也不能放在一起说明（不能像局部变量那样写成"(double a, b)"）。

可能有读者会问：前面经常说变量和函数命名要遵循"见名识义"的原则，但是本函数中为什么用简单的 a 和 b 表示矩形的长度和宽度，而不用英文单词 length 和 width 呢？回答是：虽然我们要求通常遵循"见名识义"的原则，但也不要把它当作僵化的教条。一般来说，越重要的名字就越要强调遵循这个原则，简单的局部情形则可以简单处理。函数需要定义，还可能在很多地方调用，应该用能清晰反映其意义的名字，通常用比较长的名字。而这里的函数非常简单，代码只有几行，其中变量和参数的作用范围很小。对于这种情况，人们也常采用简单的变量名、参数名。

【例 5-5】编写一个函数，调用时它将在屏幕上输出一连串 20 个星号并换行。

这个函数与前面两个函数有些不同：

（1）函数的功能要求很具体，其功能并不依赖于任何外来信息，因此不需要参数。所以，函数的参数表中可以为空（也就是说，只写出一对内部为空的圆括号）；

（2）它只是完成一项工作，并不需要返回任何计算结果。因此，这个函数没有返回值。所以，在头部写返回值类型的地方应该写 void。

根据题意将函数命名为"prtStars"（其中"prt"是"print"的缩写），写出如下定义：

```
void prtStars() {
    cout << "********************" << endl;
    return;
}
```

由于这个函数不需要返回值，函数体内写一个无表达式的 return 语句即可。实际上，这个 return 语句也可以不写，函数执行到末尾就自然地结束。

上面三个简单的函数示例分别说明了有 1 个参数、多个参数、无参数，以及有返回值和无返回值的函数定义的情况。当然，参数和返回值的情况应根据实际需要确定，允许各种情况的任意组合。例如，可以允许有参数但是无返回值的函数，或者无参数但是有返回值的函数。

5.1.3 函数的调用

已经定义的函数可以在程序中任意多次调用。前面说过，函数调用也是表达式，其形式是先写出函数名，然后是一对圆括号（调用无参函数也需要写一对内容为空的括号），再根据函数定义中规定的参数类型和参数个数，写一个或多个表达式（用逗号隔开）。这些表达式被称为函数的**实际参数**（简称实参），其求值结果将被传递给函数作为实际计算对象。

函数调用的一般形式为：

```
函数名(实际参数)
函数名(实际参数, 实际参数)
函数名()
......
```

函数调用应该符合相应函数定义中的函数头部的参数表和返回值要求：

（1）如果函数定义的参数表不为空，函数调用时就应该提供个数正确、类型合适的实际参数。实参可以是类型合适的文字量或变量，也可以是合适的表达式。实参值是具体函数计算的出发点[①]。

如果函数的参数表为空，就不需要（也不允许）提供参数，但必须写一对空的圆括号。

（2）如果提供的实参表达式的类型与函数定义中描述的形参类型不一致，那么编译器可能插入类型转换（如果能转换），或者报错（如果不能转换）。

（3）如果函数定义有返回值，其返回值就可以在调用点获取和使用（也可以闲置不用）。有返回值的函数调用通常作为表达式，或者赋给变量，或者直接参与表达式计算，或者直接打印输出等。无返回值的函数调用执行结束时不产生可供调用处使用的值，应该作为独立的语句。

小技巧

在各种集成开发环境中，通常都有"**函数提示**"功能：在编辑已命名保存的源程序文件时，用户键入要调用的函数名和括号，光标处就会浮现提示信息条，显示函数的类型特征，提示用户正确输入参数。

例如，在 Dev-C++ 中编辑如下源代码时，由于前面已经用"#include <cmath>"包含了相应的标准库头文件，在键入"pow()"且光标置于括号里面时，就浮现出有关"pow"函数的提示，说明应该输入的实参个数和类型。

```
#include <iostream>
#include <cmath>
using namespace std;

int main() {
    cout << pow()
                  4/ 4  public double __cdecl pow (double _X, double _Y)
    return 0;
}
```

例如，对前一小节定义的 **scircle** 和 **srect** 函数（它们分别要求 1 个和 2 个参数，返回值都是 double 类型），下面代码中的调用语句都是合法的：

```
double s;
s = scircle(2.4);                      //实参是数值文字量，返回值用于赋值
s = scircle(2.4 + sin(1.5));           //实参表达式中调用了数学函数，返回值用于赋值
cout << scircle(1.5 + 2.4);            //实参是算术表达式，返回值用于输出
double r = 1.5;
s = scircle(r);                        //实参是变量，返回值用于赋值
cout << scircle(r * 2);                //实参是包含变量的表达式，返回值用于输出
double length = 3.5, width = 4.2;
s = srect(3.5, 4.2);                   //实参是数值文字量，返回值用于赋值
s = srect(3 * sin(2.), 2 * cos(5.2)); //实参是表达式，返回值用于赋值
s = srect(length, width);             //实参是变量，返回值用于赋值
cout << srect(length, width);         //实参是变量，返回值用于输出
```

另外，对前面定义的 **prtStars** 函数，由于其参数表为空，因此在调用时不需要（也不

[①] 这里说的是最常用的参数（称为值参数）的情况。后文还会讲到引用参数，那里的情况有所不同。

能）提供参数，下面是一个正确的调用（注意，小括号不能省略）：

```
prtStars();
```

如果调用语句中提供了参数，编译器将报错；

```
prtStars(100);        //错误
```

而且这个函数没有返回值，所以不能用于赋值或打印。下面的语句都是错误的：

```
s = prtStars();        //错误
cout << prtStars();  //错误
```

当然，要看到上面的函数定义和调用的效果，必须把它们写在完整的程序里。请看下面的例子。

【例 5-6】把前文的几个示例函数写在一个程序文件中，并写一个 main 函数，其中调用这些函数。

根据题意写出程序如下：

```cpp
#include <iostream>
#include <cmath>
using namespace std;

//double  scircle (double radius) {  //计算圆面积函数之版本1
//    return 3.14159265 * radius * radius;
//}

double  scircle (double radius) {       //计算圆面积函数之版本2
    double area = 3.14159265 * radius * radius;
    return area;
}

double srect (double a, double b) {
    return a * b;
}

void prtStars() {
    cout << "*******************" << endl;
    return;
}

int main() {
    double s;
    prtStars();
    s = scircle(2.4);
    cout << "s= "<< s << endl;
    s = scircle(2.4 + sin(1.57));
    cout << "s= " << s << endl;
    cout << scircle(1.5+2.4) << endl;
    double r = 1.5;
    s = scircle(r);
    cout << "s= "<< s << endl;
```

```
        cout << scircle(r * 2) << endl;

        prtStars();
        s = srect(3.5, 4.2);
        cout << "s= " << s << endl;
        s = srect(3 * sin(2.), 2 * cos(5.2));
        cout << "s= " << s << endl;
        double length = 3.5, width = 4.2;
        s = srect(length, width);
        cout << "s= " << s << endl;
        cout << "s= " << srect (length, width) << endl;
        prtStars();

        return 0;
    }
```

这个程序很简单，但其中包含了很多与函数和变量相关的知识，下面三节将分别详细讨论。

这里说明一下写函数调用时需要注意的两个小问题：

（1）传入函数的是实参表达式的值，这里可以出现隐含的类型转换动作。这实际上要求实参的值能合法地转换到函数形参要求的类型，否则编译时就会报类型错误。

（2）对于有多个参数的函数，语言并没有规定调用时实参的求值顺序，任何依赖实参求值顺序的调用都得不到保证（与二元算术运算的情况类似）。例如，下面是一个不合理的函数调用：

```
    double x = 1.5;
    s = srect (x += 2.0, x);
```

在这个调用中，对第一个实参求值将影响第二个实参的值。某些系统可能先对第一个实参 x += 2.0 求值，这样，对第二个实参中的 x 求值时就可能得到增量之后的值；而另一些系统可能先对第二个实参求值，得到的是 x 的原值。这样，s 得到的值就可能由于编译系统的不同而不同。

这些情况说明，我们绝不应该写上面这样的调用语句。改正的方法是，应根据需要，例如先定义一个变量临时保存 x + 2.0 的值，然后根据实际需要写出调用语句。

5.1.4 函数和程序

在前几章的程序实例中，代码的主要部分都只是一个 main 函数，但例 5-6 中的示例程序则不同，除了主函数定义外还包含另外几个函数定义，它们和主函数共同构成一个完整的程序。实际上，只包含 main 函数的程序是最简单的程序，包含许多函数定义的程序才是常态。

在一个 C/C++ 程序中，必须有（且只能有）一个以 main 为名的函数定义。这个函数的定义形式与其他函数相同，但是其地位特殊，它规定了程序执行的起点（专业术语是**程序入口**）和整个执行过程。当一个 C/C++ 程序被加工成可执行程序并启动执行时，计算机自动从它的 main 函数的函数体开始执行，一条一条地执行其中语句。一旦这个函数结束（所有语句执行完毕或者执行到 return 语句退出），整个程序的执行就完成了。因此人们把 main 函数称为（程序的）**主函数**。

除了 main 函数外，任何其他函数定义本身都不构成完整的程序，只能作为程序中的一个部分。函数定义的作用就是定义了该函数所包含的计算过程，并为函数确定一个名字。主函数之外的其他函数只有被调用才能进入执行状态。所以，一个函数（为了简化文字描述，通常把"主函数之外的其他函数"简称为"函数"）要在程序执行中起作用，要么是被主函数直接调用，要么是被另一个能被调用执行的函数调用。没有被调用的函数在程序的执行中是被闲置的，不起任何作用。

定义了一个函数之后，就可以在程序里调用它。可以根据需要为每个调用提供一组具体实参，从而启动一次具体的计算，得到具体的计算结果。**main 可以调用其他函数，被调函数还可以进一步调用函数。**在这方面，main 函数的情况也比较特殊：**在程序里不允许写对 main 函数的调用。**

根据 C99 和 C++ 的规定，main 的返回值必须是 int 类型，通常用返回 0 表示程序正常结束，返回其他值表示执行中出现了非正常情况。如果 main 没执行 return 语句就结束，系统自动产生一个表示程序正常结束的值（通常是 0）。main 的返回值不会在本程序内部使用（因为它不能被调用），而是在程序结束时提供给操作系统。在程序外部（例如操作系统）可以检查和使用该返回值。

在一个函数里调用另一个函数，程序执行时就会出现图 5-1 描述的情况。在函数调用点，控制权转移到被调函数，主调函数等待。被调函数执行结束时，控制返回到主调函数里的调用点，计算从该调用点之后继续。最后，主函数结束时程序执行就结束了。如果使用集成开发环境中的调试功能（见 5.7 节）逐句执行程序，可以清晰地看到这种控制转移的情况。

在书写形式上，一个程序文件中的所有函数都是平等的，C 和 C++ 语言**不允许把一个函数的定义写在另一个函数内部**。在习惯上，人们常把自定义的函数写在前面，把 main 函数写在最后。这是为了满足对函数**"先定义后使用"**的规则。5.5 节对此有进一步的讨论。

一个程序里不允许出现多个函数的函数名和参数类型完全相同的情况[①]。前文中介绍了 scircle 函数的两个版本，上一节的示例中用的是第二个版本，第一个版本写成了注释（仅供查看）。如果想用第一个版本，可以把它改名并去除注释，或者把第二个版本改为注释并去掉第一个版本的注释。

5.1.5　局部变量的作用域和生存期

1. 作用域与生存期

对于例 5-6 的示例程序，读者可能会问：在 main 函数里定义了变量 length 和 width，在 srect 中能不能直接使用它们？而在函数 scircle 和函数 srect 中定义的形式参数或局部变量能不能在 main 函数中直接使用呢？这些问题需要详细说明。

一个变量定义实际上做了两件事：
（1）定义了一个具有特定类型的变量，它可保存指定类型的值；
（2）给变量命名。
实际上，变量定义还确定了另外两个问题：
（1）这个变量定义在程序中的哪个范围内有效，即在什么范围里可以用这个变量名去做

---

① C 语言禁止多个函数重名。C++ 的规则宽松一些，允许多个函数具有相同的函数名，但这些函数必须在参数类型方面有所不同，这种情况称为**函数重载**。这方面的知识超出了本书的范围，后面不做更多的讨论。

与该变量有关的事情，包括取值和赋值。实际上，**每个变量定义都有一个确定的作用范围**，这个范围称为该变量定义的**作用域**（scope），**变量的作用域由变量定义的位置确定**。

（2）变量的实现基础是内存单元。在程序中定义了一个变量，那么，在该程序的运行中，系统将按既定规则，在某个特定时刻建立这个变量（为其安排内存），而后才能对它做赋值和取值。系统还会在特定的时刻销毁这个变量（释放其占用的内存）。一个程序结束时，其中定义的所有变量都被销毁。此外，程序中各个变量存在的时间也可能不同。**一个变量在程序运行中从建立到销毁的存在时期称为该变量的生存期**（extent，或 lifetime）或**存在期**。

作用域和生存期是程序语言的两个重要概念，弄清楚它们，许多问题就容易理解了。作用域和生存期有联系但又不同，它们分别从空间和时间的角度来体现变量的存在性。作用域讲的是变量定义的作用范围，说的是源程序中的一段代码范围，可以在代码中分辨清楚，是一种静态概念。生存期则完全是动态概念，讲的是程序运行过程中的一段期间。变量在生存期里一直保持着自己的存储单元，保存于这些存储单元中的值在被赋新值之前将一直保持不变。

2. 局部变量的作用域与生存期

前面已经讲到，复合结构（用一对花括号 { } 括起来的结构，也称为复合语句）里的任何位置都可以定义变量，这样定义的变量可以在该复合结构的内部使用。一个函数体就是一个复合结构，而 if 语句、switch 语句、while 语句、do-while 语句和 for 语句等也常以复合结构作为语句体，因此，在这些结构中都可以定义变量。从作用域的角度来看，在复合结构中定义的变量，**其作用域是从该变量定义语句的位置开始直到本复合结构结束，在该复合结构之外，这些变量定义无效**。因此，在复合结构里定义的变量被称为（该复合结构的）**局部变量**（local variable）。另外，前面提过，**函数形参也视为该函数的局部变量，其作用域就是这个函数的函数体**。

此外，for 语句头部的"表达式 1"也可以是变量定义，用于引进一个或几个新变量。在该处定义的变量的作用域就是整个 for 语句，包括"表达式 2""表达式 3"和 for 语句体。

回顾例 5-6 的示例程序，可知各函数中的局部变量情况如下：

- 函数 scircle 的形参 radius 是该函数的局部变量，只能在该函数的函数体里使用。该函数内部定义的局部变量 area 仅能在该函数的内部使用。
- 函数 srect 中的形参 a 和 b 是该函数中的局部变量，可以在该函数内部使用。
- main 函数中定义的局部变量 s、length 和 width 的作用域都分别从各自定义的位置开始，到该函数结束处为止。它们只能在 main 函数内部相应的作用域里使用。

尤其需要注意的是，从作用域的角度来看，main 函数也是一个普通函数，其内部定义的变量也是局部变量，同样只能在该函数内部使用，而不能在该函数体之外使用。

与此相关的一个问题是：**变量名是否允许同名呢?** 语言对此有如下规定：

（1）**同一作用域里不允许定义两个或更多同名变量**，也就是说，作用域相同的变量的名字不能冲突，否则就无法确定使用哪个变量了。

（2）**不同作用域允许定义同名变量，它们彼此无关**。这也是人们经常做的。

下面给出一个示例程序，其中故意写了一些同名变量，以展示和说明有关情况。

【例 5-7】定义一个函数求整数平方和 $\sum_{n=1}^{m} n^2$，然后在 main 函数中接受输入 m 并调用这个函数求值。

求平方和的函数需要一个求和上限作为参数，函数结束时返回求和结果。在此设定函数参数为 int 类型的形参 m，返回值为 int 类型，并把函数命名为 sumsq。在函数内部定义两个局部变量，用一个循环进行求和，把求和结果作为函数的返回值。

按照上面的考虑和已有的编程知识，不难写出满足题目要求的程序代码如下：

```cpp
#include <iostream>
using namespace std;

int sumsq(int m) {
    int sum = 0;
    for (int n = 1; n <= m; n++) {
        int k = n * n;
        sum = sum + k;
        cout << "n= " << n << " sum= " << sum << endl;
    }
    cout << "m= " << m << "  sum= " << sum << endl;
    return sum;
}

int main() {
    int m;
    cout << "input an integer: ";
    cin >> m;
    cout << "sum= " << sumsq(m) << endl;
    return 0;
}
```

在上面的代码展示中，分别用点虚线勾勒出了形参 m、变量 sum、变量 n 和变量 k 的作用域。（实际上，这个函数定义可以写得更简练，例如在 for 循环中不定义局部变量 k，更新 sum 的语句直接写成 "sum = sum + n * n;"。为了说明作用域的概念，这里故意写得比较烦琐。）

首先请注意，sumsq 的形参名为 m，而 main 函数中也定义了名字为 m 的变量。但这是两个不同变量，它们的作用域不同，这是上面的第二条规定的推论。根据值参数机制（下节详细说明），main 的局部变量 m 作为调用函数 sumsq 的实参时，其值传给 sumsq 的形参 m。

有关变量同名，除上面的两条规定外，还有一个情况：函数体里可以嵌套复合语句，导致作用域的嵌套。在相互嵌套的作用域中是否可以定义同名变量呢？有什么规则吗？

实际上，上面的第二条规定也涵盖了这种情况。如果在两个有嵌套关系的作用域里分别定义了两个同名的变量，它们的作用域也是不同的，所以互不相干。但是这里出现了一个新问题：如果代码中使用到这个变量名，到底指哪个变量呢？语言对此还有下面的第三条规定。

（3）当内层复合语句的变量定义与外层变量同名时，外层同名定义将被内层定义遮蔽。也就是说，在内层语句的范围里使用该变量名时，实际上是使用内层定义的变量。

例如，在上面例子中的 sumsq 函数里，把变量 "k" 的名字写成 "m"，意义不变：

```cpp
int sumsq(int m) {        //含有嵌套同名变量的版本
    int sum = 0;
    for (int n = 1; n <= m; n++) {
        int m = n * n;    //定义了同名变量 m
```

```
                sum = sum + m;                              //使用内层变量 m
                cout << "n= " << n << " sum= "<< sum << endl;
            }
            cout << "m= "<< m << "  sum= " << sum << endl;     //使用形参 m
            return sum;
        }
```

在这段代码中，for 语句体（复合语句）里重新定义了一个名字为 m 的局部变量，这个定义屏蔽了函数参数 m 的定义。在 for 语句体里出现的 m 都表示 for 语句体内部定义的 m。因此，这个函数定义仍然是正确的。但是，把代码写成这样，显然增加了读者理解的难度！因此，本书作者给读者的建议是：**在程序中，应该避免在嵌套的作用域中重新定义与已有变量同名的变量！**

也要注意写法不当而导致嵌套同名变量的无意遮蔽现象。例如，下面的 sumsq 函数有功能性的错误：

```
int sumsq(int m) {           //含有错误的版本
    int sum;                 //定义了函数内的局部变量 sum，未赋初值
    for (int n = 1, sum = 0; n <= m; n++) {    //定义了内层局部变量 n 和 sum
        int k = n * n;
        sum = sum + k;
        cout << "n= " << n << " sum= " << sum << endl;
    }
    cout << "m= " << m << "  sum= " << sum << endl;
    return sum;
}
```

这个函数有错。请注意 for 语句头部的第一个表达式 "int n = 0, sum = 0"，这里实际上定义了两个局部变量 n 和 sum 并赋了初值，它们的作用域都是整个 for 语句，包括头部的后两个表达式和循环体。注意，这里的局部变量 sum 遮蔽了 for 语句之前定义的 sum（编程者可能误以为 for 头部只定义了局部变量 n 并赋初值，而逗号之后的表达式是为 for 语句之前定义的 sum 赋初值，这种理解是错误的）。这样，这个 for 语句执行结束时，其中所定义的局部变量 n 和 sum 被销毁，最后输出的还是函数开始定义的那个 sum，但是该变量未初始化（即使赋初值也对后面无影响），循环中也没把数据累加到这个变量里，所以输出结果必然是错误的。

上面详细介绍了局部变量的作用域，现在介绍局部变量的存在期。有关规则是：**复合语句里定义的局部变量的存在期就是该复合语句的执行期间**。也就是说，一个复合语句开始执行时，在其内部定义的所有变量都被分配内存，它们一直存在到复合语句这次执行结束。当复合语句执行结束时，其内部定义的变量都被销毁（所占内存被释放）。如果程序执行再次进入这一复合语句，那么就再次分配内存建立这些变量。再次建立起来的变量与上次执行时建立的变量无关，是另一组变量。由此可见，从存在期的角度来说，局部变量具有被自动建立和销毁的性质，所以它们也被称作**自动变量**。

for 语句里定义的局部变量的存在期也符合上述说明，但需要特别注意，变量定义出现在其头部或语句体内，所定义变量的存在期不同：在 for 语句头部（第一个表达式中）定义的变量的存在期是该 for 语句的整个执行期间，而在 for 语句的循环体内定义的变量的存在

期是这个循环体的一次执行期间（如果循环体多次执行，这些变量会被多次创建和销毁）。

对于例 5-7 求整数平方和 $\sum_{n=1}^{m} n^2$ 的程序，程序启动时执行 main 函数，首先建立其中的局部变量 m。函数 sumsq 被调用执行时建立其形参 m，（它与 main 中的 m 是不同的两个变量！）并用实参（main 函数中的变量 m）的值给它赋初值，函数体开始执行时建立变量 sum。for 语句开始执行时建立变量 n。**每次开始执行循环体时建立变量 k 并给它赋初值，循环体执行结束时销毁 k**（所以 k 的值不能从循环体的前一次执行带到下一次执行）。变量 n 在该循环语句执行期间一直存在，循环结束时才被销毁，函数 sumsq 的形参 m 和局部变量 sum 存在到函数返回，函数执行结束时销毁它们。

如果程序执行中再次调用函数 sumsq，就会按上面说明的顺序重新建立其中定义的变量，在该函数新的一次执行中使用。最后，函数 main 执行结束时销毁其中定义的局部变量 m。

在编程时必须特别关注变量的作用域和存在期，这样才能准确理解程序执行中变量的变化。如果这方面的理解有误，写出的程序的执行行为就可能与自己设想的情况不同。

看下面的程序片段：

```
for (int n = 1; n < 10; n++) {
    int k;
    if (n == 1)
        k = 5;
    k = k + n; //循环执行第二次到达这里时 k 的值无法确定
    cout << "k = " << k << endl;
}
```

根据有关规则，每次循环体开始执行时建立名字为 k 的新变量（为它安排存储空间）。第一次循环时，由于 n 值为 1，k 赋值 5，执行 "k= k+n;" 之后 k 的值为 6，循环结束时变量 k 被销毁。循环体第二次及以后的执行中条件不成立，相应赋值语句并不执行，这样再执行到语句 "k = k + n;" 时，新建立的变量 k 未经过赋值，其值无定义。所以这个程序片段存在错误。

如果读者自己运行这个程序片段，有可能看到它输出的结果总是一样的，而且在数学上也是正确的（最后输出 "k = 50"），于是觉得这个程序没有错误。这个看法不对。出现上述情况是因为这个程序很简单，前一次分配内存建立的变量 k 销毁后，下一次分配内存时恰好被安排到内存中的同一个位置，而且这期间该处的内存单元没有被使用过，这就使得上次残留在内存单元的值被当作新变量的初始值。如果程序更复杂，情况可能就不是这样了。因此，上面的程序片段确实包含隐蔽的错误。它运行时恰好得到正确的结果只是偶然现象，我们决不能依赖这种偶然性。

5.1.6 函数调用的参数传递机制

一般而言，调用函数时需要提供一些实参（表达式），把必要的信息传给函数的形参，供函数执行中使用。而从被调函数的角度，形参也是一种局部变量，只是在其他局部变量定义之前就有了定义，其初值由函数调用时的实参取得。那么，实参与形参之间具体是怎样的关系呢？

另外，在函数体内，形参的使用方式与其他局部变量一样，也可以重新赋值（前面示例程序中都没这样做），那么，如果实参就是变量，在函数体内通过赋值修改形参的值，会不会影响对应的实参呢？要回答这个问题，就需要理解 C 和 C++ 语言的参数机制。

1. 值参数

C 和 C++ 语言的基本参数机制称为**值参数**（简称**值参**）。执行函数调用时，系统先计算出实参表达式的值，根据位置顺序把它们分别赋值给对应的形参，然后执行函数体。此后，函数形参与实参再无关系，**即使实参是变量，函数内部对形参的赋值也不影响实参的值**。

图 5-2 形象地描绘了实参与形参的关系：主调函数以变量（表达式）m 和 n 作为实参，调用具有返回值的函数 func（调用语句为 "cout << func(m, n);"）。执行调用语句时，实参 m 和 n 的值将分别**复制**给形参 a 和 b，这是单方向的值传递，函数内部的形参 a 和 b 是与 m、n 无关的独立变量。所以，即使函数 func 内部对 a 和 b 重新赋值，也不会影响变量 m 和 n。

在值参数机制中，实参和形参相互独立，只是调用时将实参求出的值单向地复制到形参（不存在反向信息传递）。对于这种参数机制，实参既可以是简单的变量，也可以是复杂的表达式。

请读者根据上述参数传递机制，考虑例 5-6、例 5-7，讨论在 main 函数中对其他函数的各个调用时的参数传递情况。

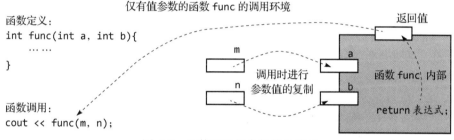

图 5-2　函数调用与参数值的传递

在前文的示例程序里，函数 scircle、srect、sumsq 等都不修改形参的值。现在看另一个例子，其中函数内部出现了对形参的赋值，可用于考察这种修改是否会影响主调函数的变量。

【例 5-8】在下面的程序中，swap 函数内部用几个赋值互换（改变）了两个形参 a 和 b 的值。请运行程序并检查主调函数中的变量 m 和 n 在调用 swap 函数前后的值有没有改变。

```cpp
void swap(int a, int b) {
    int t = a;
    a = b;
    b = t;
    cout << "swapped inside: a= " << a << "  b= " << b << endl;
    return;
}

int main() {
    int m = 10, n = 25;
    cout << "before swap: m= "<< m << "  n= " << n << endl;
    swap(m, n);
    cout << "after swap:  m= "<< m << "  n= " << n << endl;
    return 0;
}
```

运行这个程序，输出结果如下：

```
before swap: m= 10  n= 25
swapped inside: a= 25  b= 10
after swap:  m= 10  n= 25
```

可见，虽然 swap 函数执行时修改了自己的形参 a 和 b 的值（第 2 行输出），但是这种改动并没有传递到主调函数中（也就是说，对形参的修改并不影响调用实参的值）。

上述情况也意味着，采用（默认的）值参数机制时，从被调函数向主调函数传递信息的唯一途径是通过返回值，这也使一次函数调用**不能修改主调函数中的两个或更多变量**。为了使函数调用能向主调函数传递更多信息，需要使用语言的其他机制（引用参数、外部变量、数组和指针等）。

2. 引用参数

为了突破值参数的局限性，C++ 语言增加了一种称为**引用**（reference）的新特性。如果一个函数定义了"引用"参数，就可以通过操作改变调用处的多个变量的值。

引用实际上就是为变量（对象）建立别名（也表示那个对象，但是另一个名字），对引用的操作效果就像是直接操作相应的变量。引用的最重要、最常见的用途就是作为函数参数。在书写上，定义应用参数需要**在参数表中相应的形参名前加"&"字符**。这里的"**&**"字符只**起标识作用，说明一个形参是引用参数**。

在调用包含引用形参的函数时，对应于引用形参的实参必须是变量（不能用常量或其他表达式），这一点与值参数的情况不同（值参数的实参可以是任意表达式）。

图 5-3 形象地描绘了函数的引用形参与调用时的实参之间的关系。函数 fref 的两个形参都是引用形参。语句 "fref(m, n);" 中以变量 m 和 n 作为实参调用 fref，执行这个语句时，实参 m 和 n 被引用形参 a 和 b "抓住"（图中形象地画了一对"钳子"）。fref 内部对 a 和 b 的操作就相当于直接操作主调方中的变量 m 和 n。所以，如果在 fref 里对 a 和 b 赋值，就是对 m 和 n 赋值。

对于包含引用参数的函数，其他方面（如返回值等）都没有特殊之处，所以图 5-3 中没有专门画出返回值的情况。

带有引用参数的函数 fref 的调用环境

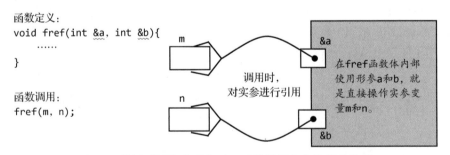

图 5-3   使用引用作为形参时，函数调用与参数值的传递

【例 5-9】定义一个确实能交换实参变量值的函数，使用引用参数改写前例（为了避免混淆，把函数名改为 swapref）。完成函数定义和调用的程序如下：

```
void swapref(int &a, int &b)  { //形参 a, b 都是引用
    int t = a;
    a = b;
```

```
        b = t;
        cout << "swapped inside: a= " << a << "  b= " << b << endl;
        return;
    }

    int main() {
        int m = 10, n = 25;
        cout << "before swapref: m= "<< m << "  n= " << n << endl;
        swapref(m, n);
        cout << "after swapref:  m= "<< m << "  n= " << n << endl;
        return 0;
    }
```

运行该程序，输出结果为：

```
    before swapref: m= 10  n= 25
    swapped inside: a= 25, b= 10
    after swapref:  m= 25  n= 10
```

可以看到，swapref 中的语句修改了形参 a 和 b 的值，实际修改的就是主调函数中的 m 和 n！

对比 swap 和 swapref 以及相应的调用语句，唯一的差异就是 swapref 函数头部的**形参添加了"&"字符**。这样微小的书写变化产生了巨大的语义改变，调用函数不再采用值传递方式，而是**把形参作为实参的别名，实现了直接对实参的操作**。

C++ 的引用机制不难理解，初学者也很容易掌握如何**利用引用参数，通过一个函数调用改变两个或更多变量的值**。这种技术在实践中，包括在后续的"数据结构"课程中会经常用到。

需要再次强调，函数调用时对应引用参数的实参只能是**变量**，而不能是常量或一般表达式。例如下面两个调用语句都是错误的：

```
    swapref(10, 25);      //错误
    swapref(m, m + 12);   //错误
```

3. 常参数

与常变量类似，函数也可以有**常参数**。这种参数同样由实参提供初值，但在函数体里不允许对它们重新赋值。常参数的定义形式也是在类型描述前加 const 关键字。下面是两个例子：

```
    int func1(const int a, int b) {……}
    int func2(const int &a, int b) {……}
```

这两个函数的参数 a 都被声明为常参数，如果函数体里出现对 a 的赋值语句，编译时就会报错。func2 的参数 a 是常引用参数。采用常引用形参，可以避免系统复制实参的值（如果实参很大，复制的成本高），而且禁止在函数内部修改实参变量的值。

在后面几章中可以看到一些使用常参数的例子。

5.2 程序的函数分解、封装与测试

5.2.1 程序的函数分解

在编写较大的程序时，应该特别注意**程序的功能分解**，这里要讨论的是**函数分解**，也就

是说，把程序写成一组较小的函数，通过它们的互相调用完成所需工作。初学者往往不注意函数分解，导致写出的程序就是一个长长的 main 函数，内容庞杂，也容易出错。实际上，初学程序设计就强调函数分解是绝对必要的。在编写规模较大的程序时进行合理的函数分解，可以降低编程难度，提高工作效率，减少出错的可能性，即使出现错误也更容易发现和改正。

什么样的程序片段应当定义成函数呢？对于这个问题并没有万能的准则，学习编程时需要仔细分析问题并总结经验。这里提出两条线索，供读者学习时参考：

（1）**程序中可能有重复出现的相同或相似的计算片段。**如果发现这种情况，可以考虑从中抽取共同的东西，定义为一个函数。这样做就可能使一项工作只有一个定义，需要时可以多次使用。这样不但可能缩短程序，也能够提高程序的可读性和易修改性。

（2）**程序中具有逻辑独立性的片段。**即使这种片段只出现一次，也可以考虑把它们定义为独立的函数，在原来需要这段程序的地方写一个函数调用。这种做法的主要作用是分解程序的复杂性，使之更容易理解和把握。例如，许多程序的工作可以分为三个主要阶段：正式工作前的准备阶段、主要工作阶段（通常含有复杂的循环等）、完成主要工作后的结束处理阶段。把程序分解为相应的三个部分，设计好它们之间的信息联系方式后，就可以用独立的函数分别实现了。显然，与整个程序相比，各部分的复杂性都降低了，从而更容易实现，更容易理解和把握。

很难说什么是一个程序的最佳分解。一个程序可能有许多可行的分解方式，寻找比较合理或有效的分解方式是需要我们学习的。熟悉程序设计的人们提出的经验准则是：**如果一段计算可以定义为函数，那么就应该将它定义为函数**。读者可以通过下面的例子体会这个经验准则。

5.2.2　函数封装和两种视角

一个函数就是封装起来、参数化并给予命名的一段程序代码，是程序中具有逻辑独立性的实体。函数既需要定义，又能作为一个逻辑整体在程序中调用执行，完成其代码所描述的工作。这就引出了对函数的两种观察角度：

（1）**从函数之外（从函数使用者的角度）看函数；**

（2）**在函数内部（从定义者的角度）看函数。**

理解这两种观点的特点和彼此之间的差异，对于认识函数的性质、思考与函数有关的问题都非常重要。图 5-4 直观地描述了这方面的一些重要观点。

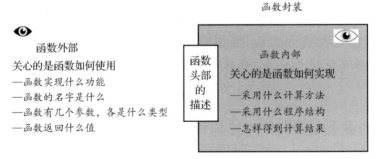

图 5-4　对函数的两种视角

函数是一种封装（**函数封装**），把函数的里面和外面分开，形成了两个分离的世界——函数的内部和外部。站在不同的世界看问题，就形成了对函数的"**内部视角**"和"**外部视角**"。而函数头部的描述规定了函数内外部之间的信息交流方式和通道，定义了内部和外部都需要遵守的共同规范。

从函数外部看，一个函数实现了某种功能。调用函数时只需知道它的名字和类型特征，遵从有关规定，提供数目和类型适当的实参，正确接受返回值，就能得到预期的计算结果。站在函数之外，我们不应该关心函数功能的具体实现问题。这种"超脱"很重要，不掌握这种思想方法就无法摆脱琐碎细节的干扰，不能学会处理复杂的问题。初学者常犯的一个毛病是事事都想弄清。这种考虑不但常常不必要，有时甚至不可能。例如，对标准库函数，我们不知道它们是用什么语言写的、采用什么样的算法，但这并不妨碍在程序中正确地使用它们。

从函数内部看，需要关心的问题当然不同。这时的重要问题包括：函数执行时需要外部得到哪些数据，各为什么类型（由参数表规定）；如何使用参数完成所需要的计算，得到所需要的结果（算法问题，函数的实现技术问题）；函数应在什么情况下结束；如何产生返回值（返回语句如何写）；在考虑函数实现时，我们不应该关心哪些地方将调用这个函数、具体用它做什么等。

函数头部的重要性就在于它刻画了函数内部和外部的联系接口，外部和内部将通过这个接口交换信息，实现函数定义和使用之间的沟通。定义函数前首先应该进行全面考虑，据此定义好函数头部，规定好公共规范（参数如何传递，是否需要通过参数返回信息，函数返回值代表什么以及返回后如何使用等）。此后编程者的角色就分裂了，应该根据是**定义函数**还是**使用函数**来考虑和解决问题。

一些初学者可能在定义函数之前没做好全面考虑，随意行事，所定义的函数头部和规定的公共规范不够合理，这样就可能导致在定义函数和使用函数之间无法很好地进行协调。出现这种情况时，就需要重新调整函数头部的定义（再根据需要调整函数的定义和使用）。当然，由于函数可能很复杂，有时虽然事先做了很多分析，但在后来的定义或使用中还是可能出现新情况，发现原来的考虑有缺陷。这时同样需要合理修改已有的设计，特别是考虑修改函数定义的头部。

实际上，一旦弄清了函数功能、描述好函数头部之后，函数的定义和使用就完全可以由两个或两批人做。只要他们**遵循共同规范，对函数功能有共同理解**，就不会出问题。在大型软件的开发中，人们经常需要做这一类的功能分解。请读者注意，上面的两句话很重要："遵循共同规范"和"对于函数的功能有共同理解"。在实际开发中，人们经常在这里出现偏差。自己写程序时也必须注意，应该保证对同一函数的两种观点间的内在一致性。

5.2.3　函数的测试

在编写一个函数时，出发点常常可能就是解决一个具体问题，或者仅仅被要求编写一个函数，并不涉及函数的具体使用和需要用它解决的具体问题。然而，无论是哪种情况，编程者自然都希望所编写的函数以后能够被反复应用于各种相关的程序。为了达到这个目标，在完成了一个函数的设计和实现之后，就需要对这个函数进行充分的测试，以确保其正确性和健壮性。

前面说过，一般的函数都不是完整的程序，不能自己执行。为检查所开发函数的功能是否满足需要，通常需要**另外写一个主函数**（也可能需要更多函数），在其中调用待测试的函数，为其提供运行时所需的**测试数据**（通过函数的参数）。这种为检查实际的程序部分而专门写出的虚拟主函数通常称为测试程序（或测试平台）。在开发复杂程序的过程中，人们往往需要写许多这种代码段，以便一部分一部分地检查开发出的程序部分，为最后装配出完整的系统做准备。随着学习的进展，读者所写的程序也会变得越来越长、越来越复杂，因此常常需要写一些测试程序，进行必要的测试。

下面将通过一些示例讨论定义函数的技术以及测试相关的一些情况和技术。

5.2.4 自定义函数和测试

本节将给出一些例子，帮助读者理解如何做函数分解、编写函数，以及如何测试已经初步完成的函数。有些例子很简单，经过函数分解之后写出的程序，看起来可能并不比一个简单的 main 函数更优越。但是，定义函数是最重要的编程技术，希望读者通过这些例子理解在编程中如何正确使用函数机制，并从中得到一些有关函数分解的具有普遍意义的经验。

【例 5-10】已知求 x 的立方根的迭代公式 $x_{n+1} = \frac{1}{3}(2x_n + x/x_n^2)$，写一个程序从键盘获得数值，调用自定义函数（利用上述公式）求输入数据的立方根并输出，要求精度达到 $|(x_{n+1} - x_n)/x_n| < 10^{-6}$。

例 4-3 展示过求立方根的程序，但那里把计算立方根的代码和其他代码混在一起，写在一个 main 函数里。很显然，计算立方根是一个逻辑清晰、独立的数学计算问题。如果把它定义为函数，程序里需要做这个计算时就可以简单地调用它，不必再写相关代码。因此，定义求立方根的函数是一件很有意义的工作。从例 4-3 的源代码中抽取有用的部分进行改写，就可以定义出一个求立方根的函数。根据立方根一词的英文"cubic root"，把这个函数命名为 cbrt，它应该有一个 double 类型的参数，返回值即为求出的立方根，也是 double 类型。根据这些考虑写出函数定义如下：

```
double cbrt(double x) {
    if (x == 0)
        return 0;     //计算出 0 的立方根为 0 作为函数返回值

    double x1, x2 = x;
    do {
        x1 = x2;
        x2 = (2.0 * x1 + x / (x1 * x1)) / 3.0;
        //cout << x2 << endl;
    } while (fabs((x2 - x1) / x1) >= 1E-6);
    return x2;          //计算得到满足精度的项作为函数返回值
}
```

与例 4-3 的程序对比，可以看到函数 cbrt 的主要部分就是将原 main 函数中计算立方根的代码段，经过简单改写而得到的：用于计算立方根的 double 型变量 x 改为 cbrt 的形参，作为函数内部的局部变量来使用；原程序中两个输出计算得到立方根的语句改成了 return 语句。

定义好 cbrt 函数之后，现在考虑它的测试问题。题目只要求从键盘输入一个数值并调用函数来计算立方根，但是，为了测试函数的正确性和健壮性，应该用一些数据做试验。显然，一次次启动程序做试验很不方便，更好的办法是在程序中用一个循环反复获取输入并测试该函数。

基于上述想法写出的主函数如下，其中通过一个输入循环获取测试数据后调用 cbrt：

```cpp
int main() {                              //测试 cbrt
    double x;
    cout << "Input x to test cbrt(Ctrl-z to end)" << endl;
    while ((cin >> x))                    //输入数据
        cout << "cbrt = " << cbrt(x) << endl;  //输出 cbrt(x) 的值
    cout << "test finished." << endl;
    return 0;
}
```

现在可以连续地多次输入数据并检查程序输出，分析 cbrt(x) 的情况了。然而，为了有效地做出判断，还需要考虑一个重要问题：应该输入什么样的数据来做测试？这需要针对 cbrt 的具体情况（包括其功能和实现结构两个方面）来考虑。由于 cbrt 有一个 if 结构和一个 do-while 循环，根据 3.6.2 节和 3.7.4 节的讨论，可以按照以下规则选择测试数据：

（1）使程序在试验性运行中能通过 if 结构的"所有"可能执行流程；

（2）检查循环的某些典型情况，包括循环体执行 0 次、1 次、2 次的情况；

（3）根据具体问题选择若干其他典型数据进行测试。

因此，在运行程序时可以考虑输入以下数据：0, 1, −1, 8, −8, 27, −27, 1000, −1000, 1000000, −1000000, 观察程序的输出值是否合理。通过运行上面的 main 和 cbrt 组成的完整程序并观察输出结果，我们就能对自己开发的 cbrt 函数的正确性比较有把握了。

进一步说，对一般的参数值，cbrt 得到的结果是否正确？手工演算比较麻烦，应该让计算机帮助检查。不难想到，如果 cbrt 对参数 x 算出结果 y，那么 y 的立方应该是 x 的近似值。请读者利用这个认识改写前面的主函数，让程序运行时自动检查结果，发现错误时报告。

最后，另行编写一个符合题目要求的主函数如下：

```cpp
int main() {                         //从键盘上输入一个数并计算其立方根
    double x, y;
    cout << "Please input a number: ";
    cin >> x;
    y = cbrt(x);
    cout << "cubic root: " << y;
    return 0;
}
```

【例 5-11】定义一个函数，利用公式 $\sin x = \sum_{n=0}^{\infty}(-1)^n \frac{x^{2n+1}}{(2n+1)!}$ 求 $\sin x$ 的近似值（要求做到累加项的值小于 10^{-7}），并与标准库中的 sin 函数的计算结果进行比较。

例 4-4 展示过一个解决本问题的程序。现在抽取例 4-4 中的部分代码，修改为一个函数定义。为了避免与标准库中的 sin 函数冲突，把这个自定义函数命名为 dsin。

```cpp
double dsin(double x) {
    //x = fmod(x, 2 * 3.14159265);  //浮点数取模（求余）
    double sum = 0.0, t = x;
    int n = 0;
    while (t >= 1E-7 || t <= -1E-7) {
        sum = sum + t;
```

```
        n = n + 1;
        t = -t * x * x / (2*n) / (2*n + 1);
        //cout << "n= " << n << "  t= " << t << "  sum= " << sum << endl;
    }
    return sum;
}
```

可以看到，改写代码时待求正弦值的 double 变量 x 改为 dsin 函数的形式参数，在函数内部把它作为局部变量使用。原程序中输出计算得到正弦值的语句修改为 return 语句。

本题目只要求定义求 $\sin x$ 的函数，并没有要求对具体的 x 求 $\sin x$ 值。但还是应该写一个用于测试的主函数，对一些 x 值做试验并与标准 sin 函数比较，检查自定义函数的正确性和健壮性。可以仿照上例写一个主函数，并用一批合适的数据测试自己定义的 dsin 函数。不过，换个方式，也可以令测试程序自动工作，在循环中自行生成一些合适的数据。根据 $\sin x$ 的数学性质（该函数以 2π 为周期，函数值在 ± 1 之间），可以选择一个正负对称的数值范围（例如[-31.4, 31.4]或[-314, 314]）进行测试。下面是一个调用 dsin 函数并将其结果与标准 sin 函数进行对比的主函数定义：

```
int main() {
    double x;
    cout << "test dsin:\n" << "x\tdsin(x)\t\tsin(x)\t\tdiff\n";
    for (int k = -314; k <= 314; k += 2) {
        x = k * 0.1;    //测试范围 1: -31.4 ～ 31.4, 间隔 0.2
        //x = k;        //测试范围 2: -314 ～ 314, 间隔 2
        cout << x << '\t' << dsin(x) << '\t' << sin(x) << '\t';
        cout << dsin(x) - sin(x) << endl;
    }
    return 0;
}
```

这里的循环变量 k 从 -314 逐次增大到 314，循环体的代码中提供了两种方式把 k 的值转换为 x 的值（可取其中一行代码作为有效语句，把另一行设为注释），然后把 x 作为形参来调用 dsin 函数。

实际运行程序可以发现，当测试范围为 -31.4～31.4 时，dsin 函数得到的结果与标准函数 sin 吻合得比较好（误差为 10^{-9}～10^{-4}，还大致可以看出误差随着 x 的绝对值的增大而增大）。然而，当测试范围为 -314～314 时，偏差非常大（当 x 取值为 314 时，计算结果为 -2.23426×10^{118}）。可见，这里 dsin 的实现有严重问题。正如例 4-4 中所说，应当在函数定义中把 x 对 2π 取余（请读者将 dsin 函数体中第一行解除注释后重新运行，再观察程序的输出情况）。

上面两个例子都是典型的**数值计算**问题，开发的函数 cbrt 和 dsin 可能用在任何程序中，完成相应的计算。读者应该很自然地想到，我们反复使用的标准库数学函数大概也是这样编写的。确实如此。数学函数计算在实际中应用广泛，人们开发了实现各种典型数学函数的计算方法，常用方法包括上面两个函数中使用的迭代计算或通项求和，大多数都是设法逐渐逼近实际函数值的近似值，当近似值达到足够的精度时就作为最终的函数值。人们已经开发了不少商品化的或公开免费的数学函数库。当然，实际数学函数库中的函数定义都做了精细的调整，尽可能提供高效的计算。

【例 5-12】写一个函数判断变量 year 的值是否表示一个闰年的年份，然后写一个 main 函数，利用这个函数，输出 1900~2100 中所有的闰年。

这个函数需要一个整型参数 year，返回值应该表示"是"或"不是"。前面讨论过，这种判断可以用一个关系表达式表示，判断结果（用 int 类型的 1 或 0 表示）作为函数返回值，类型可以用 int 或 bool。为了表明函数的功能，把它命名为 isleapyear。写出的函数定义如下：

```
int isleapyear(int year) {
    return ((year % 4 == 0 && year % 100 != 0) || year % 400 == 0);
}
```

相应的主函数也很容易写出来：

```
int main() {
    for (int year = 1900; year <= 2100; year++)
        if (isleapyear(year))
            cout << year << "  ";
    return 0;
}
```

请注意，main 函数中的局部变量 year 与函数 isleapyear 中的形参 year 名字相同。但如前面的说明，这是两个不同的变量，它们的作用域不同。

由于此题本身就要求对 1900~2100 这样一大批数据进行测试，因此这个主函数本身就可以作为一个测试函数来看待。读者可以自行修改该函数中的 for 循环的上下限，做更多测试。

上一章介绍标准库的字符分类函数时说过，人们常把做判断的函数称为**谓词函数**，把它们的返回值（通常用 1 表示判断成立，0 表示判断不成立）作为逻辑值使用，常用于控制程序流程。

【例 5-13】写一个谓词函数，判断一个整数（参数）是否为质数。再写一个 main 函数，令其找到并输出 -10~10000 中的质数。

很明显，这个函数的参数类型应该为 int，返回值可以取 int 或 bool。根据对谓词函数的一般命名方式，将此函数命名为 isprime。应当注意，在数学上只考虑大于 1 的自然数是否质数的问题，所以，在定义这个函数时，可以把小于等于 1 的所有整数都判断为"非质数"。

参考 3.7.5 节中的例 3-21，不难写出如下的函数定义：

```
int isprime(int n) {               //判断质数，版本 1
    if (n <= 1)                    //n <= 1 时判断为非质数，直接返回 0
        return 0;
    // n > 1 时继续分析判断
    int k;
    for (k = 2; k * k <= n; k++)
        if (n % k == 0)            //发现一个因数就跳出循环
            break;
    return (k * k <= n) ? 0 : 1;   //根据循环退出或结束的情形来判断
}
```

函数最后的 return 语句中使用了条件表达式，显得非常简洁。

把质数判断写成单独的函数与直接写在 main 函数中还是有很大区别的。在定义 isprime

函数时, 可以巧妙地使用 return 语句, 把代码写得更简洁清晰:

```
int isprime(int n) {      //判断质数, 版本 2
    if (n <= 1)     //n <= 1 时判断为非质数, 直接返回 0
        return 0;
    int k;
    for (k = 2; k * k <= n; k++)
        if (n % k == 0)   //发现一个因数就足以判断不是质数
            return 0;      //直接返回 0
    return 1;  //上面的循环中没有发现因数, 所以判断是质数
}
```

有了上面的 isprime 函数, 很容易写出所需的 main 函数:

```
int main() {             //输出 -10--10000 之间的所有质数
    for (int n = -10; n <= 10000; n++)
        if (isprime(n))
            cout << n << " ";
    return 0;
}
```

把上面两个函数拼装成完整的程序 (isprime 函数的两个版本任选其一, 添加必要的其他代码行), 就完成了本题目要求的工作。

在数学上, 只考虑大于 1 的自然数是否为质数的问题, 但在程序中定义函数时, 实参的取值范围 (类型) 未必与数学的规定相符, 需要特别注意。main 函数中也检查了几个负数、0 和 1。由于事先已经考虑周全, 并在函数定义中合理地处理, 程序得到的结果完全符合数学的规定。

从这个例子可以看到, 在写一个程序 (或一个函数) 之前, 一定要仔细分析需要考虑的各种情况。完成之后还应该仔细检查, 看看是否有遗漏。分析工作做得周全, 有利于圆满地解决问题。

此外, 从上面的 isleapyear 和 isprime 两个函数中可以注意到, 谓词函数通常只负责进行某种判断并返回判断结果, 不进行任何信息输出, 而由调用这类函数的程序根据自身需求进行信息输出。这是一种合理的函数功能分解方式。

【例 5-14】回到例 5-1, 利用已有的 isprime 函数在一个小范围内验证哥德巴赫猜想: 为 6~ 200 之间的每个偶数找出一种质数分解方式, 即找出两个质数, 使它们的和等于这个偶数。

根据例 5-1 提出的程序结构, 利用上例的 isprime 函数, 不难写出 main 函数如下:

```
int main() {
    int m, n;
    for (m = 6; m <= 200; m += 2)
        for (n = 3; n <= m/2; n += 2) {
            //if ( n 是质数 && m-n 是质数) {
            if (isprime(n) && isprime(m-n)){
                cout << m << " = " << n << " + " << m - n << endl;
                break;     //找到一种分解方式即退出内层循环
            }
        }
```

```
      return 0;
   }
```

注意，在内层 for 循环的 if 结构中使用了一个 break 语句，使程序在找到一种分解后即退出内部循环，如果希望找到所有可能的分解方式，只需要去掉这个 break 语句。

请读者把 isprime 函数和这个 main 函数拼装成一个完整的程序文件（isprime 函数的两个版本只能任选其一，还需要给程序加上必要的其他部分）。

这个例子说明，完成了一个功能正确的 isprime 函数之后，可以很方便地将其用在不同的程序中。自定义函数的这种性质也是非常重要的（和标准库类似）。

【例 5-15】哥德巴赫猜想的标准叙述是"任一大于 2 的偶数都可写成两个质数之和"。人们已经用计算机检查过很大范围的偶数，结果无一例外，都符合如上猜想，而且很多偶数有多种分解方式。现在考虑一个新问题：对给定的偶数，能否找到一种分解方式，使得到的两个质数之差小于该偶数的 1/4？这时可以设法定义函数，找到给定偶数的两质数之差最小的分解，把这两个质数返回主调函数。进而，如果两个质数之差小于偶数的 1/4，函数返回非 0 值表示成功；如果两质数之差过大就返回 0 表示失败。最后写一个主函数，检验 6～200 中的各个偶数是否都有满足条件的分解。

把偶数分解成两个质数之和的工作可以套用前面的代码。但现在要求寻找"两个质数之差最小"的分解，即要求它们尽量靠近待分解偶数的 1/2，初看似乎比较难。但经过思考不难发现，只要从偶数的 1/2 开始向上（或向下）搜索，找到的第一种分解就满足"两质数之差最小"。不过，偶数的 1/2 也可能是偶数，因此，可以从"大于等于该偶数的 1/2 的第一个奇数"开始搜索。

除了要求分解给定偶数外，题目还要求函数返回"两个质数之差小于该偶数的 1/4"的判断结果。对这个函数可以有多种设计方案。先考虑一种最直观的设计：

（1）为函数设定三个整型形参，一个用于为函数提供待分解偶数，另外两个用于传回得到的质数。为了向主调函数传结果，后两个形参应该定义为引用参数。

（2）函数需要返回判断结果，可以通过整数类型的返回值实现。

（3）按照"见名识义"的原则，把函数命名为"goldbach"。

按照这一设计方案写出的函数头部如下：

```
    int goldbach(int n, int &k1, int &k2)
```

根据以上讨论和前面的经验，不难写出这个函数及调用它的主函数：

```
    int goldbach(int n, int &k1, int &k2) {
        if (n % 2 == 1 || n < 6)            //奇数或小于6的偶数不能分解
           return 0;

        k1 = (n / 2) % 2 ? n / 2 : n / 2 + 1; //等于或大于该偶数的1/2的第一个奇数
        for (k2 = n - k1; k1 <= n; k1 += 2, k2 = n - k1)
            if (isprime(k1) && isprime(k2))
                return ( k1 - k2 < n / 4 ? 1 : 0);
    }

    int main() {
```

```
    int m, m1, m2, found;

    for (m = 6; m <= 200; m += 2) {
        found = goldbach(m, m1, m2);
        cout << m << " = " << m1 << " + " << m2  << "\t";
        cout << (found ? "Yes": "NO") << "\t" << m1 - m2 << endl;
    }

    return 0;
}
```

请读者把 isprime 函数和这两个函数拼装成一个完整的程序文件。

可以看到，函数 goldbach 的返回值不是计算结果，而是表示是否找到了所需分解，广而言之，表示函数的工作结果或者工作完成的情况。**用返回值表示函数的工作情况**也是一种常用技术。

与例 5-14 中的函数分解相比，这里的主函数减少了一重循环，从逻辑上看，把偶数分解问题从主函数剥离出来封装为独立实体，使主程序的逻辑变得更简单了。当然，由于是一个小程序，上述做法带来的优点并不明显。读者可以自行斟酌哪种函数分解方法更好。

很明显，我们完全可能设计出其他可行的方案，并做出相应的程序——当然，不同设计方案里的函数可能具有不同的接口，使用时需要遵循相应的调用规则。下面是几种可能的设计方案。

（1）把形参 1 写成引用参数：

```
int goldbach1(int &n, int &k1, int &k2);
```

这种写法也行得通。但在调用时对应于 n 的实参必须是变量，不能直接用文字量：

```
goldbach(1000, m1, m2);  //正确
goldbach1(1000, m1, m2); //错误
```

（2）函数只设置一个引用参数，传出分解得到的一个质数。另一个数可以计算出来：

```
int goldbach2(int n, int &k1);
```

这种写法可行。但在主函数中调用后需要再计算出另一个质数：

```
found = goldbach2(m, m1);
cout << m << " = " << m1 << " + " << m - m1  << "\t";
```

（3）函数直接通过返回值送出一个质数（返回 0 时表示分解不成功）：

```
int goldbach3(int n);
```

采用这种设计，调用时需要另想办法处理这两个质数，例如可以这样调用：

```
m1 = goldbach3(m);
if (m1 > 0)  //如果找到成功分解方式则打印输出
    cout << m << " = " << m1 << " + " << m - m1  << "\t";
cout << (m1 ? "Yes": "NO") << endl;
```

很明显，如果采用第 2 种或第 3 种设计，主调代码在得到质数后，还需要检查分解是否满足

要求。也就是说，这两种设计把一部分工作从函数移到了主调代码段。这样做，就把解决一个问题的工作分开放在两个不同函数里实现，导致两个独立函数的代码深度关联。人们通常不提倡这种做法。长期编程实践说明，一个函数应该是一个完整的功能体，可以独立完成一件意义清晰的工作。

从这个例子可以看到，对于同一个问题，我们常常可以找到多种函数设计方案，在不同的设计中，函数所需的参数、参数所代表的数据含义都可以不同。相应地也形成了不同的调用规则，要求调用方提供合适的参数，正确地使用函数返回值（包括不同的通过参数返回数据的规则）完成工作。

看了上面的讨论，读者应该想到，对于现有的各种成熟的库函数，其类型特征都反映了编程人员对多种可能的函数设计方案进行综合分析之后做出的设计决策。在面对一个编程问题时，我们常常能构思出多种函数设计方案，这时需要学会权衡利弊，选出最合理的方案，然后编程实现。

5.3　循环与递归

前面说过，如果一小段代码中出现了循环结构，就可能导致一段很长的计算，完成较复杂的工作。另外，函数可以调用其他函数，完成复杂的计算。实际上，函数不仅可以相互调用，而且允许**直接或间接地调用自己**，这种情况称为函数的**递归调用**。一个函数递归调用自己，也会导致多次执行同一段代码，这样就可以不使用循环结构而实现重复执行的效果。采用这种技术编写的函数称为**递归函数**（recursive function），这是一种重要的编程技术，采用它写出的程序常常特别简单、清晰。本节介绍递归编程技术，并与循环结构做些比较，还要顺带讨论另一些重要问题。

下面将从几个例子出发，讨论递归函数的定义问题和相关技术。

5.3.1　阶乘和乘幂

【例 5-16】考虑一个比较简单的例子。假设现在要定义一个计算整数的阶乘（factorial）的函数：

$$n! = 1 \times 2 \times \ldots \times (n-1) \times n$$

这里有一个任意的 n，要做的乘法次数依赖于实参值，不同调用时的实参也可能不同。考虑已知的编程技术，很明显，采用循环就能解决问题。函数的类型特征可确定为 int fact(int)[①]：

```
int factloop(int n) {      //循环方式求阶乘
    int fac = 1;
    for (int i = 1; i <= n; ++i)
        fac *= i;
    return fac;
}
```

---

① 阶乘值随参数增加而增长的速度非常快：n 取值为 14 时，$n!$ 就会超过 32 位带符号定点整数所能表示的最大值 2^{31}；而 n 取值为 21 时，$n!$ 就会超过 64 位带符号定点整数所能表示的最大值 2^{63}。因此，如果在此函数中使用 long long 类型代替 int 类型，可以扩展此函数的实参的有效工作范围，不过这对于所要讨论的循环或递归写法并无直接影响。后文讨论的斐波那契数列也是如此。

其中，循环里使用了两个变量，`fac` 保存部分阶乘的值，其最终值就是所需的结果。

上面给出的阶乘定义中用到省略号，数学书籍里经常可以看到这种写法。实际上，这种写法并不科学，是数学中常见的不精确表述，因为描述的意义依赖于人对省略号的理解和共识。要定义清楚阶乘的概念，就需要采用递归定义方式。阶乘的递归定义可以写为：

$$n! = \begin{cases} 1 & n = 0 \\ n \times (n-1)! & n > 0 \end{cases}$$

也就是说：如果 $n = 0$，那么其阶乘是 1；当 $n > 0$ 时，其阶乘等于 $n-1$ 的阶乘再乘以 n。在这个定义的右边用到被定义的东西（阶乘），这就是**递归**一词的含义。这种做法是否会造成不合理的循环定义呢？不会。因为定义中对特殊情况 $n = 0$ 直接给出了函数值；而对一般情况，则是将一个数的阶乘归结到比它小 1 的数的阶乘。按上面的定义，任何大于 0 的整数 n 的阶乘由 $n-1$ 的阶乘定义，而 $n-1$ 的阶乘又由 $n-2$ 的阶乘定义，……这将使 n 的阶乘最终归结到 0 的阶乘，而后者已明确给出。这样，任何正整数的阶乘都由这个定义确定了（本论题的严格证明需要用数学归纳法，略）。

从计算的角度看，上面的递归定义也提供了一种计算阶乘函数的方法。如果所用的编程语言支持用递归的方式（**允许在被定义的函数体内部调用该函数自身**）定义计算过程，上述定义就可以直接翻译成程序。采用递归定义方式，定义阶乘函数变成了一件极简单的事情：

```
int fact(int n) {      //递归方式求阶乘
    return n == 0 ? 1 : n * fact(n-1);
}
```

这一定义与阶乘函数的数学定义直接对应，其正确性很明显。

虽然上面阶乘函数的定义很简单，它实现的计算过程却不简单。图 5-5 形象地描绘了 `fact(3)` 的计算过程。图中的箭头表示函数调用与返回的流程。求 `fact(3)` 时需要进一步调用 `fact(2)`，进而调用 `fact(1)`，直到达到 `fact(0)`。`fact(0)` 直接返回结果。此后，前面的一系列调用也将顺序地得到结果而返回。最终使 `fact(3)` 求出结果 6。

在数学定义上，阶乘函数的自变量取值范围是 $n \geq 0$，上述函数定义还应该增加对负参数值的处理。一个合理方式是扩充阶乘定义，令其对所有负数都给

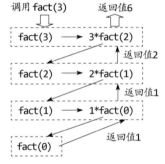

图 5-5　`fact(3)` 的计算过程

出值 1。如果采纳这一考虑，只需要把函数里的关系运算符 `==` 换成 `<=`。如果需要，也可以考虑增加对参数的检查，在遇到负数时报告错误。

【例 5-17】写函数 double dexp(int n) 求 e（自然对数的底，$e \approx 2.71828183$）的 n 次幂[①]。

在参数非负的情况下，乘幂的（数学的）递归定义如下：

$$e^n = \begin{cases} 1 & n = 0 \\ e \times e^{n-1} & n > 0 \end{cases}$$

---

① 在叙述函数的类型特征时给参数定名字，是为了在其他地方（如正文里）能比较方便地讨论与该参数有关的问题。本书中有时采用这种写法，其他书籍或手册里也常用这种写法。

这个定义可以直接翻译为递归定义的函数。由于参数为负时乘幂 e^n 也有定义，因此需要考虑负数的处理。显然，当 $n < 0$ 时，有 $e_n = 1/e^{-n}$，而且 $-n > 0$。为解决这个问题，可以先定义一个采用递归方式处理非负参数的辅助计算函数，然后借助它定义所需的 dexp：

```
double dexp1 (int n) {          //递归方式计算非负参数 n 的 e^n
    return n == 0 ? 1 : 2.71828183 * dexp1(n - 1);
}


double dexp (int n) {
    return n >= 0 ? depx1(n) : 1 / dexp1(-n);
}
```

这里的 dexp1 是为了实现 dexp 而定义的辅助函数，它实现计算的主要部分。dexp1 只能处理 $n \geqslant 0$ 的情形。函数 dexp 针对 $n \geqslant 0$ 和 $n < 0$ 这两种不同情形，以不同方式调用 dexp1。读者可以自己写一个 main 函数调用 dexp，提供不同的 n 值，测试该函数的功能。

上例说明，**在实际程序设计中，如果需要实现的功能比较复杂，常常需要先定义好一个或几个辅助函数。确定辅助函数所需的功能并给出定义，对于写好程序是非常重要的。**

计算乘幂的函数也可以用循环的方式写出。下面是一种定义方式：

```
double dexploop(int n) {        //用循环方式求 e 的 n 次幂
    double x = 2.71828183, d = 1;
    int i;
    if (n < 0) {
        n = -n;
        x = 1 / x;
    }
    for (i = 0; i < n, ++i)
        d *= x;
    return d;
}
```

当 n 的值小于 0 时，循环中乘起 $|n|$ 个 $1/e$，仍能得到正确结果。

在上面的两个例子里，递归函数（fact 和 dexp1）的主体代码都用到了条件表达式（或者条件语句）。实际上这是必需的，因为**这类函数的定义中需要区分两类情况：一类是可以直接给出结果的情况，这是递归定义的基础；另一类是需要递归计算的情况。在对后一类情况的处理中，总是设法把对复杂情况的计算归结到对较为简单情况的计算。这些都是递归定义的实质。**

上面的两个例子说明，一些用循环描述的程序可以用递归的形式写出，一些用递归定义的程序也可以用循环写出。实际上，从理论上说，**每段采用循环结构写出的程序都可以机械地改写为一个不用循环而用递归的函数，反过来则不那么容易。**要想将通过递归方式写出的程序改为循环程序，常常需要复杂的智力劳动，有时需要借助高级的程序设计技术。具体情况这里就不讨论了。

5.3.2　斐波那契数列

【例 5-18】在数学上，斐波那契数列 $\{F_n\}$ 有如下的递归定义：

$$F_1 = 1, F_2 = 1, F_n = F_{n-1} + F_{n-2}\ (n > 2)$$

下面分别考虑用递归方式和循环方法写出求 F_n 的函数。

1. 用递归方法求斐波那契数列项

用递归方式写出求 F_n 的函数定义如下：

```
int fib (int n) {
    return n <= 2 ? 1 : fib(n - 1) + fib(n - 2);
}
```

这个函数定义用 int 作为函数返回值的类型，其中也考虑了实参可能为负的情况，把负数编号的序列值都硬性定义为 1，这是一种合理的处置方法。

现在来讨论一个问题：上面这个函数定义好不好？

从一方面看，这个函数确实很好，其描述方式（递归定义的函数）与斐波那契数列的数学定义直接对应，很容易确定函数定义的正确性。函数的定义也很简单，容易读，容易理解。

但从另一方面看，这个定义有一个本质性的缺陷。为了说明它的缺陷，下面写一个 main 函数，对于值为 10~46 的 n 计算 fib(n)，并对计算过程计时（对每个 n，这里都用变量 t0 和 t1 分别记录调用 fib(n) 之前和之后的时刻，然后算出时间差）：

```
int main () {
    int t0, t1;
    int n;

    cout << "n \tfib(n) \ttime(s)" << endl;
    for (n = 10; n <= 46; ++n) {
        t0 = clock();    //调用 fib(n)之前的时刻
        cout<< n << "\t" << fib(n) << "\t";    //!!!
        t1 = clock();    //调用 fib(n)结束之后的时刻
        cout << (double)(t1 - t0) / CLOCKS_PER_SEC << endl;//时间差
    }

    return 0;
}
```

运行这个程序，可以看到程序逐行输出各个 n、fib(n) 的值和所耗时间。当 n 较小时，计算耗时很少（由于计时的精度有限，可能最小为 0.001，甚至会显示为 0）。当 n 较大时，计算耗时将随着 n 的增加而迅速增长。下面是此程序在某台计算机上运行时的输出：

```
n       fib(n)  time(s)
……（略）
26      196418  0.001
27      196418  0.001
28      317811  0.002
29      514229  0.002
30      832040  0.003
31      1346269 0.006
32      2178309 0.007
33      3524578 0.012
34      5702887 0.019
35      9227465 0.03
36      14930352        0.047
```

37	24157817	0.076
38	39088169	0.122
39	63245986	0.197
40	102334155	0.318
41	165580141	0.515
42	267914296	0.834
43	433494437	1.345
44	701408733	2.176
45	1134903170	3.528
46	1836311903	5.703

从数学定义看，n 值增加 1 时算出 F_n 需要多做一次加法（$F_n = F_{n-1} + F_{n-2}$），但 fib 耗时明显增多（参数值增加 1，计算时间大约为前一项计算的 1.6 倍）! 为什么会出现这种情况呢?

我们以 n=6 为例，看看这个函数的计算情况。fib(6)的计算过程可以用图 5-6 说明。

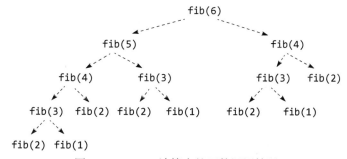

图 5-6　fib(6)计算中的函数调用情况

图中从 fib(6)向下到 fib(5)和 fib(4)的箭头，表示计算 fib(6)时将调用 fib(5)和 fib(4)，其他箭头的意义相同。在这里还可以看到不同函数调用的次数，程序执行中出现了许多重复计算。还有一个情况值得注意：参数越小，重复调用次数越多，例如 fib(3)做了 3 次，fib(2)做了 5 次，这种情况具有普遍性。进一步说，启动计算时所用的参数值越大，重复计算就越多。

n 较小时，重复计算花费的时间不太多，还可以接受。但是，随着参数值的增大，fib 计算中的重复工作量将飞速增长——如上面列出的数据所示。读者可以用更大的 n 试试，看看计算花费的时间（n 超过 46 时会发生整型数据溢出，算出的 fib(n)不再正确，但计算耗时之比仍然是正确的）。理论计算表明，在目前最快的个人计算机上，计算 fib(55)大约需要一个小时，而计算 fib(100)将需要数万年（数量级估计）。这个结果确实很令人吃惊!

这个例子也反映出计算机的一个本质弱点：计算需要花时间，复杂的计算要花很多时间。这个本质特征也说明了存在着计算机不可能做好的事情。

求斐波那契序列值的问题可以找到更好的办法（下面介绍），但有些问题不是这样。人们已发现了许多实际问题，从理论上说它们可以用计算机解决，因为可以写出解决这些问题的程序。但是这并没有从实际的角度解决问题，因为对于规模稍大的实际情况（"规模大"对应于上面"比较大的参数 n"），我们（甚至整个人类）都等不到计算完成。这种情况下能说问题解决了吗? 显然，说"能"是很牵强的，理解这一点对于理解计算机也是非常重要的。

2. 用循环和尾递归的技术求斐波那契数列项

例 4-4 已经给出了用循环方法求解斐波那契数列的第 n 项的程序。参考该程序很容易定义出求解斐波那契数列第 n 项的函数（请读者自行编写 main 函数调用此函数）：

```
int fibloop (int n) {           //循环方式计算斐波那契数列的第 n 项
    if (n <= 2)                 //数列的前 2 项为 1，当 n < 0 时也返回 1
        return 1;
    int tmp, a = 1, b = 1;      //a 和 b 表示前后相邻的两项，初始化为第 1、2 项；
    int k = 2;
    while (k < n) {             //n > 2 时按通式递推计算
        ++k;
        tmp = b;                //暂存
        b = b + a;              //递推
        a = tmp;                //跟进
    }
    return b;
}
```

这个函数完成工作的速度比上面的递归函数 fib 快得多。

然而，根据这个简单对比就推论说递归函数一定比使用循环的程序慢得多，也是不对的。如果改用尾递归的方法编写求解斐波那契数列的函数，计算的速度也可以很快。

当递归调用是函数体中最后执行的语句，而且递归调用的结果被直接返回时，这个递归调用称为尾递归。如果一个递归函数里的所有递归调用都是尾递归，该函数就是一个尾递归函数。这种函数的特点是每次递归调用的结果都直接返回给上一层调用，因此在回归过程中就不用做任何额外操作。下面是求解斐波那契数列的另一套函数定义，其中 fib1 是采用尾递归定义的辅助函数：

```
int fib1 (int a, int b, int n) {
    return n <= 1 ? a : fib1(b, a + b, n - 1);
}

int fibtail (int n) {
    return fib1(1, 1, n);
}
```

函数 fib1 需要三个参数，前两个参数表示用于递推的前后相邻两项，第三个参数表示递归层次。在递归调用过程中，n 的值从大到小递减，每次调用时用 a 和 b 算出一个新项 a + b，并把 b 和 a + b 作为下一次调用的参数，这样做也就是从小到大计算斐波那契数列的项。

请读者自行编写一个主函数，测试、统计并输出上述函数对不同参数值计算时耗费的时间，将这个函数的性能与前面两个函数做一个对比。

5.3.3 最大公约数

【例 5-19】写一个函数 int gcd(int, int)，它有两个整数参数，求出并返回这两个数的最大公约数（greatest common divisor，gcd）。

最大公约数是重要的数学概念，两个整数的最大公约数就是能同时整除这两个整数的自然数（非负的整数）中最大的那一个。有许多方法都可以完成这一工作，下面考虑几种方法。

1. 解法 1：生成与检查

最直观的方法是设法检查一些整数，直到找到能同时整除两个参数的最大数。假设给定的参数分别是 m 和 n，为了取一些数做检查，需要用一个辅助变量 k，用于记录各次检查所用的值。剩下的问题就是 k 如何取值。一种简单办法是让 k 顺序取值，用一个循环实现重复检查。这样，k 的取值问题就变成了：如何取初值，如何更新，如何判断结束。

可能方法 1：令 k 从 1 开始递增，结束条件是 k 大于 m 或 n 中的某一个，因为最大公约数绝不会大于两个数中的任何一个。

下一个问题是如何得到问题要求的结果。m 和 n 可能有许多公约数，变量 k 最后的值也不会是 m 和 n 的公约数，因为它已大于两个数之一。这种情况说明，需要在计算过程中记录找到的公约数，显然，做这种记录需要引进新变量。在这个具体问题里只需要一个变量，用它记录已找到的公约数中最大的那一个，下面用变量 d 做这件事。d 的初值设为 1，因为 1 是任何数的约数，一旦遇到 m 和 n 的新公约数（显然一定大于 d 当时的值），就把它记入 d。这样，更新 d 的条件可以写为：

```
if (m % k == 0 && n % k == 0)
    d = k;                      // k 为新找到的一个公约数
```

确定了 d 及其初值，不难看出，令 k 从 2 开始循环就可以了。函数的定义已经很清楚了：

```
int gcdcheck (int m, int n) {          // "生成与检查"版本 1
    //此处添加处理特殊情况
    int d, k;
    for (d = 1, k = 2; k <= m && k <= n; ++k)
        if (m % k == 0 && n % k == 0)
            d = k;                      // k 为新找到的一个公约数
    return d;
}
```

如果 m 和 n 没有公约数，变量 d 的初值 1 就会留下来，也能给出正确结果。

考虑参数的各种可能情况，就会发现还有许多特殊情况需要处理：

（1）如果 m 和 n 都为 0，此时不存在最大公约数。这种情况需要特殊处理，例如，可以令函数立即返回值 0，表明遇到了这种特殊情况。

（2）如果 m、n 之一为 0，最大公约数就是另一个数。上面的函数在遇到这种情况时的返回值不正确。这种情况可以直接判断和处理。

（3）m、n 可能是负数，此时上面的函数返回 1，这可能是错的，也应当处理。

综合起来，在上面的函数的循环之前应该增加下面几个用于处理特殊情况的语句：

```
if (m == 0 && n == 0) return 0;
if (m < 0) m = -m;
if (n < 0) n = -n;
if (m == 0) return n;
if (n == 0) return m;
```

这个示例程序里用到一个辅助变量 d，用于记录计算过程中得到的中间值。引入这类辅助变量是程序设计中常用的技术。另一个值得注意的问题是，许多计算问题都有一些需要处理的特殊情况，应当仔细分析并分别处理。定义函数时需要分析参数的各种可能情况，检查是否都能给出正确结果。必要时修改代码，常常是在前面加一些条件判断，也可以采用其他处理方法。

可能方法 2：令 k 从某个大数开始递减取值，在这一过程中找到的第一个公约数就是最大公约数。不难想到，采用这种方法时，可以将 k 的初值设置为 m 和 n 中较小的一个，在没遇到公约数的情况下令 k 递减。结束条件是：或者 k 值已经达到 1，或者找到了公约数。由于 1 总是两个数的公约数，因此，前一个条件被第二个条件覆盖。采用这种方法写出的函数定义更简单：

```
int gcdcheck (int m, int n) {        //"生成与检查"版本 2
    if (m == 0 && n == 0) return 0;
    if (m < 0) m = -m;
    if (n < 0) n = -n;
    if (m == 0) return n;
    if (n == 0) return m;
    for (k = (m > n ? n : m); m % k != 0 || n % k != 0; --k)
        ;                            //空循环体
    return k;                        //循环结束时，k 总是最大公约数
}
```

上面两个解法的共同点是采用重复测试的方法，用一个个数去检查条件是否成立。这种方法的缺点是效率较低，如果被检查的数比较大，循环就需要反复执行许多次。一般来说，如果能发现解决问题的特殊方法，就不应该选用这种"通用"方法。

2. 解法 2：辗转相除法

对于求最大公约数的问题，古希腊的数学家已经提出了更有效的计算方法，这就是著名的欧几里得算法（欧氏算法），即**辗转相除法**。用递归形式给出通过辗转相除法求最大公约数的定义如下：

$$\gcd(m,n) = \begin{cases} n & m \bmod n = 0 \\ \gcd(n, m \bmod n) & m \bmod n \neq 0 \end{cases}$$

下面介绍辗转相除法的程序实现。

函数定义 1（递归方式）：先假定函数的第二个参数非 0，而且两个参数都不小于 0。下面的函数直接对应于辗转相除法的递归定义：

```
int gcddiv(int m, int n) {    //辗转相除法，递归方式
    return m % n == 0 ? n : gcddiv(n, m % n);
}
```

这个函数很简单，数学中对欧几里得算法的研究保证了这个程序的计算能结束。这个函数的计算速度很快，一般而言远远快于前面的顺序检查法。

考虑到各种特殊情况的处理，可以另外写一个函数，其主要功能通过调用上面的函数来实现，这是程序设计中常用的一种技术。下面是求最大公约数的主函数：

```
int gcdrecur(int m, int n) {
    if (m < 0) m = -m;
    if (n < 0) n = -n;
    return n == 0 ? m : gcddiv(m, n);
}
```

函数定义 2（循环方式）：辗转相除也是一种重复性工作，操作过程就是反复地求余数，这种计算也可以通过循环实现。用循环方式实现辗转相除的算法步骤如下：

（1）循环开始时，m 和 n 是求最大公约数的出发点。

（2）每次循环判断 m % n 的值是否为 0。如果为 0，那么 n 就是最大公约数，计算结束。

（3）否则做变量更新，更新后的 m 取原来 n 的值，而 n 取原来 m % n 的值。使用一个辅助变量 r 实现的更新操作序列如下：

r = m % n; m = n; n = r;

根据这些分析，很容易写出使用循环方式实现的完整函数：

```
int gcdloop (int m, int n) {        //辗转相除法，循环方式
    m = (m >= 0 ? m : -m);
    n = (n >= 0 ? n : -n);
    if (n == 0) return m;
    for (int r = m % n; r != 0; r = m % n) {
        m = n;
        n = r;
    }
    return n;
}
```

m 的值为 0 以及 m 和 n 的值都为 0 没有作为特殊情况，处理过程已经包含在程序里，读者很容易弄清楚。这个程序里也有一个较复杂的循环。按照 4.1 节中的说法，循环中总需要维持某种不变关系，以保证正确性。上面这个循环保持的是变量间一种什么关系呢？请读者思考。

5.3.4　河内塔问题

这里讨论一个用递归很容易解决，但用循环程序不容易解决的问题：河内（hanoi）塔（梵塔）问题。

【例 5-20】河内塔问题的描述如下：某神庙里有三根细圆柱，64 个大小不等、中心有孔的金质圆盘套在圆柱上，这就是梵塔，亦称为河内塔或汉诺塔。僧侣们日夜不息地将圆盘从一根圆柱移到另一根圆柱，规则是每次只能移一个圆盘，而且不允许将大圆盘放到小圆盘上。开始时所有圆盘都按从大到小的顺序套在一根圆柱上，传说当所有圆盘都搬到另一根柱时，世界就要毁灭。

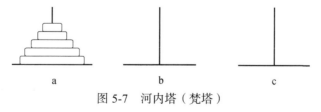

图 5-7　河内塔（梵塔）

现在考虑如何写一个程序来模拟搬圆盘的过程。当然，这个程序不能真正搬动圆盘，我们希望它能打印出一系列搬动指令，说明应该将哪根圆柱上的（最上面一个）圆盘搬到哪根圆柱。为方便起见，将三根圆柱分别命名为 a、b 和 c，假定开始时所有圆盘都在圆柱 a 上，目标是将它们都搬到圆柱 b，搬动过程中可以借助圆柱 c 作为中介，而且每个圆柱上的圆盘始终维持从大到小的顺序。在图 5-7 的状态中，圆柱 a 上有 5 片圆盘，圆柱 b 和 c 是空的。

初看起来，这个问题好像没什么规律。首先只能将最小的圆盘搬到另一圆柱上，例如圆柱 b。然而这时已经不能再向圆柱 b 搬圆盘了，因为将任何圆盘搬过去，都将违反"不能把大

圆盘放到小圆盘上"的规则。这时只能考虑将圆柱 a 上的次小圆盘搬到圆柱 c，或者把圆柱 b 上的圆盘搬回圆柱 a 或者搬到圆柱 c。如果将圆柱 a 上的次小圆盘搬到圆柱 c，下一步可以将圆柱 b 上那个最小的圆盘搬到圆柱 c 的次小圆盘上面，如此等等。这样考虑问题，事情显得杂乱无章，实在找不到写出程序的线索。

　　对于这个问题，取得突破的要点在于换一种角度，反过来看问题：假设能将上面的 63 个圆盘从圆柱 a 搬到圆柱 c（其间可以利用圆柱 b 作为辅助位置），那么，下一步就可以将圆柱 a 上最后一个圆盘（最大圆盘）直接搬到圆柱 b，剩下的问题就是将圆柱 c 上的 63 个圆盘搬到圆柱 b。这样分析就抓住了问题的基本结构。实际上，搬动 64 个圆盘（借助于另一个圆柱）的问题可以分解为三个子问题：

　　（1）借助圆柱 b 将 63 个圆盘从圆柱 a 搬到圆柱 c；

　　（2）从圆柱 a 搬一个圆盘到圆柱 b；

　　（3）借助圆柱 a 将 63 个圆盘从圆柱 c 搬到圆柱 b。

　　应该看到，搬 63 个圆盘的问题与搬 64 个圆盘完全一样，只是问题的规模减小了一点。从这一分析中，已经可以看到采用递归方法解决搬动 n 个圆盘问题的所有特征：如果某圆柱上只有一个需要搬动的圆盘，那么就直接搬动它。如果需要搬动的圆盘多于一个，那就是递归情况，需要借助另一根圆柱，从而将这一问题分解为三个部分：先把前 $n-1$ 个较小的圆盘搬到作为中介的圆柱；然后把第 n 个最大的圆盘搬到目标圆柱上；再把前 $n-1$ 个较小的圆盘搬到目标圆柱上。

　　将解决问题的递归函数命名为 hanoi，考虑该函数的类型特征和参数情况。显然，这个函数应该有一个表示需要搬动的圆盘数（问题规模）的整型参数，每次递归调用时该参数的值减 1，参数为 1 时可以直接搬动（函数也返回），否则就需要递归。还需要知道应该从哪个圆柱向哪个圆柱搬，以哪个圆柱作为辅助。如果用字符类型的值表示圆柱，这个递归函数的类型特征应该是：

```
void hanoi(int n, char source, char target, char temp)
```

三根圆柱分别命名为 source（源）、target（目标）和 temp（中介），函数的工作是把 n 个圆盘从圆柱 source 借助中介圆柱 temp 搬到目标圆柱 target。把 n 个圆盘从小到大编号为 1 到 n，函数要实现的功能就是：如果 n 等于 1，就直接把 1 号圆盘从 source 搬到 target，否则就分三步走，先搬 n - 1 个圆盘（编号为 1 到 n - 1），然后搬 n 号圆盘，再搬 n - 1 个圆盘。

　　至此，写出 hanoi 函数的递归定义已经不困难了。下面是一种写法：

```
void moveone (int k, char source, char target) {
    //把第 k 号圆盘从源柱直接移动到目标柱
    cout << k << ": " << source << " -> " << target << endl;
}

void hanoi(int n, char source, char target, char temp) {
    if (n == 1)
        moveone(n, source, target);
    else {
        hanoi(n - 1, source, temp, target);      //第 1 次递归调用（搬动 n-1 个圆盘）
        moveone(n, source, target);              //搬动第 n 号圆盘
        hanoi(n - 1, temp, target, source);      //第 2 次递归调用（搬动 n-1 个圆盘）
    }
}
```

这里单独定义了一个 moveone 函数，就是想把与输出有关的功能集中到一起。该函数表示把第 k 号圆盘从 source 搬到 target。作为简单的程序，这里用文本形式输出圆盘的移动方式。如果有需要，完全可以修改此函数而改用更生动形象的图形显示方式。

请注意 hanoi 函数两次递归调用时如何使用参数：当前这次执行有相应的 source、target 和 temp，第一个递归调用把 n - 1 个圆盘从当前的 source（作为源）移到 temp（作为目标），借助当前的 target（作为中介），所以调用语句写为 hanoi(n - 1, source, temp, target); ；第二个递归调用把 n - 1 个圆盘从当前的 temp（作为源）移动到 target（作为目标），借助当前的 source（作为中介），所以调用语句写为 hanoi(n - 1, temp, target, source); 。

下面是一个简单的带有计时功能的主函数，它调用函数 hanoi 完成工作：

```
int main() {
    int n;
    int t0, t1;

    cout << "input n: ";
    cin >> n;
    t0 = clock();
    hanoi(n, 'a', 'b', 'c');    //!!!
    t1 = clock();
    cout << "Finished. Time cost: " << (double)(t1 - t0) / CLOCKS_PER_SEC;

    return 0;
}
```

请读者设法理解这个程序的执行过程并运行它。可以先用较小的 n 值（例如 1、2、3、4），观察程序的输出（圆盘的搬动过程）；再用较大的 n 值（例如 10、20、30、60），体会程序的执行时间（如果程序长时间不结束，可以按 Ctrl+Break 键强行中止）。请再试试把 moveone 中的屏幕输出语句注释掉（使该函数变成一个空函数），观察执行时间会有什么变化（请用 n = 15 进行对比）？

这个函数虽然不长，但其执行时间随 n 值增大的速度非常快。对 n 值应用数学归纳法，很容易证明函数 moveone 的调用次数等于 $2^n - 1$。请读者通过计时检验这一理论结论。当然，由于输出的速度（与内部计算相比）很慢，当程序执行中输出大量信息时，许多时间都用在输出上。

实际上，这个程序也可能用循环结构实现，人们提出了一些可能的方法，具体情况这里就不介绍了。读者可以自己想一想、做一做，或者去查找有关资料。

5.4 外部变量与静态局部变量

在前面的程序示例中，所有变量都定义在函数里（或复合语句里），这种变量的作用域局限于定义所在的复合语句，因此称为**局部变量**。在存在期方面，局部变量在程序执行到达其所在的复合语句时自动创建，该复合语句执行完结时自动销毁，因此又称为**自动变量**。实际上，C 和 C++ 语言还有其他种类的变量，其作用域和生存期有所不同，各有其用途。本节介绍这方面的情况。

5.4.1 外部变量

从前文的示例程序可以看出，程序中的函数与函数之间彼此是平等的，位于同一层次，不能嵌套定义。由此可见，从全局角度来看，程序代码主要是**由一系列独立的函数定义构成的**。

前面多次说过，任何复合语句**内部**都可以定义变量，这样定义的变量只能在局部使用。最大的复合语句就是函数体，复合语句里定义的变量的最大的可能作用域就是函数，它只能在一个函数内使用，不能被多个函数共享，因此不能用于在函数之间传递信息。然而，实际程序里也经常需要保存一些公用信息，供程序中的多个函数共享和使用。为了满足这种使用方式，就需要非局部的变量。

根据 C 和 C++ 语言的规定，变量可以不定义在函数里，**在函数的外部也可以定义变量**。把变量定义语句写在函数定义之外，**以外部定义的形式定义的变量称为外部变量**（external variable）。在作用域和存在期这两方面，外部变量都与函数内部定义的自动变量有很大不同。

外部变量的作用域从其定义位置开始，直到其定义所在的源文件结束。由于其作用域是全局性的，因此它们也被称为**全局变量**（global variable）。通常，在强调这种变量的定义位置在函数外部时，称之为外部变量；而在关注它们的全局性作用域时，称之为全局变量。

外部变量的存在期是程序的整个执行期间。也就是说，在程序执行开始时，所有外部变量都已经有定义，在内存中安排了存储空间。外部变量的这种有定义、占有存储空间的状态一直延续到程序结束，它们与对应存储位置的关联也保持不变。

下面用一个简单程序作为示例来说明外部变量的作用域和生存期。

【例 5-21】定义一个表示圆周率的外部常变量，然后定义一个函数计算半径为 r 的圆的面积，定义一个函数计算边长为 a、其中一个角为 θ（单位为角度）的菱形的面积。写一个 main 函数调用它们。

根据题目要求，在这三个函数外部定义常变量 PI，并依次写出这三个函数。整个程序内容如下：

```
#include <iostream>
#include <cmath>
using namespace std;

const double PI = 3.1415927;                    //定义外部常变量 PI
double scircle(double radius) {                 //计算圆形的面积
    return PI * radius * radius;
}
double srhombus(double len, double theta) {     //计算菱形(rhombus)的面积
    return len * len * sin(PI * theta / 180);
}
int main() {
    double r = 12.5, a = 21.4, theta = 45;
    cout << "circle radius = " << r << "  erea = " << scircle(r) << endl;
    cout << "rhombus length = " << a << "  erea = " << srhombus(a, theta);
    return 0;
}
```

上面的源代码左侧的虚线标明了外部常变量 PI 的作用域（请特别注意是直到整个源文件

结束，而非 main 函数结束），三个函数里都可以使用这个变量。

如果把外部常变量 PI 的定义移到 scircle 之后、srhombus 之前（如下所示），那么它的作用域就只涵盖后两个函数，而不涵盖 scircle 函数。编译器处理到 scircle 函数时就会报错"[错误] 'PI' 未在此范围内声明"。

```cpp
#include <iostream>
#include <cmath>
using namespace std;

double scircle(double radius) {                //计算圆形的面积
    return PI * radius * radius;
}

const double PI = 3.1415927;                   //定义外部常变量PI

double srhombus(double len, double theta) {    //计算菱形(rhombus)的面积
    return len * len * sin(PI * theta / 180);
}

int main() {
    double r = 12.5, a = 21.4, theta = 45;
    cout << "circle radius = " << r << "  erea = " << scircle(r) << endl;
    cout << "rhombus length = " << a << "  erea = " << srhombus(a, theta);
    return 0;
}
```

【例 5-22】写一个函数，根据圆柱体的半径 r 和高度 h 计算它的底面积、侧面积和体积，再写另一个函数，计算边长为 len、高度为 h 的正六边形棱柱的底面积、侧面积和体积。写主函数调用这两个函数并打印输出计算结果。要求把圆周率定义为外部常变量，并合理地使用外部变量传递计算结果。

程序里需要定义的两个函数都要用参数获得待计算的几何体的几何参数，完成计算后还需要向调用方返回三个值，这种需求可以使用三个引用形式的参数或者使用三个外部变量来完成。下面的程序里使用了外部常变量 PI 和三个外部变量 s1、s2 和 vol：

```cpp
#include <iostream>
using namespace std;

const double PI = 3.14159265;            //定义外部常变量
double s1, s2, vol;                      //定义外部变量

void cylinder (double r, double h) {
    s1 = PI * r * r;
    s2 = 2 * PI * r * h;
    vol = s1 * h;
}

void prism6 (double len, double h) {
    s1 = len * len * sin(PI * 60 / 180) * 3;
```

```
    s2 = 6 * len * h;
    vol = s1 * h;
}

int main( ) {
    double radius, height, len;

    cout << "input cylinder\'s radius and height: ";
    cin >> radius >> height;
    cylinder(radius, height);        //调用 cylinder 函数求出 s1, s2 和 vol
    cout << "cylinder: s1 = " << s1 << "   s2 = " << s2
        << "  vol = " << vol << endl;

    cout << "input prism6\'s length and height: ";
    cin >> len >> height;
    prism6(len, height);             //调用 prism6 函数求出 s1, s2 和 vol
    cout << "prism6: s1 = " << s1 << "   s2 = " << s2
        << "  vol = " << vol << endl;

    return 0;
}
```

由这个程序可以明显地看到使用外部变量的优点和缺点。读者也可以尝试改用多个引用参数传递所计算的面积和体积，体会两种方法的差别。

（1）**外部变量的价值和用途**：外部变量定义在函数之外，作用域是全局的，其中保存的信息可以被多个函数共享，因此可以用作函数之间交换数据的公共通道：一个函数把数据存入外部变量，其他函数就可以直接使用了。用这种方式交换数据，处理某些情况会更方便，后面章节里有这方面的例子。由于外部变量常需要在多个函数中使用，因此它们的定义通常写在所有函数定义之前。

（2）**外部变量的问题**：要注意使用外部变量带来的新问题。如果一个函数中访问了某个外部变量，该函数就对这个变量有了依赖性。例如，前例中的 scircle 和 srhombus 都不是独立的函数，不能孤立地把它们的定义复制到另一个程序里使用。如果想在其他地方使用这两个函数，环境里就必须有同样的外部变量。因此，为了维持函数的独立性，程序里应该谨慎使用外部变量。

总而言之，在复杂的程序里，经常需要在不同的函数之间传递信息，人们倾向于把**比较大、具有唯一性，而且被许多函数公用的数据对象**（例如很大的数组，有关介绍见下一章）定义为外部变量，一般情况仍然采用参数传递数据。另外，一个函数自己使用的信息应该用局部变量保存。在设计程序时，应该根据需要合理选择变量的定义位置（定义位置决定变量的种类），并结合具体情况，考虑系统实现的方便性、清晰性和数据安全等因素，选择合理的数据存储和传递方式。

5.4.2 变量定义的嵌套

上面有关外部变量的讨论提出了程序中的两种作用域：一种作用域由复合语句界定，每一个复合语句确定一个**局部作用域**，它们是局部变量的作用域。另一种作用域是整个程序文件，称为**全局作用域**，是所有外部定义（函数定义和外部变量定义等）的作用域。

显然，**所有的局部作用域实际上都嵌套在全局作用域里面**。但是，如果全局作用域和局部作用域里定义了同名变量将怎样处理呢？这里还是遵从语言对同名变量的规定（见 5.1.5 节之"局部变量的作用域与生存期"部分）：**内层复合语句出现同名变量定义时，外层同名定义将被内层定义遮蔽**。因此，当外部变量与函数中的局部变量同名时，函数中的局部变量将遮蔽外部变量，导致函数内使用该变量名时就是使用局部变量。

【例 5-23】下面是一个故意写得很复杂难懂的程序示例（计算 $\left(50+\sum_{n=1}^{8} n^2\right)\times 15$），用于说明出现同名变量定义时的变量使用情况。

```cpp
#include <iostream>
using namespace std;

int n;

int func (int m) {
    int n = 15;    //n2
    cout << "func: n= " << n << endl;    //n2
    for (int n = 1; n <= 8; n++) {    //n3
        m = m + n * n;    //n3
        cout << "n= " << n << "  m= " << m << endl;  //n3
    }
    m = m * n; //n2
    cout << "n= " << n << "  m= " << m << endl;  //n2
    return m;
}

int main() {
    n = 50;
    cout << "main: n= " << n << endl;
    n = func(n);
    cout << "func(n)= " << n << endl;
    return 0;
}
```

在这个例子里，三个有嵌套关系的作用域中分别定义了名字为"n"的变量，虚线勾画出它们各自的作用域。这时，在内层复合语句中使用变量名"n"时，使用的就是本层定义的变量 n，上一层定义的变量 n 被遮蔽。为帮助读者理解，示例中对第二层作用域与第三层作用域中定义和调用的变量名"n"分别在注释语句中用"n2"和"n3"标注，读者可据此理解各语句中使用的是哪个变量。另外，`main` 中没有定义局部的 n，其函数体里使用的 n 就是全局变量 n。

读者显然会感觉到，虽然上面这段程序不长，但由于在嵌套的作用域中定义了同名变量，导致程序复杂难懂。在实践中，局部变量与全局变量同名可能给读程序的人带来困扰，一般而言，应该尽量避免（请读者不要仿照上例的写法）。

本书作者对读者的建议是：**程序中应该合理地给变量命名，尽量避免在嵌套的作用域中**

出现同名变量。全局变量采用比较长的字面意义比较明确的名字，也能减少被局部变量遮蔽的可能性。

顺便说一句：对于全局变量与局部变量同名，导致全局变量被遮蔽的情况，C++ 语言还有一个规定：此时要想引用全局变量，可以变量名前加上两个冒号 "::"，例如写成 "::n"。（举例略。）

5.4.3　静态局部变量

本小节从一个小问题出发，说明另一类变量的情况和意义。

【例 5-24】假如现在希望利用标准库中的 time()、srand() 和 rand() 函数写一个自定义的随机函数 int random(int max)。在程序里首次调用该函数时，它会自动使用当前时间值设置种子并返回数值 0（也就是说，首次调用此函数时得到的第一个随机数一定为 0），以后调用时就使用标准库函数 rand() 产生一个介于[0, max]（满足 max <= RAND_MAX）的整数随机数。

显然，此函数里需要一个变量表示该函数是否为首次调用。简单想想可能写出下面的函数定义：

```
int random(int max) {    //版本 1：使用局部变量记录是否为首次调用
    int m = 0;            //定义局部变量 m, 初始化为 0 表示首次调用
    if (m == 0) {
        srand(time(0));
        m = 1;            //给 m 赋非 0 值表示不再是首次调用
        return 0;
    }
    return rand() % (max + 1);
}
```

下面是一个 main 函数，用于测试函数 random 的功能（输出一批介于[0, 100]之间的随机数）：

```
int main() {
    cout << "Some random numbers: " << endl;
    for (int i = 0; i < 30; i++)
        cout << random(100) << (i % 10 == 9 ? "\n" : "\t");
    return 0;
}
```

实际运行这个程序时可以发现，程序输出的数全都为 0。根据前面有关变量性质的讨论，不难发现其中的原因：m 是局部自动变量，每次函数被调用时将建立一个新的 m 并初始化为 0，所以无论调用 random 多少次，m 的初值总是为 0，此函数总是返回数值 0。

显然，要完成所需工作，就必须在 random 的调用之间传递信息，使这个函数每次执行时都知道这一次执行是否为首次调用。由于存在期的限制，自动变量无法胜任这种信息传递工作。

一个解决办法是把 m 定义为外部变量，这样，m 的存在期不依赖于函数调用，其值也能在函数的调用之间保持不变（只要其间没有对 m 的其他赋值），从而可以正确传递信息。修改后的定义如下：

```
int m = 0;               //定义外部变量 m
```

```
int random(int max) {        //版本2：使用外部变量记录是否为首次调用
    if (m == 0) {
        srand(time(0));
        m = 1;               //给 m 赋非 0 值表示不是首次调用
        return 0;
    }
    return rand() % (max + 1);
}
```

很容易看清楚并验证，这一函数确实能够完成所需的工作。

　　然而，这个函数定义有一个重要缺陷。按前面的设想，变量 m 保存的是 random 的私用数据。但是为了完成所需工作，这里定义为外部变量，就使 m 可以被任何函数使用了。如果程序的其他部分不恰当地使用 m（例如某函数定义的语句中不慎将局部变量 n 写成 m），就可能导致 random 意外地重新设置随机数种子并返回数值 0，还可能掩盖其他程序错误。当然，random 的这种意外行为可能不重要，因为只是个小例子，但如果这种变量里保存的是重要数据呢？**信息的隐蔽与合理保护**是非常重要的问题，小到程序的组织结构，大到关系国家安全的重要计算机系统，都必须关注这个问题。

　　这个例题实际上提出了对另一种变量的需求，这种变量的**作用域应该是局部的**，只能在一个函数体的内部使用，从而保证信息的隐蔽性，避免其他函数有意无意的越权访问；而其**存在期应是全局的**，因此可以跨越函数的不同调用，在函数的两次调用之间传递信息。此外，这种变量的**初始化只应进行一次**，使变量值能在函数的不同调用之间保持不变。

　　静态局部变量就是这样的变量。静态局部变量的定义位置与其他局部变量一样，只需加关键字 static 指明其特殊性。静态局部变量的性质就是上面三条：局部作用域、全局存在期和一次初始化。

　　完成上述工作的更合理方式是对第一个 random 函数定义进行简单修改，把该函数的局部变量 m 定义为静态局部变量：

```
int random(int max) {        //版本3：使用静态局部变量
    static int m = 0;        //静态局部变量m，初始化为 0 表示为首次调用
    if (m == 0) {
        srand(time(0));
        m = 1;               //给 m 赋非 0 值表示不是首次调用
        return 0;
    }
    return rand() % (max + 1);
}
```

这样定义，既能保证函数的功能正确，又保证局部数据的安全，体现出静态局部变量的作用。

　　静态局部变量很少使用，通常只有在函数内部需要保留某个特殊标志（如上例所示）或函数前一次调用得到的值时，才需要使用局部静态变量。

5.4.4　外部变量与静态局部变量的初始化

　　前面讲过，变量定义时可以直接初始化，描述方式就是增加一个初始化部分。例如：

```
int n = 5, k, m = n;
```

这不仅定义了三个整型变量，还为其中的两个变量设定了初始值。

程序执行进入复合语句时，按定义的顺序逐个建立局部变量（自动变量），如果这些变量定义包含初始化（表达式）部分，就用该部分求出的值设置变量。基本类型的自动变量对初始化表达式的形式没有限制，可以包含函数调用，引用当时已有值的任何变量，只是表达式类型应满足变量的类型要求（可转换）。函数参数的初始化由函数调用表达式确定，在执行进入函数体之前完成。**由于自动变量在每次执行进入其定义域时重新定义，因此每次要重新初始化，多次执行则多次初始化。**

外部变量和局部静态变量的情况与自动变量不同，**其定义和初始化都在程序开始执行前完成，只做一次，且存在期一直延续到程序结束。**这些性质都是保证前面第二个和第三个 random 函数能正常工作的重要因素。由于这些变量的初始化在程序执行前完成，因此对初始化表达式有严格限制，**只能用可以静态求值（不执行程序就能求出值）的常量表达式。**最常见的是直接用文字量，也允许用文字量、符号常量及基本运算符构造的表达式，但不能包含涉及赋值的运算，如增量/减量运算等。

前面说过，在定义局部变量不提供初始值时，系统将不自动做初始化，定义后的局部变量处于未初始化状态，其值无法预料，对其取值没有意义（必须至少做过一次赋值后才能取值）。在这方面，外部变量和局部静态变量的情况也与局部变量不同：**如果定义外部变量和局部静态变量时未写初始化部分，系统自动将它们初始化为 0 值。也就是说，这两类变量都有默认的初始化方式。**

【例 5-25】写一个程序，里面分别包含初始化和无初始化的局部变量、外部变量和静态局部变量，对比它们的初始化性质。

根据要求写出程序如下：

```cpp
#include <iostream>
using namespace std;

int ga = 10;               //定义全局变量 ga 并初始化为 10
int gb;                    //定义全局变量 gb，无初始化

void func() {
    static int sta = 10;   //定义静态局部变量 sta 并初始化为 10
    static int stb;        //定义静态局部变量 stb，无初始化
    int a = 10;            //定义局部变量 a 并初始化为 10
    int b;                 //定义局部变量 b，无初始化

    cout << a << '\t' << b <<'\t' << ga << '\t' << gb << '\t'
        << sta << '\t' << stb << endl;
    a += 100;
    b += 100;
    ga += 100;
    gb += 100;
    sta += 100;
    stb += 100;
}

int main() {
```

```
    cout << "a\t" << "b\t" << "ga\t" << "gb\t" << "sta\t" << "stb" << endl;
    func(); //第 1 次调用
    func(); //第 2 次调用
    func(); //第 3 次调用
    return 0;
}
```

在上面的程序中，根据题目要求分别定义了初始化和无初始化的局部变量、全局变量和静态局部变量，在 func() 函数中输出了这些变量的值，然后让它们分别执行加法赋值运算。在 main 函数中多次调用 func() 函数，可以观察这些变量在多次调用时的值，以理解它们的初始化性质。

例如，某次运行结果及其表明的含义如下：

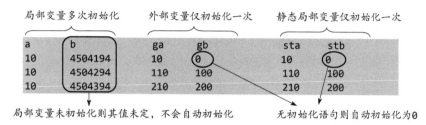

这里需要特别解释局部变量 b 的值的变化情况。由于没有初始化部分，因此在取值时 b 的值未定，在不同时间、不同计算机上运行此程序时，其值可能不同。在上面这次运行中输出的 b 的三个值依次相差 100，是因为多次建立该变量时偶然地使用了同样的存储位置，而且两次建立之间该位置没有被用于其他变量（如果没有这些情况，程序输出的 b 的三个值就可能不是相差 100 了）。

以上介绍了局部变量、外部变量和静态局部变量的性质。C 和 C++ 语言中还有其他变量类，例如寄存器变量和易变变量，它们各有特点，但在初学编程时很少使用，在此不加以介绍。

*5.4.5　名字空间

前面介绍了局部变量的作用域，以及外部变量和静态局部变量的作用域，可以看到，语言中需要许多机制和规则处理名字冲突问题。但是，在更大规模的程序开发中，只靠简单的作用域机制不容易处理可能存在的同名（包括变量同名与函数同名等）冲突。为了使程序开发者能更方便地控制名字的作用范围，C++ 语言引入了**名字空间**（namespace）的概念。

一个名字空间就是一个由程序设计者命名的作用域范围。有了名字空间，程序库设计者就很容易把自己的全局标识符与应用程序里的全局实体名（包括外部变量名和函数名）以及其他库的全局标识符区分开来。程序设计者可以根据需要设定一些有名字的空间域，把全局实体分别定义在不同的名字空间里，使之与其他全局实体相互隔离，从而可以更方便有效地避免同名造成的冲突。

标准 C++ 库的所有实体及其名字都定义在名为 std（源于英文"standard"）的名字空间里，包括标准头文件（如 iostream）中的函数、类、对象和类模板等。要使用某特定名字空间里的标识符，基本做法是在标识符前面写名字空间名和作用域限定符"::"。因此，要在程序里使用 C++ 标准库中的实体，就需要用 std 限定。例如，需要使用标准流输出对象 cout

时，可以写：

```
std::cout << "Hello, world!" << std::endl;
```

显然，如果程序里都这样写，会让人觉得太麻烦。为了使编程者能方便地使用某个名字空间中的所有程序实体，C++ 提供了 using namespace 语句，其一般格式为

```
using namespace 名字空间名;
```

因此，为了更方便地使用标准 C++ 库中定义的标识符，需要在程序头部写：

```
using namespace std;
```

这样就把名字空间 std 的成员都导入到本作用域中，再用 std 的成员时就不必用名字空间限定。正因为如此，前面的程序里都简单地用"cout << "和"cin >> "进行输出和输入。

最后需要说明，前文所说的全局变量的作用域应理解为一个**全局名字空间**，它独立于所有有名字的名字空间，不需要明确地用 namespace 声明，实际上是系统隐式声明的，可以默认使用。

5.5　声明与定义

看了前文的示例程序，读者可能产生一个印象：一个程序就对应于一个源程序文件，虽然程序里可以包含多个函数，但这些函数需要全部写在一个文件中。实际上，这种理解是不对的。前面的示例程序都不长，把所有内容写在一个文件里是很合适的。但是，对于包含大量函数而且可能需要多人协同开发的大型程序，把所有内容都写在一个文件里就很不方便，甚至完全不可能。实际上，**C 和 C++ 语言支持把一个程序拆分为多个文件**，以方便编程者更好地组织程序的代码，以及支持多个编程者协同工作。当然，为了做到这一点，就需要有一些特定的支持机制。本节将简要介绍一些相关知识。首先说明函数和变量的声明与定义的差异，然后介绍预处理命令和文件包含功能。

5.5.1　先定义后使用

在一个程序里，每个有名字的**程序对象**（变量、函数都是程序对象）都有其定义点和使用点。一般来说，一个对象只应有一个定义点，但可以有多个使用点。为了保证使用与定义的一致性，最基本的规则就是"**先定义后使用**"。前面的程序中一直是这样做的：

（1）对所有变量（无论是函数内的局部变量还是函数外的全局变量），都把它们的定义放在使用变量的语句之前，这就保证了它们被先定义后使用。

（2）当一个自定义的函数被另一个函数调用时，总是把被调用函数的定义写在主调函数之前，这样就保证了被调用的函数先定义后使用。

规定"先定义后使用"，是因为程序对象的使用方式依赖于它们的性质。如果没有定义在先，就无法知道相应对象该如何使用、使用是否正确。为保证语言系统能正确处理程序，基本原则是：**保证从每个对象的每个使用点（调用处）向前看，都能得到与正确使用该对象有关的完备信息**。

对于变量，在每个使用点向前看，都应该能得到该变量的变量名和类型，从而知道应该如何正确使用该变量，正确进行必要的类型转换。

对于函数，在每个调用处向前看，都应该能看到该函数的函数名、返回值类型、参数个数和类型。语言系统处理函数调用时，需要检查参数个数是否正确、各参数的类型是否与函数定义一致、如果不一致能否转换（必要时插入转换动作）等。由于返回值可能参加进一步计算，因此也要做类似处理。如果看不到函数的类型特征，这些检查和处理都无法正确地完成。

在函数的递归定义中，仍能满足这一要求。例如：

```
int fact(int n) {
    return n <= 0 ? 1 : n * fact(n - 1);
}
```

在函数体里的递归调用点向前能看到函数头部描述的类型特征。

5.5.2　定义与声明

但是，在更复杂的程序中也常会出现一些情况，仅通过安排变量/函数的定义位置不可能做到既坚持"先定义后使用"的原则，又能解决调用点与使用点之间的信息交流关系。例如：

（1）如果程序中有两个函数互相调用对方，那么无论怎样安排顺序，都无法保证函数的每个使用点都出现在相应函数的定义点之后。

（2）在基于多个文件的程序开发中（实例见后文），需要把多个全局变量和函数分别定义在多个文件中，并分别编译这些文件，最后把它们装配成一个程序。如果按上面的说法，使用同一个全局变量的函数都必须放在同一个文件里，不同文件之间无法交流信息，就不可能既把程序的全部功能分配到一组文件里，又使它们能构成一个程序整体。

（3）在基于多个文件的程序开发中，如果用到同一个全局变量的多个函数被分开放到不同文件中，为支持这些函数的功能，就需要在这些文件里定义该全局变量，让它们具有相同的名字。如果真的这样做，分别编译这些文件时能成功，但最终装配完整程序时就会出现变量冲突。

为了解决上述困难，需要更完整地解释 C/C++ 语言中的有关规则。为此，首先需要更准确地说明"**定义**"（英文动词为 define，名词为 definition）的含义：

- 对于变量的"定义"，不仅要说明该变量的名字和类型，而且系统将在适当的时刻为它分配存储，还允许为它指定初始值。程序中用到的每一个变量必须有而且只能有一个定义。
- 对于函数的"定义"，不仅要说明函数名、返回值类型和形参的情况，还需要通过函数体（函数需要执行的计算）说明函数的功能。一个函数也应该有且只能有一个定义。

而从程序加工的角度来看，编译器总是从前往后扫描程序文件，如果代码遵循"先定义后使用"的原则，编译器先看到变量定义和函数定义，就会记录下这些程序对象的定义和性质。后面使用它们时，就能对照检查（如变量类型是否合适，函数调用的实参类型和个数是否正确等）。

可见，前面介绍的变量定义语句和函数定义语句块实际上同时做了两方面的事情：

（1）在程序里定义了相应的程序对象；

（2）向编译器**声明**这些程序对象的性质和特征。这种定义结构也称为定义性声明（defining declaration）。

"先定义后使用"对小型程序是简便合理的，也是初学者首先需要了解的。但是，如上面列举的情况所示，在复杂的程序设计中贯彻这一准则可能遇到无法克服的困难。为了解决这些问题，C/C++ 语言区分了"定义"和"声明"，允许在代码中用独立的语句对变量和函数进行声明。

5.5.3   函数原型声明

首先介绍函数的**声明**（英文动词为 declare，名词为 declaration）。对函数进行声明的方式是在程序中写出**函数原型**（function prototype），或称为**函数原型声明**。

函数原型声明在书写形式上与函数头部类似，**只是在最后加一个分号，使之构成一条语句**。下面是前面定义过的几个函数的原型声明（请注意右括号后面的分号）：

```
double scircle (double radius);
double srect (double a, double b);
void prtStars();
```

原型声明里的参数名可以起提示作用，人们提倡给出有意义的名字，以利于函数的阅读者和使用者理解。另外，如果希望写注释来说明函数的作用，有参数名也会更方便。但实际上，原型声明中**参数表里的参数名可以缺失不写**（只写类型）。即使在这里写参数名，所用名字也不必与函数定义用的名字相同。例如，上面的 `scircle` 和 `srect` 函数的原型声明也可以写成如下形式：

```
double scircle (double);                    //只写参数类型，不写参数名
double srect (double length, double width); //参数名与定义中的名字不同
```

函数原型声明可以出现在任何可以写变量定义语句的位置，可以出现在全局作用域或局部作用域中。这种原型声明也有作用域，从出现的位置开始到其所在的作用域结束。一般认为最合理的方式是**把函数原型声明都放在源文件最前面**。这样，整个文件中所有的函数使用点都可以"看到"这些原型说明，而且看到同一个声明有利于保证同一函数的所有调用的一致性。另外，在函数的定义点也应该看到同一个原型说明，编译程序会检查两者间的一致性，出现不一致时会产生明确的编译错误信息。这正是我们所希望的：**以函数原型作为媒介，保证函数定义和使用之间的一致性**。

函数原型声明并不能代替函数定义，该函数的完整定义还必须出现在程序中的某个地方。实际上，函数原型声明是同一个函数的定义的附属描述，在返回值和参数类型方面必须与相应函数定义一致，只有这样，相关的函数调用代码才能正确地完成编译。

编程者通常把函数原型声明写在源文件前面，然后就**可以更灵活地安排函数定义的书写位置**，不再强求函数定义一定要写在主调函数前面，而是可以写在主调函数后面，或者写在同一个程序的另一个源文件里。也就是说，借助函数原型声明，在程序里就可以"**先声明后使用，在别处定义**"。

*5.5.4   外部变量的声明

前面说过，外部变量是在函数外部定义的全局变量，其作用域是从变量的定义处开始，直到本程序文件结束。在此作用域内，全局变量可被各个函数使用。编译时将外部变量分配在静态存储区。

假如在某个多文件开发的项目中（实例见下一小节）有两个文件，它们中的函数都要用

到同一个 int 类型的外部变量 g_num。如果在这两个文件里都写如下的定义：

```
int g_num;
```

两个文件都能分别编译完成，但在程序连接时就会报错，开发系统报告提示出现了外部变量重名的冲突。解决问题的办法就是**只在一个文件里写外部变量定义，而在另一个文件中写一个外部变量声明**。声明方法与变量定义类似，但要在最前面增加关键字 extern，如下所示：

```
extern int g_num;
```

这个声明的意思是：有一个名字为 g_num 的变量在其他地方定义，可以在本文件里使用。

与函数原型声明的情况类似，外部变量声明可以出现在任何允许写变量定义语句的位置。这种声明的作用域从其出现的位置开始，直至当前作用域结束。注意，外部变量声明不是变量定义，而只是变量定义的附属描述。必须有与之对应的名字和类型都相同的外部变量定义出现在本程序的某个源文件里，否则就是错误（程序连接时将报告"变量无定义"错误）。在一个文件里，允许同时存在同一个外部变量（同名）的定义和声明，这时编译器将核对它们的类型（必须相同）。

在基于多个文件的开发工作中，另一种可能的需求是**限制**某个函数或者外部变量的作用范围，希望其仅在本文件中可用，而不能在其他文件里使用，也不与其他文件里同名的函数或变量冲突。如果有这种需要，就应该在函数定义或变量定义的最前面加一个 static 限定符，将该函数或变量的作用范围限定在本文件。例如，如果在一个源程序文件中有如下外部变量定义：

```
static int total;
```

变量 total 就能且只能在本源程序文件中使用，而不能在其他文件里使用了。在其他文件里写这个变量的外部变量声明将导致连接错误。进而，在另一文件里定义的同名的变量（例如也定义了 int total）则是另一个变量，与本文件里的 static 变量无关。

5.5.5　函数分解程序实例

【例 5-26】重做第 4 章末尾的猜数游戏程序———个简单交互式游戏。程序自动生成某个范围里的随机数，要求用户猜这个数。用户输入一个数后，程序有三种应答——too big、too small 和 you win，然后等待用户的下一次输入。一轮游戏结束后，根据用户的要求启动下一轮游戏或者结束程序。

前面讨论了这个程序的工作流程，抄录如下：

```
从用户处得到数的生成范围（0 ~ max）
do {
    生成一个数 target
    交互式地要求用户猜数，直至用户猜到
} while (用户希望继续);
结束处理
```

在第 4 章中已经给出了一个程序。但是那个程序比较大，所有代码都在 main 函数里，不太容易阅读和理解。在此想改写为一个结构更好的程序。在开发过程中，先进行功能划分，写出多个函数的原型声明，并写出 main 函数（其中包含对这些函数的调用），再写出这些函数的定义。

对游戏中的每次输入，都需要检查其合法性：输入的数是否位于合法范围之内？得到了合适的数就返回它，不合适就要求用户重新输入。但是，也不能允许无穷无尽地出错，因此考虑用一个常量限定用户的最大输入出错次数，读入循环用这个数控制。同时，对每个待猜的数，也应该限制最大的猜错次数。为此在程序中定义两个全局的常变量 ERRMAX 和 GESMAX：

```
const int ERRMAX = 3, GESMAX = 10;   //允许的最大输入错误次数和猜错次数
```

从源代码来看，让用户输入猜数最大值和让用户输入一个猜测数字是很相似的，可以取其共性定义为一个带检查并允许用户出错的整数输入函数，实现"在允许的输入出错次数内，读入指定区间内的一个整数"的功能。这个函数需要两个参数来表示所输入数据的左右边界，同时需要限制玩家输入错误的次数，所以还需要一个参数表示允许输入错误的最大次数。这个函数执行之后，或者是得到一个合法的输入值，或者是输入出错次数太多。这两种结果可以同时体现为一个返回值（例如非负数为合法输入值，而用 -1 表示输入出错），也可以把函数的返回值设为 bool 类型（true 表示输入得到了合法输入值，false 表示输入出错次数太多而未得到合法输入值），所获得的输入值通过函数的引用形参传给调用处。于是写出函数原型声明如下：

```
bool getNum(int min, int max, int errmax, int &num);   //读入指定区间内的整数
```

这个函数的功能是：接受用户输入的一个介于[min, max]区间内的整数，允许输入错误次数最大为 errmax。如果输入错误次数达到 errmax，则函数返回 false；如果输入错误未达到 errmax，就获得了合法数值，该合法数值由 num 返回，同时函数返回 true。

判断"用户希望继续"的部分也可以定义为函数：

```
bool wantNext();
```

将它定义为一个返回 true 或 false 值的函数，用于控制程序大循环的继续或者结束。

做好了上面这些准备，确定了函数原型，就可以写出程序的主体部分（包括预处理命令、全局常变量声明、函数原型声明和 main 函数）了：

```cpp
#include <iostream>
#include <cstdlib>
#include <ctime>
using namespace std;

const int ERRMAX = 3, GESMAX = 10;              //允许的最大输入错误次数和猜错次数
bool getNum(int min, int max, int errmax, int &num); //读入指定区间内的整数
bool wantNext();                                //函数原型声明：是否继续游戏

int main() {
    int max, target, guess, err;

    cout << "== Number-Guessing Game ==" << endl;
    cout << "Choose a range [0, max]. Input max: ";
    if (!getNum(1, RAND_MAX, ERRMAX, max)) {  //输入猜数范围并处理出错情形
        cout << "Too many input errors. Stop!";
        return 1;  //返回结束代码 1 表示程序出错退出，此处等价于 exit(1)。
```

```
    }

    srand(time(0));
    do {                                        //猜数主循环
        err = 0;
        target = rand() % (max + 1);
        cout << "\nA new random number generated. \n";
        while (1) {
            cout << "Your guess : ";
            if (!getNum(0, max, ERRMAX, guess)) {    //输入猜数并处理出错情形
                cout << "Too many input errors. Stop!";
                return 2;    //返回结束代码2也表示程序出错退出,等价于exit(2)
            }
            if (guess > target) {
                cout << "Too big!\n";
                err++;
            } else if (guess < target) {
                cout << "Too small!\n";
                err++;
            } else {
                cout << "Congratulation! You win!\n";
                break;
            }
            if (err > GESMAX ) {
                cout << "Too many guess errors. Stop!" << endl;
                break;                          //猜数时出错次数太多
            }
        }
    } while (wantNext());
    cout << "Game over.\nThanks for playing!\n";
    return 0;
}
```

　　虽然主函数调用的几个函数都还没有定义,但是现在不但可以编写出这部分程序,还可以将它送给编译器去检查语法。当然,在定义好这些函数之前还不能生成可执行程序,更无法实际运行它。

　　接下来逐个考虑并写出这几个函数的定义。读入指定区间内的整数的函数 getNum 定义如下:

```
bool getNum(int min, int max, int errmax, int &num) { //读入指定区间内的整数
    int err = 0;
    while (!(cin >> num) || num < min || num > max) {
        //获得用户输入,并处理可能的出错情形
        cin.clear();                                    //清除错误标记
        cin.sync();                                     //清空缓冲区
        err++;
        if (err < errmax) {  //小于输入错误最大允许次数时,继续执行
            cout << "Input error " << err << ". Input again: ";
        } else {                    //输入错误次数达到最大允许次数
```

```
        return false;      //结束函数, 返回 false
    }
}
cin.sync();                //成功获得输入数据之后, 也要清空缓冲区
return true;
}
```

请注意, 这里函数头部的参数表中有一个形参名称为 "max", 在主函数中调用此函数以输入猜数范围时的一个实参名称为 "max", 请注意形参与实参的对应关系。

判断 "用户希望继续" 的函数 wantNext 也很容易写出来:

```
bool wantNext() {
    int ch;
    cout << "\nNext game? (y/n): ";
    while ((ch = toupper(cin.get())) != 'Y' && ch != 'N')
        ;                          //空循环体
    cin.clear();
    cin.sync();
    return (ch == 'Y' ? true : false);
}
```

这里的 while 循环反复要求用户输入, 直到得到大写或小写的 y 或 n 字符。如果需要, 还可以增加用户输入出错时的信息输出。

请注意, 在上面三个接受用户输入的函数里, 接收到合适的输入数据后都用 cin.sync() 清空缓冲区, 这是为了防止输入中多余的数据残留在输入缓冲区里, 干扰后续输入。

把这几个函数定义写在程序的主体部分之后, 整个程序就完成了, 可以进行编译和运行。

在这个程序里, 我们考虑了函数的定义, 主要考虑了输入数据检查方面的一些情况。请读者试验这个程序, 考虑它在输入处理方面还有什么缺陷: 有没有不合理的要求? 是否对用户使用提出了不合理的限制? 还有哪些值得改进的地方? (例如, 最大输入出错次数 ERRMAX 和 GESMAX 是否必须定义为全局常量? 改为 main 函数中的局部变量行不行? 等等。)

总结一下上述程序的开发过程。在开发初期, 我们从程序的整体功能出发, 开发出程序的基本框架, 将整个程序分解为一些部分, 也就是分解为一些实现部分功能的函数。这样的分解还可能在后续开发阶段不断进行。这种以分解程序功能为指向的工作过程就是**自上而下**的开发过程。

程序开发不一定采用纯粹的自上而下的分解过程, 有时也可以采用**自下而上**的方式。例如, 在开发初期分析问题时, 如果发现许多地方都要用到某项基础功能, 就可以先做好该部分的设计, 然后基于这个部分去设计和实现其他部分。开发过程中许多工作的结果常是一批函数等。开发程序部件时也需要采用系统化的方式, 首先做好设计, 而后一边开发一边编译和调试, 并排除错误。通过这样的工作过程, 可以逐步积累起一批作为开发结果的函数或模块, 为更上一层的集成做好准备。

实际程序开发过程往往不是纯粹自上而下或者纯粹自下而上的, 而是呈现出某种混合方式——自上而下的分解与自下而上的构造交替进行。

上面的程序其实是相当简单的, 在程序头部写函数原型声明并不是很有必要, 如果采用前面介绍的 "先定义后使用" 规则, 把函数定义直接写在主函数前面, 代码可能更简洁。这

段讨论的主要用意是作为示例,帮助读者进一步熟悉函数原型声明的设计和描述。

5.5.6　多文件开发实例

在前面的示例中,整个程序的所有内容都写在一个文件中。在开发较大的程序时,人们常把程序分解为多个文件进行处理,这种方式称为**多文件开发**。

要做好多文件开发,首先需要考虑如何把程序合理地划分为多个文件。按 C 和 C++ 社团的惯例,一个程序的源文件分成两类,一类是包含实际程序代码的基本程序文件,以 ".c" 或 ".cpp" 为扩展名,称为**程序文件**或者**源代码文件**;另一类是为基本程序文件提供信息的辅助文件,通常以 ".h" 为扩展名,称为**头文件**、head 文件,或直接称为 h 文件。安排后一类文件主要是为了编程方便,也为了贯彻前面提出的"**使同一程序对象的定义点和所有使用点都能参照同一个描述**"的原则。人们常把一些类型定义(第 8 章将会讲到)、常量定义、外部变量的声明和函数原型声明放在一个或多个头文件里。源程序文件用 "#include" 命令包含它们以查看其中的信息(详情见 5.6 节)。

把程序的内容合理地划分为多个部分后,在构造、编辑有关文件时,需要合理安排各个文件之间的关系,特别是处理好变量与函数的声明、定义和使用。下面用实例说明一些情况。

【**例 5-27**】对例 5-26 中的猜数游戏,用多文件开发方式编写该程序。

这个程序并不复杂,按照多文件开发的一般规则,可以考虑把基本信息保存在一个头文件中,把三个函数定义放在一个源代码文件里,主函数放在另一个源代码文件里。这样,整个程序总共包括三个文件(在集成开发环境中,还需要创建一个项目文件,用于把程序文件组织起来)。

首先,参考前面的例子创建一个头文件(假设文件名为 guess.h),其内容如下:

```cpp
#include <iostream>
#include <cstdlib>
#include <ctime>
using namespace std;

const int ERRMAX = 3, GESMAX = 10;     //允许的最大输入错误次数和猜错次数
bool getNum(int min, int max, int errmax, int &num);   //读入指定区间内的整数
bool wantNext();                       //函数原型声明:是否继续游戏
```

这里还用 #include 包含了所需的标准库文件,程序文件包含这个头文件就能得到所有的必要信息。

其次,把辅助函数写在另一个文件中(假设文件名为 guess.cpp),其内容如下(为节省篇幅,在下面的代码中,各个函数的函数体代码都用 "……" 代替):

```cpp
#include "guess.h"                     //包含用户自定义的头文件

bool getNum(int min, int max, int errmax, int &num) {
    ……
}

bool wantNext() {
    ……
}
```

再次，把前例中的 main 函数专门写在一个文件中（假设文件名为 main.cpp），其内容如下（为了节省篇幅，把 main 函数的主要内容用"……"代替）：

```
#include "guess.h"    //包含用户自定义的头文件

int main() {
    ......
    cout<< "Game over.\nThanks for playing!\n";
    return 0;
}
```

这样就把整个程序的相关程序代码分别存入三个文件中。两个源程序文件里都包含代码行 "#include "guess.h""，其含义就是把自行编写的名为 "guess.h" 的头文件包括进来。最好是把这三个文件保存在同一个单独的目录中，管理起来比较方便。

最后，只需在集成开发环境中建立一个**项目**（project，也译为**工程**）或**解决方案**（solution），把这三个文件包含进来，就可以对这个程序进行加工运行了。

用 Dev-C++ 进行多文件程序开发的操作：首先点击菜单"项目→ 新建项目"，在弹出的对话框中选择合适的项目模板（例如"空白项目"），并在"名称"中书写项目名称（例如上例可写作"guessgame"），单击"确定"按钮以保存项目管理文件（上例是保存为 guessgame.dev）。然后就可以编辑默认的单元文件（也可以移除此文件），还可以单击"添加"按钮添加其他现有的源文件，或单击"新建"以新建单元文件。以多文件方式开发程序时，编译加工是对整个项目进行的，如果正确完成，最后将生成一个可执行文件。

上面这个简单程序解释了多文件开发方式的基本规则。C 和 C++ 语言系统的实现也遵循同样的模式，这种系统都提供了标准库函数和一些服务于特定系统（如 DOS、Windows、UNIX等）的扩充库函数（可能是源文件，也可能是编译后的打包目标文件，称为库文件）。为使程序开发人员能方便地使用这些库函数，语言系统提供了标准库和扩充库的头文件。这些头文件的作用就是为程序里使用标准库函数以及其他功能提供必要的信息。如果需要在程序里使用某些库函数，只要在源文件前面包含相应的头文件，就能保证在编译过程中对源文件的有关函数调用正确进行处理。

5.6 预处理

利用语言处理系统把源程序转变成为可执行程序的过程称为"源程序的加工"。严格地说，C/C++ 程序的加工分为三步：预处理、编译和连接，图 5-8 描绘了这个过程（请注意该图中显示的是由多个文件构成一个程序）。前面介绍过编译和连接两个加工步骤，本节将介绍预处理的情况。

编译之前首先要对源程序做**预处理**，也就是对源程序的代码做一些文本方面的预先处理，这项工作由**预处理程序**完成。预处理程序是 C/C++ 语言系统的基本组成部分，它检查和处理源程序里的预处理命令，生成不含预处理命令的源程序文件。预处理命令的作用就是使程序编写更方便。

C/C++ 提供了一套预处理命令，这种命令以独立的**预处理命令行**的形式出现，# 是这种命令行的引导符号。如果源程序里某一行的**第一个非空格符号是 #**，这一行就是预处理命令行。需要注意的是，预处理命令行不是语句，所以行尾都不需要（也不应该）出现分号。

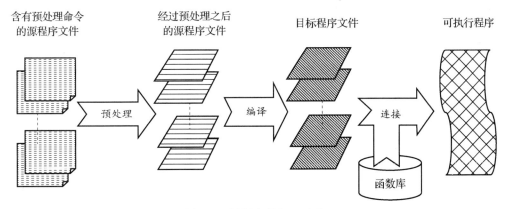

图 5-8　源程序的加工过程

预处理命令行的作用就是要求预处理程序对源程序文本完成一些操作，主要是文件包含命令、宏命令和条件编译命令，下面分别介绍。

5.6.1　文件包含命令

前面的示例程序中反复出现以 **#include** 开始的行，这就是**文件包含命令行**，其作用是（要求预处理程序）把指定文件的内容包含到当前源文件里。

文件包含命令有两种形式：

```
#include <文件名>
```

或

```
#include "文件名"
```

第一种形式中的文件名用成对的尖括号括起，而第二种形式中的文件名用成对的英文双引号括起。两者的差异在于查找文件的方式。对第一种形式，预处理程序直接到某些指定目录中查找所需文件，目录指定方式由具体系统确定，通常指定几个系统目录。对第二种形式，预处理程序先在源文件所在目录中查找，找不到时再到指定目录查找。因此，包含系统文件（如标准库文件）时应该用第一种形式；如果要包含自己定义的文件，而且该文件与本文件存放在同一个目录下，就应该用第二种形式。这里的**"文件名"**可以包含完整的文件路径，文件路径的写法由操作系统规定。

文件包含命令的处理过程是：首先查找所需文件，找到后就用该文件的内容取代文件里当前的这个文件包含命令行。替换进来的文件里仍可有预处理命令，它们也同样处理。找不到时报告错误。

前面说过，C 语言的标准头文件都以 **.h** 作为扩展名，而 C++ 语言的标准头文件不带扩展名。标准头文件通常以文本文件形式存在于 C 和 C++ 系统目录的某些子目录里，其内容主要是标准库函数的原型说明、标准符号常量的定义等。用 **#include** 命令包含这种文件，相当于在源程序文件的前部写出了这些函数原型和常量定义等，这对保证编译器正确处理标准库函数调用是至关重要的。

文件包含命令最重要的用途是组织程序的物理结构，使人能以多个源程序文件的方式开发比较大的程序，直至非常复杂的软件系统。

5.6.2 宏定义与宏替换

由 #define 开始的行称为**宏定义命令行**。宏定义有两种形式：简单宏定义和带参数的宏定义。

1. 简单宏定义

简单宏定义的形式是：

```
#define  宏名  替换文本
```

这里的**宏名**应该是一个标识符，至少一个空格之后的**替换文本**可以是任意一段文字，其中可以包含程序中能出现的任何字符和空格等，一直延续到本行结束。如果需要写多行的替换文本，可以在行末写一个反斜线符 "\" 作为续行符（符号 "\" 后面紧接换行符），这将使下一行继续被当作替换文本（反斜线符和换行符都会被自动丢掉）。**宏定义的作用就是为宏名定义替换文本**。

在执行中，预处理程序将记录处理当前文件的过程中遇到的所有宏名及其替换文本。如果在扫描源程序正文中遇到已定义的宏名，就用对应的替换文本去替换它，这种操作称为**宏展开**或**宏替换**。替换文本里也允许出现宏名，它们将被继续展开，直到不能展开为止。注意，在宏展开过程中只检查代码中的完整标识符，字符串里同样的字符序列并不被认为是宏名。

有时候，在程序中定义一些宏名可以增强程序的可读性，例如，在程序前面进行如下宏定义：

```
#define OK 1
#define ERROR 0
```

程序中写这些宏名，显然比 0/1 更容易理解。例如，名为 "func" 的某函数的返回值为 OK（实际上是返回 1）表示工作正常，返回 ERROR 表示工作异常，则在程序中可以写：

```
if (func() == OK)
    ......
else
    ......
```

当宏定义的替换文本是数值或者可静态求值的表达式时，被定义的宏名出现在程序中，就相当于在那里写这个数值或者表达式，这也是一种定义符号常量的方式。在许多书籍或者开源代码中可以看到程序前面有如下形式的宏定义：

```
#define START 0
#define END 300
#define STEP 20
#define PI 3.14159265
```

这样定义产生的效果与前面用 const 定义常变量或者用 enum 定义枚举常量类似，但是这种定义的效果是通过预处理过程中的宏替换实现的。

现在人们认为，宏定义是一种缺乏约束的鲁莽的正文替换，替换方式和替换结果不受任何限制，完全不管程序的语法和语义。利用它可以将程序里的标识符替换为任何东西，可能导致源程序的意义变得难以理解。因此，人们提出的原则是：**应该尽量少用宏定义，在可能用其他方式的地方尽量采用更容易把握的方式，例如用 const 和 enum 代替宏。**

*2. 带参数的宏定义

带参数的宏定义（简称带参宏）的形式是：

```
#define   宏名(参数列表)   替换文本
```

与前一形式的不同就在于宏名后紧跟一个左括号（两者之间不能有空格），一对括号内应该是逗号分隔的几个标识符，称为宏参数名。右括号后至少写一个空格，其后的替换文本是任意字符序列，延续到行尾，也允许用反斜线符"\"续行。

代码中使用带参宏时，不但要给出宏名，还要用类似于函数调用中的实参的形式给出各个宏参数的替代段，多个替代段之间也用逗号分隔，这种形式称为宏调用。对宏调用的替换分为两步：**首先用各实际替代段替换宏定义的替换文本里出现的各个宏参数，而后将这个替换的结果（展开后的替换文本）代入程序里出现宏调用的位置，形成宏替换的最后结果。**

【例 5-28】定义求两个数据之中较小的一个的宏。它可以如下定义：

```
#define min(A, B) ((A) < (B) ? (A) : (B))
```

如果程序中某处出现语句：

```
z = min(x + y, x * y);
```

在预处理时，预处理程序首先将替换文本段里的 A 都代换为 x + y，B 代换为 x * y，再将替换结果代入程序代码中。这个语句将被展开为：

```
z = ((x + y) < (x * y) ? (x + y) : (x * y));
```

带参宏的使用形式与函数调用类似，其作用效果与函数调用也有相似之处，但是这两者的本质大不相同。首先，宏定义和调用中不考虑类型问题。例如，上面的宏定义可以对任何支持小于操作的（数值）类型使用。在执行方面，宏调用将在程序加工的第一步（预处理）中的现场展开，不会形成运行中的调用动作。一个定义好的宏在程序中某个地方能否使用、使用后会发生什么现象（例如，会不会产生类型转换）、能否得到预期的效果等，完全由宏展开之后的情况决定。

带参宏有几个值得特别注意的问题。

（1）有些宏展开后会引起对宏参数的多次计算，而从宏调用的形式上完全看不到这种情况。例如，上面定义的 min，其调用展开之后，总会有一个参数表达式被计算两次，有时这种情况会引起奇怪的后果。例如下面的调用：

```
z = min(n++, m++);
```

展开的结果是：

```
z = ((n++) < (m++) ? (n++) : (m++))
```

无论变量 n 和 m 在语句执行前的情况如何，总会有一个变量做了两次增量操作。这个情况在程序正文中完全看不到，可能成为程序里难以发现的错误。

（2）通常都在带参宏的替换文本中用括号把宏参数的各个出现都括起来，甚至把整个替换文本都括起来，以防展开后由于运算符的优先级而引起问题。假设定义了下面的求平方宏：

```
#define square(A) A * A
```

表面上看这个定义没有一点毛病，但在特定环境下它可能出问题。例如下面的调用：

```
z = x * square(x + y);
```

宏展开后得到的是：

```
z = x * x + y * x + y;
```

这段代码显然不可能是编程者所希望的。所以，定义宏时参数都应该添加括号：

```
#define square(A) ((A) * (A))
```

（3）初学者写宏定义的一个常见错误是在替换文本后面不适当地多写了分号。按照宏定义的展开规则，宏名字之后的所有东西都被当作替换文本，这样，替换文本中的分号也会被代入程序里，从而可能造成程序出错。例如，下面可能是一个错误的宏定义：

```
#define NUM 10;
```

这样定义之后，程序里的

```
for (i = 0; i < NUM; ++i) {……}
```

就会被展开为：

```
for (i = 0; i < 10;; ++i) {……}
```

因而造成编译出错，这显然不是编程序的人所希望的。

宏定义从定义的位置开始起作用，直到本源程序文件结束。不允许对一个宏名重复定义。但可以取消定义后重新定义。预处理命令 #undef 的作用是取消已有的宏定义，用法如下：

```
#undef 宏名
```

效果就是从这个命令出现的位置开始取消对相应宏名的已有定义。

标准库中的一些常用函数实际上是用宏定义实现的，例如前面程序里多次使用的 getchar、putchar 等，以及头文件 ctype.h 中定义的各种字符分类操作。在使用这些东西时，就需要注意由于多次求值而造成程序错误（不应该用增量表达式等作为它们的实参）。

有时人们也借助宏定义来简化程序书写。带参宏在这方面的效果与函数有类似之处，也有不同之处。由于宏调用在现场展开，因此可以避免执行中的函数调用引起的额外开销，提高执行效率。另外，宏展开也会导致代码膨胀，可执行程序变大。此外，复杂的宏定义展开之后的情况可能很复杂，导致程序错误难以定位和排除。因此，应该谨慎使用宏定义，特别关注其正确性。

上面的讨论说明，**宏机制就是一种简单的正文替换机制**，宏替换就是做简单的正文替换，用一段文字去代替另一段文字，不检查语法，更不会处理类型等问题。一般来说，**如果有其**

他可用机制时就应该用其他机制，如枚举定义、常变量、函数等。它们的意义更清晰，更不容易用错，编译程序也能帮助做更多的检查。

*5.6.3 条件编译命令

通常情况下，源程序中的每一行代码都要被编译。但是在较为复杂的程序中，有时候出于对程序代码优化的考虑或者其他需要，希望对代码进行选择性编译或舍弃。这时可以使用条件编译预处理命令，其作用是划出源程序里的一些片段，使预处理程序可根据给定条件保留或丢掉某一段，或者从几个片段中选择一段保留下来。实现条件编译的预处理命令有 4 个，它们是：

#if   #else   #elif   #endif

其中，#if 和#elif 命令要求给出一个能静态求出整型值的表达式作为处理的条件，另外两个命令没有参数。条件编译命令的常见使用形式有如下三种。

形式 1：

```
#if 整型表达式
…… //条件成立时保留的代码片段，不成立时丢掉
#endif
```

形式 2：

```
#if 整型表达式
……   //条件成立时保留的代码片段
#else
…… //条件不成立时保留的代码片段
#endif
```

形式 3：

```
#if 整型表达式
…… //条件成立时保留的代码片段
#elif 整型表达式
…… //#elif 条件成立时保留的代码片段
#elif 整型表达式   //#elif 部分可以有多个
……
#else
…… //条件都不成立时保留的代码片段
#endif
```

在上面的各种使用形式中，**整型表达式**是条件，值为 0 表示条件不成立，否则就是条件成立。这里常用 ==、!= 进行判断，例如判断某个宏定义的符号常量值是不是等于某个值等。

形式 1 用于描述在一定条件下保留或丢掉一段代码（条件成立时保留）；形式 2 用于在两段代码中选择一段；形式 3 根据多个表达式的情况，从若干代码段里选取一段。注意，这些选取都在预处理阶段完成。预处理之后，选取命令行和应该丢掉的片段都被删除。条件命令也允许嵌套。

为方便使用，语言还提供了一个特殊谓词 defined，其使用形式有两种：

```
defined 标识符
```

或

```
defined (标识符)
```

当标识符是有定义的宏名字时，defined 谓词得 1，否则得 0。这种表达式常用作**条件编译**的
条件。

还有两个预处理命令 #ifdef 和 #ifndef，它们相当于#if 和 defined 组合的简写，即

```
#ifdef 标识符        相当于        #if defined (标识符)
#ifndef 标识符       相当于        #if !defined (标识符)
```

5.7 程序动态除错方法（二）

前文中说过，**测试**就是在完成了一个程序或程序的一个部分后，通过一些试验性运行，
并仔细检查运行效果，从而设法确认该程序或程序部分完成了我们期望的工作。或者说，测
试就是设法用一些特别选出的数据去挖掘程序里的错误，直至无法发现更多错误为止。

前文中介绍了一些有关测试的知识，下面列出前面讨论过的一些内容，帮助读者回顾
总结：

（1）对于选择结构，应该提供测试数据，使程序执行时能走过每一个流程分支，检验、
确认程序在每种执行流程的情况下都能正确完成工作。（参见 3.6.2 节。）

（2）对于循环结构，常用方法是选择测试数据，检查循环的某些典型情况，有时再根据
具体问题选择若干其他典型数据进行测试。（参见 3.7.5 节。）

（3）在编写好一个函数后，通常都要写一个测试程序，支持以人机交互的方式为函数提
供实参，或自动地提供一批实参，对所编写的函数执行测试。（参见 5.2.3 节。）

对程序（或函数）进行测试的结果，要么是说明了程序、代码段或函数中没发现错误，
要么是发现其中存在错误。如果发现程序中有错误，就需要设法确认产生错误的根源，而后
通过修改程序排除这些错误。这一工作过程就是**除错**。

在 3.8 节中介绍过两种适合初学者使用的排除程序运行错误的简单方法，即**整理排版缩进
之后通读源代码**、**添加输出语句显示变量的中间值**。通过使用这两种方法，可以解决简单程
序的大部分除错问题。在开发较复杂的程序时，使用了上述两种方法，可能还找不出程序中
的错误所在，这时就可以考虑使用更专业的调试工具。

实际上，各种程序集成开发环境（IDE）通常都带有一个功能强大的动态调试和查错系统
（称为 debugger，简称为**调试器**），利用它们可以比较方便地跟踪程序的执行过程。在有了一
定的编程经验之后，有必要学习使用这种动态调试和查错工具，通过深入观察程序的运行过
程，或者观察变量值的一步步变化，加上自己的逻辑思考，设法找出程序中隐藏更深的错误，
并修改清除之。

下面介绍如何使用 Dev-C++ 中的调试器，这部分内容也可供学习其他集成开发环境的调
试器时借鉴。

在 Dev-C++ 中进行程序调试时，主要是使用工具栏上与调试有关的几个按钮（如图 5-9
所示）：调试、停止执行、下一行、单步进入和跳出函数。调试过程中可以在"调试"管理面
板中查看函数参数和局部变量的当前值，还可以在装订栏上切换断点。

图 5-9　Dev-C++ 工具栏上与调试相关的按钮

5.7.1　开始调试

在程序通过编译之后，单击工具栏上的"**调试**"按钮（快捷键 F5），或单击菜单"运行→调试"，就可以启动程序以调试方式开始运行。

程序以调试方式开始运行（参看图 5-10），默认暂停在程序中的第一条可执行语句处（该语句尚未执行）。这时，源代码编辑窗口中相应的那一行代码会以蓝底白字的形式高亮显示，表示该行代码即将执行。随着后续调试操作的进行，这一高亮行将按照程序的控制流移动，反映程序执行的进展。

此时 Dev-C++ 窗口左侧的管理器将自动切换到"调试"管理面板。该面板分为上下两部分，上面的部分是"监视"功能（下文介绍），下面的文本框中自动显示当前函数的参数和局部变量的当前值。需要注意的是，当程序执行进入函数时，其中的局部变量都被分配了存储空间，在程序中对局部变量赋值之前，它们的当前值就是存储空间中原有的残留值，对程序是没有意义的。如图 5-10 所示，高亮的代码行尚未执行，局部变量 n 尚未被赋值，因此左侧显示的 n 的当前值是没有意义的。只有在程序中的后续语句对局部变量赋值之后，它们的值才是有意义的。

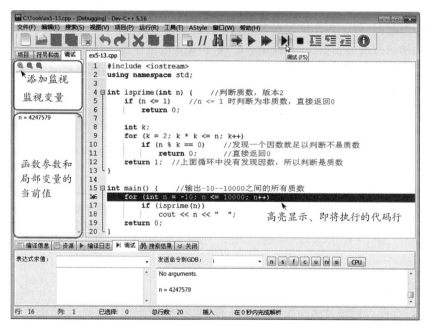

图 5-10　在 Dev-C++ 中进行调试时的界面

同时，下方信息面板也展开并切换到"调试"页，不过初学者不必使用其中的高级调试功能。

5.7.2　调试过程中的操作

程序以调试方式启动运行后处于暂停状态，这时用户可以单击工具栏上的按钮进行调试操作：

（1）"下一行"按钮（快捷键 F7）总使系统执行源程序的一行代码，暂停在下一行。这种操作也称为"逐行执行"。

（2）如果当前行不包含函数调用，"单步进入"按钮（快捷键 F8）的效果与"下一行"按钮相同。如果当前行包含函数调用，则"单步进入"要求追踪进入被调函数，当前行跳转到被调函数体的第一条可执行语句。左侧"调试"管理面板中也会显示当前函数的参数和局部变量的当前值。

如果当前行调用了标准函数或不准备检查的函数，就应该单击"下一行"按钮。希望检查函数内部的执行情况时应该单击"单步进入"。在函数执行中的任何时候都可以通过"跳出函数"按钮要求执行完当前函数，返回主调代码行。

（3）使用调试器之前或者调试过程中，都要认真思考程序出错的现象，推测其可能的原因和可能出错的位置。在确定了应怀疑的位置后，就可以在相应代码行的前面和/或后面设置断点（break point），以进行重点检查：无论在编辑状态还是调试过程中，只要把光标移到某一行并用鼠标单击该行左边的装订栏的行号（或者按 F4 键），该行就会变成红色，装订区行号处显示红点，表示该行已设置为断点，再次操作则消除该行的断点状态。可以根据需要设置任意多个断点。

如果程序中设置了断点，启动调试执行后程序就会运行到第一个断点（而不是第一条可执行语句）并暂停在那里。单击"调试"按钮，程序就会运行到下一个断点处并暂停，或直到程序结束。这时仍然可以用"下一行"和"单步进入"等操作。

除了上述操作之外，在调试过程中还有一些事项需要说明：

（1）当所执行的语句中使用 cout << 或 printf 进行输出时，输出的信息会显示在终端窗口中，这时需要切换到终端窗口以观察输出情况。可以适当调整 Dev-C++ 窗口的大小和位置，以便能同时看到 Dev-C++ 窗口和终端窗口（例如让终端窗口位于屏幕左上方，编辑窗口位于屏幕右边部分），以方便后续操作。

（2）当所执行的语句中使用 cin >> 或 scanf 进行输入时，程序会转到终端窗口等待用户输入。这时用户必须到终端窗口去进行输入操作（此时如果单击调试相关的按钮，那么都不能往下运行）。只有完成了输入操作，才能继续进行调试操作。

（3）"调试"面板中的"监视"功能可以监视变量名或表达式的值：在源代码编辑器中用鼠标选中需要监视的变量名（例如"n"）或表达式（例如上面示例程序中的"isprime(n)"），然后在调试窗格单击"添加监视"按钮，就可以在"调试"面板中看到该变量或表达式及其当前值。

5.7.3　调试与除错

在调试过程中，应该灵活运用上面介绍的操作，同时根据情况查看需要关注的变量值，最重要的是要开动脑筋认真思考和分析，判断程序中是否存在错误。

在调试执行的中途或最后，可以随时按"停止执行"（快捷键 F6）以结束调试。然后，根据调试过程中发现的情况和自己的思考结果，对程序代码进行必要的修改，设法排除程序中的错误。

一旦认为已经排除了错误，就应该重新生成可执行程序，然后再次测试，确认修改的有效性。程序的测试和除错（调试）这两方面工作常常是交替进行的。对比较复杂的程序，可能需要反复进行多次测试执行和调试除错，排除测试中发现的所有错误，直至得到满意的程序。

测试和除错是程序开发过程中必不可少的阶段，也是一种只有通过实践才能学会的技术。有兴趣的读者可以阅读 B. W. Kernighan 和 R. Pike 编写的《程序设计实践》一书或其他相关专著，从中学习程序设计中实际的、又非常深刻和具有广泛意义的思想、技术和方法。

本章讨论的重要概念

主程序与函数，函数定义，函数头部，函数体，参数表，函数返回值，函数的调用，程序执行入口，对函数的两种观点，函数封装与接口，形式参数（形参）与实际参数（实参），自动变量，作用域，存在期，赋值参数（值参数，值参），引用参数，程序的函数分解，循环与递归，阶乘和乘幂，斐波那契数列，最大公约数，变量定义的嵌套，外部说明，外部变量（全局变量），静态局部变量，全局作用域，局部作用域，作用域的嵌套，名字空间，定义与声明，函数原型说明，外部静态变量，多文件开发，预处理，文件包含命令，宏定义与宏替换（宏展开），带参数的宏定义，条件编译命令，程序动态除错，程序测试，调试器，逐句执行，单步执行，进入函数，观察变量，断点。

练习

5.1　函数的定义与调用：例 5-1～例 5-9
5.2　程序的函数分解、封装与测试：例 5-10～例 5-15

1. 设圆柱体的底面半径为 r，高为 h，分别编写求圆柱体的外表面积和体积的函数（这两个函数分别命名为 surfcyl 和 volcyl），并编写主函数测试这两个函数。
2. 在文本模式下，可以用一些字符在屏幕上模拟打印输出图形。例如，下面是一个使用'*'字符打印出的 4 行 20 列的空心矩形：

```
********************
*                  *
*                  *
********************
```

请定义一个函数 void prtRect(char ch, int m, int n)，用于使用指定的字符 ch 打印输出 m 行 n 列的空心矩形。然后，编写主函数测试此函数。
3. 定义函数：void prtFactors(int)，它对正整数实参输出其所有的因数（包括 1 和该数本身）。然后编写一个主函数调用上述函数，对 10～100 的所有正整数进行测试。
4. 如果一个整数的所有真因数（除了该数本身以外的约数，包括 1 在内）之和正好等于这个数，就称它为"完全数"。因数之和小于自身的数称为"亏数"，因数之和大于自身的数称为"盈数"。例如 6 = 1 + 2 + 3，所以 6 是完全数。编写一个函数（取名为"isperfect"），当其参数是完全数时返回 1，否则返回 0。然后编写主函数，利用函数 isperfect 求出 10 000 以内的所有完全数（实际上共有 4 个：6、28、496 和 8128）。
5. 定义函数：void prtPrimeDecomp(int)，它对正整数实参首先判断是否为质数，如果是质数就输出该数本身，如果是合数则分解成质因数相乘的形式并输出（多重因子重复输出）。例如，12 可分解为 2 * 2 * 3。对于负整数参数，首先输出-1，然后按上述方法处理，例如 -12 分解为 -1 * 2 * 2 * 3。编写主函数对 -20~20 的整数测试此函数。

5.3 循环与递归：例 5-16~例 5-20

6. 求两个数的最大公约数的另一种方法是辗转相减法，其递归定义为（其中 $m > 0, n > 0$）：

$$gcd(m, n) = \begin{cases} m & m = n \\ gcd(n, m) & n > m \\ gcd(m-n, n) & m > n \end{cases}$$

利用这个定义，用递归和循环方式各写出一个求最大公约数的函数。（用递归方法写出的函数取名为 gcdminus 和 gcdrecur2，用循环方式写出的函数取名为 gcdloop2。请注意上面数学定义中的 "$m = n$" 是逻辑条件，在程序中应该写成 "m==n"。）

7. 定义一个函数，计算两个正整数的最小公倍数（least common multiple，函数取名为 lcm）。（提示：两数相乘的积除以这两个数的最大公约数就是最小公倍数。然后编写主函数，求出从键盘上输入的两个正整数的最小公倍数。）

8. 请分别用循环方式和递归方式编写函数，将一个整数 n 从低位到高位反转成另一个整数（例如输入 1523 变成 3251）。（本题用循环方式容易实现，用递归方式较难。）

5.4 外部变量与静态局部变量：例 5-21~例 5-25

9. 对如下程序，先思考运行时的输出结果，然后在计算机上编辑并运行该程序，看看屏幕的实际输出结果与自己思考的结果是否一致。如果不一致，请使用集成开发环境中的动态调试工具（参见 5.7 节）进行调试运行，并实时查看各个变量的值，以便深入理解局部变量、全局变量和静态局部变量的性质。

```cpp
#include <iostream>
using namespace std;

int a = 3, b = 4;                //外部变量

void fun(int x1, int x2) {
    static int st = 0;           //静态局部变量
    cout << x1 + st << "\t" << x2 + st << endl;
    cout << a + st << "\t" << b + st << endl << endl;
    st++;
}

int main() {
    int a = 50, b = 60;          //局部变量
    cout << a << "\t" << b << endl << endl;
    fun(a, b);                   //第一次调用
    fun(a, b);                   //第二次调用
    fun(a, b);                   //第三次调用
    return 0;
}
```

5.5　声明与定义：例 5-26 和例 5-27

5.6　预处理：例 5-28

10. 把以前编写过的"判断是否为水仙花数""判断是否为质数""判断是否为完全数"等的函数进行整理，做成一个功能函数库（把函数的定义保存为一个文件 numbers.cpp），并为支持其他程序使用这个功能库编写一个头文件 numbers.h。另外写一个主程序（文件保存为 nummain.cpp），其中用预处理命令包含 numbers.h 头文件，在 main 函数中对 10 ～ 200 的正整数依次做上述几种判断。为这个程序设计适当的输出并实现之。

5.7　程序动态除错方法（二）

11. 请在编程解答上述习题的过程中练习使用集成开发工具中的调试器，熟练掌握启动调试、逐行执行、单步进入、观察变量的值、设置断点等操作，体会"程序总是从 main 函数开始执行"和调用函数时的程序执行控制转移。

第6章 数　　组

　　程序的工作都与数据有关，如输入数据、输出数据、存储数据、对数据进行各种计算和修改等。人们编写程序处理的客观事物千姿百态，具有各种特征和性质，需要在程序中以合理的数据形式表示出来。为此，每种程序语言都需要提供一套结构和操作，使人们在编写程序时能够方便地处理与数据表示有关的各种问题，这就是语言的**数据机制**。

　　需要用程序处理的数据可能很简单，也可能很复杂，数据之间可能有丰富多样的关系。为能处理各种情况，语言的数据机制必须足够丰富；还要考虑简洁性与方便性，有关机制不能过分繁复，难以使用；也不应太低级，否则使用起来过于烦琐（机器语言和汇编语言就是这样）。

　　经过几十年的研究和实践，高级语言领域在这方面已经形成了一套公认的有效方式。编程语言数据机制的基本框架通常包括下面几个互相联系的方面：

　　（1）把语言能处理的数据对象划分为一些**类型**，每个类型是一个数据值的集合。例如，C/C++ 语言里的 `int` 类型就是该类型能表示的所有整数值的集合。

　　（2）提供一组**基本数据类型**，规定它们的书写方式（文字量），为每种类型提供一组基本操作（运算），支持基本数据对象的表示和使用。例如 C 和 C++ 语言里的 `int`、`double` 和 `char` 等。

　　（3）提供一些用简单数据类型或数据对象**构造更复杂数据类型或数据对象**的手段。反复使用这些手段可以构造出任意复杂的**数据结构**，以满足复杂数据处理的需要。

　　最常见的数据构造机制是**数组**和**结构体**（structure，或称记录，record），另一种用于数据构造的重要机制是指针。利用这些机制可以把多个（基本或非基本）数据对象组合起来，作为整体在程序里使用，这样的对象称为**复合数据对象**，其组成部分称为它们的**成分、成员**或**元素**。同一类复合对象形成的类型称为**复合数据类型**。可以对复合数据对象命名，也可以定义复合数据类型的变量，通过变量名将其作为整体来访问相应对象，还可以访问它们的成分，使用其成分的值或者给它们赋值。

　　C 和 C++ 语言采用了这一套通行的方法，其基本类型前面已经介绍过，下面几章将介绍各种数据构造机制，包括数组和后面介绍的指针、结构体等。本章介绍 C 和 C++ 语言中关于数组的基本知识。C99 在数组机制的设计方面对 ANSI C 有较大扩充，后面有简要介绍。

6.1　数组的概念、定义和使用

　　数组（array），顾名思义就是一组数。编程语言中推广了这一概念，支持任意类型的数组。**数组**是用于**组合同类型数据对象**的机制，一个数组里可以汇集一批相同类型的对象。数组的成分称为数组的**元素**。在程序中既能分别处理数组中的单个元素，也能以统一方式处理其中的一批元素或所有元素。后一种处理方式特别重要，是数组（包含一批成员）和一批独立命名的变量之间的主要区别。

6.1.1　数组变量的定义

　　根据数组的性质，在定义**数组变量**（下面常简单地说成"数组"）时需要说明两方面的性质：

　　（1）该数组（变量）的元素是什么类型。人们常把数组元素类型看作数组的类型，把元素类型为整型的数组说成整型数组，类似地说双精度数组等。本书下面也采用这种说法。

　　（2）该数组里包含多少个元素。一个数组中元素的个数也称为该数组的**大小**或**长度**。

　　数组定义的形式与简单变量定义类似，只是在被定义的变量名后写一对方括号，说明这里定义的是数组，在方括号里写一个整型表达式表示数组的长度。按照 ANSI C 和 C++ 标准的要求，**数组中元素的个数必须能在编译时静态确定，因此要求这个表达式能够静态求值**。C99 在这方面有所扩充（见 6.1.4 节）。

　　最简单的情况是用整型文字量（整数）说明数组的大小。例如，下面的语句定义了两个数组：

```
int array[8];
double db[20];
```

这里定义的是一个包含 8 个元素的整型数组 array 和一个包含 20 个元素的双精度数组 db。

　　允许用 const 整型常变量、enum 枚举常量或替换文本是整数的宏名描述数组大小，还可以用基于上述几种整数值的算术表达式描述。允许在一个定义语句中定义多个数组变量。下面是一些数组定义示例：

```
const int NUM = 10;
int a1[NUM], a2[NUM + 1];
double db1[NUM], db2[NUM + 2];

enum {LEN = 20};
int a3[LEN], a4[LEN * 2];
double db3[LEN], db4[LEN * 3];

#define SIZE 100
int a5[SIZE], a6[SIZE * 4 + 1];
double db5[SIZE], db6[SIZE * 5 - 2];
```

注意，前文说过应该尽量少用宏定义，本书中将经常使用整型常变量或枚举常量描述数组的大小。

　　数组定义可以与其他变量的定义混合写在一起，例如下面这样：

```
int m, n, a2[16], a3[25];
double db2[20], db3[50], x, y;
```

但更提倡用单独的语句定义数组，因为这样更有利于程序的阅读和理解。

　　数组变量也是变量，数组定义可以出现在任何能定义简单变量的地方。与简单变量完全一样，定义方式及位置决定了它们的作用域和存在期。根据定义位置和方式不同，数组通常可以分为定义在函数外部的**外部数组**和定义在函数内部的**局部数组**，包括函数内部的**自动数组**（普通局部数组）和**静态局部数组**（加 static 限定）。

6.1.2 数组的使用

使用数组的最基本操作是**数组的元素访问**（赋值和取值），对数组的使用最终都通过对元素的使用而实现。数组元素在数组里顺序排列、编号，规定数组首元素的编号为 0，其他元素依次编号。这样，*n* 个元素的数组，元素编号范围是从 **0** 到 *n*−1。

例如，如果程序里定义了下面的数组：

```
int a[8];
```

那么 a 中包含 8 个元素，它们的编号依次为 0、1、2、3、4、5、6、7。

数组元素的编号也称为元素的**下标**。**对数组元素的访问**是通过数组名和表示下标的表达式，用下标运算符 [ ] 描述的。下标运算符 [ ] 是语言里优先级最高的运算符之一，它的两个运算对象的书写形式比较特殊：第一个运算对象写在方括号前面，该运算对象应该表示一个数组（最简单的情况就是直接写出数组名，后面介绍其他复杂情况）；另一个应该是整型表达式，写在方括号里面，表示要访问的元素的下标。例如，对上面定义的整型数组 a，其元素可以分别用 a[0]、a[1]、a[2]、a[3]、a[4]、a[5]、a[6] 和 a[7] 访问，其中的 a[0] 是数组 a 中的首元素（编号为 0），而 a[7] 是数组 a 的最末元素（编号为 7）。这种写法也称为访问数组元素的**下标表达式**。例如，表达式 "a[7]" 就表示访问数组 a 中下标为 7 的元素[①]，即上面定义的数组 a 中的最后一个元素。

例如，有了上面的数组定义之后，程序里就可以写下面这些语句：

```
a[0] = 1;
a[1] = 1;
a[2] = a[0] + a[1];
a[3] = a[1] + a[2];
```

显然，对上面这些简单情况，完全可以用几个简单变量代替 a 这样的数组变量，例如写：

```
int a0, a1, a2, a3;
a0 = 1;
a1 = 1;
a2 = a0 + a1;
a3 = a1 + a2;
```

在这里还看不出数组的实际价值。

数组的真正意义在于**它使程序中能以统一的方式描述对一组数据的处理**。下标表达式可以是任何具有整数值的表达式，也允许包含变量，例如，设整型变量 i 已定义，就可以写：

```
a[i] = a[i - 1] + a[i - 2];
```

这个语句执行时将访问数组里顺序编号的三个元素，但具体访问哪三个数组元素要看当时变量 i 的值。改变下标表达式里变量的值，同一个语句在不同的执行中访问的可能是数组里的不同元素。把这种形式的语句写在循环里，执行中就能实际地访问数组 a 的一些元素甚至全部元素。

---

① 人们通常用 1, 2, 3, … 作为计数序列，但在 C/C++ 里，数组元素在数组中的下标（位置）编号从 0 开始计数。为了表述准确，本书尽可能避免使用 "第 *n* 个数组元素" 的说法，而采用 "下标为 *n* 的元素" 的说法。

数组的存储实现

在计算机内部实现数组时，必须设计好数组元素的存储方式。由于元素的类型相同，这个问题很容易处理。创建数组时，语言系统将为它**分配一块连续的足以存放数组中所有元素的存储区域**，各元素在其中顺序排列，下标为 0 的元素排在首位，每个元素占的空间相同。例如，假设有定义：

```
int a[8];
```

则为数组 a 分配的存储区能存放 8 个整型数据，也就是说，它占据的存储空间相当于 8 个整型变量所用的空间。具体安排情况如图 6-1 所示。

图 6-1　数组的存储实现

这样，数组 a 至少相当于 8 个整型变量，可以把 a[0]，…，a[7] 看作这些变量的"名字"。定义为数组就保证它们顺序地保存在一起，可以通过数组名 a 和下标表达式统一地访问。

【例 6-1】写程序建立一个包含斐波那契数列前 30 个数的数组，从小到大打印数组中所有的数。

根据题目要求，程序里可以先定义一个含有 30 个元素的整型数组 fib，然后给其元素赋值，最后打印元素的值。最直接的方式是先给 fib[0] 和 fib[1] 赋 1（相应的斐波那契数），然后写 28 个语句算出其余元素的值，再写 30 个输出语句打印它们。但是，现在用的是数组，后 28 个元素的计算方法完全一样，只是所用的下标不同，可以采用循环处理。这样就可以写出下面的程序：

```cpp
int main() {
    const int NUM = 30;
    int fib[NUM];
    int n;

    fib[0] = 1;
    fib[1] = 1;
    for (n = 2; n <= NUM - 1; ++n)              //下标从 2 到 NUM-1
        fib[n] = fib[n - 1] + fib[n - 2];       //根据递推公式计算数组元素

    cout << "Fibonacci sequence: " << endl;
    for (n = 0; n < NUM; ++n)                    //下标从 0 到 NUM-1
        cout << fib[n] << (n % 5 != 4 ? '\t' : '\n'); //打印数组元素和分隔符

    return 0;
}
```

这里先用一个 for 循环语句完成主要的计算工作（该循环体语句将执行 28 次），设置好数组元素，然后用另一个 for 循环完成输出（循环体语句执行 30 次）。输出语句里用了一点小技巧，通过一个条件表达式，使程序能在每输出 5 个元素后换一行。如果用 30 个独立变量，显然无法用两个循环完成这些处理。采用数组带来了许多方便，写出的程序也更简单、更清晰。

在 4.1.3 节和 5.3.2 节中讨论过斐波那契数列。与那里的程序对比，可以看到，这里把数列中的值都存入数组，从而把赋值和输出分开处理。此外，保存在数组中的数列值还可以重复使用、随时访问，在前面的程序中无法做到这一点。

这个简单的例子说明，利用循环可以统一处理一批数组元素，可能带来许多方便。

上面的程序展示了一种重要技术：如果需要操作数组中连续的多个或者全部元素，通常使用 for 语句和一个循环变量。最常见的结构是令循环变量遍历数组的全部下标，其书写形式是：

```
for (n = 0; n < 数组长度; ++n) {
    ...
}
```

虽然同一个循环也可以写成：

```
for (n = 0; n <= 数组长度 - 1; ++n) {
    ...
}
```

但专业人员提倡使用前一形式。后一形式不仅写起来复杂，每次检查循环条件还可能多做一次运算。

请注意这两种写法中的循环条件是 "n < 数组长度" 或 "n <= 数组长度 - 1"。如果误写成 "n <= 数组长度"，就是严重的错误。例如，如果把上面程序的第一个循环写成：

```
for(n = 2; n <= NUM; ++n)
    fib[n] = fib[n - 1] + fib[n - 2];
```

由于循环条件是 "n <= NUM"，因此最后一次循环中就会出现对 fib[NUM]的访问，而下标为 NUM 的元素并不存在，因为该数组的元素的下标范围是 0~NUM-1。程序运行中访问不存在的东西显然是错误的，**用超出数组元素下标合法范围的下标表达式进行元素访问的现象称为越界访问**，这是操作数组的程序里最常见的一种语义错误。通过查看程序很难看清这种错误，产生越界是因为下标表达式的值不合适，而表达式的值是程序运行中确定的，很难简单地通过检查代码看出来。

前面提到过 C 和 C++ 语言对运行中错误的检查不够，其中一个重要问题就是不检查数组元素访问的合法性，**不检查数组越界，出现越界访问时也不会报错**。错误的存在与否是客观事实，不报告错误不等于没有错误。任何数组的合法下标范围都是确定的，越界访问当然是错误，引起的后果无法预料。

数组越界访问的可能后果

在有些操作系统里，每个程序的合法数据访问范围都受到严格监控。如果程序运行中的数据访问超出了该程序数据区的范围，就会被这些操作系统认定为非法，导致一个动态错误，操作系统会强行终止出现这种错误的程序。也有些系统（如老的 DOS 系统）根本不检查程序访问的范围，但越界访问操作可能破坏其他数据，也可能破坏本程序的代码，甚至破坏系统里正在运行的其他软件，例如操作系统的子程序或数据结构。这样就可能造成系统死机或出现其他莫名其妙的现象。

即使数组越界访问没有超出本程序的合法数据区域，这种访问也是无意义的，甚至是

> 很危险的。越界取得的数据显然不会是有意义的，在程序里使用这种数据没有任何价值。越界赋值更加危险，即使这种操作没有被检查和禁止，其后果也是可怕的。这种赋值会破坏被赋值位置的原有数据，其后果难以预料，因为根本无法知道被这个操作实际破坏的到底是什么。所以，使用数组时必须保证对数组元素的访问在合法范围内进行。

C/C++ 不检查数组下标越界是为了保证程序执行的效率。这实际上就是要求编程的人自己关心数组下标表达式的正确性，保证程序运行时不会出现数组越界访问。

有读者可能问：在定义数组时（例如 "int fib[30];"），方括号里所写的数字比下标最大值要大 1，这是不是越界？回答是：在定义数组时，方括号里所写的表达式用于描述数组长度，并不是下标（虽然两者在形式上相似），这里的 fib[30] 不是访问数组元素的表达式。

6.1.3　数组的初始化

要用数组保存数据，就需要给数组的元素赋值。前例说明可以用一些赋值语句给数组元素赋值，实际上，**定义数组时可以直接初始化**，给数组元素指定初值。无论是外部数组、函数内的自动数组还是静态局部数组，都可以直接初始化。与简单类型的变量类似，外部数组和局部静态数组也是在程序开始执行前建立并初始化，局部自动数组在执行进入其所在的定义域时建立并初始化。

给数组指定初值的方式，就是在定义数组变量时通过附加描述给出数组元素的初值，**各元素的值表达式顺序地写在一对花括号里，表达式之间用逗号分隔**。例如：

```
int b[4] = {1, 1, 2, 3};
double ax[6] = {1.3, 2.24, 5.11, 8.37, 6.5, 4.32};
```

这样就不但定义了整型数组 b 和双精度数组 ax，还给这两个数组的所有元素都指定了初值。

数组元素的初值表达式必须是可以静态求值的常量表达式。**自动数组**的初始化也只允许用常量表达式（而不能用含有变量的表达式）。这个规定与前面对简单类型自动变量初始化的规定不同。还应说明，这种为数组元素指定值的写法只能用于初始化，语句里不能采用这种写法[①]。

初始化列表中元素的个数不能超过（必须少于或等于）数组元素的个数，如果少于数组元素的个数，就只给数组的前一段元素指定初值，这时其余元素自动初始化为 0（外部数组、局部静态数组和自动数组都是如此）。例如，上例中可以用如下方式定义并初始化 fib 数组（省去为 fib[0] 和 fib[1] 赋值的两个语句）：

```
int fib[NUM] = {1, 1};
```

有一种做法在实践中比较常见，就是在定义自动数组时只描述首元素初始化为 0。这种写法的效果就是把所有元素都初始化为 0。例如：

```
int a[NUM] = {0}; //定义长度为 NUM 的数组 a 并初始化 a[0]，其他元素自动初始化为 0
```

[①]　这里说的是 ANSI C 标准的规定，比较严格。C++ 和 C99 都对数组初始化等做了一些扩展，有关结构的语法扩展和语义规则都比较复杂。建议初学者暂时只用 ANSI C 规定的最简单的初始化形式，熟悉之后自己查阅有关规则。

如果在定义数组时用初始化描述给出了**所有**元素的初值，就可以不描述数组的长度。在这种情况下，系统将根据初始化表达式的个数确定数组长度。例如，下面的数组定义合法：

```
int a[] = {1, 1, 2, 3, 5, 8, 13, 21, 34, 55};
```

这种写法能带来一些方便，不必注意数组大小描述与初始化中元素个数之间的一致性，有利于程序修改。但采用这种定义，程序中如何获知数组的元素个数呢？可以利用求数据类型或数据对象在内存中所占存储空间大小（以字节为单位）的运算符 sizeof：用 sizeof(a) 求出数组 a 的存储空间大小，用 sizeof(a[0]) 求出单个元素的存储空间大小，那么 sizeof(a)/sizeof(a[0]) 的值就是数组 a 的元素个数。

如果定义数组时没做初始化，有关规则与简单变量类似：自动数组不自动初始化，元素的初值无法确定；外部数组或静态局部数组都自动初始化，所有元素设置为 0。下面的程序演示了这一情况。

【例 6-2】写一个程序，里面包含未初始化的外部数组和函数内的自动数组，对比它们的初值。

根据题目要求写出示例程序如下：

```cpp
#include <iostream>
using namespace std;

const int LEN = 8;      //定义全局整型常变量 LEN
int ga[LEN];            //定义外部数组 ga，未初始化

int main() {
    int array[LEN];     //局部数组 array，未初始化

    for (int i = 0; i < LEN; i++)
        cout << ga[i] << (i == LEN - 1 ? "\n" : "\t");

    for (int i = 0; i < LEN; i++)
        cout << array[i] << (i == LEN - 1 ? "\n" : "\t");

    return 0;
}
```

这里分别定义了外部数组 ga 和局部数组 array，而且都没做初始化。运行程序可以发现，ga 中各元素的值都是 0（数组元素自动初始化），而 array 中各元素的值都不相同（数组元素未初始化）。

为了避免变量未赋初值就使用的错误，人们建议尽可能在定义数组时进行初始化。例如，上面的外部数组 ga 的定义最好写成"int ga[LEN] = {0};"，局部数组 array 的定义最好写成"int array[LEN] = {0};"。如前所述，把数组的 0 号元素初始化为 0，其他元素都自动初始化为 0。

*6.1.4 变长数组

前面说到，ANSI C 和 C++ 标准规定，**数组元素的个数必须能在编译时静态确定**。C99 在这方面有一个重要扩充，它**允许定义（和声明）变长数组**（variable-length array）。C99 允许用一般整型表达式（其中可以有变量）描述复合语句里的局部数组的长度，运行中**创建数组时根据表达式的值确定数组的实际长度**。此外，还允许函数有变长数组参数，但外部数组

或静态局部数组不能定义为变长数组。下面给出两个例子，按照 C99 标准，它们都是合法的（按 ANSI C 标准则不合法）。

（1）在复合语句中定义变长数组，以局部变量描述数组长度。假设下面的代码段在某函数体内部，这里的 a1 和 a2 都是变长数组，a1 的元素个数由整型变量 n 确定，a2 的元素个数由输入确定：

```
int n = 10;        //定义整型变量（而非整型常变量）并赋初值
int a1[n];         //定义数组，用有初值的整型变量作为长度
cin >> n;
int a2[n];         //定义数组，以用户输入的变量值作为长度
```

（2）用函数参数（在程序执行中函数被调用时才能得到实参的值）描述数组长度。例如：

```
void func(int m) {
    double b1[m], b2[m + 10];
    ……
}
```

使用变长数组时要当心引入安全缺陷，上面的例子都有这方面的问题。在第一个例子中，数组 a2 的长度由运行时的输入确定，如果用户输入的是负值、0、很大的整数，或有意无意输入了非整数字符，定义数组 a2 时将产生动态运行错误，造成程序崩溃。第二个例子用实参 m 作为数组的长度，参数值不当也会造成非法定义。为避免这些情况，应该加入检查，例如把第二个例子修改为：

```
int fun1(int m) {
    if (m <= 0) {
        cout << "ERROR: array length illegal.";
        return -1;   //中止程序执行，返回-1表示出错
    };
    double b1[m], b2[m + 10];
}
```

在参数不满足要求时，这个函数输出错误信息后中止执行，返回 -1 表示出错。

显然，**变长数组不能在定义时进行初始化**，而只能用语句给这种数组的元素赋值。这一规定很合理：由于变长数组的元素个数在编译时无法确定，因此其初始化只能由程序里明确写出的代码完成。

需要特别指出，只有 C99 标准支持变长数组，ANSI C 和 C++ 标准都不支持变长数组。目前常见的 C++ 编译器对这个问题的处理方式不同：免费开源的 GCC 编译器（Dev-C++ 使用该编译器）部分地支持这种功能，而微软公司出品的 Visual C++ 编译器（Visual Studio 系列产品都使用该编译器编译 C++ 程序）完全不支持这种功能。因此，如果在程序中使用了变长数组，就会受限于语言标准和编译器。建议初学者不要使用变长数组。

6.2　使用数组的程序实例

本节讨论几个使用数组的程序实例。这些实例都比较简单，希望读者不仅关注这些程序本身，更应当注意其中使用数组的方式和相关的问题。这些程序也展示了一些开发程序时常

用的设计方法和技术，其中的一些方法具有比较广泛的意义。

6.2.1 计算日期的天数序号

【例 6-3】输入一个日期（包含年月日），判断该年是否为闰年，并计算该日期为该年的第几天。

这是本书第 3 章中的一道练习题。如果程序中不用数组，则需要分别处理各月的天数，程序较为复杂。可以用一个长度为 12 的整型数组保存各月的天数（1～12 月的天数分别保存在下标为 0～11 的数组元素中），并注意根据平年和闰年的情况设置 2 月份的天数。在使用数组时需要特别注意避免下标越界，即需要检查用户输入的月份值是否为 1～12 中的值。除此之外，还要检查用户输入的年份的合法性（应该大于 0）和日数的合法性（应该为 1 至当月天数中的值）。据此写出程序如下：

```cpp
int main() {                                     //计算给定的某个日期是该年的第几天
    int year = 2020, month = 2, day = 28;        //定义变量并初始化为示例数据
    cout << "请输入表示年月日的三个整数: ";
    cin >> year >> month >> day;

    if (year < 0 || month < 1 || month > 12) {   //检查年份和月份的合法性
        cout << "错误: 年份或月份不合法! " << endl;
        exit(1);                                 //终止程序
    }
    int mdays[12] = {31, 28, 31, 30, 31, 30,31,31, 30,31,30,31}; //各月天数
    if ((year % 100 != 0 && year % 4 == 0) || year % 400 == 0)
        mdays[1] = 29;                           //闰年的二月份有 29 天

    if (day > mdays[month - 1]) {                //检查日数的合法性
        cout << "错误: 日数不合法! " << endl;
        exit(1);                                 //终止程序
    }
    //年月日都合法, 下面进行计算
    int daynum = day;                            //天数序号, 初始化为当前日
    for (int i = 0; i < month - 1; ++i)          //累加前几个月的天数
        daynum += mdays[i];

    cout << year << " 年 " << month << " 月 " << day << " 日 是当年的第 "
        << daynum <<" 天。\n";
    return 0;
}
```

从此题可见，在程序中使用数组可以简化计算，而且使用数组时需要特别注意避免下标越界。

6.2.2 从字符到下标

【例 6-4】写一个程序，统计由标准输入得到的一批字符中各个数字字符出现的次数。

假设在程序中用变量 ch 存储输入字符。一个显然的办法是定义 10 个计数变量，分别记录读入的数字字符的个数。程序中采用 switch 或 if 语句区分各种情况，遇到数字字符时就把对应的计数变量加 1。前面展示过一些读入和处理字符的程序，这样写程序不需要数组，其

核心代码如下：

```
int ch, cs0 = 0, cs1 = 0, cs2 = 0, cs3 = 0, cs4 = 0;
int cs5 = 0, cs6 = 0, cs7 = 0, cs8 = 0, cs9 = 0;
while ((ch = getchar()) != EOF)
    switch (ch) {
        case '0': cs0++; break;
        case '1': cs1++; break;
        case '2': cs2++; break;
        case '3': cs3++; break;
        case '4': cs4++; break;
        case '5': cs5++; break;
        case '6': cs6++; break;
        case '7': cs7++; break;
        case '8': cs8++; break;
        case '9': cs9++; break;
        default: break;   //其他字符不计数
    }
```

很显然，这种程序中有很多相似的语句，比较烦琐，整个程序也显得比较笨拙。

改进程序的一种方法是定义一个有 10 个元素的数组作为计数器，用其中的元素分别统计各个数字的出现次数。最合理的方法是用下标为 0 的元素记录数字字符'0'的出现次数，用下标为 1 的元素记录数字字符'1'的出现次数，其余依此类推。按这种设想写出的代码如下：

```
int ch, cs[10] = {0};      //定义数组 cs[10]作为计数器，所有元素初始化为 0
while ((ch = getchar()) != EOF)
    switch (ch) {
        case '0': cs[0]++; break;
        case '1': cs[1]++; break;
        case '2': cs[2]++; break;
        case '3': cs[3]++; break;
        case '4': cs[4]++; break;
        case '5': cs[5]++; break;
        case '6': cs[6]++; break;
        case '7': cs[7]++; break;
        case '8': cs[8]++; break;
        case '9': cs[9]++; break;
        default: break;   //其他字符不计数
    }
```

这段程序虽然使用了数组，但是仍然很烦琐，也没有体现出使用数组的优点。

由于 C 和 C++ 把字符看作一种取值范围很小的整数，利用这一性质，可以得到本问题的一种非常简洁的解法，与此相关的技术也被用在许多实际程序里。

在常见的标准编码字符集里，数字字符都是顺序排列的。例如，在 ASCII 字符集里，数字字符 '0' 的编码用十进制表示是 48，其他数字字符顺序向后排列，'9' 的编码是 57。因此，略加思考就可以发现，如果 ch 的值是数字字符，表达式 ch - '0' 的值就是 ch 中的数字所对应的计数器下标，这个计数器加 1 的工作可用下面的语句实现（无须判断是哪个字符）：

```
cs[ch - '0']++;
```

但是应该注意，程序中要保证数组下标处于合法范围内，禁止下标越界，所以应该在这个语句之前判断变量 ch 是否为数字字符（的编码）。采用下面两个表达式都可以完成这个判断：

```
'0' <= ch && ch <= '9'
isdigit(ch)
```

当然，应该优先使用标准库函数（第二种方式）。

采用上述技术写出的程序如下，它以更简洁的形式完成了所需的统计工作：

```
int main () {
    int ch, cs[10] = {0};      //定义数组 cs[10]作为计数器，所有元素初始化为 0

    cout << "input some chars (Ctrl+Z to end) : ";
    while ((ch = getchar()) != EOF)
        if (isdigit(ch))         //判断是否为数字字符
            cs[ch - '0']++;      //相应的计数器加 1

    for (int i = 0; i < 10; ++i)
        cout << "Number of " << i << ": " << cs[i] << endl;
    return 0;
}
```

运行这个程序时，用户从键盘上输入一系列字符行（其中可以包括字母、数字和符号等），最后在一个新行开始处按 Ctrl+Z 键结束输入，程序就会打印出前面输入中出现的数字字符的个数。

6.2.3 筛法求质数

【例 6-5】求质数的一种著名方法称为"筛法"，其基本原理是取一个从 2 开始的整数序列，通过不断划掉序列中非质数的整数（合数），逐步确定顺序排列的一个个质数。具体做法是：

（1）令 n 等于 2，它是质数；

（2）划掉序列中 n 的所有倍数（$2n$，$3n$ 等）；

（3）找到 n 之后下一个未划掉的元素，它就是质数，令 n 等于它，回到步骤 2。

现在要求写一个程序，输出从 2 到某个大于 2 的正整数 NUM（例如 10 000）之间的所有质数。

在程序中使用数组时，可以利用的东西只有两个：数组元素的下标和数组元素的值。在前面两个例题（求斐波那契数列和求数字字符的出现次数）中，都（很自然地）用数组元素的下标来表示数列元素的编号，用数组元素的值表示数列元素的值。本题中需要考虑的情况与前面两例有明显差异：这里需要考虑的是如何表示待处理的整数序列和如何表示"一个数是否已被划掉"。

面对这样的问题，一种常用方法是用整数数组表示整数序列，**以数组元素的下标表示整数序列中的数，用数组元素的值表示所需的操作或性质**（在本题中，可用于表示"是否已被划掉"）。

假设所用数组为 an，初看上去，由于只要求处理从 2 开始的整数，因此可以用长度为 NUM-1 的数组，使 an[0]对应于 2，an[1]对应于 3，…，an[NUM-2]对应于 NUM，即 an[i-2] 对应于整数 i。但是如果这样做，就需要特别注意元素下标与整数的对应关系。为简化这种关系，**可以改用长度为 NUM+1 的数组，把 an[0]和 an[1]闲置不用，使 an[2]对应于 2，an[3]**

对应于 3，…，an[NUM]对应于 NUM。也就是说，使 an[i]对应于整数 i，让数组元素的下标直接对应整数，更加方便。

对于每个整数，现在只需要表示两种情况：它尚未被划掉（还在序列里），或者已被划掉。在此约定用 an[i] 的值等于 1 表示 i 还在序列里，值为 0 表示 i 已经被划掉。开始时数组元素都设置为 1（都没划掉），而后不断将已知非质数的元素置 0，直到确定了所需范围里的所有质数。

思路已经清楚了，对应的程序工作过程可以描述为：

```
// 建立初始数组 an，元素都初始化为 1，但应将 an[0]和 an[1]置 0（它们不是质数）
for (int i = 2; i 值不大于某个数; ++i)
    if (an[i] == 1)                        // i 是质数
        for (int j = i * 2; j < NUM; j += i)
            an[j] = 0;                     //这些数都是 i 的倍数，因此不是质数
```

剩下的问题是什么时候外层循环可以结束。显然可以用 NUM 作为上限，但仔细分析不难发现，只要 i 超过 NUM 的平方根，就可以划掉既定范围内的所有合数了。

最终定义的主函数如下：

```
int main () {                          //筛法求质数
    const int NUM = 1000;
    int an[NUM + 1];                   //共 NUM+1 个元素，下标从 0 到 NUM
    int i, j;

    //数组初始化：用 1 表示未划掉，用 0 表示已被划掉
    an[0] = an[1] = 0;                 //0 和 1 不是质数
    for (i = 2; i <= NUM; ++i)         //开始时数组元素设置为 1
        an[i] = 1;

    //筛法
    //int sqnum = sqrt(NUM + 1);
    //for (i = 2; i < sqnum; ++i)
    for (i = 2; i * i <= NUM; ++i)
        if (an[i] == 1)               //an[i]未被划掉
            for (j = i * 2; j <= NUM; j += i)
                an[j] = 0;            //i 的倍数都不是质数，划掉
    //输出
    for (i = 2, j = 0; i <= NUM; ++i)
        if (an[i] != 0)
            cout << i << ((++j) % 10 != 0 ? '\t' : '\n');
    cout << "\n总个数: " << j << endl;
    return 0;
}
```

筛法循环的条件为 i * i <= NUM，即在 i * i > NUM 时结束循环。如果用 i 与 NUM 的平方根比较，则需注意求平方根时要考虑浮点误差（例如，库函数不保证 sqrt(9)的结果是 3.0，它也可能等于 2.9999999…，把这个数转换为整数就会变成 2）。程序中也以注释形式提供了用 i 对 NUM 的平方根进行比较的方法，注意其中是对 NUM+1 求平方根，这样做可以避免浮点误差带来的错误。

此外，在程序里需要将数组元素置 0 时，没有考察它当时是否已经为 0，因为即使元素已

经是 0，再次赋值 0 也是正确的。检查值 0 不会带来实质性的效率提高，还会使程序变复杂。

这里用一个循环确定质数，用另一个循环输出；也可以将这两个循环合并（请读者自行练习）。

最后还应该说明，由于 0 和 1 不是质数，因此程序中三个循环都是从下标为 2 的元素开始处理的。其实给 an[0] 和 an[1] 赋 0 值的语句是多余的，仅仅是为了体现程序的逻辑完备性。

在上面的程序里，数组元素的值只用于表示数是否在数列中，完全可以采用相反的 0/1 表示方法：用 0 表示这个数还在数列里，用 1 表示它已经被划掉了。如果这样设计，则数组的初始化将变得非常简单（给 an[0] 和 an[1] 赋初值 1，其余元素都自动赋初值 0）：

```
int an[NUM + 1] = {1, 1};
```

当然，后面与"划掉"相关的语句都需要做相应的修改，这一工作留给读者作为练习。

这个例题说明，**在非数值计算程序中，要想用数组元素的值表示题目中的某种操作或性质，必须事先设计一种合理的表示方法**。这种表示方法也决定了程序中相关操作的实现。

6.2.4　约瑟夫问题

【例 6-6】"约瑟夫环"是一个经典问题：设有 N 个人（以编号 1, 2, 3, …, N 表示）围成一圈，从编号 m 的人开始报数 1，报到数 k 的人退出游戏，下一个人重新由 1 开始报数，报到 k 的人退出。按这种规则重复下去，直到只剩下最后一人。求最后剩下的那个人的编号。

在编程求解这个问题时，首先还是要考虑数据的表示。这里需要表示的就是人的编号和去留。很显然，程序里可以用一个数组，这样就可能用元素的下标和元素的值分别表示上面的两种信息。可以有多种表示方法，例如，可以用下标表示人的编号，用元素值表示去留；也可以用元素值表示留在圈中的人的编号。采用不同的表示方法，可以设计出不同的算法和程序。

下面将采用与上例类似的方法，用元素下标表示人的编号，用元素值表示人的去留。注意到题目要求 N 个人编号为 1~N。与上例类似，在此定义一个长度为 $N+1$ 的数组，下标为 0 的元素闲置不用，而下标为 1~N 的元素分别对应编号为 1~N 的人。

如何用元素值表示去留也值得思考。可以仿照前面"筛法求质数"中的方法，用 1 表示留存、用 0 表示退出。不过，虽然题目只要求找到最后剩下的那个人的编号，但是把所有人的退出顺序都记录下来也有价值（例如，方便输出以检查程序是否正确）。因此，这里决定用 0 表示留下，用大于 0 的正数表示依次退出的序号。当然，这样，程序中就需要有一个变量来记录退出的序号。

游戏者需要报数，自然需要一个记录报数值的变量。在循环报数中，由于有些人仍然留下、有些人已经退出，因此需要检查数组的元素值：值为 0 则报数加 1，值大于 0 则报数不变。

题目要求得到"最后剩下的那个人的编号"，如果考虑退出 $N-1$ 人，就需要再去找留下的那个人。可以调整思路，改为求"最后退出的那个人的编号"即可，这样就能统一处理了。

题目并没有要求输出每次退出的人的编号，但是，为了方便观察程序运行情况，可以让程序在每退出一人时输出数组中所有元素的值，以帮助判断程序运行是否正确。

按照上述设计思想，编写出程序如下：

```
int main() {
```

```
enum {N = 8};            //枚举常量 N 表示总人数
int h[N + 1] = {0};      //定义数组（以元素下标 1~N 表示人员编号，0 号闲置）
//数组全部元素初始化为 0，表示留在圈内
int m = 4, k = 3;        //为简便起见，直接给出 m 和 k 的初值(从 m 开始，数到 k 退出)
int i, cnt = 0, num = 0;            //cnt 报数时进行计数，num 为退出序号

cout << "Josephus problem solution" << endl;
cout << "N= " << N << "  m= " << m << "  k= " << k << endl;

while (num < N) {   //做循环让所有人依次全部退出游戏。最后退出的人为胜利者
    cnt = (h[m]== 0 ? 1 : 0);            //根据当前 h[m] 值确定重新报数
    while (cnt < k) {   //进行报数，报数到 k
        m++;   //m 往后移
        if (m == N + 1) m = 1;          //到数组末尾时，重新从编号为 1 的元素开始
        if (h[m] == 0) cnt++;           //此人仍留在圈内，报数增 1
        //如果 h[m] != 0，则此人已退出，报数不增加
    }
    num++;               //上面的循环结束时，已报数到 k，可退出一人
    h[m] = num;          //此人标记为非 0 值。写成退出编号以方便观察
    for (i = 1; i <= N; i++)          //输出数组（不含 0 号元素），以便观察
        cout << h[i] << (i != N ? '\t' : '\n');
}
cout << "last one:  " << m << endl; //最后退出者（第 N 个）即为胜利者

return 0;
}
```

按照程序中给出的 N、m 和 k 的值（N=8, m=2, k=3）运行此程序时，屏幕输出结果为：

```
Josephus problem solution
N= 8  m= 4  k= 3
0       0       0       0       0       1       0       0
2       0       0       0       0       1       0       0
2       0       0       3       0       1       0       0
2       0       0       3       0       1       0       4
2       0       0       3       5       1       0       4
2       0       6       3       5       1       0       4
2       0       6       3       5       1       7       4
2       8       6       3       5       1       7       4
last one:  2
```

程序运行中，每退出一人时就把整个数组中下标为 1~N 的元素的值全部输出一次，由此可以清晰地看到每个人的退出顺序。

6.2.5　多项式求值

【例 6-7】考虑用计算机处理一元多项式 $a_0 + a_1x + a_2x^2 + \cdots + a_kx^n$。约定用数组 po 保存多项式的系数，用数组元素 po[i] 保存系数 a_i，幂次 $x^0, x^1, x^2, \cdots, x^n$ 不需要显式保存，数组下标正好就是各项的幂次。现在要求写一个程序，求出数组 po 表示的多项式在某个指定点的值。

假定指定点由输入得到，存放于变量 x 中，而 n 是表示多项式的次数的常量（或变量）。

首先考虑如何实现基本的多项式求值。这一计算过程有多种不同的实现方法。

方法一：分别求出各项的值并累加，最终得到整个多项式的值。设 sum 是存放累加和的变量，t 是用于计算项值的临时变量。计算多项式值的工作可以由下面的两重循环实现：

```
for (sum = 0.0, i = 0; i < n; ++i) {
    for (t = po[i], j = 1; j <= i; ++j)    //求得 t 为 po[i]*x^i
        t *= x;
    sum += t;                               //sum 累加
}
```

也可以写成下面这样：

```
for (sum = 0.0, i = 0; i < n; ++i) {
    for (t = 1.0, j = 1; j <= i; ++j)       //求得 t 为 x^i
        t *= x;
    sum += t * po[i];                       //sum 累加
}
```

上面两段程序的效果相同。不难发现其中出现了许多重复计算，每一项都从头开始计算并不必要。仔细分析可以得到变量 t 值的递推公式为 $t_{i+1} = t_i x$，可以大大简化上面的代码：

```
for (sum = 0.0, t = 1.0, i = 0; i < n; ++i) {
    sum += t * po[i];                       //sum 累加
    t = t * x;                              //t 值递推 (也可写作 t *= x;)
}
```

方法二：根据数学知识，任何多项式都可以变形为下面的规范形式（Horner 形式）：

$$((\cdots((a_k x + a_{k-1}) x + a_{k-2}) x + \cdots + a_2) x + a_1) x + a_0$$

按照这个公式，求值的循环可以写为：

```
for (sum = 0.0, i = n - 1; i >= 0; --i)
    sum = sum * x + po[i];
```

请读者分析一下，对于一个 n 次多项式，分别采用上述几种算法，在整个求值过程中各需要做多少次加法、多少次乘法。据此判断各种方法的优劣。

下面的主函数采用第二种方法，采用其他方式的程序请读者作为练习自行写出。

```
int main() {
    double po[] = {2.1, 3., 5.6, 8.2, 6.4};//数组存储系数并以示例数据初始化
    int n = sizeof(po) / sizeof(po[0]);    //数组长度
    double sum, x;
    int i;

    cout << "Calculate Polynomial value" << endl;
    while (1) {                                     //无限循环，内部用 break 退出
        cout << "Please enter next value for x: ";
        if (!(cin >> x))    //用户输入 x 值 (输入非数值时为输入错误)
            break;
        for (sum = 0.0, i = n - 1; i >= 0; --i)
            sum = sum * x + po[i];                   //按 Horner 形式对 sum 累加
        cout << "Polynomial value: " << sum << endl << endl;
```

```
    }

    return 0;
}
```

程序中提供了一个示例多项式的系数，允许用户反复地输入待求值的 x 点，输入为非数值的值时结束循环。本程序假定多项式的总项数和各项的系数是在编程时给定的，因此用途很有限。

6.3   以数组作为函数的参数

前面说过，函数是处理复杂编程问题的重要机制。有了数组，自然需要考虑如何定义处理数组的函数。本节介绍这方面情况，并用一些例子说明利用函数处理数组的方法。

如果被处理数组的元素是基本类型的，这些**数组元素**可以当作基本类型的变量使用，那么当然可以作为实参送给函数处理。这样做与处理简单变量没什么差别。

例如，下面的语句定义并初始化了数组 db1：

```
double db1[4] = {0.0, 0.5, 1.0, 1.5};
```

在下面的循环中，db1 的元素被送给标准库的数学函数 sin 处理（其他函数也一样）：

```
for(int i = 0; i < 4; i++)
    cout << sin(db1[i]) << endl;
```

另外，根据作用域规则，**外部数组**可以在任何函数里直接访问，这也给出定义处理数组的函数的一种方式。虽然在前面程序实例中数组都定义为局部变量，但改为外部变量时它们仍然能工作。

不过，上面两种方式都有缺陷。在第一种方式里，每次调用函数只能处理数组的一个元素，而实际程序中经常希望能用函数一次处理完整个数组或数组的一部分。在第二种方式里，需要把外部数组的名字写在函数内部的语句中，这就使函数只能处理具体的外部数组，而无法处理同类型的其他外部数组。

解决问题的方法很明确，就是需要定义**以数组为参数**的函数，调用这种函数时可以提供不同的实参组进行处理。这就是本节要讨论的**处理数组的函数**。

6.3.1   函数的数组参数

函数可以有数组形参，定义形式是**参数名后面加一对方括号**，方括号中通常为空（也可以在其中写一个表示数组长度的常量表达式，但编译器不使用该表达式的值）。这种参数表示只说明实参应该是数组，并没有给出数组的长度。为了在函数里正确使用，保证不出现越界访问，应该另外设一个参数，把数组的长度传给函数。按习惯，人们通常把**表示数组长度的参数**放在数组参数前面。

【例 6-8】写一个求数组元素的平均值的函数，要求该函数通过参数获得数组及其长度。

根据题目要求，该函数可以如下定义：

```
double avrg(int len, double a[]) {
```

```
        double sum = 0.0;
        for (int i = 0; i < len; ++i)
            sum += a[i];
        return sum / len;
    }
```

函数形参的安排如前面说明，int 类型的参数 len 传递数组长度，double 类型的 a[] 是数组形参。

有了上面的函数定义，可以写下面的主函数，在其中调用了 avrg 函数：

```
int main() {
    double b1[3] = {1.2, 2.43, 1.074};      //定义数组并以示例数据初始化
    double b2[5] = {6.54, 9.23, 8.463, 4.25, 0.386};

    cout << "Average of b1[]: " << avrg(3, b1) << endl;
    cout << "Average of b2[]: " << avrg(5, b2) << endl;

    return 0;
}
```

在定义和调用处理数组的函数时，需要注意下面几个问题：

（1）定义处理数组的函数时，要特别注意数组元素访问的越界问题。最合理的方法就是为传递数组长度提供专门参数，并保证函数里对数组元素的访问都在这个长度范围之内。

（2）调用函数时必须正确给出数组的长度，这样才能保证函数执行中对数组元素的访问不越界。这个问题的正确处理要由编程者来负责，编译器不能提供任何帮助。例如，上面的代码中写 avrg(5, b1) 就是错误的，因为数组 b1 只有 3 个元素。但是编译器不会报错，而函数执行中确实会出现越界访问，后果无法预料。

（3）长度实参小于实际数组大小是没问题的。例如，调用 avrg(3, b2) 将求出数组 b2 里前 3 个元素的平均值。这个情况实际上也说明了长度参数的另一个作用，有了这个参数，相应的函数还可以把数组的前面一段当作数组使用和处理。

（4）使用数组作为实参时，只需要写数组名，绝不能写方括号（写一对空方括号是语法错误），更不能写带方括号的下标表达式——那样就表示一个数组元素，而非数组了。

函数的数组参数与 sizeof 运算符

读者可能会想到，6.1.3 节说过，在对数组进行定义并初始化时，可以用表达式 sizeof(a) / sizeof(a[0]) 求出数组 a 的大小，那么在函数中能否利用这种表达式，由形式参数出发计算出实际参数数组的大小呢？（如果能那样做的话，就不需要表示数组大小的参数了。）

这个问题的答案是否定的，原因是**函数的数组形参与数组变量**不同。数组形参实际上是一个常量指针（这将在下一章介绍），在函数里对数组形参使用 sizeof，求出的是这个指针（这是一个局部变量）的大小，而不是每次调用时的实参数组的大小。而且，sizeof 是编译时（而非运行时）处理的运算符，编译后表达式"sizeof(变量名)"被实际求出的整数值取代。

要想定义包含数组参数的"通用"函数，最合理的方式就是加一个数组长度参数。这方面的技术细节牵涉到指针概念和数组参数的实现方式，将在下一章里详细介绍。

C99 的变长数组参数

　　按 C99 标准，函数可以有变长数组参数。这种参数的形式与常规数组参数类似，但参数的方括号里用表达式描述数组的长度。这个长度通常也来自函数的参数。在这种情况下，描述长度的参数必须出现在变长数组参数之前。例如，前面的 avrg 函数在 C99 里可以如下定义：

```
double func1(int n, double a[n]) {
    ……
}
```

　　需要注意，函数可以有变长数组参数是 C99 标准独有的特征，并未被 C++ 兼容。如果程序中的函数含有变长数组参数，则需要使用支持 C99 标准的编译器才能完成编译。目前不建议读者使用这个语言特征。

6.3.2　修改实参数组的元素

　　前面说过，函数的普通参数是值参数，也就是说，函数调用时先求出实参表达式的值，用它设置函数的形参。在函数执行中，形参等同于函数里定义的自动变量，它们与函数调用时的实参没有任何联系。这样，函数体里对形参的操作将不会对实际参数有任何影响。

　　但是，数组参数的情况有所不同。**执行包含数组参数的函数时，对形参数组的元素操作就是直接对函数调用时的实参数组的元素操作**。有关道理牵涉到指针的概念，将在下一章详细说明（参见 7.3 节），请读者暂且把它当作一条规则。下面是一个能反映数组参数特点的例子。

【例 6-9】反转数组里的元素。定义函数 reverse，它将形参数组中的元素颠倒位置，即把末元素与首元素交换位置，次后元素与次前元素交换位置，其余类推。函数定义如下：

```
void reverse(int len, int a[]) {        //把长度为 len 的数组 a 中的元素进行反转
    int t, i, j;

    for (i = 0, j = len - 1; i < j; ++i, --j) {
        t = a[i];
        a[i] = a[j];
        a[j] = t;
    }
    return;
}
```

这个函数不需要返回值，因为它的执行效果就是修改实参数组。函数的循环中用了两个下标，从两端向中间"夹击"。交换两个元素的值需要一个辅助变量，而且要注意三个赋值操作的次序。

　　用下面的主程序测试 reverse，可以看到它确实修改了被操作数组的内容：

```
int main() {
    int i, b[] = {1, 2, 3, 4, 5, 6, 7};     //定义局部数组并初始化为示例数据
    int len = sizeof(b) / sizeof(b[0]);     //求出局部数组的长度

    cout<< "Before reversion: "<< endl;
    for (i = 0; i < len; i++)               //反转之前打印输出
```

```
        cout << "b[" << i << "] = " << b[i] << endl;

    reverse(len, b);              //调用 reverse 函数（以数组长度和数组名作为参数）

    cout<< endl << "After reversion: " << endl;
    for (i = 0; i < len; i++)   //反转之后打印输出
        cout << "b[" << i << "] = " << b[i] << endl;

    return 0;
}
```

【例 6-10】数组元素排序。对于一组数据，计算中经常需要做的一项工作是把它们按某种标准重新排列，这种操作称为**排序**（sorting）。请写一个函数，把形参整型数组的元素从小到大排序。

排序是数据处理中最常用的操作之一，人们对此做了许多研究，提出了许多有趣的排序方法。有关排序的详细讨论是计算机专业后续的"数据结构"课程的一个重要内容。这里只是把排序作为数组程序设计中改变数组元素的值的一个例子进行讨论。

为了完成排序工作，首先要设计一种排序方法。能完成排序的方法很多，下面介绍一种称为**直接插入排序**的简单方法，这种方法在工作中总把数组里的元素分成左右两部分，并假设数组中下标较小（左边部分）的一部分数据已经排好序（开始时设该部分只包含下标为 0 的元素，一个元素的段自然已经排好序）。剩下的（右边部分）数据尚待排序。工作中的每一步处理右边部分的第一个元素，将它与已排序部分的元素逐个比较，找出它应该插入的位置。将此位置及其后的已排序元素依次向后顺移一个位置，再把该元素插入正确位置。这样，数组中已排序的部分（左部）增加了一个元素，尚待排序的元素就减少了一个。重复这一操作即可完成所有元素的排序。

这一排序过程可以用如下循环描述：

```
for (i = 1; i < n; ++i) {           //对下标为 1 至 n-1 的元素进行排序
    把 a[i]的值插入 a[0]到 a[i-1]之间的正确位置，保持其他元素顺序不变
}
```

现在考虑元素 a[i]的插入。如果把 a[i]的值存入临时变量 t，则 a 中下标 i 的位置就闲置了（成为空位），可以在工作中借用。用 t 从大到小地逐个与元素 a[i-1]到 a[0]比较，一旦遇到不大于 t 的元素（已比较过的元素都大于 t），t 就应该排在该元素后面。由于 a[i]是空位，比较时可以把大元素依次后移，遇到不大于 t 的元素时把 t 放入空位，就能把 a 的前 i 个元素排好序。

经过这些分析和考虑，可以定义出如下的直接插入排序函数：

```
void insertSort(int n, int a[]) { //对长度为 n 的整型数组 a 按递增顺序直接插入排序
    int i, j;
    int t;     //暂存变量

    for (i = 1; i < n; ++i ) {       //对下标为 1 至 n-1 的元素进行排序
        for (t = a[i], j = i - 1; j >= 0 && t < a[j]; --j)
            a[j + 1] = a[j];         //大元素依次后移
        if (j != i - 1)
            a[j + 1] = t;
```

```
    }
    return;
}
```

用于测试此排序函数的辅助打印函数和主函数如下：

```
void prtArray(int n, int a[]) {
    for (int i = 0; i < n; ++i)
        cout << a[i] << '\t';
    cout << endl;
    return;
}

int main() {
    int array[] = {3, 2, 5, 1, 7, 8, 10, 6, 5 };    //定义数组并以示例数据初始化
    int len = sizeof(array) / sizeof(array[0]);

    cout << "before sorting: " << endl;
    prtArray(len, array);                           //排序前打印数组

    insertSort(len, array);                         //直接插入排序

    cout << "after sorting: " << endl;
    prtArray(len, array);                           //排序后打印数组
    return 0;
}
```

6.3.3　定义数组的考虑

在上面的几个使用数组的实例中，有些是因为程序里需要保存一批数据，而且需要在处理中不断地修改它们。对于这类情形，程序里必须使用数组。许多实际应用问题中有这种需要。

使用数组的另一种情况是需要多次检查一批数据。即使数据来自文件，多次重复读入文件也很不方便，效率太低（外存访问的速度比内存慢得多）。在可能的情况下（只要内存足够），将数据存入数组或其他类型结构里，在内存中直接处理，能大大提高处理效率。

此外，前面示例程序里的数组都定义在函数内部（称为函数的内部数组或局部数组）。实际上，有些情况下也可能需要外部数组。究竟什么时候应该把数组定义为函数的局部数组，什么时候应定义为外部数组呢？下面是一些常见的考虑因素：

（1）对于小型的试验性程序（本书中的大部分程序都是如此），两种方式都可以考虑。

（2）如果某个（某些）数组需要在程序的多个函数里使用，这时的情况又分为两种：若这些函数都是被某一个函数直接或间接调用的，可以考虑把数组定义在这个函数里，通过参数传给其他函数；若情况不是这样，就要求使用该数组的函数之间没有明确的主从关系，说明需要用数组记录的是全局性的数据集合，这样的数组应该定义为外部数组。

（3）如果需要的数组非常大，一般应该定义为外部数组，以免占用运行栈上的大量空间。常见编译器生成的程序的运行栈大小有限，因此不允许在函数内部定义特别大的数组。

（4）如果数组里保存的是递归定义的函数的局部数据，那么就必须定义为函数内部的自动数组。因为在递归调用时，可能需要为这个数组创建多份拷贝。

（5）其他情况下两种方式通常都可行，应该根据数据的局部化原则来考虑。

6.4   二维和多维数组

前面讨论的数组都只有一个下标，所有元素呈线性一维排列，这种数组称为**一维数组**。一维数组可以用于表示数学中的向量、数据的有限序列、成组的被处理数据等。实际计算中有时需要更复杂的结构，例如，解决物理问题时可能需要处理一批质点的二维或三维空间坐标，在计算机的数值计算应用方面经常需要表示和处理矩阵（矩阵有两个维度，其元素通过两个下标指定）。这时就需要定义和使用二维或更高维的数组。

二维数组被看作一维数组的数组，三维数组被看作二维数组的数组，如此等等。也就是说，二维数组的元素就是（成员类型相同，成员个数也相同的）一维数组。下面是两个二维数组的定义：

```
int a[3][2];
double b[4][4];
```

数组 a 包含三个元素，每个元素各是一个整型数组，其中包含了两个 int 类型的元素。按习惯，人们常说 a 是一个 3×2 的整型数组，有时也说 a 是一个 3 行 2 列的数组，这是从矩阵概念那里借用的说法。类似地说 b 是 4×4 的双精度数组。

更多维的数组可以类似地定义。下面的语句定义了一个三维数组：

```
int a1[3][2][4];
```

如果需要，完全可以用类似的形式定义更高维的数组。

6.4.1   多维数组的初始化

多维数组也可以在定义时直接初始化。例如：

```
int a[3][2] = {{1, 2}, {3, 4}, {5, 6}};
```

内嵌的各个花括号里的数据将依次用于初始化各个成员数组。在初始化描述中，要求各个花括号里的表达式的个数都不超过成员数组的长度，数据的组数不超过成员数组的个数。如果给出的表达式数量不够，数组中的（相应成员数组里的）其他元素都将被自动设置为 0 值。

在多维数组的初始化表示中，也可以不写内嵌花括号，而采用平坦的书写形式。例如，上面的定义可以用如下形式给出，其效果完全相同：

```
int a[3][2] = {1, 2, 3, 4, 5, 6};
```

采用这种形式时，列出的初始值按顺序依次给各个成员数组的各成分置初值。如果初始值的个数不够，剩余成分置 0。第二种形式写起来简单，但不如前一种形式清晰。

如果定义时提供了对数组的初始化部分，并实际给出了全部元素的初始值，那么就可以不写被定义数组第一个下标的元素个数，因为这个数可以根据初始化表示和该数组其余维的长度计算出来。这样，下面两个定义的效果与上面两个定义相同：

```
int a[][2] = {{1, 2}, {3, 4}, {5, 6}};
```

和

```
int a[][2] = {1, 2, 3, 4, 5, 6};
```

6.4.2　多维数组的使用和表示

假设有如下数组定义：

```
int a[3][2];
double b[4][4];
```

在程序里，a 代表所定义的整个数组，a[0]、a[1]和 a[2]表示数组 a 的 3 个元素，即 a 的 3 个成员数组，它们可以像普通一维数组那样使用，特别是可以访问它们的成员。进而，a[0][1] 就表示 a 的下标为 0 的成员数组中下标为 1 的元素，它可以像其他变量一样取值和赋值。

下面是二维数组使用的两个简单例子：

```
a[2][1] = a[0][1] + a[1][1];

for (i = 0; i < 4; ++i)
    for (j = 0; j < 4; ++j)
        b[i][j] = i + j;
```

一维数组采用连续地顺序存储元素的方式实现。多维数组的内部表示也完全一样，同样是依次连续存放数组元素（即是其成员数组），这些成员数组也按同样的方式存放它们的元素。这样，二维数组 a 的存储形式将如图 6-2 所示，在它所占据的内存中依次存放着三个成员数组。

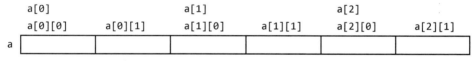

图 6-2　二维数组 a 的内部表示

注意，数组 a 的起始存储位置也是其首成员 a[0]的起始存储位置，同时还是 a[0]的首成员 a[0][0]的起始存储位置。按这种存放方式，一行（一个成员数组）的元素连续存放，这种形式又被称为**按行存放**，或者**行优先存放**。

下面是两个使用和操作多维数组的例子。

【例 6-11】在三维空间中有 N 个以三维直角坐标表示的随机点，其 x、y 和 z 值都在 [0, 100] 范围内，把它们的坐标依次全部输出到屏幕，并求它们的几何中心。

此例可以采用两种不同的方法处理：第一种方法是采用三个长度都为 N 的一维数组分别保存 x、y 和 z 值；第二种方法是使用 N×3 的二维数组。使用第一种方法编程留给读者作为练习。下面是采用第二种方法时的代码：

```cpp
#include <iostream>
#include <cstdlib>
#include <ctime>
using namespace std;

int main() {
    const int N = 100;
    double crd[N][3] = {0}, sum[3] = {0};  //crd: coordinate(坐标)
    int i, j;
```

```
cout << "Random points in space. Using " << N << " x 3 array.\n\n";
srand(time(0));                    //初始化随机数种子
for (i = 0; i < N; i++) {          //用二重循环生成所有随机数坐标值
    for (j = 0; j < 3; j++)
        crd[i][j] = 1.0 * rand() / RAND_MAX * 100;
    cout << fixed << "i= " << i << "\tx= " << crd[i][0]
        << "\ty= " << crd[i][1] << "\tz= " << crd[i][2] << endl;
}

for (i = 0; i < N; i++ )
    for (j = 0; j < 3; j++)
        sum[j] += crd[i][j];       //坐标值累加

cout << fixed << "average x= " << sum[0] / N
    << "\ty= " << sum[1] / N << "\tz= " << sum[2] / N << endl;

return 0;
}
```

【例 6-12】线性代数中常常用到矩阵（matrix）运算。假设二维数组 A 和 B 表示两个 4×4 矩阵，写一个程序求出它们的乘积并存入另一个二维数组里，最后输出计算结果。

求乘积矩阵元素的公式是 $c_{ij} = \sum_{k=1}^{n} a_{ik} b_{kj}$，其中 a_{ik} 和 b_{kj} 分别是两个被乘矩阵的元素。求一个乘积元素需要一个循环，完成整个矩阵乘积需要用一个三重循环。写出的程序如下：

```
int main() {
    enum { N = 4 };
    // 定义数组 A 和 B，并用示例数据初始化
    double A[N][N] = {1, 2, 3, 4, 5, 6, 7, 8, 9, 10, 11, 12, 13, 14, 15};
    double B[N][N] = {0.1, 0.2, 0.3, 0.4, 1.1, 1.2, 1.3, 1.4,
                      2.1, 2.2, 2.3, 2.4, 3.1, 3.2, 3.3, 3.4};
    double C[N][N] = {0};              //定义数组 C 并初始化
    int i, j, k;
    double x;

    for (i = 0; i < N; ++i)
        for (j = 0; j < N; ++j){
            for (x = 0.0, k = 0; k < N; ++k)
                x += A[i][k] * B[k][j];
            C[i][j] = x;
        }

    for (i = 0; i < N; ++i)
        for (j = 0; j < N; ++j)
            cout << C[i][j] << (j == N - 1 ? '\n' :'\t');

    return 0;
}
```

程序中用一个局部变量 x 累积计算的中间值，计算完成后赋给乘积数组的相应元素。程序最后的循环输出结果矩阵，矩阵的每一行元素输出为一行。

6.4.3　多维数组作为函数的参数

实际应用中需要使用以二维或多维数组为参数的函数，例如可用这样的函数做矩阵乘法或求行列式的值。以二维或多维数组作为参数时，参数名后面应根据实参数组的维度的个数写出同样多对方括号，方括号内依次写各维长度，其中最高（最左）维的长度可以省略不写，而其余各维的长度必须写出。

下面的讨论以二维数组为例，更高维数组的情况与此类似。

【例 6-13】定义函数，要求它可以求出任何 n×5 的数组中所有数据的平均值（n 由参数描述）。

根据前面的经验和上面介绍的规定，可写出下面的函数定义：

```
double avrg5(int n, double a[][5]) {
    int i, j;
    double sum = 0.0;
    for (i = 0; i < n; ++i)
        for (j = 0; i < 5; ++j)
            sum += a[i][j];
    return sum / (5 * n);
}
```

在描述多维数组参数时，要求给出最高维之外的其他各维长度，就是为了确定数组参数的元素的位置。例如对于 a[1][0]，编译器可以确定数组 a 的开始，但是要确定成员数组 a[1] 的开始位置，就必须知道 a[0] 包含多少个元素。其余情况类似。

但上面的要求也使人不能定义操作多维数组的通用函数了。例如，上例中定义的函数只能处理第二维的长度是 5 的数组。因此，这种以多维数组为函数形参的方法有很大的局限性。

人们当然希望定义处理多维数组的通用函数，而不希望定义一套基本功能差不多的函数。实际上，在 C 和 C++ 语言里可以实现通用的多维数组操作函数，但需要借助指针机制。在下一章讨论了指针的概念之后将介绍一种方法（见 7.3.5 节）。

6.5　字符数组与字符串

字符数组就是以字符为元素的数组，可用于保存各种字符序列，如被处理的文本等。C 和 C++ 语言为处理字符数组提供了专门的功能支持，以满足实际应用的需要。

6.5.1　字符数组

字符数组也是数组，采用同样的定义方式。例如，下面定义的数组 line 包含 1000 个字符元素：

```
char line[1000];
```

定义字符数组时也可以像其他数组一样进行初始化，例如：

```
char city[15] = {'B', 'e', 'i', 'j', 'i', 'n', 'g'};
```

这样就定义了一个 15 个元素的数组，并给它的前 7 个元素指定了初始值。与前面关于数组初始化的规定一样，当提供的初始值不足时，未指定初始值的其他元素都自动初始化为 0。对字符类型而言，就是把那些元素都设为编码为 0 的特殊字符值。**编码为 0 的字符**一般称为"0 字符"或空字符。注意，空字符既不是表示数字 0 的字符（数字字符 0 的 ASCII 编码为 48），也不是表示空格的字符（空格的 ASCII 编码为 32），空字符的文字量描述形式是'\0'，这个字符有特殊的作用，后面会经常用到。

6.5.2 字符串

第 2 章开始就介绍过**字符串**。字符串是一些字符的一个连续序列，字符串文字量是用双引号括起的任意字符序列，在书写时不能跨行。但是，如果顺序写出的两个或更多个字符串文字量之间仅由空白字符分隔，编译程序就会把它们连成一个长字符串。

从编程应用上看，字符串是一种非常重要的数据类型，但 C 语言中并没有"字符串"类型。在 C 语言中，**字符串的内部存储形式就是字符数组**，在 C++ 中也可以用这种结构处理字符串。对程序中的每个字符串文字量，编译器将分配连续的一组单元，顺序存入串中的字符，每个字符占 1 字节。这里还有一个特殊规定：**在存入字符串中的所有字符之后还要额外存入一个空字符'\0'作为字符串的结束标志**。例如，如果程序里写了字符串文字量 "Beijing"，虽然它只包含 7 个字符，其内部表示却占用 8 字节存储，存储情况如图 6-3 所示，最后的'\0'表示空字符。

图 6-3　字符串 "Beijing" 的内部表示

用这种方式表示字符串是为了处理方便。虽然空字符不是字符串内容的一部分，却是字符串表示中不可或缺的部分。标准库的字符串处理函数都是基于这种表示定义的：处理字符串时，顺序地检查字符数组中的字符，遇到空字符就认为字符串结束。写字符串处理程序时也应该遵守这种规则。

下一个问题是：在自己定义的字符数组里也能存放字符串吗？回答是肯定的。根据字符串存储形式的规定，**只要在字符数组里顺序存入所需字符，随后至少存入一个空字符，这个字符数组里的数据就具有了字符串的表示形式，该数组就可以当作字符串使用了**。在这种情况下，人们也说这个字符数组里存放了一个字符串，甚至为了简便而**直接称这个字符数组为字符串**。如果字符数组里有多个空字符，则从左向右的第一个空字符被看作字符串的结束符，后面的字符都不看作这个字符串的内容。如果字符数组中没有表示结束的空字符，就不能当作字符串使用。

现在看几个例子。假设有如下几个字符数组定义：

```
char a[5] = {'i', 's', 'n', 'o', 't'},
     b[5] = {'g', 'o', 'o', 'd', '\0'},
     c[5] = {'f', 'i', 'n', 'e'},
     d[5] = {'o', 'k', '\0'},
     e[5] = {'o', 'k', '\0', '?', '\0'};
```

上面几个字符数组都以逐个给出元素值的方式进行初始化，它们的每个元素都有了确定的值。而从字符串的角度来看，根据前面的说明，数组 a 里缺少表示结束的空字符，所以不能当作字符串使用。数组 b 的最后一个元素是空字符，所以它保存了一个字符串 "good"。数组 c

的初始化中元素个数不够，按规定其余元素自动置为空字符（字符值的 0 就是空字符），正好当作字符串结束标志，所以 c 中保存了字符串 "fine"。数组 d 的第 3 个字符为空字符，最后两个字符未给出，自动置为空字符，共有三个连续的空字符，但是以第一个空字符作为结束标志，所以 d 中保存了字符串 "ok"。数组 e 中也有两个空字符，以第一个空字符作为结束标志，所以 e 中也保存了字符串 "ok"。在作为字符串使用时，不会用到 e 中第一个空字符之后的内容。

字符数组还有一种特殊的初始化形式：用字符串文字量的形式为其元素指定初值。例如：

```
char a0[20] = "";
char a1[20] = "Peking University";
```

在定义 a0 时用了一个空字符串给字符数组 a0 赋初值，该数组所有元素都被初始化为空字符。定义 a1 时给前 18 个字符指定了值，这里不但有明确写出的 17 个字符，还有一个作为字符串结束的空字符。最后几个元素自动用空字符填充。这种形式应看成一般初始化形式的简写。

采用这种方法初始化时同样要注意数组长度。例如，下面的定义是不合法的：

```
char a2[15] = "Peking University";    //错误：初始值的字符数过多
char a3[17] = "Peking University";    //错误：没有为空字符预留位置
```

用字符串做字符数组初始化时，也允许不直接给出数组元素个数。这时的数组大小规定为初始化字符串的字符数加 1（因为需要在数组最后存放一个空字符）。例如下面的定义：

```
char a4[] = "Peking University";
```

这定义了一个 18 个元素的数组，其中依次存放各字符，最后的元素存入了一个空字符。

6.5.3　字符串的输出与输入

在前面的许多示例程序里都出现了用"cout <<"流式输出字符串文字量的语句。存放于字符数组中的字符串同样可以用"cout <<"流式输出（以从左向右的第 1 个空字符作为字符串结束标志）。除此之外，如果有需要，也可以将字符数组中的所有字符逐个输出（用putchar 函数、cout.put 函数或 cout << 方法，参见 4.3.5 节）。在逐字符输出时，字符数组中的空字符通常被输出显示为空格字符（或某个奇特字符）。

【例 6-14】测试用不同方法输出存于字符数组中的字符串。每次输出后都输出 '#' 以观察输出效果。

```
int main () {
    const int LEN = 20;
    char str[LEN] = "Hello, world!";    //定义字符数组 str 并初始化
    //注意，这样初始化的字符串在字符后面的部分自动填充多个空字符
    str[5] = '\0';                      //把第 6 个字符 ',' 改为空字符
    cout << str << '#' << endl;         //输出方法 1：字符串整体输出
    for (int i = 0; i < LEN; i++)       //输出方法 2：逐字符输出
        putchar (str[i]);               //或 cout.put(str[i]); 或 cout << str[i];
    cout << '#' << endl;

    return 0;
}
```

该程序运行之后，屏幕输出结果为：

```
Hello#
Hello  world!        #
```

当然，在逐字符输出时，也可以采用如下方法，直至遇到第一个空字符时停止：

```
for (int i = 0; i < LEN && str[i] != '\0'; i++)
    putchar (str[i]);    //或 cout.put(str[i]); 或 cout << str[i];
```

如果需要输入一个字符串，将其存入一个字符数组，也存在多种处理方法，可以逐字符输入或整体输入。但是需要注意，有些方法可以接收空格作为字符串内容，有些方法不能接收空格。如果程序中需要输入的字符串包含空格（例如英文姓名全称或者英文书名），就必须选用可以接收空格的输入方法。

有三种方法可用于逐字符输入，顺序填充数组元素：

（1）getchar()函数；

（2）cin.get()函数；

（3）"cin >> " 流式输入（注意这种方式不能接收空格）。

输入中必须保证对字符数组的访问（填充读入的字符时）不越界，在读取字符的同时还需判断是否遇到输入结束符，以便正确结束输入。例如，下面的语句输入一个字符串到长度为 LEN 的字符数组 str 中：

```
int i;
for (i = 0; i < LEN - 1 && (str[i] = getchar()) != '\n'; i++)
    ;                  //空循环体
str[i] = '\0';         //添加空字符作为字符串结束符
```

for 循环将一行字符读入数组 str，以回车键作为字符串输入的结束符（也可以根据需要把空格、EOF 或其他字符作为结束字符）。读入完毕时，i 记录读入字符的个数。这时必须填入一个空字符作为字符串结束标志。循环条件用 i < LEN − 1 就是为了保证留下存放空字符的位置。

如果想作为整体一次输入一个字符串，最简单的方法就是：

```
cin >> str;
```

采用这种输入方式时，cin 默认以空白字符作为输入结束标志，因此不能用于输入包括空格的字符串。

如果希望整体输入字符串时能接收空格字符，可以使用 cin 流提供的 getline()函数（一次读入一行），该函数的使用形式是

```
cin.getline(str, n, 结束符)
```

cin.getline 连续读入多个字符（可以包括空格）存入字符数组 str，直到读满 n − 1 个字符或遇到指定的**结束符**（可以不写，默认为回车符）为止。调用中指定的结束符并不存入 str，而是在已存入的字符序列之后自动加一个空字符。例如，下面的语句读一行字符并填入数组 str：

```
cin.getline(str, LEN);
```

执行时，程序将读入至多 LEN − 1 个字符，遇到回车符时立刻结束。

处理字符串输入时还需要注意一个问题：在使用标准输入设备（通常是键盘）输入时，由于系统采用缓冲式输入，因此上一次输入中最后键入的多余字符或者回车符都可能意外地被下一次输入读到。因此，如果连续执行多次输入，通常需要注意把上一次输入残留的多余字符清除掉。为此可以调用函数 cin.clear()和 cin.sync()（它们必须成对配合使用，参见 4.3.3 节），清除输入缓冲区中残留的输入数据。

除此之外，如 4.3.4 节所述，也可以用字符串流或文件流作为输入源，这时应该使用相应的 get() 函数和 getline() 函数。

【例 6-15】分别用函数 getchar() 和 cin.getline() 输入字符串，并在两次输入之间清除输入缓冲区。

```cpp
int main () {
    const int LEN = 20;
    char str[LEN];

    cout << "Input string with getchar: ";
    int i;
    for (i = 0; i < LEN - 1 && (str[i] = getchar()) != '\n'; i++)
        ;                      //空循环体
    str[i] = '\0';
    cout << "str: " << str << endl << endl;

    cin.clear();               //清除状态标记
    cin.sync();                //清空缓冲区
    cout << "Input string with cin.getline: ";
    cin.getline(str, LEN); //输入时默认以回车符为结束符
    cout << "str: " << str << endl;

    return 0;
}
```

如果第一次输入的字符数超过数组 str 的长度 LEN，若不用 cin.clear()和 cin.sync()清除残留，剩下的字符就会自动地成为第二次输入的内容（可能造成用户意料之外的结果）。

6.5.4 字符串程序实例

字符数组也是数组，前面讲到的使用数组的知识和技术都适用于字符数组。特别之处在于，如果希望把字符数组里的内容当作字符串处理，就必须至少存入一个空字符作为字符串结束标志。在编写处理字符串的函数时，虽然参数是字符数组，但习惯做法是不在形参列表中包含表示长度的参数，而是假设字符数组中保存的是字符串，用字符串结束符控制函数中的处理过程。

【例 6-16】字符串复制。写一个函数，将一个字符串复制到一个字符数组中（同样做成字符串）。这里有个隐含条件：假定复制用的字符数组足够大，足以存放被复制字符和空字符。

实现这一功能的函数定义很简单：

```cpp
void stringcopy(char s[], const char t[]) {  //字符串复制，版本1
    int i = 0;
    while (t[i] != '\0') {
```

```
        s[i] = t[i];
        ++i;
    }
    s[i] = '\0';
    return;
}
```

函数的两个形参都是字符数组。这里没有引入数组长度形参，就是假设 t 是字符串，有字符串结束标志。此外，形参 t 加了 const 限定符，说明函数里把它作为字符数组常量使用，不会修改它。如果函数定义里写了任何试图修改数组 t 的元素的语句，编译时就会报错。

利用 C/C++ 语言的特点可以简化上面的函数定义。可以看到，循环结束时 t[i] 的值是空字符，当时正好需要给 s[i] 赋一个空字符，而且赋值运算本身也有值，所以上述程序常被写成：

```
void stringcopy(char s[], const char t[]) {   //字符串复制，版本 2
    int i = 0;
    while ((s[i] = t[i]) != '\0')
        ++i;
    return;
}
```

或者进一步简化为：

```
void stringcopy(char s[], const char t[]) {   //字符串复制，版本 3
    int i = 0;
    while (s[i] = t[i])                        //利用赋值表达式的值作为逻辑值
        ++i;
    return;
}
```

因为赋值表达式的值就是被赋的值，所以这里的做法可行。这个循环最后一次迭代复制的是空字符，空字符的值就是 0，正好可以控制循环结束。

在调用上面的函数时，可以用**存储了字符串的字符数组或字符串文字量**作为 const 字符数组形参 t 的实际参数。下面是一个简单的测试以上函数的主函数：

```
int main () {
    const int LEN = 200;
    char s1[LEN] = "";
    char s2[LEN] = "Welcome to programming kingdom!";

    cout << "s2: " << s2 << endl;
    stringcopy(s1, s2);                           //用字符数组 s2 作为参数 t 的实参
    cout << "s1: " << s1 << endl;
    stringcopy(s1, "Use string literal, OK!");   //用字符串文字量作为 t 的实参
    cout << "s1: " << s1 << endl;

    return 0;
}
```

【例 6-17】二进制到十进制的转换。写一个函数，传送给它的实参是一个表示二进制数的 0/1 字符串，它计算出这个字符串所表示的整数值。

将这一函数命名为 bin2int，这里利用了 2 的英文 "two" 作为 to 的谐音（这种命名方式很常见）。该函数应该有一个字符数组参数，执行结束时返回 int 值。由于假定参数字符数组里保存的是一个字符串，检查是否为空字符就能确定有效元素的范围，因此不必另行传递数组的长度。

二进制串 $b_n b_{n-1} \cdots b_2 b_1 b_0$ 的值可以用下面的公式计算（与前面多项式值的计算公式类似）：$(((\cdots ((b_n \times 2) + b_{n-1}) \times 2 + \cdots) \times 2 + b_2) \times 2 + b_1) \times 2 + b_0$，根据这个公式可以直接写出一个循环。由于二进制数的各个位只能是 0 和 1，只需要在遇到 1 时加一：

```
int bin2int(const char s[]) {      //数字字符串转换为十进制数, 版本 1
    int i, n = 0;
    for (i = 0; s[i] != '\0' && (s[i] == '0' || s[i] == '1'); ++i) {
        n = n * 2;
        if (s[i] == '1')
            ++n;
    }
    return n;
}
```

各种常见字符集里的数字的编码都是连续排列的，利用这种性质可以简化程序。参照例 6-4 中把数字字符转化为数字的技巧，可将函数改写如下，其中不需要条件语句：

```
int bin2int(const char s[]) {      //数字字符串转换为十进制数, 版本 2
    int i, n = 0;
    for (i = 0; s[i] != '\0' && (s[i] == '0' || s[i] == '1'); ++i)
        n = n * 2 + (s[i] - '0');
    return n;
}
```

这种方式的另一优点是很容易推广到其他进制（例如八进制和十进制）的数值转换（读者可以自行练习）。下面是一个简单的测试上述函数的主函数：

```
int main() {
    char str[] = "110111001";
    int n = bin2int(str);
    cout << str << " -> " << n;

    return 0;
}
```

【例 6-18】现在考虑一个修改保存着字符串的数组的例子。假设现在需要一个函数，它修改保存着字符串的字符数组，删除数组中字符串的前 n 个字符，留下删除后的字符串。

函数可以用如下的原型：

```
void delPrefix(int dnum, char a[]);
```

删除前面一段字符得到剩下的字符串，实际上需要函数把留下的那一段字符拷贝到最前面，还要保证正确设置串结束符。由于 dnum 的大小没有限制，它完全可能超出原字符串的大小，因此必须正确处理所有的情况。当 dnum 大于或等于串的长度时，应该把字符数组的内容设置为空串；否则要先找到需要保留的第一个字符位置，然后把从那里开始的有效字符逐个拷贝到数组的前面。

```
void delPrefix(int dnum, char a[]) {
    int i = 0, j = 0;
    while (i < dnum && a[i] != '\0')
        ++i;
    while (a[j] = a[i]) {    //拷贝字符，用赋值表达式的值控制循环
        ++i; ++j;
    }
    return;
}
```

注意，如果 dnum 大于 a 中字符串的长度，第一个循环结束时 a[i] 就是空字符，在后一循环的第一次判断中将空字符拷贝到 a[0] 后结束，a 里留下的就是一个空字符串（第一个字符就是串结束符），结果完全正确。其他情况是在拷贝了所有有效字符和空字符后结束。如果 dnum 是 0，函数将拷贝每一个字符，结果也是正确的。dnum 是负数时，函数的行为与 dnum 是 0 的情况一样，也是合理的。当然，也可以在函数开始加一个条件语句，避免这种无意义的拷贝操作。

不难把这一函数修改为删除从第 n 个字符开始的 m 个字符的函数，请读者自己完成。

6.5.5　标准库的字符串处理函数

标准库提供了许多处理字符串的函数。在 C 语言中，这些函数的原型说明在头文件 string.h 里，C++ 则在头文件 cstring 里提供这些函数的原型说明。按照 C++ 标准，要使用这些标准字符串处理函数，程序前部应该写如下的预处理命令行：

```
#include <cstring>
```

下面介绍几个常用的字符串处理函数。

（1）字符串长度函数 int strlen(const char s[])：此函数求出字符串 s 的长度，即其中的字符个数。字符串结束符不计入其中。参数描述中的 const 说明本函数不修改实参。

（2）字符串复制函数 strcpy(char s[], const char t[])：此函数与前文定义的 stringcopy 类似，其功能就是把字符串 t 复制到字符数组 s。参数 t 应该是一个字符串常量，操作中不修改；参数 s 应该是一个足够大的字符数组，以保证字符串复制不越界。下面是使用 strcpy 的例子：

```
char a1[20], a2[20];
strcpy(a1, "programming");
strcpy(a2, a1);
```

使用时必须特别注意：strcpy 不安全，如果 s 的实参不够大（不足以容纳字符串 t 的内容），函数执行中就会出现数组越界访问的动态错误，而且程序不会报错。

为避免这种出错危险，标准库还提供了一个字符串限界复制函数 strncpy，其使用形式与 strcpy 类似，但增加了 int 类型的第三个参数，用于限制复制的最大长度。字符串复制完毕或者达到限界长度时复制工作结束。例如：

```
strncpy(s, t, 20);
```

把字符串 t 里最多 20 个字符复制到 s。如果 t 不足 n 个字符，则在 s 中用'\0'补足 n 个字符。

（3）字符串连接函数 strcat(char s[], const char t[])：第二个参数应当是一个字符串，对应第一个参数 s 的实参应是一个存放着字符串的字符数组。strcat 把作为第二个实参的字符串复制到实参字符数组 s 中已有字符的后面，形成相当于两个串连在一起的字符串。这里也要求作为第一个实参的数组足够大，保证复制工作能合法完成。下面是使用此函数的例子：

```
char b1[40] = "Programming", b2[10];
strcat(b1, " language");
strcpy(b2, " C");
strcat(b1, b2);
```

这个函数存在与 strcpy 类似的安全风险，当 s 不够大时就会发生数组越界错误。标准库提供了一个限界连接函数 strncat，使用形式与 strcat 类似，但增加了第三个 int 类型的限界参数，它能把字符串 t 的前 n 个字符添加到 s 的结尾处并在最后加一个'\0'。

（4）字符串比较函数 int strcmp(const char s1[], const char s2[])：在两个字符串 s1 和 s2 相同时返回 0，字符串 s1 大于字符串 s2 时返回一个正值（这里并没有规定具体的返回值），否则返回一个负值。判断字符串大小的标准是**字典序**。

简单地说，**字典序**就是普通英语词典里排列单词词条时所用的顺序。当比较两个字符串时，字符串字典序的严格定义是：从字符串左端开始逐个比较两个串中对应的字符，字符大小按字符编码（作为整数）的大小确定。如果比较中遇到不同字符，所遇的第一对不同字母的大小关系就确定了两个字符串的大小关系，例如，"sigh" 小于 "sign"；如果比较中一直未遇到不同字符而某个字符串先结束（较短），那么这个字符串是较小的，例如 "sigh" 小于 "sight"；否则，两个字符串相等。

标准库还提供了一个限界比较函数，它只在指定的范围内判断字符串的大小：

```
int strncmp(const char s1[], const char s2[], int n);
```

其返回值的规定与 strcmp 相同。

（5）在字符串中查找字符的函数 char *strchr(const char s[], int ch)：该函数查找字符串 s 中首次出现字符 ch 的位置，返回指向该位置的指针，即被查找字符串的存储位置加上被搜索的字符在字符串里的排列位置，如果 s 中不存在 ch，则返回一个特殊的 NULL 值。

（6）在字符串中查找字符串的函数 char *strstr(const char s1[], const char s2[])：该函数返回待查找字符串 s2 第一次在被查找目标字符串 s1 中出现的位置，如果没有出现就返回 NULL。

注意，上面第 5 个和第 6 个函数的说明中出现了"指针"和"NULL"，这是下一章中才会讲述的概念。读者在学完下一章之后就能完全理解这两个函数了。

对于上面这些字符串函数，所有 const 字符数组参数的实参都必须是字符串，也就是说，必须有字符串结束符。非 const 字符数组参数的实参可能被修改，要求实参数组足够大，保证填充内容时不会出现数组越界。这两条都需要编程者保证，程序运行中不会检查也不报告错误，如果实际有错就可能导致严重后果。关心信息技术的历史和发展的读者应该都听说过黑客利用病毒或其他手段攻击计算机系统的故事，它们（他们）经常利用计算机系统的薄弱点实现攻击。有一类重要的薄弱点称为"缓冲区溢出"，也就是数组越界。调用不带长度限界的字符串操作函数，就可能成为系统中的缓冲区溢出漏洞，从而被攻击者利用。

6.5.6 从文件读取字符串程序实例

【例 6-19】写程序读入一个已有的纯文本文件（其中只包含人可读的字符，不包含特殊控制符），最后输出其中最长的一行。如果同样长度的最长行不止一个，则输出其中的某一行。

这个问题稍复杂，简单分析之后，可以写出如下的主函数基本部分的框架：

```
while (还有新输入行)
    if (新行比以前记录的最长行更长)
        记录新行及其长度；
输出所记录的最长行；
```

框架里用文字描述的几个操作都可以考虑用函数实现。

首先考虑处理中需要记录的数据。显然，这里需要记录已经遇到的最长行，因为最后需要输出这一行。记录这个行应当用一个字符数组，假定命名为 maxline。为了处理方便，这个数组的内容可以采用字符串的存储形式，在所有有效字符之后放入一个空字符。程序读入的新行也需要记录，因为如果这一行更长，就应该将它转存到 maxline。记录新行需要用另一个数组，命名为 line。

下一个问题是数组长度，这必须在定义数组时给定。因为无法确定实际文件里最长行的长度，因此一般来说，无论定义多大的数组都无法保证它足够大。程序中用一个名为 MAXLEN 的符号常量设定最大长度，这样相当于做了一个假定，即假定文件中各行的长度都不超过 MAXLEN。

可以用文件流读取函数 getline 实现读入行的操作，该函数从文件流中读取一行字符存入一个数组，读取时遇到文件尾就返回 0。显然，应该用这个函数的返回值控制读入循环。

在读取了一行字符后，可以用标准字符串函数 strlen 求得其长度，并与当前最长行的长度进行比较。新行没有超过这个长度时不需处理。一旦遇到了更长的行，就应该把 line 的内容转存到 maxline。可以调用标准库函数 strcpy 完成复制工作。

程序里需要比较新行和当前最长行的长度，为此可以使用下面的表达式：

```
strlen(line) > strlen(maxline)
```

这样反复调用 strlen 求 maxline 的长度可能并不必要。为了提高效率，可以增加一个整型变量 max 记录 maxline 的长度。相应地，每次进行字符串复制时需要更新 max 的值。

根据上述分析和考虑，不难写出如下的程序：

```
#include <iostream>
#include <fstream>                        //使用文件流读写所需的头文件
#include <cstring>                        //使用字符串函数所需的头文件
using namespace std;

int main () {
    const int MAXLEN = 1024;              //假定各行文字长度的最大值
```

```
        char line[MAXLEN + 1], maxline[MAXLEN + 1];  //字符数组长度为 MAXLEN + 1
        int max = 0;                        //记录最长行的长度

        char filename[56] = "plain.txt";   //定义字符数组以存储文件名
        //cout << "Please input file name: ";
        //cin >> filename;                   //cin.getline(filename);
        ifstream input(filename);           //定义输入文件流并绑定到文件
        if (!input) {       //如果打开文件失败，则 input 得到一个零值 (空指针)
            cout << "错误：未找到数据文件 " << filename << " 。\n";
            cout << "请制作此文件并把它存放在本程序同一文件夹下。\n\n" ;
            exit(1);        // 打开文件失败，则显示错误信息并退出程序
        }
        cout << "Reading from file: " << filename << endl << endl;
        while (input.getline(line, MAXLEN))
            if (strlen(line) > max) {       //如果新行的长度大于原有最长行的长度
                strcpy(maxline, line);      //复制新行为最长行
                max = strlen(line);         //更新最长行的长度
            }
        input.close();

        cout << "Longest line: \n" << maxline << endl;
        cout << "\nLength: " << max << endl;

        return 0;
    }
```

程序里用到文件输入流，有关细节参见 4.3 节。为了运行这个程序，需要事先编辑并保存一个名为"plain.txt"的纯文本文件（当然可以用其他文件名，但需要在程序中做相应修改），将其存放在上面程序文件的同一个文件夹中，供程序运行时打开读取。

还请注意，上面程序中待处理文件的文件名存储在字符数组 filename[]中，这样做使文件的指定方式很容易修改，甚至可以改为让用户输入待处理文件的文件名（如注释语句所示）。那样，同一个程序就可以很方便地用于处理不同文件了。

6.6　编程实例

本节再展示一些使用数组的编程实例，其中也会讨论到一些开发这类程序时常见的问题和常用的技术。原则上说，由于编程工作的性质，对任何问题，都可以写出许多不同的程序。从问题到程序要经过一个比较长的工作过程，在许多步骤中编程者都需要做出选择。有些选择牵涉到对问题的不同考虑或认识，可能引起程序之间的显著差异。有时要做的是在不同实现方式间进行简单选择，例如需要循环，用 for 或 while 结构都可以实现，但要根据具体问题从中选择一个更合适的结构。在下面的讨论中，读者可以看到这些方面的很多情况。

这里的程序不应该看作所提问题的标准答案，它们只是问题的合理或可用的答案。作者始终希望读者去考虑多种解决方法。在学习或阅读本书时，读者应该特别注意隐藏在程序实例后面的各种选择：作者考虑了哪些问题，怎么考虑或如何选择，这些选择是否合理，还可能怎样考虑和处理等。如果读者能在读书和编程练习中反复思考这些问题，必然能受益无穷。

6.6.1　拼手气发红包

【例 6-20】目前在很多社交软件中可以发起"拼手气抢红包"的活动。发起人指定红包的总金额和红包个数，接收者抢红包，手快的人可以得到一个随机金额的红包。这里准备开发一个字符界面的程序来模拟这一过程，其中着重考虑应该如何把总金额 t 元随机地发放给 n 个人（当然，由于人民币的最小金额单位是 0.01 元，因此在设置红包参数时应该满足 t >= n * 0.01）。

首先设计"拼手气抢红包"的工作机制。这里可以考虑把总金额随机地分解为 n 个数，存入一个数组，然后在有人领取时依次得到这 n 个数对应的金额（在字符界面的程序里只需要直接输出）。这样，程序里只需首先生成 n 个随机数，然后根据总金额 t 进行归一化，把这些随机数映射到合适的值。

很显然，金额的划分牵涉到随机数的分布问题。统计学提出了多种典型的随机数分布。这里准备采用一种简单的方法：令所有随机数对称地分布于平均值 t/n 附近，例如，在它的0.5 倍至 1.5 倍之间。如果读者不希望采用这种分布，可以自己考虑其他做法。

当然，这样生成的随机数之和通常不会恰好等于总金额，因此需要归一化。而且，由于数值要截断到以"分"（0.01 元）为单位，归一化后的红包金额之和也可能不等于预设的总金额。最简单的方法是调整最后一个红包的金额，让它等于总金额减去前 n-1 个红包的金额之后的值。

发红包采用人民币，最小金额是 0.01 元。程序中如果以"元"为单位、用实数表示金额，可能会因为浮点数误差而产生额外的问题，因此程序内部使用"分"作为单位，使所有工作都在整数中处理，例如总金额就是 t * 100 分。程序最后输出时显示为以"元"作为单位，以符合日常生活习惯。

在程序的最高层，有关工作可以分为三个阶段：设置红包参数，用随机数进行分配，输出红包金额。这样就做出了程序的第一级分解。程序中所需的函数原型声明和主函数定义如下：

```cpp
#include <iostream>
#include <cstdlib>                          //使用随机数函数所需的头文件
#include <ctime>                            //使用 time() 函数所需的头文件
using namespace std;

int setPara(int &t, int &n, int MAX);       //设置红包总金额 t 和人数 n（<=MAX）
int alloMoney(int t, int n, int money[]);   //总金额 t 分配到长为 n 的数组 money
void prtAll(int t, int n, int money[]);     //输出 money 数组中的红包金额

int main() {
    const int MAX = 100;                    //最大人数
    int t, n, money[MAX];

    cout << "== 拼手气发红包 ==" << endl;
    if (!setPara(t, n, MAX)) {              //设置参数，若失败则退出
        cout << "参数设置失败，程序结束。" ;
        exit(1);
    }

    alloMoney (t, n, money);                //分配红包金额
    prtAll (t, n, money);                   //打印输出
```

```
        return 0;
}
```

下一步是编写出程序中需要的三个函数:

```
int setPara(int &t, int &n, int MAX){       //设置红包总金额 t 和人数 n（<=MAX）
    double total;                           //红包总金额（元）
    int errs = 0, ERRNUM = 3;
    do {
        cout << "请输入红包总金额(元): ";
        cin >> total;
        cout << "请输入红包个数: " ;
        cin >> n;
        if (n > MAX) {
            cout << "错误: 总人数超过了 " << MAX << endl;
            errs++;
        }

        t = total * 100;                    //货币单位由元转换为分
        if (t < n) {                        //如果红包总金额分数小于人数
            cout << "错误: 红包总金额分数小于人数! 请重新输入。" << endl;
            errs++;
        }
    } while ((n > MAX || t < n) && errs <= ERRNUM);
    return (errs <= ERRNUM ? 1 : 0);        //返回函数的工作状态
}


int alloMoney(int t, int n, int money[]){  //总金额 t 分配到长为 n 的数组 money
    int i, total = 0;
    int min = 0.5 * t / n, max = 1.5 * t / n;

    srand(time(0));
    for (i = 0; i < n; i++) {                //产生 n 个随机数
        money[i] = rand() % (max - min + 1) + min;
        total += money[i];
    }

    //对红包金额进行归一化
    //为了防止数值误差, 只对前 n-1 个进行归一化, 最后一个以减法赋值
    int sum = 0;
    for (i = 0; i < n - 1; i++) {            //前 n-1 个进行归一化, 用浮点数计算
        money[i] = double(money[i]) / total * t; // 赋值时自动转换为整数
        sum += money[i];
    }
    money[n - 1] = t - sum;

    //TODO: 额外调整避免 0 值
    return 0;
}

void prtAll(int t, int n, int money[]){     //输出 money 数组中的红包金额
    for (int i = 0; i < n; i++)
```

```
        cout << 0.01 * money[i]  << (i % 5 == 4? '\n':'\t');   //单位为"元"。
    return;
}
```

这个程序已经可以工作得很好了，读者可以用不同的参数测试（例如将 20 元发给 10 人）。但是，在一些极端情况下，程序给出的分配情况可能不好。例如，如果用户要求把 1 元发给 50 人，就可能出现一批金额为 0 的红包，这显然是不合适的。为避免这种情况，可以考虑在 alloMoney 函数中加入一些调整以消除 0 值。一种简单策略是扫描整个数组，出现 0 值时再次扫描整个数组，找到最大值后平分两者（或随机分，有关修改留给读者作为课后练习）。也请读者考虑其他调整策略。

6.6.2 学生成绩的统计和分析

【例 6-21】写一个程序，它通过输入（或从文件中读取）得到 N 个（$N \leq 200$）学生的一门课的成绩。程序首先分别输出不及格的成绩和及格的成绩，然后输出不及格和及格的人数，再计算出平均成绩值 M 和标准差 S，其中 $M = \frac{1}{N}\sum_{i=1}^{N} x_i$，$S^2 = \frac{1}{N}\sum_{i=1}^{N}(x_i - M)^2$，最后输出一个分段成绩的直方图（在文本终端窗口中，以横向方式绘图，以一系列的 'H' 字符表示数值高度）。

（1）问题分析和分解

由于程序中需要多次使用所输入（或从文件中读取）的成绩数据，因此应考虑在输入或读取的过程中，将成绩数据记录在一个双精度数组里，作为程序中使用的基本数据，然后做各种统计并产生所需要的输出。考虑到程序的工作比较复杂，应该根据需要完成的工作，设法把程序划分为若干个函数。在最高层，这一程序的工作可以划分为四个阶段：读入成绩、分段输出、计算并输出统计量、计算并输出直方图。这样就可以做出程序的第一级分解，写出程序的主体部分：

```cpp
#include <iostream>
#include <cmath>              //数学函数
#include <cstdlib>            //随机数函数
#include <ctime>             //时间函数
#include <fstream>           //文件流读写
#include <iomanip>           //输出流操纵符
using namespace std;

int readScores(int max, double tb[]);    //输入不超过 max 个数据到 tb，返回项数
void prtPass(int n, double tb[], double passline);    //按照 passline 分段输出
void statistics(int n, double tb[]);     //对数组 tb 里的 n 个数据项进行统计
void histogram(int n, double tb[], int high);     //绘制最高为 high 的直方图

int main() {
    enum {NUM = 200, HISTOHIGH = 60 };    //最大数据项数和直方图的最大高度
    const double PASSLINE = 60.0;         //及格分数线
    double scores[NUM];                   //学生的成绩分数

    cout << "*** 学生成绩管理 ***" << endl;
    int n = readScores(NUM, scores);      //读入最多 NUM 个学生成绩，n 为学生人数
    cout << "共计读得数据项数: " << n << endl << endl;
```

```
    prtPass(n, scores, PASSLINE);              //分段输出
    statistics(n, scores);                     //计算并输出统计量
    histogram(n, scores, HISTOHIGH);           //分段统计并输出直方图
    return 0;
}
```

这里把最大数据项数、直方图的最大高度都定义为枚举常量，把及格分数线定义为常变量，这样，如果情况有变动，很容易修改这些工作参数。

输入函数的原型很容易设计，前面有关输出文件最长行的实例研究过类似问题。当然，这里的情况有所不同，需要输入的是一组数据，但那个程序的设计和开发经验都可以参考。其他函数的原型表明它们都是典型的数组处理函数（用一个形参传递数组长度，另一个形参传递数组）。

注意，这里把保存学生成绩的数组定义为主函数的内部变量，因此其他函数的参数表中需要有参数"double tb[]"来传递这个数组。如果把这个数组定义为外部变量，其他函数就不需要有这个参数了，因为它们可以在函数体内直接操作该外部数组。

（2）函数的实现

输入过程比较规范，很容易实现。下面是输入函数的一种实现：

```
int readScores(int max, double tb[]) {     //读入最多 max 个数据到数组 tb 中
    int i = 0;

    //手工输入
    cout << "请依次输入学生的分数（Ctrl-Z 结束输入） " << endl;
    cout << "分数 " << i + 1 << ": ";        //提示用户输入
    while (i < max && cin >> tb[i]) {        //循环输入分数
        cout << "分数 " << ++i + 1 << ": ";   //提示用户输入
    }

    //从数据文件中读取
//   char fname[20] = "scores.txt";
//   ifstream infile(fname);
//   if (!infile) {
//       cout << "错误：无法打开输入文件 " << fname << endl;
//       exit(1);
//   }
//   cout << "从文件 " << fname << " 中读取数据 " << endl;
//   while( i < max && infile >> tb[i])
//       i++;
//   infile.close();

    //随机数模拟，分数区间为[30, 100]
//   cout << "以随机数生成学生成绩分数进行模拟" << endl;
//   srand(time(0));
//   for (i = 0; i < max; i++)
//       tb[i] = 30 + rand() % (100 - 30 + 1);

    return i;
}
```

函数的形参 max 表示最多可接受的学生成绩项数（也就是数组的长度），而在程序运行中实际读得的项数用变量 i 记录，作为函数的返回值返回给主调函数。

为方便调试程序，在这个函数里提供了手工输入、从数据文件中读取（事先要编辑和保存数据文件 "scores.txt"）和随机数模拟三种方式，读者在调试时可以选择其中一种方式（把另外两种方式的代码改为注释）。也可以用条件编译预处理命令来处理这个问题，请有兴趣的读者思考。

对于手工输入和文件输入，控制循环的条件包含两部分（"i < max && cin >> tb[i]"）。第一个条件 "i < max" 是为了防止输入数据过多而导致数组越界（任何给数组装填数据的循环都必须检查数组越界问题）。第二个条件 "cin >> tb[i]" 检查从输入设备获得的数据是否合适，这样也使用户可以通过输入 EOF 终止输入。还要注意，这两个条件的前后顺序不可交换。

所提供的随机数模拟输入代码段，是用标准库中的随机数生成函数 rand() 生成一批介于 [30, 100] 的分数实现的，能够方便用户在调试时自动获得一批数据供后续处理。

按及格线分段输出的工作有许多可能的解法。最简单的解法是两次扫描数组内容，第一次将遇到的不及格成绩输出，第二次将及格的成绩输出。下面是按这种方式写出的函数：

```cpp
void prtPass (int num, double tb[], double passline) {  //按及格线分段输出
    int i, fail, pass;
    cout << "不及格分数: " << setprecision(3) << endl;
    for (fail = 0, i = 0; i < num; ++i)
        if (tb[i] < passline) {
            ++fail;
            cout << tb[i] << (fail % 10 != 0 ? '\t': '\n');
        }
    cout << endl << "不及格人数: " << fail << endl << endl;

    cout << "及格分数: " << endl;
    for (pass = 0, i = 0; i < num; ++i)
        if (tb[i] >= passline) {
            pass++;
            cout << tb[i] << (pass % 10 != 0 ? '\t': '\n');
        }
    cout << endl << "及格人数: " << pass << endl;
    return;
}
```

求出各种统计量并输出也没有特殊困难。因为这里需要用数据项数做分母，在项数不大于 2 时会出现问题（参看计算公式），故程序里做了特别处理。

```cpp
void statistics(int n, double tb[]) {  //对数组 tb 里的 n 个数据项进行统计
    int i;
    double s, sum, avrg;

    if (n < 1) {
        cout << "数据太少，无法执行统计! " << endl;
        return;
    }

    for (sum = 0.0, i = 0; i < n; ++i)
        sum += tb[i];
```

```
        avrg = sum / n;
        for (sum = 0.0, i = 0; i < n; ++i)
            sum += (tb[i] - avrg) * (tb[i] - avrg);
        s = sqrt(sum / (n - 1));
        cout << "学生总人数: " << n << endl;
        cout << "平均分: " << fixed << setprecision(2) << avrg << endl;
        cout << "标准差: " << s << endl << endl;
        return;
    }
```

下面考虑直方图生成。为了简单起见，这里考虑用字符形式输出横向的直方图。每个成绩段输出一行，选用'H'作为基本字符。为了描述方便，先定义一个简单的字符输出函数：

```
    void prtHH(int n) {
        for (int i = 0; i < n; ++i)
            putchar('H');
        return;
    }
```

绘制直方图时，成绩分段长度用符号常量 SEGLEN 表示，根据它又可以算出分段数目 HISTONUM。为此最好定义两个常量，而且在定义中明确地利用它们之间的关系，设定相互协调的值：

```
    enum {SEGLEN = 10, HISTONUM = (100 / SEGLEN) +1 };
```

现在考虑各个分段的成绩统计的实现。显然，程序里应该用一个计数器数组保存成绩处于各分段的人数，将这个数组命名为 segs，其中应该有 HISTONUM 个计数器，即定义如下数组并做初始化：

```
    int segs[HISTONUM] = {0};
```

在 SEGLEN = 10 时即有 HISTONUM = 11，数组 segs 表示 11 个计数器。计划把分数段[0, 10)的人数存到 segs[0]，分数段[10, 20)的人数存到 segs[1]，……分数为 100 的人数存到 segs[10]。

由于被处理的是等长分段，因此只需将成绩值强制转换到 int，再除以分段的长度（这里是整除）后就能得到对应计数器的下标，采用下面的语句能正确更新对应的计数器：

```
    segs[((int)scores[i]) / SEGLEN]++;
```

为了使分段统计值中最大项的直方图正好输出 HISTOHIGH 个字符，还需要求出这个最大值，以便用它去按比例缩放其他计数值。有了这些数据之后，剩下的工作就是设计一种输出形式的问题了。下面的函数定义产生的每行输出都具有如下形式：

```
    80~: 23|HHHHHHHHHHHHHHH
```

开头几个字符表示这里输出的是 [80, 90)区间的成绩，随后是这一成绩段的人数（这里是 23）。一个竖线符号后是表示直方图的字符序列。下面是直方图生成函数 histogram 的定义：

```
    void histogram(int n, double tb[], int high) {      //横向绘制最高为 high 的直方图
        int i, mx;
        enum {SEGLEN = 10, HISTONUM = (100 / SEGLEN) + 1 };
        int segs[HISTONUM] = {0};                        //定义数组并全部初始化为 0

        if (n == 0)
            return;
        for (i = 0; i < n; ++i)                          // 统计各分段人数
```

```
      segs[(int)tb[i] / SEGLEN]++;

   for (mx = 1, i = 0; i < HISTONUM; ++i)   // 为规范化找出最大个数
      if (segs[i] > mx)
         mx = segs[i];

   cout << "Histogram: " << endl;
   for (i = 0; i < HISTONUM; ++i) {           //输出
      cout << setw(3) << (i) * SEGLEN << "~ :" <<setw(4) << segs[i]<<'|';
      prtHH(segs[i] * high / mx);
      cout << endl;
   }
   cout << endl;
   return;
}
```

这里还有一些细节需要解释：将语句"segs[(int)tb[i] / SEGLEN]++;"中的增量运算符写成后缀形式，是为了使人更容易看清加一的对象是数组的指定元素。在利用 cout<< 产生输出时，使用 setw 来设置输出的宽度，以便各行输出对齐。

（3）分析和改进

如果用户输入的数据或从文件中读取的数据是一批 0～100 的整数值，将它们送给这个程序，就能得到所需的统计显示。可是，如果用户输入错误的分数，或者文件中出现了不合要求的数据会怎样呢？例如，成绩中可能不小心混入了一个 178，此时上述程序会怎么样？一个实际的软件系统除了应该能正确处理所有合法的输入外，还应该能在输入有错的情况下做出合理处置。程序（软件）抵御不合法数据破坏的能力称为程序的强健性。上面的程序强健吗？

不难看到，输入函数 readScores 不会受到错误数据的破坏。由于循环条件中考虑了对输入数据量的控制，因此这个函数在执行中不会出现"输入缓冲区溢出"错误。遇到数据过多的情况时，它完成的只是前面一部分数据的统计。但这一情况说明了本程序的一个缺陷：在数据没有用完的情况下，它不声不响地产生了输出，却没有通知用户"工作结果可能不正确"。

按及格线分段输出的函数非常简单，本身不含有可能出错的情况。但是如果在前面输入数据时获得了不合要求的数据，它就会不加区分地将其当作不及格或者及格的成绩。

统计函数很简单，它检查了输入项数以避免除零的问题。直方图函数虽然检查了项数，却隐含着一个危险情况：由于采用了优化的实现方法，因此如果成绩的值不在 0～100 之间，"segs[(int)tb[i] / SEGLEN]++;"就可能出现数组越界，并可能导致严重的后果。

仔细分析当前的程序，可以确定，现有的几个问题都可以归结到数据的入口（输入操作）。如果没对输入数据做任何检查，混入非法数据可能破坏后续步骤的工作。由于有关工作都实现为函数，因此现在只需要修改相应函数。显然的修改方法是要求程序在输入中检查每个输入项，只将合法的数据存入数组。有关数据是否处理完的情况只能在循环结束后检查。修改后的 readScores 如下：

```
int readScores(int max, double tb[]) {
   int i = 0;
   double x;
```

```
    //手工输入
    cout << "请依次输入学生的分数 (Ctrl-Z 结束输入) " << endl;
    cout << "分数 " << i + 1 << ": ";          //提示用户输入
    while (i < max && cin >> x) {              //循环输入数据
        if (0.0 <= x && x <= 100.0)
            tb[i++] = x;
        else
            cout << "数据" << x << "不合法。舍弃并重新输入。" << endl;
        cout << "分数 " << i + 1 << ": ";      //提示用户输入
    }


    //从数据文件中读取
//    char fname[20] = "scores.txt";
//    ifstream infile(fname);
//    if (!infile) {
//        cout << "错误：无法打开输入文件 " << fname << endl;
//        exit(1);
//    }
//    cout << "从文件 " << fname << " 中读取数据 " << endl;
//    while(i < max && infile >> x)
//        if (0.0 <= x && x <= 100.0)
//            tb[i++] = x;
//        else
//            cout << "分数值错误。舍弃: " << x << endl;
//    if (i == max && infile >> x) {
//        cout << "错误：文件中的数据项数超出本程序的处理能力 " << max << endl;
//        getchar();
//        return 0;
//    }
//    infile.close();

    //随机数模拟
//    srand(time(0));
//    for (i = 0; i < max ; i++)
//        tb[i] = 30 + rand() % (100 - 30 + 1);
//    cout << "Generated random scores : " << i << endl;
    return i;
}
```

　　修改后的程序比原来强健了，能合理地处置更多的情况，遇到错误还能提供一些有用的信息。当然，程序还有许多可能改进的地方。请读者考虑如下问题：如果输入数据中不慎混入非数字字符，例如某成绩被输入为 8O（数字 8 和大写字母 O），程序将如何反应？当然，修改前要先想清楚，对这种情况合理的处理方式是什么，然后考虑应该怎样修改程序。你还能发现程序中值得改进的地方吗？请认真地想一想，如果发现了问题，请设法修改程序，以合理的方式解决相应问题。

　　除此之外，如果读者选用随机数模拟生成的分数多次运行程序，会发现分数按段分布比较均匀，而不像实际中那样呈钟形分布。这是因为标准库函数 rand() 产生的随机数是比较均匀的。如果在程序中需要一批非均匀分布的随机数，就需要使用其他随机数生成函数（在此不做介绍）。

6.6.3 统计源程序中的关键字

考虑下面的编程实例，完成它可能要用到许多学过的东西。这里不打算给出完整程序，而是把重点放在问题分析上，其余工作留给读者完成。最后还要提出一些供读者思考的问题。

【例 6-22】写一个程序，统计在一个 C/C++ 语言源程序文件中各个 ANSI C 关键字出现的次数。

开发程序前，首先要确定它如何得到输入。根据到目前为止学到的知识，一种合理安排是让程序通过文件流读取文件内容。需要处理的源程序文件也就是一种文本文件，文本中包含语言的标识符、运算符、括号、标点符号和其他分隔符，标识符之间可能有空格、制表符、回车符，还可能有运算符、括号或标点符号。对这种文件，没有简单的方法跳过其他内容，直接在文件流中找到一个个标识符，因此只能考虑用输入函数 get() 逐字符读入，在读入过程中识别标识符。

题目要求统计程序里的 ANSI C 关键字，而关键字就是标识符集合里一个特殊的小集合。只要能识别出程序中的标识符，再检查得到的标识符是否属于这个小集合，就有可能完成工作。

以上分析提供了一种解决问题的线索：首先打开被处理的源程序文件，创建一个输入文件流；然后顺序读取该文件，并设法识别其中的一个个标识符；在得到了一个标识符后检查它是否为关键字，遇到关键字时就更新统计数据；处理完整个源文件后，关闭文件并输出统计数据。这样一套想法形成了一个解决方案。注意，这是一个大选择，采纳它就决定了后面工作中的许多东西。（另一种可能方案是在读入字符的过程中直接统计关键字，例如，读到 f 后考查能否读到 or，成功时将 for 的计数值加 1。读者不妨沿这条思路继续考虑能否写出程序，会遇到什么困难，如何克服。）

打开文件是一项常规工作，可以定义一个全局性的输入文件流 infile，通过打开操作给它绑定一个源程序文件。这些都很容易处理，例如使用下面的代码：

```
ifstream infile;                 // 全局的文件输入流

char filename[56] = "hello.cpp";  //自行事先准备一个示例源程序
//cout << "请输入文件名: ";        //或在运行时输入一个源程序文件名
//cin >> filename;
infile.open(filename);           //打开名称为 filename 的文件作为文件输入流
if (!infile) {                   //如果打开文件失败，则 infile 得到一个零值
    cout << "错误: 无法打开文件 " << filename << "。程序终止。\n";
    exit(1);                     // 显示错误信息并退出程序
}
```

从输入文件流中读取字符并识别标识符是一项具有逻辑独立性的工作，应该将这项工作定义为函数，把这个函数命名为 getIdent。为了后续处理，getIdent 不但要识别标识符的开始和结束，还要把标识符保存起来。可以用一个数组参数传递信息，也可以用外部数组变量。下面考虑用数组参数的方法。

getIdent 需要告知主调代码是否真的读到了一个标识符，通过返回值告知是一种可行的方式（也很常用）。一种简单方法是让函数返回读到的标识符长度，用返回 0 表示文件已经处理完毕，没有更多标识符了。（有没有其他方式向调用函数的地方传递信息？请考虑可以用什么方式，有什么优缺点？）再为 getIdent 引进一个读入长度限制，就可以得到它的原型：

```
int getIdent(int limit, char id[]);
```

至此，主函数中核心部分的框架已经可以写出来了：

```
打开源程序文件;
while (getIdent(MAXLEN, str) > 0)
    if (str 是某个关键字)
        相应计数器加 1;
输出结果;
关闭文件;
```

其中的 MAXLEN 是一个定义好的符号常量，表示保存标识符字符串的数组的长度。

getIdent 的实现可以参考前面的单词计数程序实例（参见 4.4.3 节）：先画出一个状态转换图，弄清在什么情况下遇到了标识符开始、什么时候标识符结束。读者应记得语言的规定：标识符是由字母开头的连续字母数字序列，下划线字符也作为字母看待。也就是说，遇到字母或下划线就表示标识符开始，随后的字母、数字或下划线都是标识符的内容，遇到其他字符则说明标识符结束（注意，标识符的识别规则与前面程序实例中的单词不同）。

getIdent 还需要把读到的字符存入参数数组，并记录存入的字符个数。为了使用方便，这里可以采用字符串形式（下面假定这样做）。识别出一个标识符后，还应该在数组中标识符的字符后面存入一个空字符。函数的一种简单定义如下（假设已经打开了输入文件流 infile）：

```
int getIdent(int limit, char id[]) {
    int ch = ' ', i = 0;
    while (ch != EOF) {
        i = 0;
        while ((ch = infile.get()) != EOF && !isalnum(ch) && ch != '_')
            ;                    //ch 不是字母或数字字符或下划线，跳过
        if (ch == EOF) break;
        id[i] = ch;          //首字符
        while ((ch = infile.get()) != EOF && (isalnum(ch) || ch == '_') )
            id[++i] = ch;    //ch 是字母或数字字符或下划线，添加进字符串
        id[++i] = '\0';      //添加空字符作为结束标志
        break;
    }
    return i;
}
```

这个函数并不完善，还有许多细节值得考虑。在源程序里可能出现注释、字符常量、字符串常量，以及数字和标点符号等。这些都应在查找下一标识符的过程中跳过。例如，如下语句就无法由上面的函数正确识别并计数：

```
char chars = "double is a C type\n"; // others: float, long double
```

上面的示例中采用字符串的形式保存读到的标识符。很显然，也可以不用字符串形式。读者可以考虑应如何处理。除此之外，这里还要考虑一个麻烦的问题：标识符没有长度限制。怎样才能正确处理任意长度（可能极长）的标识符呢？这个问题留给读者思考。

把识别标识符的工作定义为一个函数之后，上面提出的这些问题就限制在 getIdent 里了，与函数外的程序无关，可以在以后再仔细考虑，或者留作将来改进和完善程序的工作。

要判断标识符是否为关键字，必须记录所有的关键字。前面确定通过 getIdent 把取得的标识符做成字符串，如果关键字也用字符串表示，比较就很方便。ANSI C 共有 32 个关键字，可考虑用数组表示。为此定义一个二维数组，元素是字符数组，每个子数组存放一个关键字字符串。ANSI C 最长的关键字有 8 个字符，因此定义一个 32×9 的二维字符数组并初始化如下：

```
char keywords[32][9] = {
    "auto", "break", "case", "char", "const", "continue",
    "default", "do", "double", "else", "enum", "extern", "float",
    "for", "goto", "if", "int", "long", "register", "return",
    "short", "signed", "sizeof", "static", "struct", "switch",
    "typedef", "union", "unsigned", "void", "volatile", "while"
};
```

这样，keywords[n] 就是表示某关键字的字符串，可以用标准库函数 strcmp 比较。拿到一个标识符字符串后，与 keywords 中的关键字字符串比较，就可以确定它是否为关键字、是哪个关键字。

为统计关键字的出现次数，可以用一个计数器数组：

```
int cnt[32] = {0};                    //元素初始化为 0
```

显然，最合理的方式是用 cnt[n] 记录关键字 keywords[n] 的出现次数。有了这些准备之后，假设字符数组变量 str 存放着读入的标识符字符串，程序的计数部分就可以写为：

```
for (n = 0; n < 32; ++n)
    if (strcmp(str, keywords[n]) == 0) {    //比较 str 与 keywords[n]是否相等
        cnt[n]++;
        break;
    }
```

这个程序片段里做了一件许多程序都经常做的工作：设法确定某个东西是否存在于一组数据之中，这种工作称为**检索**或**查找**。这里检索的是一组字符串，它们保存在一个数组里；工作方式是顺序比较被查数据与数组里的数据，这种方式称为**顺序存储**和**顺序检索**。许多程序里都需要做检索，有时被处理的数据集合很大，顺序检索中逐个比较的速度很慢。人们对这个问题做了许多研究，提出了许多数据组织方法和检索方法。采用不同数据组织方法和检索方法，又会导致许多不同的程序。

至此，我们已经对要解决的问题做了许多深入分析，提出了一个解决方案，写出程序已不困难了。读者可以把上面的代码拼装起来。当然，还需要解决一些具体的实现问题。例如，数组 keywords 和 cnt 是定义为全局变量还是局部变量？如何初始化？还要记得在程序结束之前关闭已打开的输入文件流，等等。通过一些努力，最终就能做出一个可以运行的完整程序。

回顾前面的分析过程，可以看到，要想进一步完善这个程序，最重要的是改进 getIdent 函数，完善其识别功能。前面分析了该函数的简单实现，提出了一些问题，可供读者在升级这个函数时参考。

这里再提出一些实现程序时可以考虑的问题。如果读者看到其他书籍上的类似程序，也不妨认真想想它们解决了下面提出的哪些问题？解决时是怎么考虑的？其解决方案有什么优点和不足？什么时候程序的统计会出问题等。在自己实现程序时，也应该仔细考虑这些问题。

如果在分析中还能提出更多的问题，那就更好了，说明你在学习中真正动了脑筋。

（1）应该用多大的数组存放标识符？语言对标识符长度没有限制，而前面考虑 getIdent 定义时加了长度限制参数。请考虑该参数的作用，如果遇到超长标识符，你的程序（或其他书上的程序）能正确统计吗？什么时候会出问题？会出什么问题？

（2）遇到标识符超长时应该采取什么处理原则？怎样保证统计结果正确？你的程序（或你读到的程序）正确处理了这一问题吗？

（3）考虑 ANSI C 语言关键字，你注意到它们的长度都不超过 8 个字符这一重要特性了吗？你的程序利用了这个特性吗？利用它能否使统计的工作更简单？能否及早发现某标识符不可能是关键字？（提示：把 getIdent 实现为 "取得下一长度不超过 8 的标识符"。）

（4）最后，要使你的程序完善，还必须考虑 C/C++ 程序中的各种成分，如注释、字符常量、字符串常量等。仔细分析这些问题，修改你的程序，使它在任何情况下都能够立于不败之地。这绝不是很容易的事，但是在努力做到这一点的过程中，你一定会学到许多东西。

本章讨论的重要概念

数据构造机制，复合数据对象，复合数据类型，数组，数组元素，下标（指标），下标运算符，越界访问，筛法求质数，约瑟夫问题，多项式求值，数组参数，二维数组，多维数组，字符数组，字符串，字符串输入输出，标准库字符串处理函数。

练习

6.1　**数组的概念、定义和使用**：例 6-1 和例 6-2

6.2　**使用数组的程序实例**：例 6-3～例 6-7

1. 使用标准库中提供的随机数生成函数，生成 100 个介于[0, 200]之间的随机整数，存放到一个整型数组中，然后依次输出这个整型数组中的所有元素。

2. 写一个程序，统计由标准输入得到的一批字符中各个英文字母（不区分大小写）出现的次数。（提示：使用标准库中的字符函数判断所输入的字符是否为英文字母，并把英文字母统一转换为大写或小写，然后参考例 6-4 中的技术进行统计。）

3. 把 0 到 RAND_MAX 分成间隔相同的 32 个区间，然后使用标准库中的随机数生成函数生成 10 万个介于[0, RAND_MAX]之间的整数，统计落在各个区间中的数的个数并打印输出。请多次运行此程序，观察输出结果并回答：落在各区间中的数是否基本均匀？

4. 例 6-5 中的 "筛法" 程序求出的质数是数组 an 中元素值为 1 的那些下标值。请在该程序的基础上，把求得的质数复制到另一数组 bn 中（使 bn 的元素依次为 2, 3, 5, 7, …）。

5. 设长度为 LEN 的整型数组里存满了整数，请写程序做这些数的循环移位。也就是说，每次操作将数组中各整数依次后移 1 个位置，最后一个数移到数组首元素，并输出这些数。重复执行这个操作 m 次，要求操作中只用一个整型变量（不允许使用其他数组）作为元素的临时存储。

6. 假设一个整数数组中按从小到大的顺序存放了一些正整数（例如 "2，3，5，8，10，13，17，20"），后面还有一些元素为空（其值都为 0）。现输入一个正整数，请将它插入数组中合适的位置，并保持数组中的所有元素从小到大的顺序。

7. 求解约瑟夫问题时，也可以用数组的值表示人员的编号（例如，开始时在数组中存储着"1 2 3 4 5 6 7 8"共 8 个值），每次有一人退出时则把该编号从数组中移除（假设第一次是编号为 5 的人退出，则把数组中后面的数据前移，变成"1 2 3 4 6 7 8 8"），记录有效元素个数的变量 n 减 1，重复操作直到 n 变到 1 时为止。请按这种思路编程序求解约瑟夫问题。

8. 从 n 个不同的自然数中任取 m 个不同的数（$m \leq n$），按一定的顺序排列，称为从 n 个不同元素中取 m 个元素的一个不重复排列。请编程序输出从 1 到给定的自然数 n 之间所有自然数的所有不重复排列，即 n 的全排列。（提示：用一个数组存放当前排列中的各个自然数，用另一个数组记录各个数是否已在当前排列中已使用过。本题较难。）

6.3 以数组作为函数的参数：例 6-8～例 6-10

9. 写一个函数，它判断一个整数（或浮点数）是否在一个数组中出现。如果出现，给出第一次出现位置的下标，不出现时给出值-1。

10. 写一个函数，它统计一个整数在一个数组（都通过参数提供）里出现的次数。

11. （1）参考例 6-7，实现一个求由数组表示的多项式的值的函数。函数原型设为 double polynomial(int n, double po[], double x)。

（2）写两个函数分别求出 double 数组（参数）中的最大值和最小值。函数原型分别为：double arraymax(int n, double a[]) 和 double arraymin(int n, double a[])。

（3）利用 polynomial 求多项式 $42 - 10x - 1.2x^2 + 0.5x^3$ 在区间 [-5, 5] 内间隔为 0.2 的一系列（共 51 个）点的值并存入数组，再用 arraymax 和 arraymin 求出其中的最大值和最小值。

*（4）将上一步中存放于数组中的值进行规格化（转换到[0, 1]区间），然后设法用星号在屏幕上打印显示上述多项式在[-5, 5]区间内的近似图形。

6.4 二维和多维数组：例 6-11～例 6-13

12. 参考正文中有关定义处理多维数组的函数的规定，写出求 4×4 的矩阵加、减、乘的函数。

13. 杨辉三角（也叫帕斯卡三角）是二项式系数在三角形中的一种几何排列。前几行如下：

第 1 行：1
第 2 行：1 1
第 3 行：1 2 1
第 4 行：1 3 3 1
第 5 行：1 4 6 4 1
......

杨辉三角的特点是：

（1）第 i 行共有 i 个不为零的元素；

（2）每行第 1 列的元素为 1，从第 2 行开始，第 1 列之后的元素为上一行左上方元素和正上方元素之和。

写一个程序，计算并输出杨辉三角的前面 12 行。

6.5 字符数组与字符串：例 6-14～例 6-19

14. （1）写一个函数把仅包含 '0'～'9' 数字字符的字符串转换成十进制整数，它只有一个字符数组参数。

（2）写一个函数把符合 C/C++ 语言实数文字量形式的字符串转换成双精度数。

15. 回文（palindrome）是从前向后和从后向前读都一样的词语或句子。例如 "madamimadam"，其原文是 "Madam, I'm Adam"。

（1）写一个函数，判断 "madamimadam" 这样不含标点符号的纯英文小写字母字符串是否为回文；

（2）写一个函数，判断 "Madam, I'm Adam." 这样含有英文标点符号的纯英文大小写混合的字符串是否为回文。

16. 写函数 squeeze(char s1[], char s2[])，它从字符串 s1 中删除串 s2 里包含的所有字符（而且保证剩下的字符仍然按照原来顺序连续排列，形成字符串）。例如，取 s1 为 "hello world!"，s2 为"ol"，调用此函数之后，s1 变为"he wrd!"。

17. 本章中例 6-19 的程序（求文件中最长行）有局限性，它要求文件中各行长度都不超过 MAXLEN 个字符。请改进该程序，使之能处理每行文字长度不受限制的文件，能正确输出最长行的长度，并输出文字长度最长的那一行（如果该行超过数组容量，则输出该行的前面一部分）。

18. 写一个程序，它读入一个英文纯文本文件，输出其中最长的词（参考前面章节对"词"的定义，你也可以自己规定，例如规定词是由字母开头的字母数字序列）。

6.6　编程实例：例 6-20～例 6-22

19. 例 6-20（拼手气发红包）的讨论留下一个任务：alloMoney 函数还应改进，避免红包金额为 0 值。请设计一种方法并实现之（请测试：发放 0.1 元给 10 人，每人都能得到 0.01 元）。

20. 写程序读入英文纯文本文件，统计其中各英文字母（不区分大小写）出现的次数，并输出一个横向的直方图，形象地显示各字母在文件中出现的情况。

21. 写程序读入英文纯文本文件，统计其中长度分别为 1～20 的单词（更长的单词丢弃不管）出现的次数。设法输出一个纵向的直方图，形象地显示各种长度的单词在文件中的出现情况。

22. 按照本章最后的讨论实现一个 ANSI C 语言关键字的统计程序。回答讨论中所提出的问题。修改你的程序，使它能够正确处理任何 ANSI C 程序。

第 7 章 指　　针

第 1 章介绍程序设计语言及其发展时讲过，高级语言中用有类型的变量作为计算机存储的抽象模型，提供了一批控制机制（如循环和子程序等）。这些高级机制使人可以摆脱计算机底层硬件的烦琐细节，方便了复杂程序的编写。在前面的章节中，读者应该已经体会到这些概念的价值了。然而，要想进一步提高编程能力，还需要对计算机的底层硬件有些了解，并学习指针的使用。

本章讨论指针及其在程序中的作用，介绍指针的概念、定义和基本使用技术，以及指针和数组的关系、函数的指针参数、指向函数的指针、动态存储分配等概念和问题。

指针（pointer）是 C 和 C++ 语言里最重要的一种机制，功能非常强大。利用指针常常可以写出更简洁、更高效的程序，有些问题必须借助指针才能处理。指针在大型的复杂程序里使用广泛，可以说，使用指针的能力是评价一个人 C/C++ 程序设计水平高低的一个最重要方面。此外，指针也是不少高级语言都提供的重要机制，掌握了 C 和 C++ 语言的指针机制后可以触类旁通。但也应该指出，C 和 C++ 语言的指针比其他语言里的类似机制更灵活，功能更强，理解和掌握这一概念有一定难度，也比较容易用错。请读者在学习中特别注意理解、分析和思考，努力把握其本质和正确的使用方法。

7.1　地址与指针

程序执行中直接使用的数据都存储于计算机的内存（内部存储器）中。内存是 CPU 可以直接访问的数据存储设备。保存在外存（外存储器，例如磁盘、U 盘或光盘）里的数据必须先装入内存，而后 CPU 才能使用它们。内存的基本结构是线性排列的一批存储单元，每个内存单元的大小相同，可以保存一个单位（通常以字节为单位）大小的数据。每个单元有一个编号（位置），称为内存地址（简称地址）。各单元的地址从 0 开始连续排列，全部可用地址为从 0 开始的一个连续的正整数区间。程序执行中，任何可用的数据对象（例如变量、数组和函数）都在内存中有一个特定的存储位置，占据一定数量的内存单元，其所占据的第一个内存单元的地址就称为该数据对象的内存地址（所占内存单元的数量由数据对象的类型决定）。在机器语言层次，内存中的数据对象都是通过内存地址来访问的。高级语言把内存单元、内存地址等低级概念用变量等高级概念掩盖起来，使人们在写程序时不必过多关心这些细节。但内存、内存单元与内存地址等仍是程序中的重要概念。

程序中的变量存在期概念与存储有密切的关系。建立变量就是为它分配所需的（一批）内存单元（或者简单地说是分配存储空间或分配存储）。给变量赋值就是把值存入对应的内存单元，使用变量值就是从相应的内存单元中获取数据。外部变量和静态局部变量的存在期贯穿整个程序执行期，其存储空间在程序开始执行之前分配，并保持到程序结束。局部自动变量则不同，执行进入变量定义所在的复合语句时才为它们分配存储空间，在该复合语句执行结束时收回这些内存单元（返还给系统）。如果程序执行再次进入该复合语句，就会再次为有关自动变量分配存储空间，但是其位置与前一次执行无关。这些情况决定了自动变量的各种特性。可见，存在期就是变量占据被分配存储空间的时间段。虽然不同变量在这方面的性质不同，但它们**在存在期里都有自己的存储空间和内存地址**。

例如，假设在一个程序的主函数中有如下变量定义：

```
int m, n;
double x, y;
char str[12];
```

主函数执行时会给这些变量分配存储空间，某个时刻它们在内存中的分配情况可能如图 7-1 所示。图中每个小方格表示一个存储单元（这里是字节），每行画 16 个字节只是为了方便，没有特殊的意义。每一行左边标出的整数表示该行第一个字节的地址，同一行内其他字节的地址依此类推。从图中可见，整型变量 m 和 n 各占 4 字节，其位置的首地址分别为 2032 和 2036；双精度变量 x 和 y 各占 8 字节，其首地址分别为 2040 和 2048；字符数组 str 占 12 字节，其首地址为 2056（准确地说，str[0] 存储在地址为 2056 的单元，str[1] 存储在地址为 2057 的单元，其他元素依此类推）。

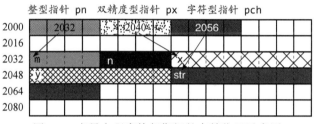

图 7-1　变量在程序执行期间的存储位置示意图

变量都有地址，因此在程序里就有可能把地址作为处理的数据。这样做有时很有价值。许多高级语言把程序中的数据对象（如变量、数组和函数）的地址作为一种可处理的数据，称为**地址值**或**指针值**，以地址为值的变量称为**指针变量**，简称**指针**（pointer）。**指针变量里保存着程序中的数据对象的地址，因此就有可能通过它们去访问和处理存储在相应位置的数据对象**。高级语言里的指针就是访问程序中的数据对象的一种手段，通过它们能更灵活方便地实施各种操作。

变量的地址可以保存在相应类型的指针变量中。图 7-1 中还假设程序里分别定义了整型指针 pn、双精度型指针 px 和字符型指针 pch（具体定义方法见下文），它们分别保存相应类型的变量的地址（具体设定方法见下文）。整型指针 pn 存储着整型变量 m 的首地址（2032），双精度型指针 px 存储着双精度型变量 x 的首地址（2040），字符型指针 pch 存储着字符数组变量 str 的首地址（2056）。在这种情况下，人们常形象化地说这三个指针分别指向相应的三个变量。后文的图示中也经常以单向箭头表示指针与变量之间的关系。

当一个指针指向某个变量时，程序里就可以通过这个指针间接地访问被指变量（具体方法见下文）。由于指针值是数据，指针变量可以反复赋值，因此在程序执行过程中，指针的指向有可能变动。在执行中的某时刻，指针 px 指向变量 x（保存着变量 x 的内存地址），它也可以在另一时刻指向变量 y（保存变量 y 的内存地址）。指针 pch 在不同时刻可以指向数组 str 中的不同元素（保存数组 str 中的不同元素的内存地址）。这样，同一个通过某指针去间接使用被其指向的对象的语句,在不同时刻可以访问不同的变量,这样就带来了一种新的灵活性。

7.2 指针变量的定义和使用

本节介绍指针变量的定义和使用。这里主要介绍有关规则,以及与定义和使用有关的一些情况和注意事项,所举实例都比较简单,主要是为了说明概念和情况。更多有意义的实例见后。

7.2.1 指针变量的定义

指针也有类型,**每个指针只能指向一种特定类型的变量,保存这种类型的变量的地址**。例如,如果 p 是指向 int 类型的指针,p 就只能指向 int 类型的变量,而不能指向其他类型的变量。因此,程序里就可以认为 p 指向的总是 int 类型的变量,从 p 可以访问的东西就作为整型变量看待。指向**整型变量**的指针简称**整型指针**。人们常简单地说"int 指针 p""double 指针 px"等。

定义指针变量时需要说明其指向类型。在被定义的变量名前加星号就说明定义的是指针变量。多个同类型指针可以一起定义,例如,下面定义了两个整型指针变量(int 指针变量)p 和 q:

```
int *p, *q;
```

这个定义可以这样理解:*p 和*q 是 int 类型,而 p 和 q 是"int *"类型,即整型指针类型[①]。

其他类型的指针变量的定义也都与此类似。例如:

```
double *px, *py;      //定义 double 指针 px 和 py
char *pch, *pch1;     //定义字符指针 pch 和 pch1
```

指针变量也可以与其他变量一起定义。在下面的定义里,不仅定义了三个整型指针,还定义了一个整型数组和两个整型变量:

```
int *pn, n, a[10], *p1, *q1, m;
```

但是,人们不提倡这种把多个性质不同的变量写在一个定义里的做法,认为不利于阅读和理解。

对每个类型都可以定义相关的指针类型,各种指针类型也被看作基本类型。程序中所有的指针都占用同样大小的存储,通常是一个机器字(在 32 位系统上占 4 字节 32 位,在 64 位系统上占 64 位)。下面的语句用运算符 sizeof 计算几种指针变量所占的存储空间并输出,可以看到它们大小相同:

```
cout << "Size of int pointer : " << sizeof(p) << endl;
cout << "Size of char pointer : " << sizeof(px) << endl;
cout << "Size of double pointer : " << sizeof(pch) << endl;
```

---

① 在指针定义的书写上,可将 * 紧贴前面的类型名,或紧贴后面的变量名,或前后都留空格,例如"int* p, * q;",这样并不影响语义。为了便于阅读和理解,本书统一采用把 * 紧贴后面的变量名的书写方式。

7.2.2　指针操作

与指针相关的特殊操作只有两个：**取变量地址和间接访问**。取变量地址用一元运算符 **&** 表示，间接访问用一元运算符 ***** 表示（也称间接操作）。它们的优先级同其他一元运算符，结合方式为自右向左结合。

1. 取地址运算

将运算符 **&** 写在变量描述（最简单的情况就是个变量名）前面，就能取得该变量的地址，这是一个相应类型的指针值，可以赋给类型合适的指针变量。这里的 **&** 称为**取地址运算符**（这不同于在 5.1.6 节中用 & 字符定义引用形参），相应运算称为**取地址**。

有了前文定义的变量，现在可以写：

```
p = &n;
q = p;
p1 = &a[1];   //等价于 p1 = &(a[1]);
```

第一个语句把 n 的地址赋给指针 p。这个赋值合法，因为 n 的类型就是 p 所指的类型。int 指针可以指向任何 int 变量，赋值后 p 指向 n，通过 p 就能间接访问 n。第二个语句把 p 的值赋给 q，使 q 也指向变量 n。可见，两个同类型指针可以指向同一个变量。p 和 q 都指向 n 的情况如图 7-2 所示。

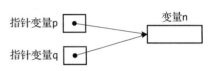

图 7-2　两个指针指向同一个变量的情况

对于上面第三个语句右部的表达式，由于数组元素访问运算 [] 的优先级高于运算符 &，因此该表达式是要求取得数组元素 a[1]的地址。由于 a 是整型数组，其元素相当于整型变量，对它取地址，得到的也是指向整型变量的指针值，因此可以赋给指针（变量）p1。

在定义指针变量时，可以用合法的指针值做初始化。例如下面的定义：

```
int k = 10, *pk = &k, *qk = &k;
double x = 2.5, y = 8.7, *pa = &x, *pb = &y;
```

C 和 C++ 语言里还有一个特殊的称为**空指针**的指针值，它是唯一的对任何指针类型都合法的指针值。一个指针变量具有空指针值，表示它当时没指向任何有意义的东西，处于闲置状态。空指针值用 0 表示，语言保证这个值不是任何程序对象的地址。给一个指针赋值 0 表示明确要求它闲置。为提高程序的可读性，标准库定义了一个与 0 等价的符号常量 NULL。下面的两种写法：

```
pa = NULL;
```

或者

```
pa = 0;
```

都将 pa 置为空指针，但前一种写法使人更容易意识到这是指针赋值。

如果定义指针变量时未进行初始化，外部变量和局部静态变量将自动初始化为空指针（0 值），而局部自动变量不会自动初始化，建立后的初始值不确定。

指针的值可以直接输出，例如：

```
cout << "p = " << p << "  q = " << q << endl;
```

```
cout << "pa = " << pa << "  pb = " << pb << endl;
```

把上面的语句写在一个程序中，运行该程序时可能看到以下形式的输出：

```
p = 0x22fe3c  q = 0x22fe3c
pa = 0  pb = 0x22fe30
```

空指针的输出值为 0，非空指针的输出值为十六进制数（以"0x"开头）表示的内存地址。

指针可以做相等判断。两个指针的值相等说明它们指向同一个变量（如图 7-2 里的 p 和 q），或者都为空指针。指针也可以与空指针比较。可以用这种比较操作控制程序流程。例如：

```
if (p == q)
    cout << "p is equal to q." << endl;
else
    cout << "p is not equal to q." << endl;
cout << (pa == NULL ? "pa is NULL." : "pa is not NULL.") << endl;
```

2. 间接访问

在表示指针的表达式（最简单情况就是指针变量名）前面写星号 *，就是要求做间接访问，由指针得到被指变量。这种表达式可以像普通变量一样使用：放在表达式里表示取值参加运算，放在赋值符左边要求给被指变量赋值。接上文的例子，当指针 p 指向变量 n 时，如下的间接赋值合法：

```
*p = 17;
```

p 指向变量 n 时，*p 就相当于直接写变量 n，这个操作完成的是给变量 n 赋值 17。

当指针 p 和 q 都指向变量 n 时，可以写下面的赋值语句：

```
m = *p + *q * n;
```

这个语句执行时实际访问了变量 n 三次（请注意，右部表达式中的前两个星号是间接运算符，表示间接访问被指变量，在这里就是访问 n；而最后一个星号是普通的乘法，然后是直接访问变量 n）。由于变量 n 当时的值是 17，因此变量 m 被赋的值是由表达式算出的 306。

下面是另一些指针使用的例子及其解释（假定接着上面的语句继续做）：

```
++*p;            //使变量 n 的值加 1，变成 18
(*p)++;          //使变量 n 的值再加 1，变成 19
                 //注意：由于结合性的规定，*p++的意义为*(p++)，与此不同
*p += *q + n;    //变量 n 被赋予新值 57
q = &a[0];       //指针 q 指向了数组 a 的元素 a[0]
*q = *p / 16;    //a[0]被赋值 3
cout << "p = " << p << "  q = " << q << endl;
cout << (p == q ? "p equal to q." : "p is not equal to q.") << endl;
cout << "*p = " << *p << "  n = " << n << endl;
cout << "*q = " << *q << "  a[0] = " << a[0] << endl;
cout << (*p == *q ? "*p equal to *q." : "*p is not equal to *q.") << endl;
```

使用指针时需要注意区分指针的值和被指对象的值。**指针的值**是指针作为变量存储的值，或为 NULL，或为某个内存地址（任何非 0 值都被当作内存地址看待）。当指针存储了某个内存地址（通常是指向该变量，从而存储了该变量的地址）时，可以用间接访问方式获得**被指**

对象的值。

　　学习了取地址运算和间接访问操作后，可能有读者会问：上文介绍定义指针并初始化时的示例语句"int k = 10, *pk = &k, *qk = &k;"中的"*pk = &k"和"*qk = &k"如何理解？

　　回答是：该语句定义了 int 类型变量 k 和指向 int 类型的指针 pk 与 qk，并且用 k 的地址初始化了两个指针。这个定义语句的形式比较复杂，它实际上相当于四条语句"int k = 10; int *pk, *qk; pk = &k; qk = &k;"，或者两条定义语句"int k = 10; int *pk = &k, *qk = &k;"。很明显，上面混合定义的形式不太好懂，建议初学者采用更容易理解的形式。

7.2.3　指针作为函数的参数

　　前面的简单介绍中并没有表现出指针的特殊价值，本节将介绍一个在编写 C 程序时必须借助指针才能解决的问题及其解决机制：**函数的指针参数**。利用这种参数可以定义能在执行中**改变调用时环境**的函数。所谓函数的调用时环境，就是在**函数调用处能访问的那些变量**。

　　前文中介绍过，C 和 C++ 语言的基本参数机制是值参数（参见 5.1.6 节）。对于值参数，无论函数执行中对形参做什么操作，效果都不会反映到调用时的实参。为了能在函数执行中修改实参，前面介绍了 C++ 语言的引用参数。但引用参数的功能也有些限制，只能用于比较方便地修改函数调用给定的引用实参（变量）的值。

　　此外，第 6 章中讲过，用数组作为函数参数时，**函数中对形参数组的元素操作就是直接对函数调用时的实参数组的元素操作**（见 6.3 节）。但是在那里并没有解释其原理。

　　如果希望函数能随意改变调用处能访问的变量或其他对象，而且理解数组作为函数参数的特殊性，就需要理解指针作为函数参数的意义和功能，并理解其内在机理。

　　要使函数里的操作能改变调用处可用的变量，就必须**在函数内部有能力访问调用处的变量**。C++ 的引用参数具有这种能力，因为在调用时引用参数形成了实参变量的别名，可以直接访问实参变量。用指针作为函数的参数也可以实现这种功能：只要**在调用时把变量的地址（这也是一种值，地址值）通过指针参数传进函数，在函数内部对参数指针进行间接访问，就能完成对调用处的变量的各种操作（包括赋值）**。

　　利用指针作为函数参数去操作调用处的变量的方案包括三个方面：

　　（1）定义函数时为其引入指针参数；

　　（2）函数内部通过指针参数间接访问（修改）被指变量；

　　（3）函数调用时把变量地址传给函数。

　　假设现在有如下函数 func 的原型声明：

```
void func(int *p, int *q);    //函数定义时用指针参数
```

调用该函数的语句如下（假设在调用处 int 类型的变量 m 和 n 有定义）：

```
func(&m, &n);                 //函数调用时把变量地址传给函数
```

执行上面语句时的现场情况可以用图 7-3 表示，在函数内部，可以通过 *p 和 *q 间接访问和修改函数外部的变量 m 和 n：

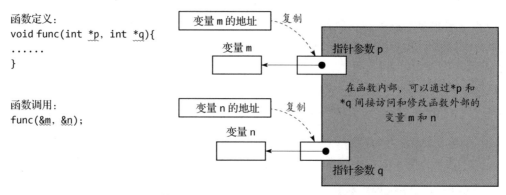

图 7-3   在函数内部通过指针可以访问和修改函数外部的变量

【**例 7-1**】使用指针作为函数参数，编写函数 swapptr（"ptr" 是英语单词 "pointer" 的缩写），使之可以用于交换实参变量的值（这是通过函数调用改变实参的简单实例）。

根据以上说明，写出函数 swapptr 如下：

```cpp
void swapptr(int *p, int *q) {
    int t = *p;
    *p = *q;
    *q = t;
    cout << "swapped inside: *p= " << *p << "  *q= " << *q << endl;
    return;
}
```

相应的用于测试此函数的主函数如下：

```cpp
int main() {
    int m = 10, n = 25;
    cout << "before swapptr: m= " << m << "  n= " << n << endl;
    swapptr(&m, &n);
    cout << "after swapptr:  m= " << m << "  n= " << n << endl;
    return 0;
}
```

注意，swapptr 有两个整型指针参数，调用时用变量 m 和 n 的地址作为实参，调用形式是：

```cpp
swapptr(&m, &n);
```

执行时 m 和 n 的地址被分别赋给函数的指针参数 p 和 q，函数体里对 p 和 q 的间接访问就是访问 m 和 n，因此能交换 m 和 n 的值。函数调用时形参与实参的关系如图 7-3 所示。

第 5 章中的例 5-8 和例 5-9 以及上面的例子中总共定义了三个函数，其中分别使用值参数、引用参数和指针参数。表 7-1 对比了它们在函数定义、函数调用和调用效果方面的情况。编写函数时应当根据需要的调用效果选择相应的参数类型，并注意函数定义和函数调用之间的相互配合。如果需要在函数中改变调用处能访问的变量或其他对象，采用 C++ 的引用机制定义的函数会更清晰、更方便，实际上也更安全；而指针参数使用更灵活，应用场合更多。

表 7-1　值参数、引用参数和指针参数的异同

类型	函数定义	函数调用	调用效果
值参数	void swap(int a, int b)	swap(m, n)	不会改变实参的值
引用参数	void swapref(int &a, int &b) （& 字符表示引用）	swapref(m, n)	可改变（变量）实参的值
指针参数	void swapptr(int *p, int *q)	swapptr(&m, &n) （& 字符表示取地址）	可用于改变指针实参所指变量的值

注意，swapptr 的两个参数的类型都是(int *)，对应的实参必须是整型变量的地址（如独立的整型变量的地址，或者整型数组元素的地址）。假设有下面的变量定义和初始化语句：

```
int a[4] = {0, 1, 2, 3}, k = 10;
```

下面两个调用都是合法的，它们将完成值交换的工作：

```
swap(&a[0], &a[2]);
swap(&a[1], &k);
```

但假如程序中定义了双精度变量：

```
double x = 1.5, y = 6.5;
```

如下调用就是错误的：

```
swapptr(&x, &y);  //wrong
```

原因是实参的类型为(double *)，与函数 swapptr 的形参的类型 (int *) 不匹配，而且在这种情形下也不能做指针类型的自动转换。编译器将报告这种错误。

如果读者学习并使用过 C 程序中常用的格式化输入函数 scanf（参见 3.3.2 节），实际上就已经用过函数的指针参数了。在前面的介绍中特别强调在接受输入值的变量前一定要写 & 字符。实际上，scanf 的格式串之后的其他参数就是指针参数，实参加 & 就是传入变量的地址。scanf 的功能就是按格式化描述串的指示，把读入过程中构造的数据依次存入格式化描述串之后的指针参数所指定的变量，那些指针参数的相应实参必须是变量地址。

7.2.4　指针作为函数的返回值

函数的返回值也可以是指针（地址），这样的函数称为返回指针的函数，定义时**把函数的返回值类型描述为相应的指针类型**。下面是一个简单的自定义函数示例。

【例 7-2】写一个函数，求出三个整数参数中数值最大的那个参数的地址值。

把函数命名为 pmax3，根据题目要求写出函数及其测试主函数如下：

```
int *pmax3(int *pa, int *pb, int *pc) {
    int *p = pa;     //定义局部指针变量并赋值为形参 pa 所指向的变量地址值
    if (*p < *pb)
        p = pb;
    if (*p < *pc)
        p = pc;
```

```
        return p;
    }

int main() {
    int a = 5, b = 10, c = 3;

    int *pm = pmax3(&a, &b, &c); //调用 pmax3 并把返回值赋给局部变量 pm
    cout << "Max = " << *pm << endl;
    return 0;
}
```

在上面的程序中，main 函数中的局部变量 a、b 和 c 的地址作为实参传给 pmax3 函数，该函数的返回值总是这三个变量中某一个的地址。

用指针作为函数返回值时需要特别注意一个问题：函数运行结束时，内部定义的局部对象（形参和局部变量）都将被销毁，函数不应该返回指向这些对象的指针，因为函数返回后这些对象都失效了，使用它们可能引发运行时错误，后果无法预料。例如，下面的函数就包含上述错误：

```
int *pmax3err(int a, int b, int c) {
    int *p = &a;                    //定义局部指针变量并指向形参 a
    if (*p < b)
        p = &b;
    if (*p < c)
        p = &c;
    return p;
}
```

这个函数中的三个形参都是值参数，函数结束时这三个形参都会被销毁，但函数的返回值为这三个形参之一的地址，是已经销毁的变量的地址。返回这种指针值是错误的。

第 6 章介绍的标准库字符串函数 strchr 和 strstr 等都返回指向字符串中位置的指针，它们的用法将在 7.3.5 节详细介绍。

7.2.5 与指针有关的一些问题

在讨论更多与指针有关的编程技术与应用之前，先介绍一些与指针有关的基本情况。

1. 指针使用中的常见错误

使用指针变量时最重要的问题就是保证在做间接访问（取值或赋值）时，该指针已经指向合法的变量。当一个指针并没有指向合法的变量时，人们称它是**悬空指针**或**野指针**。**使用指针的最常见错误就是对悬空指针做间接访问，即对未指向合法变量的指针做间接访问**。例如下面的程序片段：

```
int main (……) {
    int *p;                 //定义了指针 p，未做初始化
    cout << "*p = " << *p;  //错误：对悬空指针取值
    *p = 2;                 //错误：对悬空指针赋值
    ……
}
```

这里定义了一个指针 p，定义时没做初始化，随后也没赋值，因此 p 是一个悬空指针。后面的语句"cout << "*p = " << *p;"试图取其值，语句"*p = 2"试图对它赋值，都是严重错误。对悬空指针做间接操作是极其危险的，后果可能非常严重。对这种指针间接取值时得到的值毫无意义，间接赋值可能改变未知内存单元的值，后果无法预料。(不要运行上面的程序片段!)编译器通常不能检查出这些错误。所以，使用指针时要格外小心，时刻注意被操作指针当前的指向情况，确保执行间接访问时被操作的指针确实指向了合法变量。

为了安全起见，在定义指针时，如果没有明确的需要，人们常常把它们**初始化为空指针**：

```
int *p = NULL;
```

这样做使指针有了确定的值，可以避免因为它是悬空指针而做间接访问时产生错误。

对空指针的间接访问也是非法的。例如，上面的语句定义指针 p 并将其初始化为空指针时，如果接下来就是如下语句，它们的操作也都是非法的：

```
cout << "*p = " << *p << endl;     //错误：对空指针取值
*p = 10;      //错误：对空指针赋值
```

编译器通常不会报告这种错误。但如果**运行中出现对空指针进行间接访问的情况，运行系统通常会报告错误并立即终止程序运行**，不会造成更大的破坏。可见，定义指针时初始化为空指针是一种好做法。

在调用带有指针参数的函数时，相应的实参必须是合法变量的地址。这里的一种常见错误就是**把未指向合法变量的指针作为函数的实参**。例如，在调用前面的 swapptr 函数时，两个实参都应该是当时合法的变量的地址。下面这两个调用都是错误的：

```
swapptr(3, 5);      //错误：以文字量作为地址值提供给函数做实参
swapptr(m, n);      //错误：以变量 m 和 n 的数值作为地址提供给函数做实参
```

由于类型不符合需要，编译器通常能发现这些错误。另一种错误更常见，下面是一个例子：

```
int *p1, n = 5;
swapptr(p1, &n);
```

这个调用中参数的类型正确，但 p1 没有初始化，运行时可能产生无法预料的后果。

前面说 scanf 用的也是指针参数，实际上，使用 scanf 时最常见的错误就是用悬空指针作为实参，或者忘记在变量名前加 & 字符。下面是两个常见的错误：

```
int *p, n = 3;
scanf("%d", p);
scanf("%d", n);
```

第一个 scanf 调用中的 p 为悬空指针，执行 scanf 时将做非法的间接访问（赋值）；第二个调用没有写取地址运算符 &，scanf 将把 n 的值当作地址去做间接赋值。编译器通常检查不出这些错误，对这两个 scanf 的调用一般都不会报错。但它们确实是严重错误，运行时产生的后果无法预料。

*2. 通用指针

前面说指针有类型，其实也有例外。C 和 C++ 中有一种特殊的**通用指针**（generic pointer）

类型，该类型的指针可以指向任何类型的变量。通用指针的类型用(void *)表示，也称为 void 指针。下面代码的第三行定义了两个通用指针：

```
int n, *p;
double x, *q;
void *gp1, *gp2;
```

任何变量的地址都可以直接赋给通用指针。例如，有了上面的定义，下面两个赋值都是合法的：

```
gp1 = &n;
gp2 = &x;
```

但要注意，把特定类型的指针值赋给通用指针变量，该变量记录了得到的地址信息，但原指针的类型信息就丢失了。所以，程序里**不能对通用指针进行间接访问**：只知道一个地址，不知道被指的是什么类型的对象，无法取得被指对象的值。

通用指针的唯一用途就是作为中介保存和提供指针值。把某个特定类型的合法指针 p 的值赋给一个通用指针变量之后，可以把该通用指针的值赋给另一个与 p 同类型的指针。注意，在做这种赋值时必须写出强制类型转换。例如，有了前面的定义和赋值，现在下面两个语句都是合法的：

```
p = (int *)gp1;
q = (double *)gp2
```

由于 gp1 当时指向整型变量 n，因此，把 gp1 的值赋给 p 是正确的，赋值后通过 p 可以正确地访问变量 n。对 q 的赋值也一样。然而，在同样的情况下，下面的赋值就不合法：

```
q = (double *)gp1;
```

当时通用指针 **gp1** 指向的是一个整型变量，把这个指针值赋给双精度类型的指针显然没有意义，是一个严重错误。编译器不能识别这种语义错误，运行时也可能出错。这种问题需要编程者注意。

复杂程序里的某些特定场合可能用到通用指针。例如，下文讨论 C 语言的动态存储管理函数及其使用时（7.5.2 节中 "C 语言中的动态存储管理命令" 部分）就用到通用指针。

3. const 指针变量和指针参数

定义指针变量时可以加关键字 const 修饰。有两种不同用法，写法和含义都有区别。

（1）const 关键字写在变量类型之前。

```
const 变量类型 *变量名
```

这样定义的指针称为常量指针（指向常量的指针），其值可以改变（通过赋值改变其所指对象），但不允许经由这种指针去修改被指对象的值，即不允许用这种指针做间接赋值（不能对 ***变量名**进行赋值）。

（2）const 关键字写在变量类型与变量名之间。

```
变量类型 *const 变量名
```

这种写法定义的是指针常量，这种指针必须在定义时给定初值，而且其值不可改变（即不允许改变指向的对象），但允许通过指针去改变被指对象的值（可以对 ***变量名** 进行赋值）。

下面是一个简单的代码片段，可以展示这两种写法的区别：

```
int a = 100, b = 200;
const int *p1 = &a;
p1 = &b;                //可以修改指针的值（改变所指对象）
//*p1 = 250;            //不允许通过间接访问修改所指对象的值
b = 250;                //允许所指对象修改自身的值

int *const p2 = &a;     //定义常量指针并初始化（必须初始化）
//int *const p2;        //[错误]未对常量初始化
//p2 = &b;              //[错误]赋值给只读变量（不允许改变此指针的指向）
*p2 = 150;              //通过间接访问修改所指对象的值
```

类似地，函数的指针参数前面也可以加关键字 const 修饰，同样有两种用法。

（1）const 关键词写在形参类型之前。

const 形参类型 *形参名

这样定义的参数称为常量指针参数，不允许通过它们去修改被指对象的值。也就是说，函数里不能对这种指针参数做间接赋值，不允许通过这种参数去修改实参。这种参数给调用者一个保证，说明本函数的执行不会修改调用处的环境。这种形参的主要用途是避免复制大型数据对象。

（2）const 关键词写在形参类型与形参名之间。

形参类型 *const 形参名：

在函数里不允许给这个指针参数赋值，不能改变其指向，保证它们一直指向调用时绑定的实参。

7.3　指针与数组

在 C 和 C++ 语言里，指针和数组之间有密切的关系。由于这种关系，程序里可以利用指针作为媒介，很方便地完成对数组元素的各种操作，人们在开发程序时经常使用这种技术。当然，通过指针访问数组元素时，同样要避免出现数组越界访问的错误。

指针和数组的这种关系是 C 和 C++ 中特有的，其他语言里可能没有这种关系。值得提及的是，后来有人借用这种思想发展出一种访问数据集合中元素的一般性技术，称为**迭代器**。

7.3.1　指向数组元素的指针

数组的元素可以看作相应类型的变量。因此，只要类型匹配，指针当然可以指向数组元素，前面有这方面的例子。下面介绍基于指针访问数组元素的更多情况和编程技术。

1. 指针指向数组元素

现在假设程序中已经有如下的变量定义：

```
int *p1, *p2, *p3, *p4;                          //定义 4 个整型指针
int a[10] = {1, 2, 3, 4, 5, 6, 7, 8, 9, 10};     //定义整型数组 a 并初始化
```

这时下面的语句都有意义：

```
p1 = &a[0];                                      // 令 p1 指向数组 a 的首元素
```

```
p2 = a; // 数组的起始地址也就是数组首元素的地址
p3 = &a[5];
p4 = &a[10];
```

按照语言的规定，**如果在表达式里直接写数组名，求出的值就是该数组的首元素的地址**。因此在执行了上面的前两个赋值语句之后，指针 p1 和 p2 都指向 a 的首元素。

第三个语句使 p3 指向数组中部的元素 a[5]。执行第四个语句后，p4 指向的并不是数组 a 的元素，而是 a 的末元素之后的下一位置。语言保证这种 "数组之后一个位置" 的地址一定存在，是合法指针值。当然，此时 p4 并没有指向合法的数组元素，对 p4 做间接访问是错误的，效果无定义。

上面的语句中写了 &a[0]、&a[5] 和 &a[10] 之类的表达形式，由于数组元素访问运算符 [] 的优先级高于取地址运算符 &，表达式的意义明确而且合适，因此不需要加括号。

图 7-4 描绘了上述语句执行后各指针与数组 a 的关系，以及它们之间的关系。现在对指针 p1 或 p2 做间接访问，访问的都是 a 的首元素，对 p3 做间接访问的是元素 a[5]，但是不能对 p4 做间接访问，因为它没指向合法元素。后面将会看到像 p4 这样指向数组末元素之后一个位置的指针的用处。

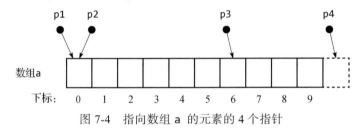

图 7-4　指向数组 a 的元素的 4 个指针

2. 指针运算

当一个指针指向数组中的某个元素时，不但可以通过这个指针访问被它指向的数组元素，还可以通过它访问数组里的其他元素。

（1）可以给指针**加上一个整数值**，这种表达式的值是另一个指针值。

例如，在图 7-4 的情况下，p1 指向数组的首元素，是合法指针，通过它可以访问 a[0]。p1 的类型是 (int *)，其指向类型是 int。每种类型的大小（存储该类型数据所需的字节数）都是确定的。表达式 "p1 + 1" 表示 p1 所指对象的下一个对象的位置，其含义就是 p1 的值**加上其指向类型对象的存储字节数**（p1 所指类型的大小）。这样，**表达式 p1 + 1 得到的指针值也就是元素 a[1] 的地址**。因此，通过表达式 *(p1 + 1) 就能间接访问 a[1]。与此类似，表达式 p1 + 2、p1 + 3、…、p1 + 9 都能得到合法指针值，通过它们可以间接访问数组 a 的其他元素。例如，下面是两个合法语句：

```
*(p1 + 2) = 3;
p2 = p1 + 5;
```

这里的第一个语句给数组元素 a[2] 赋值整数 3；第二个语句给指针 p2 赋了由表达式 p1 + 5 计算出的指针值，也就是数组元素 a[5] 的地址。

即使一个指针当时指向的不是数组首元素，只要它指向某个数组中的元素，就可以通过它去访问该数组的其他元素。假如在上面的一系列赋值语句之后又有语句：

```
    *(p2 + 2) = 5;
```

由于 p2 当时指向 a[5]，p2 + 2 表示由此向后两个元素位置，也就是 a[7] 的地址。因此，上面这个语句就是要求给 a[7] 赋值 5。

（2）指针指向数组中间的元素时，通过**减去一个整数**可得到指向该元素之前的元素的指针，例如：

```
    *(p2 - 2) = 4;
```

这个语句完成对 a[3] 的赋值（因为 p2 当时指向 a[5]，减 2 就得到指向 a[3] 的指针）。

这一类从指针值出发进行的运算称为**指针运算**。

显然，可以把对指针加减整数得到的值赋给指针，从而更新指针的值。例如可以写：

```
    p2 = p2 - 2;
```

这使指针 p2 在数组里向下标小的方向移动了两个位置，使它指向数组元素 a[3]。

当指针指在数组里时，人们经常用增量、减量操作做指针值的更新。例如：

```
    p3 = p2;
    ++p3;
    --p2;
    p3 += 2;
```

这种操作修改指针，使之指向数组中的下一元素或前一元素，或向某个方向移动几个元素位置。

需要再强调一次，通过指向数组中的指针访问数组元素，同样**必须保证所有间接访问都在数组的合法范围内**，否则也是越界访问，是语义错误。此外，语言还要求**通过指针运算取得的指针值（即使不做间接访问）既不超出数组首元素，也不超出末元素之后一个元素的位置**，否则得到的值也没有保证。这种规定既有实际使用价值，也牵涉到计算机系统本身的限制。

（3）当两个指针指在同一数组里面时，可以**求它们的差**，得到的结果是这两个指针之间的数组元素个数（是一个带符号整数）。例如，对于图 7-4 的情况，语句

```
    n = p3 - p1;
```

将使变量 n 得到值 5。与此类似，p1 - p3 将得到 -5。

显然，如果两个指针不指向同一数组，求它们的差完全无意义，因为不知道会得到什么值。

（4）如果两个指针指在同一个数组里，还可以**比较它们的大小**。例如写：

```
    if (p2 > p1) ……
```

如果 p2 所指元素位于 p1 所指元素之后，则条件成立（条件表达式的值为 1），否则不成立（值为 0）。

如果两个指针不指在同一个数组里，对它们比较大小也没有意义。

（5）还有，前文讲过，两个指针可以比较是否相等或不等，例如：

```
    if (p2 == p1) ……
```

相等和不等比较的使用面更广（不要求两个指针指在同一数组里）。同类型指针都可以比较相等或不等，任何指针都可以与通用指针比较相等或不等，任何指针都可以与空指针值（0 或 NULL）比较相等或不等。当两个指针指向同一对象或同时具有空指针值时，它们相等，否则就不等。

通用指针可以与任何指针比较相等和不等，也可以与任何指针比较大小（如果它们指在同一数组里，但是不能做其他指针运算（如加减整数等），因为没有对象类型信息。

> **指针运算原理**
>
> 当一个指针指在数组里时，为什么可以计算被指数组中下一元素的位置？原因是普通指针有确定的类型，总指向某类型的对象，**这种对象的大小是确定的**。如果指针 p 能指到数组 a 里，p 的指向类型就是 a 的元素类型，该类型的数据所需存储大小已知，显然，p + 1 的值可以根据指针 p 的值和数组元素的大小算出。知道数组里一个元素的位置，可以算出下一个（或前一个）元素的位置，或几个元素之后（之前）某元素的位置，这就是指针运算的基础。两个指针指向同一数组时可以求它们的差，也是同样的道理。
>
> 对于通用指针，即使它指在数组里的某个地方，因为没有确定的指向类型，所以不能对它做一般的指针计算。对通用指针有效的指针运算只有比较是否相等或不等。

7.3.2　数组写法与指针写法

前面说到，当指针 p1 指向数组 a 的起始位置时，间接访问 ***(p1 + 1)** 等价于数组元素访问 a[1]。实际上，通过指向数组的指针的间接访问与数组元素访问可以相互替代。**当一个指针指在一个数组里时，可以把该指针当作数组名使用，其所指位置被看作该数组的首元素，可以采用普通的数组元素访问形式去访问数组的元素。**

假设指针 p1 指向数组 a 的首元素，指针 p2 指向数组 a 中下标为 5 的元素，这时 p1 和 p2 都可以看作数组名，a[0]和 a[5]分别是这两个数组的首元素。可对 p1 和 p2 的数组元素取值或赋值。例如：

```
cout << p1[3];
p2[2] = 8;
```

这里的 p1[3]相当于 *(p1 + 3)，相应语句要求对元素 a[3]取值并输出。p2[2]相当于 *(p2 + 2)，因此第二个语句要求给元素 a[7]赋值 8。

p1[3]和 p2[2]这类把指向数组的指针当作数组使用的写法称为**数组写法**，而前面用的 *(p1 + 3)和 *(p2 + 2)的写法称为**指针写法**，这两类写法具有同等效力，写程序时可以根据喜好自由选择。

前面说过"如果在表达式里直接写数组名，其值是该数组的首元素的地址"。因此，**数组名也可以看作指针常量**，从数组名出发访问元素也可以采用指针写法。例如，把数组名 a 视为指针常量，其值为首元素 a[0]的地址，则 a + 1、a + 2 和 a + 3 等分别为元素 a[1]、a[2]的 a[3]的地址，因此可以用 *(a + 1)、*(a + 2)和 *(a + 3)等分别对这些元素进行间接访问。

数组名还可以参与另外一些指针运算，例如与其他指针比较大小、比较相等或不等。但是请注意，数组名只可以看作指针常量，它并不是指针变量，不能把它当作指针变量使用，特别是不能对它赋值，也不能做其他更新操作。例如，下面的操作都是错误的（它们试图改变 a 的值）：

```
++a;
a += 3;
a = p;
```

有些运算虽然不是给数组名赋值，但也可能没意义。例如：表达式 a − 3 显然不能得到合法指针值，因为其值不在数组 a 的范围内。

指针运算提供了另一种处理数组元素的方式，写起来也很方便。有了前面定义的数组 a 和各个指针，可以衍生出多种遍历数组 a 的循环描述方式。例如，下面几个循环都能输出 a 的所有元素：

```
for (p1 = a, p2 = a + 10; p1 < p2; ++p1)
    cout << *p1 << endl;
for (p1 = a; p1 < a + 10; ++p1)
    cout << *p1 << endl;
for (p1 = p2 = a; p1 - p2 < 10; ++p1)
    cout << *p1 << endl;
for (p1 = a; p1 - a < 10; ++p1)
    cout << *p1 << endl;
```

采用类似的方法还可以写出另外一些功能相同的循环。

7.3.3　数组参数与指针

6.3.2 节中讲到，数组参数的情况与简单变量的值参数不同，**在执行包含数组参数的函数时，对形参数组的元素操作就是直接对函数调用时的实参数组的元素操作**。但那里没有给出解释，因为牵涉到指针的概念。现在可以给出一个清楚的解释了。

实际上，**函数的数组参数就是相应类型的指针参数**。例如，下面这个函数：

```
int func(int n, int a[]) {……}
```

其第二个形参是一维 int 数组参数，等价于 int* 指针参数，完全可以写成下面的等价形式：

```
int func(int n, int *a) {……}
```

在调用含有数组参数的函数时，对应数组参数的实参通常是一个数组名，相当于一个指针常量，其值将传给形参。函数中通过这个指针形参访问数组元素，实际访问的就是被操作的实参数组的元素，可以对数组元素取值和赋值。

正因为数组形参实际上是指针参数，所以，如果在函数里用 sizeof 计算"数组参数"的大小，得到的就是一个指针的大小，而不是（也不可能得到）实参数组的大小。

虽然在前面的程序实例里，函数内部对形参数组元素的访问都采用了数组写法（如第 6 章的示例程序都是如此），实际上也可以采用指针写法。

【例 7-3】采用指针写法改写例 6-8：写一个求数组元素的平均值的函数，该函数需要从参数中获得数组名和数组长度。

根据 7.3.2 节中的说明，写出函数如下：

```
double avrg(int len, double *a) { //数组参数 a 改写成指针参数
    double sum = 0.0;
    for (int i = 0; i < len; ++i)
        sum += *(a + i);           //用指针写法访问数组元素。或写为 sum += *a++;
    return sum / len;
}
```

其中的 len 是为了传递被处理数组的长度而设的附加参数。假设程序里有双精度数组：

```
double b[40];
```

并且数组 b 的元素已经有了值，就可以用函数 avrg 求该数组的所有元素或前一段元素的平均值：

```
x = avrg(40, b);           //求数组 b 所有 40 个元素的平均值
y = avrg(20, b);           //求数组 b 前 20 个元素的平均值
```

实际上，在调用的执行中，函数 avrg 根本不知道数组 b 的大小，只知道**由第二个参数得到的数组首元素地址**，从这里开始求出连续一些元素的和。

上一节里说过，**当一个指针指向数组中间的某个元素时，同样可以把这个指针当作一个数组（的首元素地址）来使用**。因此，函数 avrg 可用于求数组中任意子序列的平均值。例如，如果希望求数组 b 中从下标为 17 的元素开始的 11 个元素的平均值，可以写：

```
double *pb = &b[17];       //定义指针并指向数组中的元素
y = avrg(11, pb);          //把指向数组的指针作为实参
```

也可以利用指针运算，不必引入新指针变量，直接写出调用：

```
y = avrg(11, b + 17);   //用指针运算直接描述元素段开始位置，也可以用 &b[17]
```

上面的 avrg 函数中用了一个长度参数和一个指针参数，实现对数组中任意子序列的操作。也可以换一种方法，采用两个指向数组的指针参数实现同样的功能。

【例 7-4】写一个求数组的元素子序列的平均值的函数，使用两个指向数组的指针参数。

根据 7.3.2 节中的说明并参照上例，写出函数如下：

```
double avrgSeq(double *begin, double *end) {
    double sum = 0.0;
    for (double *p = begin; p < end; ++p)
        sum += *p;
    return (begin < end ? sum / (end - begin):0);
}
```

在调用这一函数时，必须保证对应 begin 和 end 的两个实参指向同一个数组，而且 begin 的实参不在 end 的实参之后（也就是说，保证它们确实描述了某数组的一个子序列，允许是空序列），这个函数就能求出该子序列的平均值。下面是一些使用实例：

```
cout << avrgSeq(b, b + 40) << endl;
```

```
    cout << avrgSeq(b, b + 20) << endl;
    cout << avrgSeq(b + 11, b + 17) << endl;
    cout << avrgSeq(b + 20, b + 20) << endl;
    cout << avrgSeq(b + 40, b + 40) << endl;
```

最后一个调用处理的是空序列，循环将在第一次检测时失败，函数结束并返回 0。注意，被 end 所指的元素（可能并不存在）不在打印之列，这是通行做法。人们常说这样两个指针描述了一个"半闭半开"的序列，因为它不包含最后指针所指的那个元素（也可能并没有真正的元素）。

采用同样的思想，可以写出许多通过指针操作数组中的元素序列的函数。例如，下面两个函数分别用于打印输出数组子序列的元素值和按照规律设定元素的值：

```
    void prtSeq(int *begin, int *end) {        //输出整型数组子序列的元素值
        for (; begin != end; ++begin)
            cout << *begin << endl;
    }

    void sqrtSeq(double *begin, double *end) {  //设定双精度型数组子序列的元素值
        for (; begin != end; ++begin)
            *begin = sqrt(*begin);
    }
```

请注意上面三个函数在细节上的区别：

（1）avrgSeq 函数要用到子序列中的元素个数做除法，因此要注意元素个数是否为 0（即 begin 是否等于 end），而 prtSeq 和 sqrtSeq 都不需要考虑这个问题；

（2）三个函数的形参 begin 和 end 都是指针参数，通过它们进行间接操作，可以改变被指元素的值，但这两个参数本身的值并不会返回主调处，因此在函数中赋值并无额外影响。

*7.3.4　多维数组作为参数的通用函数

对于一维数组，通过引进长度参数，可以定义具有通用性的函数，能正确处理特定元素类型的长度不同的一维数组。而对多维数组，如 6.5.3 节所述，当函数参数是二维或更多维的数组时，**数组形参**的说明中必须给出除了最高维之外其他各维的长度，这就使定义的函数失去了通用性。

例如，下面的函数只能用于第二个维长为 10 的各种数组，并不通用：

```
    int fun1(int m, double mat[][10]) {
        ……
        …… mat[i][j]……
    }
```

如果把函数头部的二维数组形参修改为不含有任何维数，例如这样：

```
    int fun2(int m, int n, double mat[][]) {
        ……
        …… mat[i][j] ……
    }
```

则编译无法通过。原因很明显：二维数组就是元素为一维数组的数组，数组形参 mat 作为一个指针参数，其指向类型是 double 的一维数组（而不是 double，即该数组的基本元素类型）。但上面的第二个定义中没给出作为 mat 元素的一维数组的长度，造成指针的类型描述不完全。这样，虽然函数知道 mat[0] 的开始位置，但无法计算 mat[1] 或其他子数组的位置（因为没有 mat[0] 的完整类型），因此无法计算数组中任意 mat[i][j] 的位置。这种情况使编译无法完成。

然而，实际中确实需要定义处理多维数组的通用函数。例如，科学计算中最常用的数据形式之一是矩阵，矩阵的最直接表示就是用二维数组。矩阵有许多重要运算，如求和或求乘积、求行列式的值、求矩阵的特征值等。人们当然希望能定义一套通用的矩阵处理函数，适用于所有的矩阵。

C 和 C++ 语言没有提供编写这类函数的标准方法，但人们为解决这个问题提出了许多实用技术。下面以二维数组为例介绍一种可行的方法（技术）。

一般而言，处理一个二维数组需要如下的信息：

（1）数组基本元素的类型；

（2）数组的开始位置；

（3）数组两个维各自的长度。

对于处理数组的函数，根据数组参数可以知道元素的类型和数组首元素的位置（开始位置），两个维的长度也可以通过形参传递。主要的障碍如上所述，完整描述的数组形参需要给出除最高一维之外的其他各维的具体维数；而要实现矩阵操作的通用函数，就要求两个维都可以是任意的整数，具体的维数值通过参数传递。两者是矛盾的。

如果改用**指向数组基本数据类型的指针参数**，就可以解决问题：由于数组元素按行排列，根据数组元素的类型和行长，可以算出各行首元素的位置，进而可以算出其他元素的位置。例如，对 m 行 n 列的 double 数组 mat，首元素的地址是 &mat[0][0]，这是一个 double 类型的指针。矩阵第 i 行的首地址为 &mat[0][0] + i * n，因此第 i 行、第 j 列元素的地址就是 &mat[0][0] + i * n + j。这样，用 *(&mat[0][0] + i * n + j) 就能得到相应的元素值。

按这种方法自己计算元素的位置，就可以写出处理数组的通用函数了。下面是一个例子。

【例 7-5】定义一个输出二维双精度型数组的函数，它把每一行的元素打印在一个字符行里。

基于上面的讨论，不难写出如下的函数定义，函数通过两个整型参数得到数组两个维的长度，并以指向数组基本数据类型的指针作为第三个参数：

```cpp
void prtMatrix (int m, int n, double *mat) { //这里的 mat 为 double 类型指针
    int i, j;
    for (i = 0; i < m; ++i) {
        for (j = 0; j < n; ++j)
            cout << *(mat + i * n + j) << "\t";
        putchar('\n');
    }
}
```

下面是一个测试函数 prtMatrix 的主函数：

```
int main() {
    const int M = 10, N = 8;
    double t[M][N] = {0};          //定义局部数组 t 并全部初始化为 0
    // 这里可以写所需的任意计算代码
    prtMatrix(M, N, &t[0][0]);     //打印输出
    return 0;
}
```

请注意，在调用 prtMatrix 时，第三个实参用的是数组首元素地址 &t[0][0]，在类型上是指向该数组基本数据类型的指针，这也就是函数形参 mat 所要求的参数类型。调用这个函数时不能直接用数组 t 作为实参。虽然用 t 时得到的地址值与 &t[0][0] 相同，但其类型是double[N]，不是函数形参 mat 所要求的类型，编译时将会报错。

处理二维数组的通用函数都可以这样定义，处理更多维数组的通用函数也可以类似地定义。

7.3.5　字符指针与字符串

按照类型，**字符指针**（char *）应指向字符变量。例如下面的定义：

```
char ch='a', *pch = &ch;
```

这里先定义了一个字符变量，然后定义了一个字符指针并令其指向这个变量。

在实际应用中，用字符指针变量指向字符类型的变量的情况并不常见，更常见的是用字符指针指向字符串（可以是字符串常量或存储着字符串的字符数组），然后通过指针来操作字符串中的元素，或者作为一个整体操作被这样指向的字符串（例如定义操作字符串的函数）。

先看第一种情况：用字符指针指向字符串，然后**通过指针来操作字符串中的元素**。下面用几个函数实例进行说明。如前所述，无论是字符串常量还是存储着字符串的字符数组，有效字符序列的最后总有一个空字符作为字符串结束标志，所以这类函数通常不设置表征字符数组长度的参数。

【例 7-6】用指针方式实现计算字符串长度的函数（等价于标准库中的函数 strlen）。
第一种实现方式是：

```
int stringlen(const char *s) {    //计算字符串长度，版本 1
    int n = 0;
    while (*s != '\0') {
        ++s;
        ++n;
    }
    return n;
}
```

函数里通过更新局部指针变量的方式扫描参数串中的字符，直到字符串结束，得到的计数值就是字符串长度。字符指针参数加了 const，说明本函数不会改变对应实参（被处理的字符数组）。当然，把参数定义为常量，也就要求在函数体里确实不改变实际参数。

下面是同一函数的另一种实现：

```
int stringlen(const char *s) {    //计算字符串长度，版本 2
```

```
        const char *p = s;              //定义字符常量指针 p（不能修改指针所指的值）
        while (*p != '\0')
            ++p;
        return p - s;
    }
```

这个方法很有趣，循环中只需要更新一个变量。当 p 指到串结尾的空字符时，两个指针之差就是它们之间的字符个数，也就是字符串的长度。

上面两个函数的参数都是 (char *)，实参是指向字符类型的指针。但实际上，定义这两个函数是想用于操作字符串常量或存储字符串的字符数组，当然，也允许用指向字符串中间元素的字符指针作为实参。下面的调用示例展示了两种典型使用情况：

```
    cout << stringlen("Hello, world!") << endl; //以字符串常量作为参数
    char line[] = "Hello, my friends!" ;        //定义字符数组并初始化为字符串
    cout << stringlen(line) << endl;            //以存储了字符串的字符数组作为参数
```

【例 7-7】例 6-16 使用数组写法实现了字符串复制，请改用指针写法实现字符串复制。

下面的函数与例 6-16 中的函数相似，完成同样的字符串复制工作：

```
    void stringcopy(char *s, const char *t) {   //指针写法实现字符串复制，版本 1
        while ((*s = *t) != '\0') {
            s++;
            t++;
        }
        return;
    }
```

在复制空字符的同时循环条件失败，整个复制也正好完成。显然，只有第二个参数可以加 const。

由于赋值表达式也有值，而空字符'\0'的值就是 0，上述程序可以简化为：

```
    void stringcopy(char *s, const char *t) {   //指针写法实现字符串复制，版本 2
        while (*s = *t) {
            s++;
            t++;
        }
        return;
    }
```

熟悉 C 和 C++ 语言的人也经常把指针更新操作写在循环的测试条件里，得到的程序是：

```
    void stringcopy(char *s, const char *t) {   //指针写法实现字符串复制，版本 3
        while (*s++ = *t++)
            ;  //空循环体
        return;
    }
```

要理解这个函数的意义，关键是要理解 "*s++ = *t++" 这个表达式的求值过程。需要注意运算符的优先级和结合顺序、增量运算的作用和求值结果、赋值表达式的值等。理解这个程序对第一次见到它的人是一个考验：* 和 ++ 是同优先级的操作符，且都是从右至左结合的，

所以 *s++ 中的 ++ 只作用在 s 上，*s++ 等价于 *(s++)，求值时先做 s++ 使 s 自增并返回自增之前的原值，再通过 * 运算符做间接访问。*t++ 的求值过程也是类似的。请读者仔细思考，弄清楚该表达式的意义。

请读者对比例 6-16 中的数组写法与本题中的指针写法，体会这两种写法的异同。

上面的函数等价于标准库的 strcpy，下面的代码段可用于测试它：

```
const int NUM = 100;
char str[NUM] = "", dest[NUM] = "";    //定义字符数组并初始化为空串
stringcopy(str, "Welcome to China!"); //把字符串常量复制到字符数组 str
cout << "str: " << str << endl;
stringcopy(dest, str);                 //从字符数组 str 中复制字符串到字符数组 dest
cout << "dest: " << dest << endl;
```

下面讨论第二种情况：通过指向字符串的字符指针**把字符串作为一个整体进行操作**。最常见的情况是让字符指针指向字符串的开始，以便操作整个字符串。如果让指针指在字符串的中间，就可以把当前所指字符当作一个子字符串的开头（原字符串的结束就是该子字符串的结束，这种子字符串称为原串的后缀），操作这个子字符串。例如，下面的代码中调用前面定义的 stringlen 和 stringcopy（也可以用类似方式使用标准库中的字符串函数 strlen、strcpy、strcat 和 strcmp）：

```
char *pch = str;                           //定义字符指针并初始化为指向字符串头部
cout << "pch: " << pch << endl;            //打印输出整个字符串
cout << stringlen(pch) << endl;            //以字符指针为参数，向函数传递整个字符串
pch = str + 11;                            //字符指针指向字符数组中部的元素
cout << "pch: " << pch << endl;            //打印输出子字符串
cout << "pch: " << str + 11 << endl;       //直接利用字符运算的写法
cout << stringlen(pch) << endl;            //以字符指针为参数，向函数传递子字符串
cout << stringlen(str + 11) << endl;       //直接利用指针运算的写法
stringcopy(dest, pch);                     //以字符指针为参数，向函数传递子字符串
cout << "dest: " << dest << endl << endl;
```

在此简单介绍标准库中的字符串函数 strchr 和 strstr。

函数 strchr 的原型是 char *strchr(const char s[], int ch)，该函数在字符串 s 中查找字符 ch，找到时返回指向首次出现 ch 的位置的指针，否则返回 NULL。查找成功得到的字符指针可用于操作从该位置开始的子字符串。下面的代码展示了单次查找、统计出现次数并替换字符的技术：

```
strcpy(str, "Almost#all#programmers#love#programming");
cout << "str: " << str << endl;
char ch = '#';
pch = strchr(str, ch);                     //返回首次出现字符 ch 的位置
if (pch != NULL) {
    cout << "pch: " << pch << endl;
    cout << ch << " 首次出现位置: " << pch - str << endl;
} else
    cout << ch << " 未出现在 " << str << endl;
//下面用一个循环统计字符串中 # 出现的次数并将其都修改为' '
pch = str;  //pch 指向 str 头部
```

```
    int cnt = 0;
    while (pch != NULL && *pch != '\0') {      //注意这两个条件的次序不能颠倒
        if (pch = strchr(pch, ch)) {           //查找并把返回值当作逻辑值使用
            cout << "pch: " << pch << endl;
            cnt++;                             //出现次数加 1
            *pch = ' ';
            pch++;                             //字符指针后移 1 位
        }
    }
    cout << ch << " 字符共出现次数: " << cnt << endl;
    cout << "修改后的字符串: " << str << endl << endl;
```

函数 strstr 的原型是 char *strstr(const char s1[], const char s2[]);，它在字符串 s1 中查找字符串 s2，找到时返回指向 s2 首次出现位置的指针，否则返回 NULL。同样可以利用查找成功时返回的字符指针，操作从该位置开始的子字符串。下面的代码段展示了该函数的用法：

```
    char ss[] = "program";                 //定义字符数组并初始化为字符串
    if (pch = strstr(str, ss)) {           //检查字符串 ss 是否出现在 str 中
        cout << "pch: " << pch << endl;
        cout << ss << " 首次出现位置: " << pch - str << endl;
    } else
        cout << ss << " 未出现在 " << str << endl;

    const char *ps = "program";            //定义字符常量指针，初始化指向一个字符串常量
    if (pch = strstr(str, ps)) {           //检查字符串 ps 是否出现在 str 中
        cout << "pch: " << pch << endl;
        cout << ps << " 首次出现位置: " << pch - str << endl;
    } else
        cout << ps << " 未出现在 " << str << endl;
```

请注意，上面的代码段中定义了字符常量指针[①]ps，而且用字符串常量对其做初始化：

```
    const char *ps = "program";            //定义字符常量指针，初始化指向一个字符串常量
```

这个定义有很多意思，它实际上完成了三项工作：

（1）定义了字符常量指针 ps；

（2）建立了字符串常量"program"，它以字符数组形式存储，最后由空字符结束；

（3）给 ps 设定初值，使它指向刚建立的那个字符串常量的开始处。

结果如图 7-5a 所示，其中的 \0 表示空字符。

图 7-5　指针指向的字符串和存储在数组里的字符串

---

① 按照 ANSI C 标准，这种场合可以不加 const 修饰，即允许定义一个普通字符指针并以字符串常量对其进行初始化。但这种做法不安全，在 C++ 中已经被废弃。按照 C++ 标准，此处必须加 const 修饰（定义为字符常量指针）。

根据 7.2.5 节"const 指针变量和指针参数"部分的说明，用 const 修饰的指针 ps 本身的值可以改变（可以通过赋值使之指向其他字符串），但不能通过 ps 修改被指对象，即不允许通过 ps 做间接赋值（也就是不能对 *变量名 进行赋值）。在这方面它与上面代码中的普通字符指针 pch 不同（前面代码段中的"*pch = ' ';"语句就是做间接赋值）。

上述定义的效果也与定义字符数组并用字符串进行初始化不同。上面的程序中还有定义：

```
char ss[] = "program";
```

这个语句定义了一个字符数组，并给数组的元素赋了初始值（由于没有指定数组长度，系统自动根据初始值的字符数目确定数组长度）。现场情况如图 7-5b 所示。在这里没有建立字符串常量，只是在初始化描述中借用了字符串常量的写法。这里也没有指针，ss 是数组名（求值将得到一个指针值，不可修改）。可以看到上面两个定义的意义有相似之处，也有许多差异。

相似之处在于它们都可以用于输出，或用作字符串函数的参数等。例如，在程序中可以写：

```
cout << "ps: " << ps << endl;
cout << "ss: " << ss << endl;
cout << "length of ps: " << strlen(ps) << endl;
cout << "length of ss: " << strlen(ss) << endl;
```

两者之间的不同至少有如下一些方面：

（1）ps 和 ss 的类型不同，大小也不同。ps 是指针，只占一个指针所需的存储空间，而 ss 是数组，占据 8 个字符的空间，其中存放了字符序列 "program" 的各个字符和一个空字符。

（2）ps 是指针，虽然定义时令它指向创建的字符串常量，但后面可以重新给它赋值，使之指向其他地方，或给它赋空指针值。而数组名 ss 总表示被分配的那一块存储区域，也不能赋值。

例如，程序的后面可以写下面这样的语句（改为指向其他字符串常量，长度没有限制）：

```
ps = "Information Technology";
```

或

```
ps = "C++";
```

这两个语句建立另一个新字符串常量（其长度和内容都与 ps 原先指向的字符串常量无关），并把这个字符串常量的起始地址赋给指针 ps。

但程序里不能写如下的语句（编译时将报错）：

```
ss = "programmers";        //错误：试图给字符数组名赋值
```

当然，修改数组 ss 的内容是合法操作，例如用 strcpy 函数。但要保证不出现越界访问。

（3）数组 ss 的元素可以重新赋值。例如，可以做下面的操作：

```
ss[4] = '1';
ss[5] = '\0';
```

做了这几个赋值之后，数组 ss 里保存的字符串变成了 "prog1"，在有效字符序列之后还有两个空字符。对于指向字符串常量的指针，如上面的 ps，语言不允许通过它做间接赋值（不允许修改字符串常量的值）。做这种修改是语义错误，其后果无法预料。

正因为如此，在程序里可以写（要注意 ps 所指字符串常量的长度应当小于 ss）：

```
    strcpy (ss, ps);                    //把 ps 所指的字符串常量内容复制到 ss
```

但是不可以写：

```
    strcpy (ps, ss);                    //不能把字符数组复制到字符常量指针
```

下面是一个使用字符指针和字符串的综合性示例，这个例子在科研中有点实际意义。

【例 7-8】世界各国的结构生物学分子实验室测定了大量生物大分子（DNA、RNA、蛋白质及它们的复合体等）的三维空间结构，检测结果按规范的"PDB"格式存入纯文本文件，提交并存放于 RCSB PDB 数据库（http://www.rcsb.org）供世界各地的用户下载使用（例如，某分子的三维结构编号为 2b4z，相应文件的网址是 http://files.rcsb.org/download/2b4z.pdb）。PDB 文件中存储了丰富的信息，以标志串"ATOM "（6 个字符）开始的每个文字行描述一个原子，用严格的字符位置（以空格分隔）说明该原子的序号、原子名（根据原子在分子结构中的位置而赋予的名称）、所属残基、所属分子链、残基编号、坐标 X、坐标 Y、坐标 Z、占有率、温度因子和元素符号。字符位置和文本示例如下：

```
1234567890123456789012345678901234567890123456789012345678901234567890
ATOM      1  N   GLY A   1      14.248   0.557 -16.470  1.00 15.50           N
ATOM      2  CA  GLY A   1      14.135   1.995 -16.831  1.00 12.93           C
```

可见，原子名出现在第 14~17 列，坐标 X、Y 和 Z 值出现在第 31~54 列，元素符号出现在第 78~79 列（每行最多 80 列）。请编写程序打开并读取一个文件名格式为"####.pdb"的 PDB 格式文件，挑选出原子名为 C、N、O 的原子（在挑选 C 时，为了排除 Ca、Cl 和 Cu，应该检查"C "），把它们的相对原子质量（分别取为 12、14 和 16）、坐标 X、坐标 Y 和坐标 Z 写入一个文件名格式为"####-mxyz.txt"的文件中，数据之间以空格分隔。

根据题目要求，可以建立文件输入流打开这种纯文本文件，然后逐行读入，利用 strstr 函数检查每行的前 6 个字符，遇到"ATOM "就是存储了原子信息的行。在处理这种行时，先提取元素符号并赋予质量，然后挑出坐标值（把坐标的 X、Y 和 Z 值所在的多列视为一个子字符串），再一起输出到目标文件中。目标文件名需要在开始时事先根据原文件名来设定。据此写出源程序如下：

```
int main () {
    const int MAXLEN = 100;
    char line[MAXLEN];              //定义字符数组
    char *pch = NULL;              //定义字符指针
    double mass;

    char pdbname[20] = "2b4z.pdb"; //定义字符数组以存储输入文件名
    ifstream infile (pdbname);      //定义输入文件流并绑定到文件
    if (!infile) {      //如果打开文件失败，则 infile 得到一个零值（空指针）
        cout << "错误：未找到数据文件 " << pdbname << " 。\n";
        cout << "请制作此文件并把它存放在本程序同一文件夹下。\n\n" ;
        exit(1);                    //打开文件失败，则显示错误信息并退出程序
    }

    char mxyzname[20] = "";         //定义字符数组以存储输出文件名
    strcpy(mxyzname, pdbname);
```

```
        pch = strstr(mxyzname, ".pdb");
        mxyzname[pch - mxyzname] = '\0';
        strcat(mxyzname, "-mxyz.txt");
        ofstream outfile(mxyzname);      //定义输出文件流并绑定到文件
        if (!outfile) {
            cout << "打开文件失败: " << mxyzname << endl;
            infile.close();
            exit(1);
        }
        outfile << "mass    x        y        z" << endl;  //输出标题行

        cout << "Reading from file: " << pdbname << endl;
        while (infile.getline(line, MAXLEN)) {
            if (strstr(line, "ATOM  ") != line)
                continue;                //行首不是"ATOM  "的文字行跳过不做处理
            if (line[77] == 'C' && line[78] <= ' ')      //检测"C "
                mass = 12.0;
            else if (line[77] == 'N')
                mass = 14.0;
            else if (line[77] == 'O')
                mass = 16.0;
            else
                continue;                //含有其他原子的文字行也跳过不做处理
            pch = &line[30];             //pch指向坐标 X 起始位置
            line[54] = '\0';             //在坐标 Z 之后写入空字符
            cout << mass << "  " << pch << endl; //输出到屏幕供观察
            outfile << mass << "  " << pch << endl;      //输出到文件保存
        }
        cout << "mxyz data saved in file: " << mxyzname << endl;

        infile.close();
        outfile.close();
        return 0;
    }
```

在上面的程序中，值得注意的是字符指针 pch 的用法。在设置输出文件名时，要用它指向字符数组的元素，并借助它来操作所指的字符元素。而在读取数据的循环中，要用它指向字符数组中的元素，并把它视为一个子字符串的开始，借助它来输出整个子字符串。

7.4　指针数组

指针值也是一种数据，在程序里自然可以定义指针的数组，存储一组同类型的指针。指针数组在复杂的程序里使用广泛，本节讨论与之相关的一些问题。本节的讨论以字符指针的数组为例，对于其他类型指针的数组，这里的讨论也可以作为参考。

7.4.1　字符指针数组

字符指针数组是一种常用的结构，假如程序里需要一组字符串，一种常见做法就是用一个字符指针数组表示它们。一个典型实例是软件系统的错误信息。软件在运行中出现错误时可能需要显示错误信息，向用户报告出现的情况，错误信息通常用字符串表示。实际中，很可能在程序里的许多地方需要显示同样的错误信息。虽然可以用字符串常量形式把这些信息分散写在代码中的各个地方，但这样做将使信息的管理变得非常困难，需要统一修改时也很不方便。此外，重复的信息字符串也可能占据许多额外的存储空间。解决这些问题的一种常用方法是定义一个全局的指针数组，让其中的指针分别指向表示输出信息的字符串常量。程序里任何地方需要有关信息串时，都通过这个指针数组去使用。这样统一管理所有输出信息，给复杂程序的开发和维护带来了很大方便。

下面是一个字符指针数组的定义：

```
char *ps[10];
```

运算符优先级也适用于定义和说明。在上面的例子里，由于 [ ] 运算符的优先级更高，因此它定义的是数组 ps，其元素类型是 (char *)，也就是说，ps 是字符指针的数组。

字符指针数组也可以在定义时初始化。人们常常令字符指针指向字符串，也常常用字符串常量为字符指针数组中的元素提供初值。下面是这种用法的一个例子：

```
const char *days[] = { "Sunday", "Monday", "Tuesday", "Wednesday",
                       "Thursday", "Friday", "Saturday"
};
```

这个语句定义了一个含有 7 个字符指针的数组，同时建立了 7 个字符串常量，并用这些字符串分别初始化数组中的指针。有了这个定义，通过数组元素指针 days[0]、days[1] 等就可以访问这些字符串，用在需要它们的地方了。例如，可以写下面的语句：

```
cout << "Work days: ";
for (int i = 1; i < 6; ++i)
    cout << days[i] << " ";
cout << "\nWeekend: " << days[6] << " " << days[0] << endl;
```

这个程序片段将打印出：

```
Work days: Monday Tuesday Wednesday Thursday Friday
Weekend: Saturday Sunday
```

作为字符指针数组的一个更实际的例子，现在考虑改写 6.6.3 节中讨论的 C 和 C++ 语言关键字统计程序，用字符指针数组取代原程序里的二维字符数组。

需要做的改动非常简单：把原来程序里使用的二维字符数组改为字符指针数组，并用关键字字符串做初始化。指针数组的定义如下：

```
const char *keywords[] = {
    "auto", "break", "case", "char", "const", "continue",
    "default", "do", "double", "else", "enum", "extern", "float",
    "for", "goto", "if", "int", "long", "register", "return",
    "short", "signed", "sizeof", "static", "struct", "switch",
    "typedef", "union", "unsigned", "void", "volatile", "while"
};
```

值得注意的是，该程序的其他部分完全不需要修改，仍然可以正常工作。

7.4.2　指针数组与二维数组

前面 6.6.3 节中的程序里使用了一个二维字符数组，上面的例子改用一个字符指针数组取代原有的二维字符数组可以实现同样的功能，那么这两种数据表示之间有何不同呢？

现在用一个小例子解答这个问题。假设有下面两个定义：

```
char color1[][6] = {"RED", "GREEN", "BLUE"};       //定义二维字符数组并初始化
const char *color[] = {"RED", "GREEN", "BLUE"};     //定义字符指针数组并初始化
```

第一个定义要求建立一个二维（3 × 6）字符数组，它占据一片连续存储区。数组的基本字符元素用三个字符串分别给定初值，所有未指定值的元素都填入空字符。这个定义建立的现场如图 7-6a 所示。三个子数组里各存储着一个字符串，包括表示结束的 '\0'，后续的 '\0'（如果存在）是自动填入的。

第二个定义将建立一个包含三个指针的指针数组，另外建立了三个字符串常量，并使指针数组里的各个指针分别指向相应的字符串常量。这个定义建立的现场情况如图 7-6b 所示。

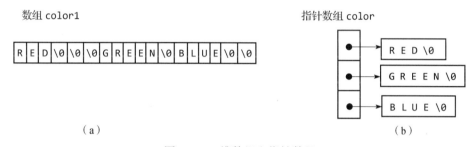

图 7-6　二维数组和指针数组

指针可以看作数据之间的一种联系机制。通过指针连接，上面的第二个定义建立起的结构具有分散性：指针数组存在于内存中某个地方，三个字符串常量可以和它安排在一起，也可以不安排在一起（具体的安排情况依赖于系统，一般的系统都把字符串常量存放在另外的内存区域）。同样，这几个字符串可以连续存放，也可以分散存放。总之，这一定义用若干个小的存储块实现。采用这种定义方式，系统更容易安排数据对象的存储。与之对应，第一个定义要求建立一个"大"数组，为了正常使用，数组元素必须连续存放，因此需要一块较大的连续存储区。如果数组非常大（例如包含数以十万计或百万计的元素），安排存储就更困难了。本章后面还会提及这些问题。

有关这两个定义还有一些具体问题，前面已经讨论过。第二个定义建立起一组字符串常量，这些常量是不能修改的。第一个定义显然没有这种限制，普通数组的元素总可以根据需要任意重新赋值。另外，字符指针数组的成员是指针，这些指针都可以重新赋值，程序执行中可以令它们指向其他字符数组或字符串。而对于字符数组，仅有的修改方法就是给元素赋值。

虽然这里讨论的是字符指针数组和二维字符数组，但是实际上，上面讨论的各种情况都具有一般性，无论数组的基本元素是什么类型，这些讨论都有意义。

* 7.4.3　命令行参数及其处理

要启动一个程序，最基本的方式是在操作系统的控制台窗口中通过键盘输入一个命令。

操作系统根据命令名去查找相应的程序代码文件，把它装入内存并令其开始执行。"命令行"就是为了启动程序而在操作系统状态下输入的表示命令的字符行。当然，目前流行的操作系统都采用了图形用户界面，当计算机用户希望执行一个程序时，常常不是通过命令行形式发出命令，而是通过单击图标或菜单项等方式发出命令。但是实际的命令行仍然存在，它们存在于图标或菜单的定义中。

在计算机用户要求执行一个命令时，他们提供的命令行常常不是单独的一个命令名，还要包括一些另外的信息。例如，如果希望在 Windows 系统的控制台窗口（命令提示符窗口）中显示已有的文本文件 "file1.txt"，可以要求它执行 "type" 命令。为此就需要在控制台窗口中键入命令行：

```
type file1.txt
```

这里的 type 是命令名，也就是希望系统执行的程序名，随后的文件名 file1.txt 就是命令行中的附加信息，指明要求列印的文件。如果要求控制台窗口中列出指定目录下的文件和子目录，可能键入如下命令：

```
dir c:\windows\system /p
```

此处的 dir 是命令名，而后面的 "c:\windows\system" 和 "/p" 这两项也是附加信息。这种附加信息以字符序列的形式出现，就是本小节要讨论的命令行参数。

读者已经写过许多程序。例如，在常见的个人计算机系统中，如果源程序文件名是 prog1.cpp，经过编译，通常生成一个名为 prog1.exe 的可执行程序文件。如果在控制台窗口中输入命令：

```
prog1
```

指定的程序就会被操作系统装入内存并执行。然而到目前为止，本书还没有讨论命令行参数的处理问题，前面的示例都没有涉及命令行参数的处理。很明显，确实有很多程序需要这种处理能力。

要想开发能处理命令行参数的程序，就需要了解 C 和 C++ 语言的命令行参数机制。实际上，程序启动时处理命令行参数，很像函数开始执行时处理自己的参数。这时需要处理的是在编写程序时不知道的参数，来自用户启动程序时提供的命令行，写程序时要考虑如何获取和操作它们。在定义函数时，需要考虑的是如何处理函数调用时传来的信息。这两种情况确实类似。

C/C++ 程序把整个命令行的内容看作空格分隔的一组字段，每一段是一个命令行参数。命令名本身是编号为 0 的参数，随后的参数依次编号。在程序启动后正式开始执行前，每个命令行参数被自动做成一个字符串，程序里可以按规定的方式访问这些字符串。

假设有一个程序，程序名是 prog1。假设调用这个程序时写的命令行是：

```
prog1 there are five arguments
```

对于这个命令行，字符序列 "prog1" 就是编号为 0 的命令行参数，"there" 是编号为 1 的命令行参数，其余类推。在这个命令行里一共有 5 个参数。对于另一个命令行：

```
prog1 I don't know what is the number
```

执行程序 prog1 时就会得到 8 个命令行参数。

　　C/C++ 程序可以通过 main 函数的参数获取命令行参数的有关信息。前面程序示例的 main 函数都没写参数，表示它们不处理命令行参数。实际上，main 可以有两个参数，这时的函数原型是：

```
int main(int argc, char *argv[]);
```

人们常用 argc、argv 作为 main 的两个参数的名字。当然，根据函数的性质，这两个参数完全可以用任何其他名字，但它们的类型是确定的。只要在定义 main 函数时正确写出如上的函数原型，程序启动后就可以得到用户启动程序时提供的命令行参数了。

　　当一个程序被装入内存准备执行时，main 的上述参数将被自动设定初值：argc 的值是启动命令行中的命令行参数的个数；指针 argv（前面讲过，数组参数实际是指针参数）指向一个字符指针数组，这个数组里一共有 argc + 1 个字符指针，其中前 argc 个指针分别指向表示此次启动的命令行中的各个命令行参数的字符串，最后是一个空指针，表示数组结束。

　　对于前面的示例程序调用：

```
prog1 there are five arguments
```

当程序执行进入主函数 main 时，与命令行参数有关的现场情况如图 7-7 所示。其中 main 的整型参数 argc 的值是 5；指针参数 argv 指向一个包含 6 个成员的字符指针数组，其中前 5 个指针分别指向 5 个字符串，最后是一个空指针。这些都是在 main 函数体开始执行前自动建立的。在函数 main 的代码中可以通过 argc 和 argv 访问命令行的各个参数：由 argc 可得到命令行参数的个数，由 argv 可以找到各个命令行参数字符串。通过编号为 0 的参数还可以访问启动程序的命令名本身。

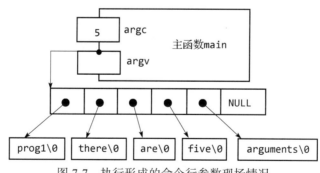

图 7-7　执行形成的命令行参数现场情况

　　下面是一个使用命令行参数的简单例子，从中可以看到命令行参数的基本使用方法。

【例 7-9】写出程序 echoargs，它依次打印程序调用时提供的各个命令行参数。

　　编写这个程序的人并不知道将来用户执行程序时提供的命令行参数是什么，但可以利用上面介绍的命令行机制，让程序把它们打印出来。程序非常简单：

```
int main (int argc, char *argv[]) {
    for (int i = 0; i < argc; ++i)
        cout << "args[" << i << "]: " << argv[i] << endl;
    return 0;
}
```

假设此程序的源文件为 echoargs.cpp，编译后的可执行文件是 echoargs.exe。在控制台窗口中执行下面的命令：

```
echoargs programming is understanding
```

将会产生下面几行输出：

```
args[0]: echoargs
args[1]: programming
args[2]: is
args[3]: understanding
```

由于 argv 本身是指针，利用它所指的指针数组最后有一个空指针的事实，可以给出上面的主函数的另一种写法（这也是命令行参数采用上面介绍的表示方式的原因）：

```
int main(int argc, char *argv[]) {
    while(*agrv != NULL)
        cout << *argv++ << endl;
    return 0;
}
```

请注意源代码中 "*argv++" 的含义。

在当代，人们通常用集成开发环境（IDE）开发程序，编辑、编译、运行和调试等工作都在同一个环境里完成。在程序编译成功之后，可以打开一个控制台窗口并在其中输入命令行以执行程序，但是操作较为麻烦。实际上，集成开发环境都有专门的机制提供命令行参数（例如，在 Dev-C++ 中可以单击菜单 "运行" 下的菜单项 "参数"），只要在其中为当前编写的程序设置命令行参数，那么每次运行和调试当前程序时就会自动使用这些参数。

在图形用户界面的系统里，这里有关命令行参数机制的讨论也适用。前面说过，命令行仍然存在于启动程序的按钮或者菜单中。另外还有一些情况。例如，在许多系统里可以把文件拖到一个程序文件上作为程序的启动参数。实际上，这就是要求系统产生一个实现这种命令的命令行。此外，要建立程序项、命令菜单项等，也需要写出实际命令行，这时就必须提供所需的命令行参数。

7.5 动态存储管理

7.5.1 为什么需要动态存储管理

程序中需要用变量（各种简单类型变量、数组变量等）保存被处理数据和各种状态信息，为此需要在变量使用前为其安排好存储：放在哪里、占据多少存储单元，等等，这个工作称作**存储分配**。采用机器语言写程序时，所有存储分配问题都需要编程者处理，这个工作琐碎而繁杂，很容易出错。**用高级语言编写程序时，编程者通常不需要考虑存储分配的细节，编译器在加工程序时自动处理变量的存储安排问题**。这也是用高级语言工作效率较高的重要原因之一。

C/C++ 程序里的变量分为几种。**外部变量、局部静态变量的存储问题在编译时确定，其存储空间的实际分配在程序开始执行前完成**。程序执行中访问这些变量，就是直接访问它们的固定存储位置。对于**局部自动变量，编译器先做好安排，实际存储分配在执行进入变量定**

义所在的复合语句时进行。应该看到，自动变量的大小也是**静态**确定的（即在编辑源代码或编译加工过程中可以计算出来，而不是在程序运行期间才计算出来）。例如，局部自动数组的元素个数必须用静态可求值的表达式描述。这样，一个函数在执行时所需的存储量（用于安放其中的所有自动变量）**在编译时**就完全确定了。函数定义里描述了所需的自动变量和参数，定义了数组的大小，这些决定了该函数在执行时实际需要的存储空间。（C99 的变长数组在一定程度上突破了这种静态限制，但也要求其大小可以在创建时计算出来，这就保证了函数调用时可以确定其所需的存储空间。）

以静态方式安排存储的好处主要是实现比较方便、效率高，程序执行中需要做的事情比较简单。但这些也对编写程序的方式形成了一种限制，使某些问题在这个框架里不好解决。举个简单的例子：假设现在需要开发一个处理学生成绩数据的程序，被处理的成绩需要存储，因此需要定义一个数组。这里有一个问题：程序每次运行时要处理的成绩项数可能不同，一种解决方案是让程序启动后要求输入一个表示项数的整数。如果采用这种技术，在编写这个程序时，应该怎样定义成绩数组的元素个数呢？如果定义一个"中等大小"的数组，程序遇到成绩项数很多时就无法处理；如果定义一个"非常大"的数组，则可能在大部分情况下都会造成内存资源浪费。

理想的方式是先获得表示数组大小的数据，再定义数组，例如采用下面的程序框架：

```
int n;
...
cin >> n;
double scores[n];     //根据已知的数据项数来定义数组
...                    // 读入成绩数据，然后进行处理
```

这一做法按照 ANSI C 和 C++ 标准是行不通的。原因在于其中说明数组 scores 大小的表达式是变量，不能静态求值，也就是说，数组大小无法静态确定，ANSI C 和 C++ 不允许这种写法。

当然，在 C99 里可以采用上面的做法（这样定义的是一个变长数组）。但是这种做法仍然有局限性，例如：如果使用者只知道需要处理某个文件里的成绩数据，但并不确切地知道其中的成绩项数，上面的方法就行不通了。更复杂的情况是需要处理的数据来自网络或者传感器，相关数据的项数完全是动态和变化的。在这些情况下，上述技术都不能解决问题了。

上面只是列举了一个说明情况的例子。一般情况是：**许多程序运行中的存储需求在编程时无法确定，这类问题难以通过定义变量的方式处理**。如果有一种机制，**支持程序根据运行时的实际需求申请存储，取得合适的存储块当作变量使用**，就能解决这类问题。本节将讨论的**动态存储分配**就是这样一种机制。这里说"动态分配"，是因为其分配方式完全是动态的，与程序变量的性质完全不同。

假设有了动态存储分配，可以要求系统分配一个存储块，在程序里如何掌握和使用这种存储块呢？对普通变量，程序里通过变量名实现对其存储内容的访问，而动态分配的存储块无法命名（命名是编写程序时才能使用的手段），因此需要采取其他的途径。这里就需要使用指针。用一个指针变量指向动态分配得到的存储块（将存储块的地址存入指针），然后，**通过指针做间接操作**，就可以使用这个存储块了。**引用动态分配的存储块是指针的最主要用途之一**。

与动态分配对应的是**动态释放**。如果动态分配的存储块使用完毕，不再需要了，就应该考

虑把它们交还给系统。动态分配和释放存储块的工作由**动态存储管理系统**完成，这是支持程序运行的基础系统（*程序运行系统*）的一部分。这个系统管理着一片存储区，在需要存储块时，程序里就可以调用动态分配操作申请一块存储；如果以前得到的存储块不再需要了，就调用释放操作将它交还给管理系统。由动态存储管理系统管理的这片存储区通常称为**堆**（heap）。

7.5.2　动态存储管理机制

C 和 C++ 语言各有一套功能相当的动态存储管理。下面先介绍 C++ 的机制，后面的讨论和示例中将始终使用这套机制。这里也会介绍 C 语言的存储管理，供读者参考。实际上，C++ 也提供了 C 语言的机制，但由于概念比较复杂，使用不便且容易用错，建议读者始终使用 C++ 的存储管理功能。

1. C++ 中的动态存储管理命令

C++ 提供了两个特殊运算符 new 和 delete 作为使用动态存储管理的接口，使用方法比 C 语言中的相应机制（见后面的说明）更简洁方便，也更安全。通过 new 运算符可以动态申请用于存储单项数据或成组数据（数组）的存储块，而 delete 运算符负责释放通过 new 得到的存储块。

（1）用 new 运算符申请单项数据的存储块的方法如下：

```
指针变量 = new 类型名;
```

这个语句用于申请可存放一个指定类型数据的存储块。分配成功时 new 操作返回该块的地址，分配失败时返回 NULL。例如，下面的第 2 个语句申请可存放一个整数的存储块，并令 p1 指向它：

```
int *p1;
p1 = new int;
```

也可以在定义指针变量时用 new 命令申请存储块的操作完成初始化：

```
int *p1 = new int;
```

动态分配得到的存储块只能通过指针间接访问。例如：

```
*p1 = 8; //赋值
cout << *p1 << endl; //取值并用于打印输出
```

在使用 new 命令申请存储的同时，还可以在后面写圆括号要求对存储块做初始化。例如：

```
int p1 = new int(8);    //在圆括号里面写数据, 则初始化为该数值
int p2 = new int();     //圆括号里面不写数据, 则初始化为 0
```

这两种分配方式形成的现场如图 7-8 所示。

图 7-8　使用 new 命令申请分配单个变量的存储空间

（2）用 new 运算符申请存放一组数据的存储空间（动态分配一个数组）的描述形式如下：

```
指针变量 = new 类型名[表达式];
```

该语句申请可以存储一个数组的存储块，**类型名**说明数组元素的类型，方括号中的**表达式**描述数组元素的个数。分配成功时返回存储块的地址，失败时返回 NULL 值。例如：

```
int NUM = 10;
int *pa =  new int[NUM];           //申请能存放 NUM 个整数（即一维数组）的空间
```

这个语句分配成功时形成的现场如图 7-9 所示。

图 7-9　使用 new 命令申请数组的分配存储空间

用 new 命令申请数组存储空间时，可以采用下面的写法要求将元素统一初始化为 0：

```
int *pa =  new int[NUM]();         //写空圆括号，则数组元素全部初始化为 0
```

动态分配得到的空间只能通过指针间接访问（可以用指针写法或数组写法）。例如：

```
for(int i = 0; i < NUM; i++)
    *(pa + i) = i * i;             // 通过指针间接访问（指针写法）赋值
for(int i = 0; i < NUM; i++)
    cout << pa[i] << endl;         // 通过指针间接访问（数组写法）取值
```

申请多维数组的语法形式类似。例如：

```
int *q = new int[NUM][NUM];
```

（3）通过 new 动态申请的存储空间，不再需要时应该用 delete 运算符释放。delete 有两种使用格式，分别用于释放由 new 分配的单个变量或数组的存储。

格式一：

```
delete 指针变量;
```

这个语句用于释放由 new 分配的简单类型变量的存储。例如：

```
delete p1, p2;
```

格式二：

```
delete [N]指针变量;
```

这个语句释放指针指向的长度为 N 的数组存储块，其中 N 为常数，可以省略。例如：

```
delete []pa;
```

编写涉及动态存储分配的程序时需要格外注意系统的安全性，主要有如下几个方面：

（1）在申请动态存储块用于存储数组时，指定数组大小的参数必须大于 0。该参数小于 0 可能导致程序崩溃。该参数为 0 时可以得到一个合法指针值，但进行间接访问就是非法的。

（2）申请动态存储块的操作可能失败（失败时得到 NULL）。为保证程序安全，使用 new 申请空间后应该检查是否成功。分配失败通常说明系统已用完所有可能的空间，是一种很少见的特殊错误情况。出现这种错误情况时，应该根据具体情况合理处置（例如调用标准库函数 exit 终止程序）。

（3）动态分配得到的存储块也具有固定的大小，在作为数组使用时不允许越界使用。例如，如果程序中动态分配到的存储块能存放 n 个双精度数据，随后的使用就必须在这个范围内。越界使用动态分配的存储块，尤其是越界赋值，可能引起无法预料的严重后果。

（4）在程序运行中申请到的动态存储块会被系统标记为正在被该程序使用，因此在程序中对这些存储块使用完毕之后，应当在程序中及时释放。如果没有及时释放，则系统会始终认为该存储块仍然处于使用中，从而不会重新分配给其他程序使用，相当于该存储块被丢失不用了。丢失动态分配块的情况称为动态存储的"流失"。对于需要长时间执行的程序，存储流失可能成为严重问题，造成程序执行一段后被迫停止。所以实际系统中不能容忍发生这种情况。程序中应当及时释放申请到的动态内存块，从而避免这种情况。

在下面的简单例子中，完整地演示了申请、使用和释放动态存储块的步骤及其安全处理过程。

【例 7-10】使用动态存储分配技术，写一个简单程序输入并输出 n 个数据：由用户输入正整数 n，然后在程序中动态申请一个长度为 n 的双精度数组，用户依次输入 n 个数据，再依次全部输出。

根据上述说明，写出程序如下：

```cpp
int main() {
    int n = 0;

    while (n <= 0) {                          //循环输入，直到获得正整数值
        cout << "input n: ";
        cin >> n;
    }

    double *data = new double[n];             //声明指针变量，并申请数组空间
    if (data == NULL) { //或 data == 0，或 !data  //检查动态申请存储是否成功
        cout << "动态内存分配出错！" << endl;
        exit(1);     //出错处理，这里调用 exit 结束运行，返回预定义的错误代码
    }

    for (int i = 0; i < n; i++) {
        cout << "input score " << i + 1 << ": ";
        cin >> *(data + i);                   //读入数据（指针写法）
        //cin >> data[i];                      //读入数据（数组写法）
    }
    for (int i = 0; i < n; i++)
        cout << data[i] << endl;              //输出数据（数组写法）

    delete []data;                            //释放动态存储块
    return 0;
}
```

*2. C 语言中的动态存储管理命令

C 语言不支持 new 和 delete 运算符，而是通过标准库函数提供与动态存储管理有关的功能。与此相关的标准函数共有四个：malloc、calloc、free 和 realloc，它们的原型在头文件 cstdlib 或 stdlib.h 中描述，使用时应该包含其中之一。下面介绍这几个函数的功能。

（1）存储分配函数 malloc（函数名来源于英文"memory allocation"）。

函数原型是：

```
void *malloc(size_t n);
```

其中的 size_t 是标准库定义的一个无符号整数类型,该类型能满足所有描述存储块大小的需要，相当于哪个整数类型由具体的语言系统确定。在调用 malloc 时，应该用 sizeof 计算所需存储块的大小 n，不宜直接写具体整数，以免因为不小心而引进错误。

malloc 的返回值为通用指针(void *)类型，它分配一块能存放大小为 n 的数据的存储块，返回其指针。申请无法满足（例如 n 太大，找不到足够大的存储块）时，malloc 返回 NULL 值。实际使用时，应该将 malloc 的返回值转换到特定的指针类型后赋给指针。所以，调用 malloc 时通常都应该做类型转换。例如，申请足以存放 SIZE 个元素的整型数组的存储块时，可以写：

```
int *p;
p = (int *) malloc(SIZE * sizeof(int));
```

同样，动态分配后必须检查成功与否，并考虑对两种情况的处理。通常的写法是：

```
if (p == NULL) {
    …… // 对分配未成功情况的处理
}
//分配成功时程序继续向下执行
```

人们常把使用 malloc 进行动态存储分配及其检查写在一起，形式如下：

```
if ((p = (…… *)malloc(……)) == NULL) {
    …… // 对分配未成功情况的处理
}
```

请特别注意这里的括号（想想是什么意思，为什么需要）。

使用 malloc 函数，例 7-11 中的动态存储分配可以用如下语句实现：

```
double *data;
if ((data = (double *)malloc(n * sizeof(double))) == NULL) {
    cout << "动态内存分配出错! " << endl;
    exit(1);
}
```

同理，通过 malloc 动态分配得到的存储块也有确定的大小，不允许越界使用。

（2）带计数和清 0 的存储分配函数 calloc。

该函数服务于数组分配，其原型是：

```
void *calloc(size_t n, size_t size);
```

参数 size 指数据元素的大小，n 指需要存放的元素个数。calloc 分配一块存储块，其中能存放 n 个大小为 size 的元素，还把元素全部用 0 初始化。如果要求不能满足，函数返回 NULL。

使用 calloc 函数，例 7-11 中的存储分配也可以用下面的语句实现：

```
double *data;
```

```
if ((data = (double *)calloc(n, sizeof(double))) == NULL) {
    cout << "动态内存分配出错! " << endl;
    exit(1);
}
```

注意，malloc 对所分配的块不做任何操作，而 calloc 自动用 0 值对整个块做初始化，这是两个函数主要的不同点。另外就是两个函数的参数不同。

（3）分配调整函数 realloc。

函数原型是：

```
void *realloc(void *p, size_t n);
```

本函数用于更改以前做过的存储分配。在调用 realloc 时，指针 p 应指向一个以前分配的块，参数 n 表示现在需要的新块大小。新要求无法满足时，realloc 返回 NULL，与此同时 p 值保持不变，其所指存储块的内容也保持不变。如果要求能满足，realloc 的返回值指向一个能存放大小为 n 的数据的块，并且保证这个新块的内容与原存储块一致：如果新块较小，其中将存储原块在 n 范围内的数据；如果新块更大，原有数据保存在新块的前面部分，新增部分不自动初始化。

如果分配成功，就应该更新指针，以访问重新分配后的存储块，而原存储块可能已经被系统回收，将来可能分配用于其他用途，因此不允许再通过原指针值去使用它。

假如现在需要把已有的一个双精度存储块改为能存放 m 个双精度数，可以用下面的程序片段处理：

```
double *q = (double *)realloc(p, m * sizeof(double));
if (q == NULL) {
    ……            //调整分配不成功，p 仍然指向原存储块，处理这种情况
}else {
    p = q;         //调整分配成功，更新指针 p，以使用具有新大小的存储块
    ……
}
```

这里没有将 realloc 的返回值直接赋给指针 p，而是先赋给另一个双精度指针 q，是为了避免分配失败时存储块丢失。如果把 realloc 的返回值直接赋给 p，一旦新分配不成功，p 就会被赋 NULL 值，导致其原值丢失，原来所指的存储块就找不到了。所以，只有在调整分配成功时才能更新指针 p。

（4）动态存储释放函数 free。

函数的原型是：

```
void free(void *p);
```

函数 free 释放指针 p 所指的存储块。参数 p 的值（存储块的地址）必须是以前调用动态存储分配函数得到的。如果当时 p 的值是空指针，free 就什么也不做。

为保证动态存储区的有效使用，如果知道某个动态分配的存储块已经不再需要，就应及时将它释放。由 malloc 或 calloc 申请（以及由 realloc 调整分配）的动态存储块只能通过调用 free 释放。例如，如果例 7-11 中的分配存储通过 malloc、calloc 或 realloc 实现，则应该用下面的语句释放：

```
free(data);
```

如果已分配的存储块没有释放，又对相关指针另行赋值，就会造成动态存储流失。大量存储流失最终将导致程序用完动态存储而崩溃，这是一种重要的程序错误。所以，应该注意及时释放不再使用的动态存储块。如果在一个函数里申请的存储只在函数内部使用，那么退出函数前就应该释放。假如函数有多个 return 语句，那么从各处退出之前都必须释放在函数里分配且已经不再需要的动态存储块。

注意，调用 free 之后并不改变其指针参数的值（因为这是一个值参数，函数里不可能通过它改变实参），但该指针所指的存储块可能被系统另行使用，其内容也可能修改。因此调用之后就不允许再通过该指针去访问已释放的存储块，否则可能引起无法预料的严重后果。此外，绝不能对并非指向动态分配存储块的指针调用 free，那样也会引起无法预料的严重后果。

上面所介绍的这一组函数清晰地体现了动态存储分配的动态性，它们不但支持在程序运行中申请和释放存储，还支持根据需要调整所需的存储。利用这些操作可以方便地处理各种复杂的存储安排。

7.5.3　动态存储分配程序实例

【例 7-11】把 6.2.3 节中的筛法求质数程序改写为函数，再编写一个主函数。主函数由输入得到一个正整数，调用筛法函数求出从 2 到该整数的质数，最后输出这些质数。

很显然，在这个程序里需要用一个数组存储整数。由于数据的数目在编写程序时无法确定，因此准备用动态存储分配：申请一个存储块赋给指针，通过指针使用。

为了完成这个程序，首先要确定在哪里做动态存储的申请与释放，是在 main 函数里还是在筛法函数里？这一安排决定了筛法函数的参数，也决定了程序功能的分配。如果在筛法函数里申请存储，主函数只需要把表示范围的整数传给筛法函数，但是打印输出和内存释放该放到哪里呢？这样就产生了更多问题。为使函数的功能清晰、责任明确，最好是让筛法函数只做自己分内的事，把动态存储分配和释放都放在 main 函数中：首先在 main 函数里申请存储，然后调用筛法函数，由 main 函数产生输出，最后释放存储。这样，动态存储的申请和释放的责任位于同一层次，在同一个函数完成，得到的代码更清晰。

将筛法计算包装为函数的工作很容易完成，只需给函数命名，这里用"sieve"（英语单词"筛子"），并把数组长度和数组名（指针）改为形参就可以了。下面是函数定义：

```
void sieve(int num, int an[]) {
    int i, j, sqnum = sqrt(num + 1);

    //初始化数组
    //an[0] = an[1] = 0;
    for (i = 2; i <= num; ++i)
        an[i] = 1;

    for (i = 2; i <= sqnum; ++i)
        if (an[i] == 1) // i 是质数
            for (j = i*2; j <= num; j += i)
                an[j] = 0; // 这些数都是 i 的倍数，因此不是质数
    return;
}
```

下一步考虑 main 的设计。根据前面的安排，这个 main 函数可以如下定义：

```cpp
int main() {
    int i, j, n = -1, *pn;

    cout << "筛法求质数" << endl;
    do {
        cout << "请输入一个正整数作为待求质数范围 (>=2): ";
        cin >> n;
    } while (n < 2);

    pn = new int[n];                    //申请分配存储空间
    if (pn == NULL) {                   //处理可能的内存分配出错
        cout << "错误：申请分配存储空间出错！" << endl;
        exit(1);                        //以 exit 函数结束程序，返回错误代码 1
    }

    sieve(n, pn);                       //筛法求质数

    for(j = 0, i = 2; i <= n; ++i)      //打印输出质数
        if (pn[i] == 1)
            cout << i << ((++j) % 10 != 0 ? '\t' : '\n');
    cout << "\n总个数: " << j << endl;

    delete []pn;                        //释放动态分配的存储空间

    return 0;
}
```

主函数的工作清晰地分为三部分：准备工作，处理，输出与结束。其中 pn 指向动态分配的存储块，用它连同数组大小 n 作为实参调用 sieve。

sieve 这样的函数非常好，它既能以程序中定义的数组变量作为参数，也能以动态分配的存储块作为参数。对函数本身来说，这两种对象作为参数并无差别。

【例 7-12】改造第 6 章的学生成绩统计和直方图生成程序（参见 6.6.2 节），使之能处理任意多个学生的成绩。

这里的重点是讨论一种常见问题的处理技术：用动态分配的数组保存事先无法确定数量的输入数据。前文的程序中用了一个事先固定大小的数组，限制了能处理的成绩项数。

为了能处理任意多项学生成绩，现在计划修改 readScores，让它在输入过程中根据需要申请适当大小的存储块，将输入数据存入其中。这样，readScores 结束时就需要返回两项信息：保存数据的动态存储块的地址，以及最终的数据项数。函数只能有一个返回值，有两种可能的安排：返回项数、用参数传回数据块，或者反过来。权衡利弊和方便性，下面选择用返回值传回数据块，用参数传回数据的项数（另一种做法请读者考虑），得到下面的 readScores 函数原型：

```cpp
double *readScores(int *np);
//读入数据，以函数返回值返回动态块地址，指针参数 np 传递回数据项数
```

　　现在考虑 readScores 函数的实现，核心问题是如何确定动态存储块的大小。一种简单策略是让用户先输入数据项数，然后根据这个项数分配存储。按这种策略写出 readScores 函数如下：

```
double *readScores(int *np) {
    int max = 0, i = 0;

    do{
        cout << "请输入学生人数上限: " ;
        cin >> max;
    } while (max <= 0);

    double *tb = new double[max];      //动态申请分配存储空间

    double x;
    ……                //手工输入、从数据文件中读取或随机数模拟的代码与前文相同，此处略

    *np = i;        //数据项数（np 为指针参数，通过间接访问进行赋值）
    return tb;
}
```

　　这个函数与前文中的函数的差别主要在于：函数内部输入一个正整数并用它动态申请存储空间，把分配得到的存储块的地址以函数返回值的形式返回到调用处。虽然上述存储块是在函数 readScores 的内部分配的，但该存储块的生命周期（生存期）并不随该函数的退出而结束。

　　要解决这里遇到的问题，人们也常用另一种存储管理策略：先做一次默认的初始分配，然后接受输入的数据。如果得到的输入数据的项数超过了当时存储块的容量，就做一次调整分配（例如用 new 命令申请一块更大的存储，然后复制原存储块中的数据，再删除原存储块；如果初始分配是用 malloc 函数实现的，则可用 realloc 函数更改存储分配）。这种策略对用户更友好，值得考虑。鼓励读者自己设法实现该策略。

　　由于原程序的组织比较合理，要完成目前的功能扩充，只需要修改其中的输入部分，并对 main 做局部的修改（修改对 readScores 函数的调用方式，并在末尾添加对动态分配存储块的释放），其他部分不需要做任何变动。与新函数配合的 main 函数定义如下：

```
int main() {
    enum {HISTOHIGH = 60 };               //直方图的最大高度
    int n;
    double *scores;
    if ((scores = readScores(&n)) == NULL)   //读入学生成绩
        return 1;
    statistics(n, scores);      //统计
    histogram(n, scores, HISTOHIGH);           //绘制直方图
    delete []scores;                           //释放动态存储块
    return 0;
}
```

请注意这里调用 readScores 函数的方式：

```
scores = readScores(&n)
```

这使变量 scores 指向了函数 readScores 运行中申请并填充了输入数据的存储块，使 main 函数可以使用其中的数据。显然，函数 readScores 不应该在退出前释放该存储块，因为还要使用其中的数据。该函数返回时不但通过这个块传回了数据，还转移了存储管理的责任：把管理和释放该存储块的责任转交给 main 函数。main 函数末尾用"delete []scores;"语句释放了这个存储块。

上面两个例子讨论了两种稍有不同的处理技术，展示了指针、函数与动态分配之间的关系：

（1）在同一个函数里申请和释放动态存储。这种方法中的存储管理责任最清晰，不易出错。

（2）在一个函数中申请分配动态内存，函数返回时传出携带数据的动态存储块。这样传出也把对动态存储的管理责任转移给了主调函数，主调函数全权管理传来的动态存储块，负责处理释放问题。

程序里应该尽可能采用第一种设计，因为它最清晰，也最不容易出现忘记释放的情况。

作为本节的小结，现在简单说明使用动态存储管理机制的一些注意事项。

（1）系统对所分配存储块的使用不做检查。由编程者保证使用的正确性，特别是不能出现越界访问。

（2）动态分配存储块的存在期从相应的分配操作开始，直至对它调用 delete 命令（或 free 函数）释放为止，与分配存储块的操作写在哪里无关。也就是说，在某函数里分配一个存储块，该块的存在期与该函数的执行期无关。申请存储块的函数可以把它传给主调函数，或者赋给存在期更长的变量。

（3）如果在某个函数里申请了动态存储块，就必须考虑函数退出时如何处理这个（这些）存储块。函数可以释放它们，或者把它们的指针赋给全局指针变量，或者把它们的指针传给主调函数。如果什么也不做，函数退出时局部指针变量销毁，被它们指向但未释放的存储块就找不到了（流失了）。

（4）其他操作也可能造成存储块丢失，例如，给一个指向动态块的指针赋了其他值，如果原指向的那个存储块没有其他访问路径，那么就再也无法找到这个存储块了。如果存储块丢失，在本程序随后的运行过程中将永远不能再使用这个存储块所占的存储空间。

（5）注意计算机系统里存储管理的关系。一个程序运行时将从操作系统取得一部分存储空间，用于保存其代码和数据。用于数据存储的空间包括一部分动态存储区，由程序的动态存储管理系统管理。在这个程序的运行期间，所有申请的动态存储都在这块空间里分配。程序代码中释放存储空间，就是将不用的存储块交还给程序的动态存储管理系统。一旦该程序结束，操作系统将收回这个程序占用的所有存储区域。所以，"存储流失"是程序内部的问题，而不是整个系统的问题。当然，操作系统管理计算机的所有内存，但它是一个程序，也要保证自己管理的存储空间不流失。最重要的就是，在其管理下运行的每个程序结束时，操作系统需要正确回收程序占用的存储。

7.6 指向函数的指针

C 和 C++ 语言里的指针不仅可以指向各种数据对象（如变量、数组元素、动态分配的存储块等），还可以指向函数。指向函数的指针在这里有特殊的意义和作用。

7.6.1　作用和定义

本节用一个实例说明程序中为什么需要指向函数的指针，讨论使用这种指针的情况和技术。

【例 7-13】求函数的根是数值计算里经常需要做的事情，一种常用的求根方法称为**弦截法**，虽然它并不是一个万能的数值方法，但是很简单，适合作为数值计算编程的示例。弦截法的原理如下。设需要求根的函数是 $f(x)$，而且给定了一个求根区间 $[x_1, x_2]$。对于待考察区间的两个端点 x_1 和 x_2，可以作一条直线，它就像函数图形旁边的一条弦。这两个端点的坐标分别为 $(x_1, f(x_1))$ 和 $(x_2, f(x_2))$；如果值 $f(x_1)$ 和 $f(x_2)$ 异号（一正一负），上述弦必定与 X 轴有一个交点（见图 7-10），设交点为 x，点 x 的坐标可用下面的公式求出：

$$x = \frac{x_1 \cdot f(x_2) - x_2 \cdot f(x_1)}{f(x_2) - f(x_1)}$$

得到 x 之后，舍弃函数值与 $f(x)$ 同号（函数值的正负情况相同）的那一个端点，剩下的另一个端点与 x 构成一个缩小的新区间（$[x_1, x]$ 或 $[x, x_2]$）。新区间两个端点的函数值仍然异号，可以继续用弦截法缩小区间，逼近函数的根。这个过程的特殊情况是某次找到的分界点正好是函数的根。即使没那么幸运，但由于区间不断缩小，算法也能得到任意接近函数根的数值结果。

现在考虑开发解决这个问题的程序，可以定义如下几个函数：

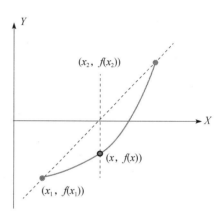

图 7-10　函数图形与弦线

（1）被求根的数学函数是独立的逻辑整体，其定义依赖于具体需要，但它应该实现为具有一个双精度参数并给出双精度结果的程序函数。

（2）求数学函数形成的弦线与 x 轴的交点可看作独立工作，可以考虑定义为一个函数 crossp，它以区间两端点的坐标为参数，算出弦线与坐标轴的交点。

（3）求根的过程本身也定义为一个函数，这样，该函数就可能用在任何程序里。人们自然希望这个函数具有通用性，只要提供具体需要求根的函数和求根区间，它就能算出所需结果。

根据上面的构想写出完整程序如下：

```cpp
#include <iostream>
#include <cmath>
using namespace std;

double f(double x) {
    return x * sin(x) - 2 * x * x + 2 * x;      //示例数学函数1
    //return ((x - 5.0) * x + 16.0) * x - 40.0;  //示例数学函数2
}

double crossp(double x1, double x2) {
    double y1 = f(x1), y2 = f(x2);
    return (x1 * y2 - x2 * y1) / (y2 - y1);
}

double chordroot(double x1, double x2) {
```

```
    double x, y, y1 = f(x1);
    do {
        x = crossp(x1, x2);
        y = f(x);
        if (y * y1 > 0) {          // y 与 y1 符号相同，取新区间为 [x, x2]
            x1 = x;
            y1 = y;
        } else                     //y 与 y1 符号不同，取新区间为 [x1, x]
            x2 = x;
        //cout << "[ " << x1 << ", " << x2 << " ]" << endl;
    } while (fabs(y) >= 1E-6);     // y 值不满足精度要求时继续，直到满足精度为止
    return x;
}

int main() {
    double x1 = 2.0, x2 = 6.0;
    double x = chordroot(x1, x2);
    cout << "A root of the function is: " << x << endl;
    return 0;
}
```

函数 f 的代码中提供了两个示例数学函数供测试：$x\sin(x) - 2x^2 + 2x$ 和 $x^3 - 5x^2 + 16x - 40$（读者可以选择一个解除注释，把另一个设为注释）。读者可以自定义数学函数，并在指定的初始区间内求函数的根（注意，自定义函数在初始区间的两个端点的函数值应该异号）。

这个例子牵涉到前面提到的许多问题，包括程序的函数分解等。

分析上面的程序，可以看到，被求根的数学函数用程序中的函数 f 实现，求弦线与坐标轴的交叉点的函数 crossp 和使用弦截法求根的函数 chordroot 都把 f 作为被求根的函数。如果需要对另一个数学函数求根，虽然不需要改写 f 的函数原型（函数头部），但不得不改写函数 f 的体。这种情况就使求根函数 chordroot 不具有通用性，实用性非常有限。

假设程序里需要求上面两个函数的根，很容易参考函数 f 分别定义出函数 f1 和 f2：

```
double f1 (double x) {
    return x * sin(x) - 2 * x * x + 2 * x;
}
double f2 (double x) {
    return ((x - 5.0) * x + 16.0) * x - 40.0;
}
```

但如果想用弦截法对 f1 和 f2 表示的数学函数求根，就需要写出 crossp 和 chordroot 的两个版本，例如分别命名为 crossp1、crossp2 和 chordroot1、chordroot2，让它们内部分别调用函数 f1 和 f2（函数体的其余部分完全相同）。显然，这一做法太笨拙了。如果还需要求其他数学函数的根，又必须重复写这些函数，很明显，这种做法虽然可行，但是不能令人满意。这不是弦截法的错，弦截法是通用的求根办法，但上面的实现方法有问题，没能定义出真正通用的求根函数。

要基于弦截法的定义出通用的求根函数，首先要弄清楚前面的求根函数的缺点。检查 crossp 和 chordroot 的代码，很容易看到问题所在：函数名 f 直接写在两个函数体的代码

中，它们执行时自然只能调用名字为 f（或者修改后的 f1、f2）的具体函数，因此就失去了**通用性**。要提高这两个函数的通用性，使之能在不同的调用中处理不同的**数学函数**，只有一个方法，那就是把其中使用的数学函数**参数化**，为函数引进新参数。在这里需要**为求根函数引进传递具体函数的参数**。

在程序执行时，其中使用的每个函数都装载在内存里。C 和 C++ 语言规定，对函数名求值将得到该函数的执行入口地址，这种地址可以记录在指针变量里（例如通过赋值，或者把函数名作为实参绑定于相应形参等方式），使指针变量指向函数，在此之后通过指针变量就可以找到并调用被指函数了。这种**指向函数的指针变量**称为**函数指针变量**（简称**函数指针**）。

C 和 C++ 语言允许为函数引进函数指针参数。有了这种参数，就可以在调用函数时通过实参给被调函数送入执行中使用的具体函数，从而达到在不同调用中使用不同函数的目的。显然，这种参数可以为函数带来新的灵活性（通用性）。**利用函数指针传递函数参数是指针的另一个重要用途**。

声明函数指针变量（或参数）的一般形式为：

类型名　(*指针变量名)(参数列表);

其中的**类型名**说明被指函数的返回值类型，**(* 指针变量名)** 说明这里定义的是指针变量或指针参数，随后的圆括号说明被指向的是函数，**参数列表**说明被指函数的参数类型情况。例如，语句

```
double (*pf)(double, double);
```

定义了一个指向函数的指针变量 pf，被指函数应该有两个 double 类型的参数，其返回值为 double 类型。注意，函数指针变量也有类型，它能指向的函数的参数情况和返回值是确定的。

如果为弦截法求根函数引进函数指针参数，这个函数就有了通用性，可以根据需要为其提供具体的函数指针实参。程序里只需定义一个求根函数，就能用于求不同函数的根了。

具体说，这里需要为求弦线与坐标轴的交叉点的函数 crossp 和使用弦截法求根的函数 chordroot 各引入一个函数指针参数。这两个函数的新定义如下：

```
double crossp(double (*pf)(double), double x1, double x2) {
    double y1 = pf(x1), y2 = pf(x2);
    return (x1 * y2 - x2 * y1) / (y2 - y1);
}

double chordroot(double (*pf)(double), double x1, double x2) {
    double x, y, y1 = pf(x1);
    do {
        x = crossp(pf, x1, x2);
        y = pf(x);
        if (y * y1 > 0.0) {
            y1 = y;
            x1 = x;
        } else
            x2 = x;
    } while (y >= 1E-6 || y <= -1E-6);
```

```
    return x;
}
```

两个函数定义的改动很小：为它们各自增加了一个函数指针参数，把函数里对被求根函数的直接调用改为通过参数的间接调用。然而，这样改动后的函数已经完全是通用的了。下面是在程序里使用这个函数的几个语句（读者可以把它们写在一个主函数中进行测试）：

```
x = chordroot(f1, 1.26, 7.03);
x = chordroot(f2, 1.26, 7.03);
x = chordroot(sin, 0.4, 4.5);
x = chordroot(cos, 0.4, 4.5);
```

7.6.2　数值积分函数

本小节用求**数值积分**（numerical integration）的函数作为使用函数指针参数的另一个例子，同时讨论一下如何实现这种在数值计算中常用的计算过程。

【例 7-14】根据数学函数 $f(x)$ 在区间 $[x_1, x_2]$ 的定积分 $\int_{x_1}^{x_2} f(x)\,\mathrm{d}x$ 的定义，编写一个通用的以数值方法对数学函数 $f(x)$ 求定积分近似值的函数。

一个通用数值积分函数应该有 3 个参数：一个函数指针参数，实参是被积的数学函数；两个分别表示积分下限和上限的参数，用双精度类型。积分函数返回表示积分值的双精度结果，原型应该是：

```
double numinteg(double (*pf)(double), double a, double b);
```

由微积分的知识可知，如果一个函数的积分收敛，就可以用区域分割法逼近实际的积分值，可以采用矩形法或梯形法等。在各个分割区域的长度趋于 0 时，这些分割方法有共同的极限。为了简单起见，下面对积分区间采用等长划分和矩形方法，对每个区间用左端点计算（当然也可以用右端点或其他点）。显然，求积分函数应该能处理不同的被积函数。为了这种通用性，应该为积分函数设置一个表示被积函数的函数指针参数。按照这一套想法写出的积分函数定义如下：

```
double numinteg(double (*pf)(double), double a, double b) {
    const int divn = 30;
    double result = 0.0, step = (b - a) / divn;
    for (int i = 0; i < divn; ++i)
        result += pf(a + i * step) * step;
    return result;
}
```

这个函数采用固定划分数 divn（30 只是一个例子），函数的定义很简单。

上面的函数定义有许多不完善之处。首先，各种数学函数的性质千差万别，同一个函数在不同区间里的性质也可能差别很大，统一划分方式（例如平均分为 30 份）不可能满足各种实际情况的需要。上面的函数可能对一些情况工作得很好，但对另一些情况，计算结果就可能与实际积分值偏差很大。进一步说，虽然可以通过增加划分数提高结果精度，但由人来确定区间的划分数也很困难。最佳的做法是让积分函数能自动确定合适的区间划分，自适应被积函数和积分区间的情况。

提高结果精度的一种改进方法是在函数执行中多次计算积分值，在每次计算后增加区间数并再做一次计算。按照数学知识，如果被积函数可积，这种过程得到的结果将逐步逼近实际积分值。当然，为了得到合理近似结果的重复计算不能无限进行下去，应当在某个时候终止。一种合理方法是保留前次计算的结果，在算出的新值与保留值很接近时结束工作。下面的函数定义实现了这种想法，其中用两次积分值之差小于 10^{-6} 作为结束条件：

```
double numinteg(double (*pf)(double), double a, double b) {
    int i, divn = 10;

    double step, dif, res, result = (pf(b) + pf(a)) * (b - a) / 2;
    for (dif = 1.0; dif > 1E-6 || dif < -1E-6; divn *= 2) {
        res = result;
        step = (b - a) / divn;
        for (result = 0.0, i = 0; i < divn; ++i)
            result += pf(a + i * step) * step;
        dif = result - res;
    }
    return res;
}
```

这个函数所用的初始划分数为 10，每次后续计算将划分数加倍。函数开始时用被积函数在两端点值形成的梯形作为积分值的近似，这是一种简单的处理。每次大循环完成积分的一次近似计算。变量 dif 记录连续的两次计算之差，初始时把它设置为 1.0（可以用满足条件的任何值），就是为了保证它有一个能使循环继续下去的值。其他程序代码都不难理解。

需要进一步给读者提出的问题是：改进后的这个函数能应付各种数学函数的实际积分问题吗？如果不能，在什么情况下可能出问题？会出什么问题？这些问题有什么解决办法？是否存在根本无法解决的问题？如果读者深入思考这些问题，也可能学到一些东西。

7.6.3　遍历数组

在编写与数组有关的程序时，读者可能已经注意到，程序中经常要对数组中所有元素依次进行某种操作，例如依次赋初值、依次实施某种数值变换、依次输出等。抽象地说，这样做就是对数组进行一次**遍历**（Traversal），也就是说，按顺序依次对数组中每个元素做一次且仅做一次**访问**（visit）。这里说的**访问**是指对数组元素的某种处理（取值、赋值或者其他操作）。利用指向函数的指针作为参数，可以使遍历函数具有通用性。

【**例 7-15**】编写一个对实数数据进行格式化打印（固定宽度，每 5 个输出后换一行）的函数 prt5(double &x)，以及一个能把实数参数加倍的函数 multi2(double &x)；再写一个遍历实数数组的函数 traverse(int len, double *array, int (*visit) (double))；最后写一个主函数调用该遍历函数，遍历一个示例数组并输出其中元素的值。

根据上述要求，写出程序如下：

```
#include <iostream>
#include <cmath>
```

```
using namespace std;

void prt5(double &x) {
    static int k = 0;
    cout << fixed << x << (++k %5 == 0 ? "\n" : "\t");
}

void multi2(double &x){
    x = x * 2;
}

int traversal(int len, double *array, void (*visit)(double &)) {
    for (int i = 0; i < len; i++)
        visit(array[i]);
}

int main() {
    const int LEN = 20;
    double arr[LEN];

    for (int i = 0; i < LEN; i++)
        arr[i] = sin(i);
    traversal(LEN, arr, prt5);      //打印输出数组所有元素
    cout << endl;
    traversal(LEN, arr, multi2);    //数组所有元素的值加倍
    traversal(LEN, arr, prt5);      //打印输出数组所有元素
    cout << endl;
    return 0;
}
```

上面这个程序示例相当简单，其中的技术要点是在函数 traversal 中有一个名字为 "visit" 的函数指针参数，在调用时分别使用 prt5 和 multi2 作为实参。以这种方式对数组进行各种遍历操作的程序框架很有用。还请注意，prt5 和 multi2 的参数类型是引用参数 double &。实际上，prt5 只使用实参的值，并不需要引用参数，但是 multi2 要修改实参（变量）。为了统一处理，而且使 traversal 具有更广泛的适用性，这里采用 double & 作为被指函数的参数类型。

函数指针还有另外一些重要的使用方式，有许多高级的程序设计技术，它们的细节已经超出了本书的范围，在此不再介绍。有兴趣的读者可以参考其他相关资料。

本章讨论的重要概念

地址值（指针值），指针（指针变量），指针的类型，取地址运算，间接访问，函数的执行环境，指针参数，空指针，NULL，通用指针，指针运算，数组写法和指针写法，字符指针和字符串，指针数组，命令行参数，数组元素位置的计算，动态存储分配，动态存储管理机制，指向函数的指针，数值积分。

练习

7.1　地址与指针

7.2　指针变量的定义和使用：例 7-1 和例 7-2

1. 把 7.2.1 节和 7.2.2 节的正文中散布的指针变量定义语句和指针操作语句写在一个主函数里（可合理增删或调整），并加入一些 cout << 语句，以查看变量值（例如 cout << "n = " << n << "\t" << *p << endl;）或变量地址值的情况（例如 cout << "&n=" << &n << "\t" << "p= " << p << endl;），构成一个可以运行的程序，帮助检验和学习相关的知识。

2. 把例 5-8、例 5-9 和例 7-1 中的三个函数写在一个程序中，并写一个主函数分别调用它们，以对比三种参数机制的异同。

7.3　指针与数组：例 7-3～例 7-8

3. 把第 6 章中用数组方式定义的函数例 6-9（反转数组里的元素）和例 6-10（数组元素排序）改写为采用指针运算的方式定义。

4. 编写如下函数（并编写主函数进行测试）：

（1）把一个 double 数组的子序列的元素值打印输出，函数原型为 prtSeq(double *begin, double *end)。

（2）把一个 double 数组的任意子序列的值变换为原值的平方根，函数原型为 sqrtSeq (double *begin, double *end)。

5. 把第 6 章中用数组方式定义的函数例 6-16（字符串复制）改写为用指针运算的方式定义。

6. 使用两种不同实现方式编写函数用于在查找字符串 s 中首次出现字符 ch 的位置：

（1）函数原型为 int strchar1(char s[], int ch); ，成功时返回字符 ch 在字符串 s 中首次出现的位置序号（即下标值加 1），找不到时返回值 0。

（2）函数原型为 char *strchar2(char *s, int ch);，查找成功时返回指向该位置的指针，如果 s 中不存在 ch 则返回 NULL。

7. 编写一个谓词函数 bool issame(char *s, char *t, bool strict)，它检查两个 ASCII 字符（取值为 0 ~ 127）构成的字符串：

（1）当参数 strict 为 true 时，检查这两个字符串是否为换位字符串（组成字符串的字符及各字符出现的次数都相同，但字符在字符串里出现的位置可能不同，例如 dare 和 read、dear）。

（2）当参数 strict 为 false 时，检查这两个字符串是否由同样一批字符组成（各字符的出现次数可能不同，例如 "abcabcabc" 与 "cba"）。

（提示：定义两个 int 类型的辅助数组，分别记录这两个字符串中各个 ASCII 字符的出现次数，然后对这两个数组的元素值进行比较：当 strict 为 true 时，比较它们的值是否相等；当 strict 为 false 时，只比较它们是否同时不为零。）

*8. 请采用 7.3.4 节提出的处理二维数组的通用函数的技术，写出实现矩阵转置的函数。函数原型设为：transMatrix (int m, int n, double *mat, double *trans)，实现把 m 行 n 列的二维数组 mat 转置为 n 行 m 列的二维数组 trans。

*9. 如果 A 是 n×n 的矩阵，则 det(A) 或 |A| 表示与 A 对应的 n 阶行列式（参见线性代数教

科书）的值。请按 7.3.4 节提出的技术开发一个实现行列式求值的函数。函数原型设为：`double determinant(int n, double *A)`。（提示：实现矩阵行列式的求值可采用高斯消去法，将矩阵变换为上三角矩阵，则行列式的值等于其对角线上所有元素的乘积。）

10. 练习使用标准库中的字符串相关函数：

（1）把本节中测试使用自编函数 `stringlen` 和 `stringcopy` 的代码片段合并写在一个程序中，并把调用这两个自编函数的语句都改为调用标准库函数 `strlen` 和 `strcpy`；

（2）把测试标准库函数 `strchr` 和 `strstr` 的代码片段也合并在这个程序中；

（3）自行编写一些语句，练习使用 `strcat` 和 `strcmp`。

7.4 指针数组：例 7-9

11. 设有长度不超过 100 的字符串（例如 "The first step is as good as half over"），其中只含英文字母和空格，空格用于分隔单词，单词数量不超过 20 个。请定义函数，它设置一个指针数组中的指针，使它们指向上述字符串中每个单词的开始位置，并把字符串中单词结束后的空格改为 `'\0'`，然后利用这个指针数组顺序输出这些单词。

12. 开发一个猜单词的游戏程序：用一个字符指针数组保存一些英语单词（在程序内部给定单词集合），每次由这些单词中随机选出一个，并随机选择其中一个字母正常显示，其他字母都显示为 "*" 字符（例如对于待猜单词 "green"，随机显示字母 "g"，显示为 "g****"）。游戏者反复猜测某字母在待猜单词中，程序给出应答（例如，对待猜单词 "green"，当游戏者猜字母 "e" 时，程序给出 "g*ee*"），直至游戏者猜出这个单词（或者放弃）。

*13. 修改第 5 章的猜数程序，通过命令行参数为它提供数的范围。

*14. 写一个程序，其命令行包括一个字符串参数 s，运行中由标准输入读入一系列文本行。该程序依次输出所有输入行，并在包含字符串 s 的各行的前面标一个星号。

7.5 动态存储管理：例 7-10～例 7-12

15. 修改 7.5 节的筛法程序，将分配数组的操作移到函数 `sieve` 里，并让它返回用筛法处理完毕的数组。对主函数做相应改造。从程序的清晰性和功能分配的合理性等方面比较两种实现。

16. 准备一个只含英文字符的纯文本文件，其中包含至多 100 个长度不超过 80 个字符的行。写一个程序，它逐行读取文件内容，将各行文字保存到动态分配的存储块中，并用一个字符指针数组里的指针依次指向这些存储块。读取完毕之后，先输出其中长度不超过 40 个字符的行，而后输出其他行。（本题也可以用二维字符数组解答。）

17. 第 6 章介绍过用数组表示多项式（polynomial）的技术，例如用 n + 2 个元素的整数数组 a 表示 n 次的整系数多项式：用 `a[0]` 记录多项式的次数（由此也可以确定多项式的项数），其余元素顺序表示多项式的 0 次项、1 次项、2 次项等的系数，多项式的变量隐含假定为 x。这种数组可以通过动态存储分配创建。请基于这种表示方式实现一元多项式的输入（自己设计一种输入方式）和输出。输出时尽可能采用类似数学中表示的形式（例如，输出为 `3 + 2 x + 4 x^2`，系数为 0 的项不输出）。请定义函数实现两个多项式相加、相减和相乘的运算，并写一个主函数，实现一个简单的一元多项式计算系统（首先做出你的设计，然后实现）。

*18. 魔方阵是由 1 到 n^2 的自然数排成的 $n \times n$ 方阵，其中每一行、每一列和两个对角线上的数之和相同。下面是一个构造奇数阶魔方阵的通用算法：首先把 1 放在第一行中间。放好每个 k 后安放 $k+1$ 时，总是先考虑把它放在向上一行、向右一列的位置。下面是各种特殊情况的处理：

（1）如果要从最上一行向上，那就转到最下一行；

（2）要从最右一列向右，那么就转到最左一列；

（3）如果企图放数的位置已经被占，那么就把这个数放在它前面一个数的下面。

编写函数实现这个构造奇数阶魔方阵的算法，函数原型设为 int setMagicMat(int n)，它根据参数 n（只能是奇数）在函数内动态申请分配 n 行 n 列的数组，并构造魔方阵。

另外，请采用 7.3.4 节提出的处理二维数组的通用函数的技术，定义一个函数检查一个 n 阶方阵是否为一个魔方阵，函数原型设为 int isMagicMat(int n, int *mat)。

7.6　指向函数的指针：例 7-13～例 7-15

19. 常用数值求根方法还有二分法和牛顿迭代法。二分法求根的过程与弦截法类似，也是从一个两端点函数值异号的区间开始，但每次求区间中点的函数值，根据其正负决定缩短的区间，反复操作直至得到满意的结果。牛顿迭代法求 $f(x)$ 的根采用迭代公式 $x_{n+1} = x_n - \dfrac{f(x_n)}{f'(x_n)}$，其中 $f'(x)$ 是 $f(x)$ 的导函数。由某个初值 x 出发反复使用公式求出根的越来越好的近似值。请分别定义采用二分法和牛顿迭代法的求根函数（使用函数指针参数）。用它们求一些方程（多项式方程或包含超越函数的方程）在某点附近或某对点之间的根。例如，函数 $y(x) = x^3 - 7.7 x^2 + 19.2 x - 15.3$ 在区间[1, 2]之间的根。试考察方程情况与循环次数的关系（需要设法统计程序循环执行的次数）。

20. 为了使定积分计算的收敛更快，可以采用梯形代替矩形计算区间近似值。这些梯形左上角和右上角由被积函数在区间的两个端点的值给定。请写一个利用梯形法求数值积分的函数。

第8章 结构体和其他数据机制

第6章和第7章分别介绍了数组和指针，C和C++语言还有其他一些数据定义与描述机制，包括结构体（struct）、联合体（union）、枚举（enum）等，还提供了用户定义类型的机制。在开发处理复杂数据的程序时，往往需要定义复杂的数据结构，这时就需要使用这些机制。在计算机专业的后续课程（如"数据结构"等）中，也要大量讨论和使用这些机制。

本章将介绍用户定义类型的机制，以及上述各种数据机制（主要是结构体）的概念、意义和用途，使用它们的基本技术，并给出一些简单的程序实例。后续课程中将会有更多应用这些机制的实例，读者也能在各种较深入的计算机书籍和材料中看到大量有关的例子。

8.1 定义类型

各种基本类型都有类型名，通过它们可方便地定义变量、函数参数与返回值，还可以用在其他需要类型的地方。现在有了数组、指针等机制，说明一个东西的"类型"的描述变得越来越复杂，反复地写复杂的描述很容易出错。这种情况还带来了一些新问题，例如，有时需要在程序中的多个地方写同样的复杂类型描述，保证它们的一致性就是很麻烦的事情，特别是修改这些描述时很容易失控，从而导致程序错误。如果能根据需要把复杂的"类型描述"看作类型，为它定义名字，就可以给程序开发带来很多方便。特别是在实现复杂的程序或软件系统时，这种情况更明显。

编程者自定义的类型称为**用户定义类型**，定义好的类型可以像基本类型一样使用。类型定义机制是一些新语言的核心机制，在这些语言里起着极重要的作用。C语言的类型定义机制比较弱，其作用基本上是简化描述，方便人们编写程序，增强程序的可读性。而C++语言支持类（class）的定义和面向对象的编程，功能更强大。本章主要介绍C语言中的类型定义机制。

8.1.1 简单类型定义

类型定义（typedef）机制专用于为合法的类型描述定义别名（新类型名）。类型定义由关键字typedef引导，相应类型描述在形式上与变量定义中使用的类型描述类似，引进的标识符成为被定义的类型名。类型名可以自由选择，把定义好的类型名用在程序里，就相当于写相关的类型描述。

为简单类型定义类型别名的描述形式是：

```
typedef 已有类型名 新类型名;
```

其中的"**已有类型名**"由一个或多个标识符构成，而"**新类型名**"就是一个标识符。

下面是一个简单例子：

```
typedef long double Ldouble;
```

这一描述定义了新类型名 Ldouble，它表示的类型就是 `long double`，定义的新类型名 Ldouble 可以像基本类型名一样使用，可以用于定义变量、说明函数原型等。例如：

```
Ldouble x, y, *p;
Ldouble fun1(double x, Ldouble y);
```

这样做，可以用较短的标识符代表原有较长的类型名，从而**简化程序书写**，有一定的实际价值。

有时，定义新类型名就是为了使程序更清晰，**提高可读性**。例如，用返回值表示函数的工作完成情况是常用的编程技术，可以通过返回不同的整数值表示不同的执行情况。但函数返回整数值也可能是表示算术计算或逻辑计算的结果，因此，看到如下函数原型声明时：

```
int func(int m, double x);
```

并不能让人意识到该函数的返回值表示其工作情况。如果为 `int` 定义一个别名"Status"，并统一地用 Status 表明函数的返回值反映其工作状态，读程序的人就容易领会函数的含义了：

```
typedef int Status;
Status func(int m, double x);
```

此外，把指针类型定义为新类型，不但能提高可读性，还可能**减少编程中出错的可能性**。例如，需要定义两个字符指针变量时，可能误写出下面的定义：

```
char * pa, pb; // 实际定义的是一个字符指针变量和一个字符变量
```

用 `typedef` 把字符指针类型定义为一个新类型并统一使用，会减少出错的可能性：

```
typedef char *PtrChar;
PtrChar pa, pb;
```

需要特别说明的是，通过 `typedef` 定义的新类型名并不是真的新类型，而只是为原来的类型描述定义一个新名字（别名）。所以，即使定义了 Status 和 PtrChar，并在程序中用它们定义变量，编译器还是认为通过它们定义的变量是 `int` 类型或者 `char*` 类型的。但是，使用 `typedef` 有可能提高编程工作效率，减少出错的可能性，使读程序的人更容易理解。

8.1.2　定义数组类型

前面几个例子似乎可以不用 `typedef`，通过预处理命令也能产生类似效果。例如：

```
#define Status int
```

在程序里使用这两种定义引入的新名字，表达形式相同，产生的效果也相同。当然，这两种写法的处理过程是不同的，预处理命令出预处理程序处理，而类型定义则由编译器处理。

但是，也有些类型定义不能通过宏定义描述，例如数组类型。数组类型的定义形式符合前面的解释。例如，要定义一种包含 4 个元素的双精度数组类型，可以用下面的定义：

```
typedef double Vect4[4];
```

正如前面所说，出现在原来写变量位置的标识符就是被定义的类型名，这里定义的类型名是 Vect4，可以将它用在各种定义和说明中。例如在程序里写：

```
Vect4 v1, v2;      //定义两个 4 元素的双精度数组变量
```

```
    Vect4 *pvect;          //定义指向 4 元素双精度数组的指针变量
    double det(Vect4 v);   //用于说明函数参数
```

*8.1.3   定义函数指针类型

7.6 节中介绍了指向函数的指针，讨论了几个使用函数指针参数的程序实例，包括数学函数求根和数值定积分。这些例子都很实际，也很重要。但我们也看到，函数指针参数的描述比较复杂，因为需要说明函数的参数类型和函数的返回值类型。此外，定义的参数名被有关描述的各种成分重重包裹，很不明显，影响阅读和理解。定义函数指针变量的情况也一样。例如：

```
    double chordroot(double (*pf)(double), double x1, double x2);
```

如果程序里需要描述很多函数指针参数，定义许多函数指针变量，写起来就太麻烦了。应该看到，每个复杂烦琐的描述都是潜在的出错源。因此，有必要改变这种情况。

利用 typedef 和类型定义可以很好地解决这个问题：先用 typedef 定义好有关的函数指针类型，引进专门的类型名，以后需要用这种类型的函数指针参数或定义函数指针变量时，描述就会变得很简单。例如，下面是指向"一元数学函数"的函数指针类型 MathFun 的定义：

```
    typedef double (*MathFun)(double);
```

定义的形式符合前面的说法：用 typedef 引导，随后的形式类似于变量定义，但原来作为被定义的变量名的标识符，现在是被定义的类型名。这里的 MathFun 就是新定义的类型名。

有了上面的定义之后，前面定义的函数 chordroot 的原型就可以简单地写成：

```
    double chordroot(MathFun pf, double x1, double x2);
```

与原来的原型声明相比，这个声明更简单也更清晰，体现出类型定义的价值。

在开发复杂的程序时，人们经常在一个或几个头文件里定义一批公用的类型和一批公用的常量，而后程序的各个代码文件可以根据情况包含必要的头文件，使用其中定义的类型和常量。

8.2   结构体

来自客观世界的需要用计算机处理的数据千变万化，它们常常不是互相独立的，而是集合成组，若干数据元素形成一个逻辑整体，元素之间存在着紧密联系。这些情况说明，在开发程序时必须考虑复杂数据的表示和处理。当逻辑数据体的各部分具有共同的性质（元素"类型"相同）时，数组可以用作组合手段。但也存在许多组合体，其中数据成分的类型并不统一。居民身份证数据就是一个典型例子。一个身份证的数据成分包括姓名、性别、民族、出生日期、住址、身份证号码、发证日期、有效期限和发证单位，还有一张照片。显然，这样一组信息应看作一个逻辑整体，它们共同描述了一位公民的情况。但是，这些信息中有字符串、数值，可能还有图像信息（照片）等，因此很难用数组表示。这类情况在实际应用中非常普遍，程序语言需要提供相应的数据描述机制。

针对这类情况，许多高级语言提供了另一种重要的数据机制，专门用于把多个类型可能不同的数据对象集合起来。C 和 C++ 语言将这种机制称为**结构体**（structure）。一个结构体是由若干（类型可以不同的）**数据项**组合而成的复合数据对象，这些数据项称为结构体的**成员**或成分。结构体中的每个成员分别给定名字，程序里通过成员名实现对结构体成员的访问。

C 语言中的结构体是比较简单的，功能也比较单一，而 C++ 中为了支持面向对象的编程对此进行了扩充，添加了更多功能。本书中主要介绍 C 语言的结构体的情况。

8.2.1　结构体类型定义

结构体的声明用关键字 struct 引导，基本形式是：

```
struct 结构体标志 {成员说明表};
```

紧随 struct 的**结构体标志**是个标识符（可以省略，但通常都写）。定义结构体时，需要描述其各个**成员**的情况，说明每个成员的类型及名字。这里的**成员说明表**描述结构体的组成，可以包含一项或多项成员声明，每一项成员声明就像一个变量定义，形式是"**类型名 名称;**"。成员可以是基本类型的，也可以是指针或数组，还可以是结构体类型的。允许用一个类型说明几个（类型相同的）成员。

例如，表示平面上的一个点的结构体可以采用如下定义：

```
struct Dot {
    double x, y;
};
```

也可以采用下面的定义（成员为一个数组）：

```
struct Dot2 {
    double crd[2];
};
```

按这种形式定义了一**种结构体类型**，使用该结构体类型时需要同时写"**struct**"关键字和结构体标志。例如，有了上面的定义，后文写"**struct Dot**"表示要使用这种结构体类型。

结构体的成员可以是已定义的结构体类型，也就是说，已定义的结构体类型可用于定义新的结构体类型。例如，上面定义的"struct Dot"类型可用于定义一个表示平面上的圆的结构体类型：

```
struct Circle {
    struct Dot center;
    double radius;
};
```

通常为了使程序简洁清晰，人们常常用 typedef 为结构体类型定义新类型名（别名）[①]。例如，为 struct Dot 定义新类型名 Dot（新类型名可以与结构体标志相同，也可以不同）：

```
typedef struct Dot Dot;
```

---

① C++ 在此处有改进。在 C++ 中，使用 struct 关键字定义的结构体不仅可以像 C 语言里一样使用，而且结构体本身就是一个类（class），结构体标志就是类名（类型名）。例如，有了上面的"struct Dot"定义后，Dot 就是一个可以使用的类型名，因此不必再用 typedef 为它引进一个新类型名。

还可以利用 typedef 命令定义相应类型的指针类型，例如，把 "struct Dot *" 类型定义为新类型名 "PtrDot"：

```
typedef struct Dot *PtrDot;
```

人们经常在描述结构体时直接用 typedef 定义类型名。例如：

```
typedef struct Dot {
    double x, y;
} Dot, *PtrDot;
```

这样就为 "struct Dot" 定义了类型名 Dot，还定义了相应的指针类型 PtrDot。

同理，定义一个平面上的圆的结构体通常写成这样：

```
Typedef struct Circle {
    struct Dot center;        //也可写为 Dot center;
    double radius;
} Circle, *PtrCircle;
```

一个结构体的成员不能重名，但不同结构体的成员彼此无关。例如，下面定义了另一结构体，其成员名也有 x、y。但即使与 struct Dot 出现在同一个程序里，它们的同名成员 x 和 y 也互不相关。

```
typedef struct Coord3d {
    double x, y, z;
} Coord, *PtrCoord;
```

在定义中，**结构体的成员不能是正在描述的结构体本身**。下面是一个非法的结构体描述：

```
struct Invalid {
    int n;
    struct Invalid iv;
};
```

不允许这类结构体的道理很简单。如果一个结构体里包含了它自身，那么就会引起一种结构上的无穷嵌套，这是不合理的，也不可能在计算机里实现。

8.2.2 结构体变量的定义和初始化

单独写出的结构体描述只是描述了一个结构体的形式，即说明了其结构组成、有什么样的成员。要在程序里使用结构体，就需要定义结构体变量（以结构体为类型的变量）。

定义结构体变量时既可以用 "struct 结构体标志" 的形式，也可以用 typedef 定义的类型名：

```
struct Dot dot1, dot2;        //定义了两个变量 dot1 和 dot2
Dot dot3, dot4;               //用由 typedef 所定义的类型名定义变量
Circle cir1, cir2;            //定义了两个变量 cir1 和 cir2
```

也可以定义相应的指针变量（而且可以在定义时初始化）：

```
struct Dot *pdot1 = NULL;   //定义指针变量 pdot1，并初始化为空指针
```

```
PtrDot pdot2 = &dot2;      //利用 typedef 定义的指针类型名，定义指针变量并初始化
```

结构体变量也需要安排存储空间。显然，存储一个结构体对象（如一个结构体变量）时需要存储其中的成员。编译系统将为这种变量分配一块足够大的存储空间，把它的成员按顺序存储于其中。例如，类型为 Circle 的对象（上面定义的变量 cir1 和 cir2）的存储情况具有如图 8-1 所示的形式。其中 Dot 类型成员 center 存储在前，center 的两个成员 x 和 y 在 center 所占据的区域中顺序存放。center 之后存储 Circle 的另一个成员，即 double 类型的 radius。

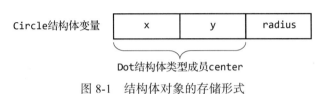

图 8-1　结构体对象的存储形式

这样看，结构体变量所占存储空间似乎可以简单地直接算出来。但是实际上，计算机内部安排存储时还有一些特殊的限制（在此不详细介绍），对于复杂的结构体变量，其所占存储空间未必等于各成员的大小之和。如有需要（例如做动态存储分配），应该用 sizeof 运算符来计算结构的大小。

与简单类型变量和数组一样，结构体变量也可以在定义时直接初始化。为结构体提供初始值的形式与数组一样，例如，下面的结构体变量定义中就包含了几个初始化描述：

```
Dot dot1 = {2.34, 3.28}, dot2;
Circle cir1 = {{3.5, 2.07}, 1.25}, cir2 = {12.35, 10.6, 2.56};
```

初值表达式必须是可静态求值的表达式，其中的各个值将顺序提供给结构体变量的各个基本成员。从两个 Circle 变量定义的例子中可以看到，对于嵌套的结构体，初始化表示中可以加嵌套括号，也可以不加。初始化描述中，数据项数不得多于结构体变量所需，如果项数不够，其余成员自动用 0 初始化。这些规定都与数组一样。全局结构体变量或函数内的局部结构体变量都可以这样初始化。

如果定义结构体变量时未提供初始值，系统的处理方式也与其他变量一样。全局变量和静态局部变量的所有成员用 0 初始化；自动变量不进行初始化，各成员将处于没有明确定义的状态。

应特别指出，结构体的初始值描述形式只能用在变量定义的初始化中，不能用在程序中的其他地方（例如语句里）。这一点也与对数组的规定相同[①]。

8.2.3　结构体变量的使用

对结构体变量的操作只有两种：结构体成员访问和整体赋值。

访问结构体成员用圆点运算符（"."）描述，这个运算符具有最高的优先级，并采用自左向右的结合方式。下面是使用这个运算符的几个例子（注意区分圆点运算符和小数点）：

```
dot1.x = dot1.y = 0.0;
```

---

① C99 在这方面也有扩充，这里不进一步介绍。

```
dot2.x = dot1.x + 2.4;
dot2.y = dot1.y + 4.8;
cir1.radius = 0.9;
```

当结构体的成员是另一个结构体时，可能出现多级圆点运算符。例如：

```
cir1.center.x = 2.0;
cir1.center.y = dot1.y + 3.5;
```

举例来说，如果需要将结构体 cir2 表示的圆做平移，可以用类似下面形式的语句：

```
cir2.center.x += 2.8;
cir2.center.y += 0.24;
```

访问结构体变量的成员相当于访问相应类型的变量，对这个成员能做的操作完全由该成员的类型决定。此外，与其他数据对象一样，用取地址运算符 & 也能取得结构体变量的地址。

结构体变量的另一个操作是**整体赋值**。当然，做这种赋值时只能用同类型的"结构体值"，例如用一个已有值的 Dot 变量给另一个 Dot 变量赋值。赋值的效果就是将赋值运算符右边变量的各成员值分别赋给左边变量的对应成员。例如，有了上文定义的变量，下面的赋值合法：

```
dot2 = dot1;
cir2 = cir1;
```

赋值后，变量 dot2、cir2 各成员的值将分别等于 dot1、cir1 对应成员的值。

但是，不允许对结构体变量整体做相等与不等比较，也不能做其他运算。

对于**指向结构体的指针变量**，在引用其所指的结构体的成员时，有两种描述方法。第一种方法是按一般指针访问的规则，先用间接运算符 * 访问其所指的结构体，然后用圆点运算符引用其成员。例如，如果有了如下指针定义和初始化：

```
PtrDot pdot = &dot1;    //定义了指针变量 pdot 并初始化为指向 dot1
```

就可以用下面形式的语句给 pdot 所指结构体的成员赋值：

```
(*pdot).x = 0;
(*pdot).y = 0;
```

请注意这里 (*pdot).x 和(*pdot).y 的写法，它们表示先由 pdot 间接得到被指的结构体，而后取其成员 x 或 y。由于运算符优先级的规定（取结构体成员的圆点运算符.的优先级高于间接访问运算符 *），在这一描述中必须使用括号。不写括号的描述 *pdot.x 和 *pdot.y 是错误的，因为它们实际上表示的是 *(pdot.x)和 *(pdot.y)，显然不符合需要，编译时也会报错。

在复杂的程序里，指向结构体的指针的应用很广，程序里经常需要从这种指针出发访问结构体成员。为了描述方便，语言专门提供了另一个运算符号"->"（称为**箭头运算符**），pdot->x 就相当于 (*pdot).x，而 pdot->y 就相当于 (*pdot).y。上面的赋值示例可以简写为：

```
pdot->x = 0;
pdot->y = 0;
```

运算符 -> 也具有最高优先级（与圆点运算符、函数调用()及数组元素访问[]一样），它也遵循从左向右的结合方式。

至此，读者已经看到了 C 和 C++ 语言的所有运算符，附录 A 列出了这些运算符及其意义、优先级、结合方式等方面的规定。请读者查看附录 A，检查自己对各种运算符的认识，必要时重新查阅本书正文中的介绍。

现在看一个展示结构体类型定义、结构体变量定义和使用的简单程序的例子。

【例 8-1】写一个主函数实现如下功能：请用户先输入平面上的一个点的坐标，再输入一个圆的圆心和半径，然后判断该点是否在该圆的内部（即点与圆心之间的距离是否小于圆的半径）。

对这个简单例子，很容易用以前章节中的方法编程解答。这里主要想展示使用结构体编程的基本技术，以便将来可以用这些技术去解决复杂的编程问题。在程序中，先定义坐标点结构体类型和圆结构体类型，然后分别定义相应的变量，再在主函数中进行输入和计算操作。据此写出如下程序：

```cpp
typedef struct Dot{        //定义坐标点结构体类型和相应的指针类型
    double x, y;
} Dot, *PtrDot;

typedef struct Circle{  //定义圆结构体类型和相应的指针类型
    Dot center;
    double radius;
} Circle, *PtrCircle;

int main () {
    Dot dot1;              //定义坐标点结构体变量
    Circle cir1;           //定义圆结构体变量
    double dist;

    cout << "请输入一个平面点的坐标分量 x 和 y: ";
    cin >> dot1.x >> dot1.y;

    cout << "请输入一个圆的圆心坐标及其半径(x y r): ";
    cin >> cir1.center.x >> cir1.center.y >> cir1.radius;

    dist = sqrt ((dot1.x - cir1.center.x) * (dot1.x - cir1.center.x)
                + (dot1.y - cir1.center.y) * (dot1.y - cir1.center.y));
    cout << "点与圆心的距离为: " << dist << endl;
    if (dist <= cir1.radius )
        cout << "点处于圆内。" << endl;
    else
        cout << "点处于圆外。" << endl;

    return 0;
}
```

注意，在这个程序里，结构体类型定义写在函数外部，这样，程序中所有的函数（虽然这里实际上只有一个 main 函数）都可以使用这些结构体类型。

上面这个程序相当简单。下面还将以它作为例子，说明在函数里使用结构体类型的一些问题。

8.2.4　结构体与函数

结构体既可以作为函数的参数，也可以作为函数返回值。在函数头部（和原型）描述参数声明时，同样既可以用"struct 结构体标志"的形式，也可以用由 typedef 定义的类型名。

如果希望**以结构体作为函数返回值**，只需要用结构体类型作为函数声明或定义的返回值类型。假设希望通过函数从两个 double 值构造出以它们为 x 和 y 值的坐标点结构体，或者从三个 double 值构造出以它们为圆心坐标和半径的圆结构体，可以采用如下的函数原型声明：

```
struct Dot mkDot(double x, double y);
Circle mkCircle(double x, double y, double r);
```

如果希望用**函数处理存储在结构体中的数据**，由于既可以分别传递结构体的成员，也可以完整地传递整个结构，因此至少有下面几种不同的参数声明和使用方法：

（1）将结构体的一个或一些成员分别传给函数（可以用值参数、引用参数或指针参数等方式）。

（2）如果不需要修改结构体实参的成员的值，可以采用将整个结构体作为参数传递给函数的方式。这种参数一般称作**结构体参数**。

（3）如果需要修改结构体参数或者不希望拷贝整个结构，可以采用 C++ 的引用方式传递结构体参数。这种方式称为**结构体引用参数**。如果不需要修改实参，可以用 const 引用参数。

（4）无论结构体参数的成员值是否需要改变，都可以将结构体的地址传给函数，也就是传递指向结构体的指针值。这种参数称为**结构体指针参数**。必要时可以给参数加 const 限定。

后三种方式都是把结构体作为整体送给函数处理。注意，正如针对其他参数的值传递、引用传递和指针传递，这三种参数的作用方式和效果不同。下面的示例展示了一些情况。

【例 8-2】请用户输入平面上的一个点的坐标，再输入一个圆的圆心和半径，然后判断该点是否位于圆的内部（即点与圆心之间的距离是否小于圆的半径）。要求定义必要的函数实现所需功能。

这个程序与例 8-1 的情况相似。可以先定义坐标点结构体类型和圆结构体类型（同例 8-1，此处略），在此基础上实现三部分功能：给一个 Dot 类型的变量赋值，给一个 Circle 类型的变量赋值，使用这两个变量的成员计算。这三部分功能将分别定义为三个函数，然后在主函数中调用。

前两个函数的参数提供一些 double 值给结构体变量的成员赋值，返回结构体：

```
Dot mkDot(double x, double y){
    Dot temp;
    temp.x = x;
    temp.y = y;
    return temp;
}


Circle mkCircle(double x, double y, double r) {
    Circle temp;
    temp.center.x = x;
    temp.center.y = y;
```

```
        temp.radius = r;
        return temp;
    }
```

构造结构体的另一种方法

　　上面两个函数的工作都是创建结构体，完成这种工作的函数可以称为**构造函数**，在实际中很常用。上面的函数返回构造出的结构体。如果建立的结构体很大，返回结构值就会带来较大的复制工作负担。如果希望在函数执行中建立新结构体，并希望所创建的结构体可以很方便地传递，则不需要作为结构体值复制，可以考虑另一种方案：令函数返回**指向结构体的指针**。这时就需要使用动态存储管理机制，在函数体内建立动态分配的结构体。下面的函数建立一个动态分配的 Dot 结构体，并把它的地址作为指针值返回：

```
    PtrDot mkDot0(double x, double y) {
        PtrDot temp = new Dot;
        temp->x = x;
        temp->y = y;
        return temp;
    }
```

当然，如果采用这个定义，主函数中就需要在合适的时刻释放相应的存储空间（管理责任的转移）。

　　可能有初学者会想到如下构造函数的定义：

```
    PtrDot mkDot0(double x, double y) {
        Dot temp = {x, y};
        return &temp;
    }
```

这样做不行！函数定义有重大错误：局部自动变量 temp 的存在期是此函数执行开始到执行结束，函数结束时把 temp 的地址作为指针值返回，此时 temp 已经被销毁，返回的指针值没有指向合法的变量。

　　定义"计算平面上一个点与一个圆的距离"的函数时，可以采用不同的参数形式。

　　一种方法是把结构体的成员作为参数传给函数。计算平面上一个点与一个圆的距离时，实际上是计算点的坐标与圆心坐标之间的距离（只要用该距离减去圆的半径，即可得到该点与圆上的点的最短距离），据此写出如下函数：

```
double dist1(double x1, double y1, double x2, double y2){ //普通变量值参数
    double dist;
    dist = sqrt ((x1-x2) * (x1-x2) + (y1-y2) * (y1-y2));
    return dist;
}
```

　　另一种方法是把结构体作为整体传给函数。C 语言函数的参数可以是值参数和指针参数，C++ 语言还支持引用参数，这样，就存在如下三种写法：

```
double dist2(Dot dot, Circle circ) {                        //结构体值参数
    double dist;
```

```
    dist = sqrt ((dot.x - circ.center.x) * (dot.x - circ.center.x)
              + (dot.y - circ.center.y) * (dot.y - circ.center.y));
    return dist;
}
```

```
double dist3(Dot &dot, Circle &circ) {      //结构体引用参数
    return sqrt ((dot.x - circ.center.x) * (dot.x - circ.center.x)
              + (dot.y - circ.center.y) * (dot.y - circ.center.y));
}
```

```
double dist4(Dot *dot, Circle *circ) {      //结构体指针参数
    return sqrt ((dot->x - circ->center.x) * (dot->x - circ->center.x)
              + (dot->y - circ->center.y) * (dot->y - circ->center.y));
    //注意上式中 -> 与 . 的用法
}
```

定义了上面的函数之后，相应的主函数可以定义如下：

```
int main () {
    Dot dot1;
    Circle cir1;
    double x, y, r, dist;

    cout << "请输入一个平面点的坐标(x y): ";
    cin >> x >> y;
    dot1 = mkDot(x, y);

    cout << "请输入一个圆的圆心坐标和半径(x y r): ";
    cin >> x >> y >> r;
    cir1 = mkCircle (x, y, r);

    dist = dist1(dot1.x, dot1.y, cir1.center.x, cir1.center.y);  //成员参数
    cout << "距离: " << dist << endl;
    dist = dist2(dot1, cir1);              //结构体值参数
    cout << "距离: " << dist << endl;
    dist = dist3(dot1, cir1);              //结构体引用参数
    cout << "距离: " << dist << endl;
    dist = dist4(&dot1, &cir1);            //结构体指针参数
    cout << "距离: " << dist <<endl;

    cout << (dist <= cir1.radius ? "点处于圆内。" : "点处于圆外") << endl;
    return 0;
}
```

上面的主函数中有意分别调用 dist1、dist2、dist3 和 dist4，是为了展示这四个函数的调用方法（请注意参数的写法）。就程序本身的功能而言，只需要选用其中一种方法。

显然，使用结构体成员作为参数（dist1 函数）时，由于每个成员分别传递，因此函数需要多个参数，调用也比较麻烦。而将结构体整体作为参数时，参数列表就比较简洁。此外，虽然 dist2、dist3 和 dist4 函数实现了相同的功能，但是它们执行时的行为还是有差别的。使用值参数的 dist2 被调用时，需要新建同类型的结构体参数，并复制整个结构。在处理大

型的结构体变量时，这种方法效率较低。采用引用参数或指针参数的一个优点是可以避免复制整个结构体。因此，在使用结构体整体作为函数参数时，人们**常采用引用形式或指针形式**，必要时加 const 约束。

C++ 中的结构体与类（class）

　　前面说 C 语言的结构体中只包含数据成员（也称为成员变量），而函数（无论是否使用结构体类型的参数或变量）只能定义在结构体类型定义之外。C++ 在这里有重要扩充：结构体里还可以定义函数——称为**成员函数**。例如，平面上圆结构体里不仅能声明 center 和 radius 一类的数据属性，还可以定义相关的函数。

　　例如，如果程序里经常需要移动整个圆，按照 C 语言的规则，完成这个操作的函数只能定义在结构体之外，例如：

```
void moveto(Circle cir, double newx, double newy) {
    cir.center.x = newx;
    cir.center.y = newy;
}
```

而 C++ 允许把这种函数封装到结构体 Circle 内部，作为其成员函数。例如，Circle 的定义可以写成：

```
typedef struct Circle {
    Dot center;
    double radius;
    void moveto(double newx, double newy) {
        center.x = newx;
        center.y = newy;
    }
} Circle, *PtrCircle;
```

有了上面的结构体类型声明，如果在程序中定义了变量：

```
Circle cir1 = {1.0, 1.0, 3.5};
```

就可以通过圆点运算符调用成员函数 moveto：

```
cir1.moveto(8.7, 12.5);
```

　　读者可能记得第 4 章用到的 cin.clear、cin.sync、cin.get 和 cout.put 等函数的写法。不难想到，clear、sync 和 get 应该是 cin 的成员函数，put 是 cout 的成员函数。确实如此！只是需要做点补充：C++ 有**类**（class）的概念，它与结构体类似，但通常包含更多功能。cin 和 cout 就是 C++ 标准库中定义的用于输入和输出的类对象。第 4 章还介绍过 istringstream、ostringstream、strstream、ifstream、ofstream 和 fstream 等类。C++ 标准库中的各种类丰富了语言的功能。有兴趣的读者可以进一步学习 C++ 语言的面向对象功能和技术。

8.2.5　结构体、数组与指针

　　结构体可以有数组成员。例如，表示学生信息的结构体可以定义如下：

```
typedef struct Student {
```

```
    int id                    //学号
    char name[10];            //姓名
    char sex;                 //性别
    int birthyear;            //出生年份
} Student;
```

对于结构体变量中的数组成员，使用方法与普通数组完全一样，无须更多说明。

另外，也可以定义以结构体作为元素的数组（简称**结构体数组**）。定义方法与定义普通类型数组一样，都是先写类型名，再写数组变量名及其大小，也可以在定义时初始化。例如：

```
const int NUM = 100;
Dot dot[NUM] = {0,0};        //定义结构体数组并初始化 dot[0]（其他元素自动初始化）
```

在使用结构体数组元素时，按照数组的写法描述数组元素，再用圆点运算符描述其成员。

【例 8-3】设在平面上有 NUM 个以二维直角坐标表示的随机点，其 x 和 y 值都在[0, 100]范围内，请写程序依次设置并输出这些点的坐标值，进而求出并输出它们的几何中心。

例 6-11 中用二维数组解决过类似的问题，现在用表示二维平面上的点的结构体数组解答。

根据题目要求，可以规划出程序的主体结构和基本流程如下：

```
定义结构体类型；
定义结构体数组；
使用随机数函数设定各点的坐标；
计算数组中的二维坐标平均值（几何中心）；
输出结果；
```

根据以上考虑，写出如下程序：

```
typedef struct Dot {
    double x, y;
} Dot, *PtrDot;

int main() {
    const int NUM = 100;
    Dot dot[NUM] = {0, 0};
    Dot cent = {0,0};

    srand(time(0));
    for (int i = 0; i < NUM; i++) {
        dot[i].x = 1.0* rand() / RAND_MAX * 100;
        dot[i].y = 1.0* rand() / RAND_MAX * 100;
        cout << i << ": (" << dot[i].x << ", " << dot[i].y << ")" << endl;
    }

    for (int i = 0; i < NUM; i++ ) {
        cent.x += dot[i].x;
        cent.y += dot[i].y;
        //cout << " sumx= " << cent.x << "  sumy= " << cent.y << endl;
    }
    cent.x /= NUM;
```

```
        cent.y /= NUM;
        cout << "center : (" << cent.x << ", " << cent.y << ")" << endl;
        return 0;
    }
```

【例 8-4】例 7-9 中的程序能提取 PDB 文件中的原子信息，生成只含有原子的质量和坐标的纯文本数据文件（文件名格式为 "####-mxyz.txt"）。数据在文件中分为四列，分别表示原子的质量和 x、y、z 坐标，各列之间用空格分隔，首行是文字注释，随后的每一行分别表示一个原子的信息。现假设已有这样一个数据文件，内容如下所示：

```
mass    x        y        z
14      14.248   0.557   -16.470
12      14.135   1.995   -16.831
12      15.122   2.895   -16.105
……
```

整个文件的行数（原子个数）事先未知。请编写程序将该文件中的数据读取到一个原子结构体数组中，然后计算该分子的质量中心（质心，其 x、y、z 分量分别为 $x_c = \frac{1}{M}\sum_{i=1}^{n} m_i x_i$，$y_c = \frac{1}{M}\sum_{i=1}^{n} m_i y_i$，$z_c = \frac{1}{M}\sum_{i=1}^{n} m_i z_i$，其中 M 为总质量，n 为原子总数）。

根据题目要求定义一个结构体 Atom，用一个 Atom 的数组保存从文件中获取的数据。下一步就是考虑如何读取文件，得到原子个数和相关信息。

第 4 章讨论过从文件读取数据的问题。本题涉及的数据文件中的首行是文字注释，可以用一个字符数组读入（读入后并无用处），然后依次读入其余各行的数据。由于文件中的原子个数未知，可以先读入各行，对非空行计数得到原子数 n，然后通过动态存储分配安排能存放 n 个原子信息的存储空间（或按 C99 的规定申请变长数组）。接下来，重新从文件中读入原子信息，并计算质心。

根据这些考虑设计出的程序主体的基本流程如下：

```
定义原子结构体类型;
打开文件读取一次，获得原子个数 n，关闭文件;
通过动态分配，创建保存原子信息的数组;
重新打开文件并读取原子信息，关闭文件;
计算分子的质心;
释放动态分配的数组;
```

根据上面的基本考虑和设计，写出如下程序：

```
typedef struct Atom {
    double m, x, y, z;
} Atom;

int main() {
    const int MAXLEN = 80;
    char line[MAXLEN];
    int n = 0;     //原子个数
```

```
    char fname[] = "2b4z-mxyz.txt";      //文件名存储于字符数组中
    ifstream infile;                      //定义输入文件流
    infile.open(fname);                   //打开文件以供读取
    if (!infile) {                        //打开文件时可能出错
        cout << "打开文件时出错: " << fname << endl;
        exit(1);
    }
    cout << "读取数据文件: " << fname << endl;
    infile.getline(line, MAXLEN);         //读入文件首行注释 (并不使用)
    while (infile.getline(line, MAXLEN)) {    //逐行读入进行计数
        if (strlen(line) != 0)            //非空行
            n++;
        //cout << n << ": " << line << endl;
    }
    infile.close();                       //关闭文件
    cout << "原子总数: " << n << endl;

    infile.open(fname);                   //重新打开文件再次读取
    infile.getline(line, MAXLEN);         //读入文件首行注释 (并不使用)
    Atom *atm = new Atom[n];              //定义指针变量并申请分配数组存储空间
    //Atom atm[n];                        //定义以变量为长度的数组 (C99)
    Atom cent = {0, 0, 0, 0};             //质心
    for (int i = 0; i < n; i++) {         //读取原子信息
        infile >> atm[i].m >> atm[i].x >> atm[i].y >> atm[i].z;  //数组写法
        //infile >> (atm + i)->m >> (atm + i)->x
        //          >> (atm + i)->y >> (atm + i)->z; //指针写法
        cout << i << ": " << atm[i].m << " " << atm[i].x << " "
            << atm[i].y << " " << atm[i].z << endl;
    }
    infile.close();                       //关闭文件

    for (int i = 0; i < n; i++) {         //累加 (用于计算质心)
        cent.m += atm[i].m;
        cent.x += atm[i].m * atm[i].x;
        cent.y += atm[i].m * atm[i].y;
        cent.z += atm[i].m * atm[i].z;
    }
    cent.x /= cent.m;
    cent.y /= cent.m;
    cent.z /= cent.m;

    cout << "质心坐标: (" << cent.x << ", "
        << cent.y << ", " << cent.z << ")" << endl;
    delete []atm;                         //释放动态分配的数组存储空间
    return 0;
}
```

上面的程序需要两次读入整个数组，这一点不太理想。如果利用动态存储管理支持的调整分配块功能，可以开发出只需一次读入文件就能解决本问题的程序。请读者自己考虑。

8.3　结构体编程实例

本节讨论两个与结构体等数据机制有关的编程实例。在此过程中介绍一些开发较大型程序常用的技术，如自底向上开发、自顶向下开发、程序参数存储等。

8.3.1　复数的表示和处理

C 和 C++ 语言提供了许多数值类型，可供人们在处理数据时使用。但这里的数值类型不全，例如缺少复数类型[①]。假设现在要开发一个处理复数数据的程序，应该怎么做呢？

一种可能的做法是直接用两个 `double` 表示一个复数，基于这种基本数据去完成这个程序。例如，对两个以实部（`real`）和虚部（`image`）表示的复数相加，可以定义函数：

```
addComplex(double r1, double i1, double r2, double i2);
```

但是，这样做不但很难定义函数的返回结果类型，而且调用时需要时刻记住各个参数的位置，使用时也需要记住各个复数的一对成分变量等。程序写起来很麻烦，也很难使用。

应该看到，一个复数是一个逻辑上具有整体性的数据体，**应该定义为类型**。在这种类型的基础上定义一批以复数类型为操作对象的函数，再去编写程序的其他部分，程序就会变得清晰简单了。

人们在程序设计实践中逐步认识到，**在设计实现一个较复杂的程序时，最重要的一个步骤就是考察程序需求，确定程序里需要的一批数据类型，将它们的结构和相关功能分析清楚，设计并予以实现。然后，在这些类型的基础上实现整个程序**。这样做，得到的程序将更清晰，其中各个部分的功能划分比较明确，容易理解，也容易修改。

【例 8-5】考虑实现一个**复数类型**。请定义其存储结构，编写相应的算术函数和输入输出函数。

复数可以有多种表示方式。常用的是平面坐标表示，将复数表示为一个实部和一个虚部；另一种方式是极坐标表示，用辐角和模表示复数。对一个特定应用，某种表示方式可能更适合，因此需要仔细斟酌。作为例子，下面将采用**平面坐标表示**，用两个实数表示一个复数，分别表示其实部和虚部。根据复数的情况及运算的需要，可以考虑用两个 `double` 类型的值表示一个复数。

应该采用什么机制将这两部分结合起来呢？由于实部和虚部的类型相同，因此可以用包含两个 `double` 元素的数组实现，也可以用包含两个 `double` 成员的结构体实现。由于需要定义运算，用结构体表示有利于将复数作为参数传递或者作为结果返回，选择如下的定义更合适：

```
typedef struct Complex {
    double re, im;    //real part, image part
} Complex, *PtrComplex;
```

有了这个类型定义，现在就可以考虑复数的各种运算了。

首先考虑如何构造复数。通常情况下就是用两个实数（如果使用时提供了整数实参，就会发生自动转换）构造一个复数，下面是构造函数的函数原型声明：

---

① C99 和 C++ 标准库提供了复数包，请读者查看学习。这并不妨碍这里以复数功能的实现作为程序实例。

```
Complex createCx(double re, double im);
```

函数名称中统一使用"Cx"作为"Complex"的缩写。函数定义如下：

```
Complex createCx(double re, double im){
    Complex cx;
    cx.re = re;
    cx.im = im;
    return cx;
}
```

现在考虑复数的算术运算。由于复数对象里的数据项很少，可以考虑直接传递 Complex 类型的值和结果，这样可以避免复杂的存储管理问题。几个基本算术函数的原型声明如下：

```
Complex addCx(Complex x, Complex y);    //加法
Complex subCx(Complex x, Complex y);    //减法
Complex tmsCx(Complex x, Complex y);    //乘法
Complex divCx(Complex x, Complex y);    //除法
```

例如，下面是加法函数的定义：

```
Complex addCx(Complex x, Complex y) {
    Complex cx;
    cx.re = x.re + y.re;
    cx.im = x.im + y.im;
    return cx;
}
```

减法函数与此类似（略）。乘法函数的算法复杂一点，根据数学定义也不难给出（略）。定义除法函数时却遇到了一个新问题：如果除数为 0 该怎么办？复数除法的定义是：

$$\frac{a+b\mathrm{i}}{c+d\mathrm{i}} = \frac{ac+bd}{c^2+d^2} + \frac{bc-ad}{c^2+d^2}\mathrm{i}$$

除数为 0 时两个分式的分母为 0。语言对内部类型除 0 的规定是"其行为无定义"，也就是说，要求编程者保证不出现这种情况。实现复数操作时有两种选择：

（1）直接沿用语言的处理方式，要求编程者在使用复数时确保不出现除 0。

（2）检查除 0 的情况，提供出错信息并返回特殊值。

采用第一种方式时，可以直接按公式定义函数。下面的函数定义里检查 0 的情况，输出错误信息并返回特殊值 1：

```
Complex divCx(Complex x, Complex y) {
    Complex cx;
    double den = y.re * y.re + y.im * y.im;

    if (den == 0.0) {
        cout << "Complex error: divid 0.\n";
        cx.re = 1;
        cx.im = 0;
    } else {
        cx.re = (x.re * y.re + x.im * y.im) / den;
        cx.im = (x.im * y.re - x.re * y.im) / den;
    }
```

```
    return cx;
}
```

有了这些函数后，做各种复数计算就很方便了。为了使用方便，还可以定义复数的输出函数和输入函数。向标准输出流输出复数的函数可以定义为：

```
void prtCx(Complex x);
```

实现这个函数之前，需要事先为复数设想好一种合理的输出形式。例如，可以将实部为 a、虚部为 b 的复数输出为 (a, bi)。这时输出函数可以如下定义：

```
void prtCx(Complex x) {
    cout << "(" << x.re << ", " << x.im << "i)";
}
```

注意，这个函数中仅完成对复数的输出，并不输出空格或换行。这是一个习惯写法：不让自定义类型的输出函数随便输出空格或换行。空格或换行应该在调用此函数的高层函数里考虑。

为了方便，再定义一个辅助性的输出函数，它在输出复数的前后分别输出一个字符串：

```
void prtCx2(const char *str1, Complex x, const char *str2) {
    cout << str1;
    prtCx (x);
    cout << str2;
}
```

从标准输入流输入复数的函数也不难设计，以指针为参数的输入函数可以定义为：

```
int readCx(const char *prompt, Complex *pcx);
```

其中 prompt 的实参是用于显示提示信息的字符串，而 pcx 的实参应该是指向 Complex 的指针。函数返回值的设计参考标准库的输入函数：成功读入复数时返回 1，失败时返回 0，遇到文件结束或者其他错误时返回 EOF 值。具体实现依赖于对输入形式的设计。例如，可以写成下面这样：

```
int readCx(const char *prompt, Complex *pcx) {
    cout << prompt;
    if (cin >> pcx->re && cin >> pcx->im )
        return 1;
    else
        return 0;
};
```

这里约定的复数输入形式就是顺序输入其实部和虚部，两部分之间用空白字符分隔。

至此，一个基本的复数计算函数库就完成了，基于它可以做许多有用的事情。例如，现在可以写一个测试以上函数的主函数：

```
int main() {
    Complex c1, c2, c3, c4;
    double re, im;

    //输入两个实数以创建 c1
```

```
    cout << "Please input two double to create c1: ";
    if (!(cin >> re >> im)) {
        cout << "Error in inputting real number! \nExit abnormally.\n";
        exit(1);
    }
    c1 = createCx(re, im);
    prtCx2("c1 = ", c1, "\n");

    //使用输入函数创建 c2
    if (!readCx("Please input c2 (re, im): ", &c2)) {
        cout << "Error in read complex c2! \nExit abnormally.\n";
        exit(1);
    }
    prtCx2("c2 = ", c2, "\n");

    //复数加法
    c3 = addCx(c1, c2) ;
    prtCx2("c3 = c1 + c2 = ", c3, "\n");
    //复数除法
    c4 = divCx(c1, c2) ;
    prtCx2("c4 = c1 / c2 = ", c4, "\n");
    return 0;
}
```

读者还可以扩充这个函数库的功能，增加其他有用的函数，并写出更复杂的应用。

8.3.2　学生成绩管理系统

【例 8-6】现在考虑用结构体重新实现前文（6.6.1 节）中的学生成绩管理系统，但希望其功能更加完备，可以支持输入学生信息、输入学生成绩、保存学生信息和成绩到数据文件、读取已有的学生信息数据文件并能输入和修改数据，而且每次运行时能把程序运行中的各项功能参数（所处理的数据文件名、直方图绘制参数等）保存到参数配置文件以供下次读取。除了作为结构体的编程实例外，还想通过这一实例介绍实际编程中的一些情况和常用技术。

前面假设的学生成绩记录文件里只包含一门课程的一次考试的成绩，采用的文件格式也不具有实用性，其中没有学生信息，成绩也是直接给出。**文件里应该包含每个学生的信息。**

现在考虑把问题做得更实际些。假设文件里的每一项数据包含学生的个人信息，包括学号、姓名、性别和出生年份。为降低难度，还是只考虑一门课程的成绩，但假设它包括三部分：平时成绩、期末考试成绩和总评成绩。在实际开发前，应该确定数据项的文件表示形式和程序里的表示方法。由于每项数据包含若干性质不同的子项，在程序里应该考虑用一个结构体记录它们。

需要注意的一个问题是学生学号的表示。实际中有些学校采用固定位数的整数编号，例如0001，0002，0003，…；有些学校直接用整数编号，简单写成 1，2，3，…；有些学校则设计了"年份+院系+数字编号"格式的编号，例如 2020210001，2020210002，2020210003，…（其中"2020"为年份，"21"表示院系）。现在假定文件里的学号是数字串。数字串形式的学号在程序中可以用字符数组表示，也可以用整数表示。这里选择后一种方式，用整数表示学号。

学生姓名应该是字符串，但是长度不一，而且中间可能有空格：中国人的姓名一般是 2～

4 个汉字；少数民族学生的姓名可能是较长的汉字串，其中还可能有空格；外国学生的姓名可能是包含空格的英文字符串。这里可以用固定长度的字符数组表示，也可以用字符指针（指向动态分配的字符数组，长度可以根据需要动态确定）表示。后一种方法更完善，但为了简化代码，下面采用固定长度的字符数组存储。为了有一定灵活性，字符数组的长度设为 20 个字符（除结束标志外，可以存 19 个英文字母或 9 个汉字）。除此之外，考虑到姓名中可能包含空格，在读写时一定要特别注意能正确地处理空格。

对于性别，只存在两种情况。文件里可以用整数 1 和 0 分别表示男、女，也可以用字符 M 和 F 表示。下面假设用字符表示，在程序中的数据结构里用一个 char 类型的成员表示。再假设文件里学生的出生年份用数字序列表示，程序里用整数表示。

最后是成绩。假设文件里的分数可以有一位小数，如 86.5。程序里的平时成绩、期末考试成绩和总评成绩可以用实数表示。虽然前文多次强调，程序里使用实数时一般应该选用 double 类型，但考虑到考试成绩的范围为 0~100，所以选用 float 类型就足够了。

根据上面的考虑，可以设计出如下表示学生信息和成绩的结构体类型：

```
typedef struct StuRec{
    int id;                        //学号
    char name[20];                 //姓名
    char gender;                   //"性别"的英文单词为 gender
    int birthyear;                 //出生年份
    float score1, score2, score3;  //平时成绩、期末考试成绩和总评成绩
} StuRec;
```

下一步是研究并确定在这个软件系统的工作中需要保存的信息。对于一个实用的软件系统来说，运行中需要记录的信息可以分为两类：

- 一类是程序工作中需要处理和使用的数据，在本问题中就是一批学生的信息和成绩，这些信息应该允许用户输入和修改，并且应该能存储到一个文件中（这个文件名允许用户在输入数据之前进行设置），可以下一次运行时再次读取和使用。
- 另一类是程序运行的参量，它们在一定程度上确定了程序的行为（可以称为程序的**功能参数**）。应该允许用户在程序运行中设置具体参数值，而且，程序退出时应该将这些信息存入文件。相应文件名通常在编程时设定并固定不变，文件扩展名常用 ".ini"（表示用于程序初始化的信息文件，initialization）或 ".cfg"（表示用于程序配置的信息文件，configuration），本例中将该文件命名为 "config.ini"，让程序在每次启动时自动从这个文件中读取相关的信息。

这两类信息既有联系又有区别，需要合理划分。

首先考虑程序的功能参数。学生成绩管理系统的主要功能是允许用户输入学生的信息和成绩，并把输入的信息保存到指定的文件里。这个文件名应该在首次录入时由用户提供，为此定义一个全局的字符串作为数据文件名（并初始化为某个默认名称）：

```
char datafile[256] = "students.txt"; //存储学生信息和成绩的数据文件名
```

该数据文件中最大能存储多少个学生的记录也是功能参数。为此，定义一个表示最大学生数量的变量 maxnum（请注意，这里并不是定义一个常量，与前文不同）：

```
int maxnum = 400;                      //最大学生数量
```

程序中用于绘制统计直方图的量也属于功能参数，定义如下（与前文也不同）：

```
int histohigh = 60, seglen = 5;      //直方图的最大高度和间隔宽度
int histonum = (100 / seglen) + 1;   //直方图的间隔数（由其他参数计算而得）
```

下一步是考虑需要保存的数据信息。对于待管理的学生信息和成绩数据，程序有必要记录学生的学校、院系和班级信息，所以定义一个全局变量 title（以字符数组存储的字符串）：

```
char title[256] = "某某大学某某学院 20xx 级某某专业";
```

然后用一个全局变量 studnum 表示实际学生数：

```
int studnum = 0;                 //实际学生数（初始化为 0）
```

根据题目的需要，这里假设在教师输入学生成绩时，只需要输入平时成绩和期末考试成绩，程序自动用这两项成绩按事先确定的比重算出总评成绩（例如，前者占 40%，后者占 60%），而且按照指定的及格分数线分别统计。为此，程序里需要定义一个表示平时成绩所占比重的全局变量 rate1（期末考试成绩所占比重为 1-rate1，不必额外定义）和一个表示及格分数的全局变量 passline。这两个变量的值也是处理的参数，应该允许用户修改：

```
double rate1 = 0.4;          //平时成绩比重，期末考试成绩比重为 1-rate1
double passline = 60;        //及格分数线
```

程序在工作中需要处理一批学生的信息和成绩，可以在程序中定义一个较大的学生记录结构体的数组，也可以采用动态分配的结构体数组。由于已经设定了最大值为可调整的参数 maxnum，因此采用动态分配的结构体数组为宜，为此定义一个全局性的结构体指针：

```
StuRec *stud;//全局性的学生记录结构体指针
```

在程序中，需要使用如下语句动态申请存储和动态释放存储：

```
stud = new StuRec[maxnum]; //动态申请存储
delete []stud;             //动态释放存储
```

以上几项数据都与系统中处理的学生信息和成绩相关，但是仔细分析，可以看到它们实际上分为两类：title、studnum、rate1 和 passline 是整体性参数，可以称为**数据参数**；而用 stud 所指的学生记录数组才是程序处理的实际的学生信息和成绩。

有了上面的基本设计，现在就可以考虑程序的整体功能了。

程序启动时应该打开功能参数配置文件，从中读取各项参数，然后打开相关的数据文件，从中读取已有的数据。当然，如果是首次运行，程序应该马上要求用户设置一些关键参数（非关键参数可以取默认值）和基本的数据参数，然后就开始工作。在以后运行时，允许用户在运行中重新设置这些参数。学生成绩管理系统的主要功能包括支持教师输入学生的信息和成绩，还应该允许批量输入或者个别修改。程序在读取了参数之后就打开相关的数据文件，从中读取已有的数据。

一般来说，学生的信息管理和成绩管理是两项不同的工作：在课程授课阶段录入学生信息（这时把学生成绩都赋为 -1，表示尚未录入成绩），在期末考试后录入学生成绩。而且，录入学生信息或成绩时可能是批量进行的，也可以单独修改。因此，可以设想程序的主要功能如下：

从功能参数配置文件中读取参数（初次运行时就设置）；
从数据文件中读取数据；
显示功能参数和数据参数；
显示如下操作菜单：
　　1.批量输入学生信息
　　2.修改学生信息
　　3.批量输入学生成绩
　　4.修改学生成绩
　　5.列出所有学生信息和成绩
　　6.成绩统计分析
　　7.修改参数
　　0.退出
用户输入菜单项数字，执行相应的功能

这样就确定了主函数的基本结构。虽然各个具体功能的函数还没有写出来，但已经可以在主函数里写出对它们的调用，实际函数可以在后面逐个定义。如果在开发函数时对函数返回值和函数参数有了新的考虑，那么就需要返回来修改主函数中相应的调用语句。

```cpp
int main() {
    cout << "==== 学生成绩管理系统 ====" << endl;
    readConfig();      //从功能参数配置文件中读取参数（初次使用就设置参数）
    readData();        //读取数据文件
    showPara();        //显示程序功能参数和数据参数

    int choose = -1;
    while(choose != 0) {
        cout << "==== 学生成绩管理系统 ====" << endl;
        cout << "1.批量输入学生信息       " << endl;
        cout << "2.修改学生信息          " << endl;
        cout << "3.批量输入学生成绩       " << endl;
        cout << "4.修改学生成绩          " << endl;
        cout << "5.列出所有学生信息和成绩  " << endl;
        cout << "6.成绩统计分析          " << endl;
        cout << "7.修改参数             " << endl;
        cout << "0.退出                " << endl;
        cout << "=======================" << endl;
        cout<< "请选择程序功能(1-7, 0): ";
        while( !(cin >> choose) || choose < 0 || choose > 7) {
            cin.clear(); //清除输入错误标记
            cin.sync();  //清空输入缓存区
            cout << "输入错误。请重新选择程序功能(1-7, 0): ";
        }
        cin.sync();

        switch(choose) {
            case 1: inputStud();     break;   //1.批量输入学生的信息
            case 2: modifyStud();    break;   //2.单独增加/修改学生信息
            case 3: inputScore();    break;   //3.批量输入学生成绩
            case 4: modifyScore();   break;   //4.单独增加/修改学生成绩
            case 5: showData();      break;   //5.列出所有学生信息和成绩
```

```
            case 6: statistic();    break;    //6.成绩统计分析
            case 7: setConfig(0);   break;    //7.修改参数(0表示详细设置)
            default: break;
        }
    }
    saveData();                               //保存数据
    delete []stud;                            //释放动态分配存储块

    cout << "谢谢使用! " << endl;
    return 0;
}
```

根据主程序的功能可以看到，"从功能参数配置文件中读取参数"和"把程序的功能参数保存到配置文件"两项功能是相关的，读取文件时必须严格按照保存时的顺序和格式进行。需要统一地考虑这两个函数的实现，保证功能参数的读写操作协调一致。这两个函数的定义如下：

```
int readConfig() {                    //从功能参数配置文件中读取参数
    ifstream infile(configfile);
    if (!infile) {
        cout << "这是首次运行，现在开始设置参数: " << endl;
        setConfig(1);                 //设置参数 (1表示首次运行，只需进行简略设置)
        return 0;
    }

    char str[16];                     //临时性的字符数组，用于读入参数文件中的注释文字
    infile >> str >> datafile;        //数据文件名
    infile >> str >> maxnum;          //最大学生人数
    infile >> str >> histohigh;
    infile >> str >> seglen;
    infile >> str >> histonum;

    infile.close();
    return 0;
}

int saveConfig() {                    //把程序的功能参数保存到配置文件
    ofstream outfile(configfile);     //打开配置文件作为输入文件流
    if (!outfile) {
        cout << "错误: 无法保存到程序配置文件 " << configfile << endl;
        return 1;
    }

    //保存格式: 先写参数注释，再写参数值。两者之间要有空格
    outfile << "datafile= " << datafile << endl;  //数据文件名
    outfile << "maxnum= " << maxnum << endl;
    outfile << "histohigh= " << histohigh << endl;
    outfile << "seglen= " << seglen << endl;
    outfile << "histonum= " << histonum << endl;

    outfile.close();
```

```
        return 0;
    }
```

在开始编写录入学生信息和录入学生成绩的函数之前，首先要考虑数据文件的读写。在从文件读写数据时，需要特别注意数据项的分隔和含空格的字符串的读写。如果数据项之间用空格分隔，读取时将难以正确辨识包含空格的学生姓名。一种解决方案是**数据项之间用制表符分隔**[①]。这说明读数据的函数必须与写数据的函数相互配合。从文件读写学生信息和成绩的函数定义如下：

```
int saveData() {
    ofstream outfile(datafile);
    if (!outfile) {
        cout << "错误：无法打开数据文件 " << datafile << endl;
        return 1;
    }
    outfile << "title: " << title << endl;        //学生的学校、院系和班级信息
    outfile << "students: " << studnum << endl;    //实际学生数量
    outfile << "rate1: " << rate1 << endl;        //平时成绩占比
    outfile << "passline: " << passline << endl;  //及格分数线
    for (int i = 0; i < studnum; i++) {
        outfile << stud[i].id << "\t" << stud[i].name << "\t";
        outfile << stud[i].gender << "\t" << stud[i].birthyear << "\t";
        outfile << stud[i].score1 << "\t" << stud[i].score2 << "\t";
        outfile << stud[i].score3 << endl;
    }
    outfile.close();
    return 0;
}

int readData() {
    char str[100];
    ifstream infile(datafile);
    if (!infile) {
        cout << "错误：无法读取数据文件 " << datafile << endl;
        return 1;
    }
    infile >> str;
    infile.getline(title, 256);
```

[①] 简单数据可以用纯文本文件的方式保存，一组数据项保存为一行。数据项之间可以用空格、制表符或英文逗号分隔，这三种方式各有优缺点：
- 空格分隔容易理解，但无法表示包含空格的字符串，而且不方便复制、粘贴到电子表格处理软件（如 Excel 或 WPS 表格）里；
- 用制表符分隔容易读取，也支持直接粘贴到电子表格处理软件中，但是编辑查看时制表符显示为空白，看不清楚；
- 用逗号分隔是一种标准数据形式，称为".csv"格式，电子表格处理软件能直接读取这种文件，但是用文本编辑软件打开并复制、粘贴到电子表格处理软件中时不能自动分列，而且编程稍微麻烦一点。
这里考虑到可能把数据复制、粘贴到电子表格处理软件中，选择用制表符分隔。如果只考虑用程序处理，最好采用".cvs"格式。请读者自行考虑改写程序。

```
    infile >> str >> studnum;
    infile >> str >> rate1;
    infile >> str >> passline;
    stud = new StudRec[maxnum];           //申请动态分配存储（要在程序结束时释放）
    for (int i = 0; i < studnum; i++) {
        infile >> stud[i].id;
        infile.get();                     //读入多余的制表符（弃用）
        infile.getline(stud[i].name, 256, '\t');  //读入字符串直到'\t'为止
        infile >> stud[i].gender >> stud[i].birthyear ;
        infile >> stud[i].score1 >> stud[i].score2 >> stud[i].score3;
    }
    infile.close();
    return 0;
}
```

以上函数输出的数据文件（只输入了学生信息，未输入成绩）具有如下的形式：

```
title: 某某大学某某学院 20xx 级某某专业 00 班
students: 4
rate1: 0.4
passline: 60
20181001    张三 M 2001 -1 -1 -1
20181002    李四 F 2002 -1 -1 -1
20181004    Andrew B Rubin M 2002 -1 -1 -1
20181003    Anna V Finkel F 2003 -1 -1 -1
```

文件的第一行是学生集体的名称，第二行是学生总数，随后两行是评分标准，最后依次列出所有学生的个人信息和三项成绩。根据程序中用于写数据的 saveData 函数的规则，各个数据项之间是用制表符隔开的（在纸质书上看似乎是一些空格）。上例中的中文姓名仅有两个汉字（4 个英文字符宽），英文姓名长达十几个字符，虽然看上去不整齐，但是读写时是正常的。

读取了功能参数和数据之后有必要在屏幕上显示所有参数（包括功能参数和数据参数），为此还应该定义一个用于显示参数的函数。

```
int showPara() { //显示功能参数和数据参数
    cout << "数据文件: " << datafile << endl;
    cout << "最大学生人数: " << maxnum << endl;
    cout << "直方图最大高度: " << histohigh << endl;
    cout << "直方图间隔宽度: " << seglen << endl;
    cout << "直方图间隔数:   " << histonum << endl;

    cout << "学生集体名称: " << title << endl;
    cout << "当前学生人数: " << studnum << endl;
    cout << "平时成绩占比: " << rate1
         << "   期末成绩占比: " << 1 - rate1 << endl;
    cout << "及格分数线: " << passline << endl;
    cout << endl;

    return 0;
}
```

菜单中的第 7 项功能"修改参数"也与此相关，写出如下相应的函数：

```cpp
int setConfig(int firsttime) {
    cout << "==== 设置程序参数　==== " << endl;
    if (firsttime)
        cout << "首次使用，需要设置学生数据文件名和学生集体信息" << endl;
    char modify;
    cout << "当前的学生数据文件名为: " << datafile << endl;
    do {                            //选择是否修改数据文件名
        cout << modify << " 是否需要修改(Y/N)? ";
    } while ((modify = toupper(getchar())) != 'Y' && modify != 'N');
    cin.sync();
    if (modify == 'Y') {
        cout << "请输入学生数据文件名: ";
        cin.getline(datafile, 256);
    }

    cout << "当前的学生集体信息为: " << title << endl;
    do {                            //多次使用时可以选择是否修改数据文件名
        cout << "是否需要修改(Y/N)? ";
    } while ((modify = toupper(getchar())) != 'Y' && modify != 'N');
    cin.sync();
    if (modify == 'Y') {
        cout << "请输入学生集体信息: ";
        cin.getline(title, 256);
    }

    if (firsttime) {
        cout << "初次使用配置完毕。以后可以通过\"修改参数\"进行详细配置\n";
    } else {                        //非首次使用，继续修改其他参数
        cout << "直方图最大高度: " << histohigh << endl;
        cout << "直方图最大高度修改为: ";
        cin >> histohigh;
        cout << "直方图间隔宽度: " << seglen << endl;
        cout << "直方图间隔宽度修改为: ";
        cin >> seglen;
        histonum = (100/seglen) + 1;
        cout << "直方图间隔数自动修改为: " << histonum << endl << endl;;

        cout << "当前的平时成绩占比为: " << rate1;
        cout << "  期末成绩占比: " << 1 - rate1 << endl;
        cout << "平时成绩占比修改为: ";
        cin >> rate1;              //用户输入平时成绩占比
        cout << "  期末成绩占比: " << 1 - rate1 << endl;
        cout << "当前的及格分数线: " << passline << endl;
        cout << "及格分数线修改为: ";
        cin >> passline;
        cout << "全部参数设置完毕. 按回车键继续." << endl << endl;
    }
```

```
        cin.clear();
        cin.sync();
        getchar();          //等待用户键入一个回车键
        saveConfig();       //保存软件配置 (不在此处保存数据, 以免出现数据覆盖)

        return 0;
    }
```

再考虑录入学生信息和学生成绩的函数，它们依次接收用户输入的各项数据。接收用户输入是常规工作，很容易编写，只是需要注意能接收学生姓名中的空格。还要注意的是，为了让用户正确地输入数据、减少出错的可能，有必要在屏幕上显示必要的提示信息。这两个函数的定义如下：

```cpp
int inputStud() {
    cout << "==== 批量输入学生信息 ====" << endl;
    cout << "学生数据文件名: " << datafile << endl;
    cout << "学生集体名称: " << title << endl;
    cout << "现有学生人数: " << studnum << endl;
    cout << "请逐个输入学生信息。以学号为 -1 时结束输入。" << endl;

    while (1) {
        cout << endl << "第 " << studnum + 1 << " 个学生" << endl;
        cout << "输入学号: ";
        cin >> stud[studnum].id;
        if (stud[studnum].id == -1) {
            cout << "输入结束。学生总数: " << studnum << endl << endl;
            break;
        }
        cin.clear();
        cin.sync();
        cout << "输入姓名: ";
        cin.getline(stud[studnum].name, 256);
        do {
            cout << "输入性别(M/F): " ;
            stud[studnum].gender = toupper(cin.get());
        while (stud[studnum].gender != 'M' && stud[studnum].gender != 'F');
        cout << "输入出生年份: ";
        cin >>stud[studnum].birthyear;
        stud[studnum].score1 = stud[studnum].score2 = -1;
        stud[studnum].score3 = -1;
        studnum++;
    }
    saveData();

    return 0;
}

int inputScore() {
    cout << "====  批量输入学生成绩  ====" << endl;
    cout << title << endl;
```

```
        cout << "学生人数: " << studnum << endl;
        for (int i = 0; i < studnum; i++) {
            cout << endl << "第 " << i+1 << " 个学生: " ;
            cout << stud[i].id << "\t" << stud[i].name << "\t";
            cout << stud[i].gender << "\t" << stud[i].birthyear << endl;
            cout << "输入平时成绩和期末考试成绩: ";
            cin >> stud[i].score1 >> stud[i].score2 ; //!!!
            stud[i].score3 = stud[i].score1 *rate1 + stud[i].score2 *(1-rate1);
        }
        saveData();

        return 0;
    }
```

至此，本程序中读写程序参数和读写数据的主要函数均已完成。由于篇幅所限，用于单独增加/修改学生信息的 modifyStud() 函数、用于单独增加/修改学生成绩的 modifyScore()函数都没有列出。输出所有学生信息和成绩的 showData()函数以及用于进行成绩统计分析的 statistic() 函数可以参考前文的示例程序进行修改。请读者把这些函数的实现当作编程练习，也可以从本书作者的网站下载完整的源程序。

8.4 自引用结构体

随着需要用计算机处理的问题变得越来越丰富复杂，程序开发的实践也不断地出现新的问题，促使人们去思考，设法创造出新的解决问题的方法。这一节将从一个具体问题出发，引出并讨论一类复杂的数据表示方式：**自引用结构体**。

8.4.1 自引用结构体的概念

假设现在需要对一个英文纯文本文件里出现的所有单词做统计，统计其中每个单词在文件里出现的次数。这是一类典型计算机应用中的一个实际问题。

首先可以看到，统计前不可能知道文件里有多少个不同的词，因此在编程时无法确定所需数据存储的规模。一个可能的解决方案是使用动态分配的计数器数组，这种方式的缺点是需要一大块存储保留所有数据。如果文件里的单词非常多，能否找到足够大的存储块也可能成为问题。

下面介绍另一种基于结构体的技术，采用该技术表示的数据结构可以很方便地**在执行中动态增长（变化调整）**，容易满足被存储数据项数的动态增加、减少，或者相互关联关系变化的需要。这种数据结构称为**链接结构**，通常利用程序语言中的指针、结构体和动态存储管理实现。

在语言里实现链接结构的基本构件称为**自引用结构体**（Self Referential Structure），这种结构体（数据对象，简单情况下用一个 struct 表示）可以分为两部分，其形式可表示为：

结构体中的各种实际数据成员	一个或几个指向本类结构体的指针

这种数据对象（构件）中的第一部分存放实际保存的数据；第二部分是一个或几个指针，它

们可以指向同类型的结构体（在更复杂的数据结构中，也可以有指向其他类型的数据对象的指针），建立数据对象之间的联系。这种数据组织方式称为"自引用结构"，其中一个结构体通过指针引用另一个或一些结构体，进而连接起一批结构体。人们把这种引用其他结构体的指针称为**链接**，把使用链接构造起来的复杂数据结构称为**链接结构**。

最简单的链接结构是通过**线性链接**形成的表，称为**链接表**或简称为**链表**，其中每个自引用结构体只有一个链接指针，多个结构体一个链接到另一个，形成一个序列，如图 8-2 所示。一个链表就像一条链条，每个自引用结构体是其中的一个链节，称为链表中的**结点**。链表中最后结点的链接指针通常设置成空指针（习惯上在图示中用 ^ 表示），表示链表结束。

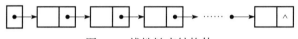

图 8-2   线性链表结构体

一般说，链表中所有的结点都通过动态存储分配的方式得到。另外用一个指针指向链表的第一个结点，这个指针就代表了整个链表，称为**表头指针**。在需要处理链表中的数据时，只需要用一个指向链表结点的工作指针。首先令工作指针指向链表的第一个结点，然后就可以沿着链表中的链接（指针）顺序访问链表里的各个结点，对其中的数据实施所需操作。

以各种不同的链接对象作为基本构件，还可以构造出许多更加复杂的数据结构。在后续的"数据结构"课程里，可以看到对这些问题的进一步讨论。

8.4.2　使用自引用结构体的程序实例

下面以前面提出的词频统计问题作为例子，说明自引用结构体的定义和使用方法。

【例 8-7】在数据处理中经常会遇到词频统计问题，例如对一个英文纯文本文件，统计文件中每个单词出现的次数。现在假设已经确定**采用链表作为程序中使用的基本数据结构**，请编程完成词频统计工作。

首先需要仔细分析问题的情况。显然，在程序处理的过程中，对文本里出现的每个单词，需要保存的相关信息包括这个单词本身，以及对这个单词出现次数的计数值。为简单起见，现在假设文件中遇到的所有单词的长度都不超过 19 个字符[①]，并假设整数的表示范围足以应付单词的统计。这样，表示一个单词的结构体里的两个基本数据成员可以定义为：

```
char word[20];
int count;
```

表示链表结点的结构类型可定义如下：

```
typedef struct Node {
    char word[20];
    int count;
    struct Node *next;
} Node, *LinkList;
```

---

① 　如果没有这个限制，程序就需要解决任意长度的词的保存和处理问题。采用已知技术完全可以解决这种问题，但相应的处理技术将使程序进一步复杂化，而且与这里希望讨论的重点无关（读者可以把这个问题作为自己的练习）。

在"struct Node"里，除了两个基本数据成员之外，还有一个指向本类结构体的指针成员，其类型为"struct Node *"，名称为 next。由于在这一行之前已经有了"struct Node"，因此这里的做法是符合"先定义后使用"的规则的。

上面的语句不仅定义了结构体类型"struct Node"，而且还用 typedef 命令为这个结构体类型定义了一个类型别名"Node"，以及相应的名为"LinkList"的指针类型。

设计好链表结点的结构类型之后，现在考虑程序的主函数的功能。

显然，根据题目要求，可以设想出主函数的主体内容和基本流程如下：

```
打开文件;
反复从文件中读取单词;
    把单词添加到链表中;
关闭文件;
打印得到的结果;
```

在这几部分功能中，"打开文件"和"反复从文件中读取单词"的功能可以参考 4.4.3 节和 6.6.3 节。程序中的主体结构代码如下：

```cpp
#include <iostream>
#include <fstream>                   //文件输入输出流
#include <cstring>                   //字符相关函数
using namespace std;

const int MAXLEN = 20;
typedef struct Node {                // 结构体类型定义
    char word[MAXLEN];
    int count;
    struct Node * next;
} Node, *LinkList;

// 有关函数的原型说明
int getWord(int limit, char wd[]);   //从文件中读取得到一个单词(最大长度为limit)
bool addWord(LinkList &L, char wd[]);//向链表增加新单词或使旧单词计数加1
void prtList(LinkList L);            //打印链表里所有结点中的单词及其计数

ifstream infile;                     //全局的输入文件流

int main () {
    LinkList list = NULL;            //定义链表的头指针
    char word[MAXLEN];               //读入时使用的临时字符数组

    char filename[56] = "plain.txt"; //文件名
    infile.open(filename);           //打开文件输入流
    if (!infile) {                   //如果打开文件失败, 则 infile 得到一个空指针
        cout << "错误: 无法打开数据文件 " << filename << " 。异常退出。\n";
        exit(1);                     // 打开文件失败, 则显示错误信息并退出程序
    }

    while (getWord(MAXLEN, word) != 0)
```

```
    if (!addWord(list, word)) {    //添加新单词并检查是否出错
        cout << "添加新单词" << word << "时出错." << endl;
        break;
    }
infile.close();                    //关闭文件输入流

prtList(list);

return 0;
}
```

程序头部是一些必要的预处理命令，然后是所需的类型定义和几个函数原型说明。这里用整型常变量 MAXLEN 定义链表结点中成员 word 的大小，以方便程序的修改。

在几个函数里，getWord 不是新东西，这里也要求它把读入的单词存入参数数组里，最后返回单词的长度。长度为 0 表示已经没有新单词了，程序的工作可以结束。在 getWord 函数返回时，数组 word 里的有效字符一定不超过 19 个，函数还应该把数组里的单词做成字符串。读者可以参考 6.6.3 节中的 getident 函数，这里不再重复。

函数 prtList 非常简单，可以用循环方式实现。它借助一个指针（参数，也是局部变量）顺序访问链表中的各结点，每次打印一个结点中的数据。这个函数可以写为：

```
void prtList(LinkList L) {              //打印链表中所有结点里的单词及其计数
    for (L = L; L != NULL; L = L->next)
        cout << L->count << "\t" << L->word << endl;
}
```

这个函数定义表现了链接结构处理的基本方法：用一个指针，从表头结点开始，沿着链表的链接指针前进，顺序处理一个个结点，直到链表结束。人们把链表处理中使用的这种指针称作**扫描指针**，把这种处理过程看作对整个链表的一次"扫描"。上面的函数里所用的扫描指针是函数的形式参数 L，它也是一个局部变量，调用这个函数时，它将得到链表中第一个结点的地址。从这个函数定义里也可以看到链表最后的空指针的作用，它帮助确定处理过程的结束（循环的终止条件）。

函数 addWord 是程序中最关键的部分，其第一个参数是用于统计的链表，第二个参数是当前处理的单词。处理一个单词时，如果该单词是第一次遇到，就需要为它建一个新结点，记入单词本身和统计值 1；如果已经遇到过，链表里有相应计数器结点，只需找到相应结点把统计值加 1 即可。

为使程序更清晰，首先定义一个创建结点的辅助函数 mkNode，它申请一个存储块并存入有关信息：

```
LinkList mkNode(char wd[]) {        //新建结点
    LinkList p = new Node;
    if (p != NULL) {
        strncpy(p->word, wd, MAXLEN);
        p->count = 1;
        p->next = NULL;
```

```
        }

        return p;
    }
```

请注意函数中的两个情况：一是需要检查申请动态内存分配是否成功，只有成功分配到存储时才能赋值，否则直接返回空指针；二是应当把新分配结点的链接指针 next 置为空指针，使它处于一个确定状态，这既是保证安全使用指针的要求，也是函数 addWord 的需要。

有了这些准备之后，函数 addWord 就很简单了：如果链表为空（开始时没有单词及其计数），就应该以这个单词作为数据建立新结点并设置计数为 1，还要令链表头指向这个结点；如果链表不空，则用一个指针扫描整个链表，扫描过程中比较指针所指结点的单词与当前单词。如果这两个单词相同，则把结点计数器加 1 后直接返回；如果扫描到最后一个结点，发现所有结点的单词都与当前单词不同，那么基于该单词建立一个新结点并设计数为 1，还要把新结点链接到链表的末尾。

下面是用循环方式写出的函数 addWord 的定义：

```
bool addWord(LinkList &L, char wd[]) {        //向链表增加新单词或使旧单词计数加1
    if (L == NULL) {                          // 表为空，开始情况
        L = mkNode(wd);
        return (L != NULL ? true : false);
    }

    LinkList p;
    for (p = L; p->next != NULL; p = p->next) {    //在链表中顺序查找
        if (strcmp(p->word, wd) == 0) {
            p->count++;                       //如果找到则计数器加1
            return true;
        }
    }
    if (p->next == NULL)                      //在原链表中未找到新单词
        p->next = mkNode(wd);                 //添加到末尾

    return (p->next != NULL ? true : false);
}
```

请注意，在链表为空的情况下，应该把新结点作为表中的第一个结点，因此需要修改表头指针（参数）L 的值，所以函数中把 L 定义为引用参数（写成 &L）。另外，函数通过函数返回值报告工作情况，在成功地新增结点或计数加 1 时都返回 true，否则返回 false。

还请注意，在前面的 main 函数中检查了 addWord 函数的返回值，并处理可能的出错情形，这是一种常见的稳妥处理办法。

addWord 函数也可以用其他方法实现，例如采用递归的方式定义，还可以在程序开始时给链表加入一个空的头结点，这样可以避免单独处理空表的情况。这些实现方式请读者自己考虑。

很容易看到这个程序定义的缺陷和问题。由于限制了单词的最大字符数，对于那些特别长的单词，这个程序肯定无法正确统计。这个问题在很大程度上取决于 getWord 函数。请读者对有关问题做一个深入分析，并自己实现一个更完善的 getWord 函数。

还可以发现，存储空间的限制也可能引起统计错误。请读者考虑，对于上面的各种实现，如果到某个时候申请不到存储空间，会出现什么情况：会不会出现程序运行的严重错误？会不会导致非法的指针访问？统计结果将会出现怎样的错误？

8.4.3   数据与查找

上面实现的程序能够正确完成所需的工作，但是，这里采用的实现方法也有缺点。其中一个非常重要的问题是操作的效率。首先应当注意到，随着处理中遇到的新单词不断增加，统计数据所用的计数器表会不断增长。实际上，这个链表的长度正好等于处理中已经遇到的不同单词的个数。在处理小文件时，由于文件里的单词很少，不同的单词自然也不多，统计表也不会很长。如果被处理的文件非常大，其中不同的单词很多，统计表会变得很长，处理效率问题就会越来越明显。

假设一个文件里有 1000 万个单词，其中不同的单词共有 1 万个，现在做一个粗略的分析，看看完成统计大概需要多长时间。显然，统计表的长度最终将达到 1 万个结点，假设这个表均匀增长，那么工作过程中的平均长度可以看作 5000 个结点。为了找到一个单词对应的统计项（或确定它不在表里），假设平均需要检查半个表，这样，为完成一个单词的统计，平均要做 2500 次字符串比较。因此，完成整个工作大约要做 250 亿次字符串比较，当然还要做一些其他工作。假设所用的计算机每秒能完成 100 万个字符串的比较，完成整个工作需要 25 000 秒，也就是大约 7 小时。

在实际工作中，1000 万个单词并不是一个很大的数目，要处理更大的问题，就需要对实现方法做进一步研究。由于存储和查找是实际计算机应用中最典型的一类数据处理问题，人们对它进行了许多研究，提出了各种提高效率的方法。关于这方面的情况，后续的"数据结构"课程里有许多讨论。读者也可以自己开动脑筋，想一想有什么好办法。

本章讨论的重要概念

typedef 自定义类型；结构体（struct）；结构体类型的定义方法，结构体变量、数组、指针变量的定义和初始化，结构体成员的引用方法（圆点运算符和箭头运算符）；结构体在函数间的传递方法；自引用结构体；链接结构，词频统计；数据查找。

练习

8.1   定义类型

8.2   结构体：例 8-1～例 8-4

1. 请定义平面上的点、圆和矩形（假设矩形的边总是分别平行于 X 轴和 Y 轴，则矩形可用左上角和右下角两个点的坐标表示）的结构体类型，然后写出如下计算平面点与其他图形之间关系的函数（并写出测试这些函数的主函数）：

   （1）判断一个点是否在一个圆内（函数名 isDotInCir）；

   （2）判断一个点是否在一个矩形内部（函数名 isDotInRect）；

   （3）判断一个圆与另一个圆是否有重叠（函数名 isCirOnCir）；

   （4）判断一个圆的圆心是否在一个矩形的内部（函数名 isCirInRect）。

2. 定义一个表示公历日期（包含年月日）的结构体类型（取名 Date），然后利用该结构体类型定义如下函数：

（1）对于给定的三个整数，构造出用它们依次表示年份、月份和日数的日期结构体结构。函数原型设为 bool mkDate(Date &dt, int year, int month, int day)。若三个整数符合年份、月份和日数的大小要求（年份大于 0，月份为 1～12，日数处于该月的天数内，而且要注意二月份的天数要符合平年和闰年规则），则 dt 返回构造的日期，函数返回 true，否则函数返回 false。

（2）计算给定的某个日期是该年（要注意平年和闰年）的第几天的函数。函数原型设为 int daynum(Date dt)。

（3）计算两个日期的天数差的函数。函数原型设为 int daysdiff(Date d1, Date d2)，d1 早于 d2 时返回值为负值，两者相等时返回 0，d1 迟于 d2 时返回正值。

*（4）定义以一个日期和一个天数为参数的函数，它能算出某日期若干天之后的日期。函数原型设为 Date dateafter(Date dt, int num)。

*（5）定义计算某日期之前若干天的日期的函数。函数原型设为 Date datebefore(Date dt, int num)。

用这些函数计算：你自己已经生活了多少天，离你的下一个生日还有多少天，等等。

3. 定义表示身份证（包含身份证号、姓名、性别、出生年月日和住址等信息）的结构体（取名 IDcard，注意身份证号需要用字符数组表示），并定义几个对两个身份证进行比较的函数（相同时返回 true，不相同时返回 false）：

（1）身份证号是否相同（函数名 eqID）；

（2）姓名是否相同（函数名 eqName）；

（3）出生年月日是否相同（函数名 eqBirth）；

（4）身份证所有信息是否相同（函数名 eqIDcard）。

考虑应该使用结构体参数，还是使用结构体指针参数。最后写一个主函数，测试这些函数。

8.3 结构体编程实例：例 8-5 和例 8-6

4. 完成正文中设计实现的复数结构体及其相关函数，再为它增加一些有用的函数。设计并实现一个交互式的复数计算系统，为其开发一个（字符行式的）用户界面。

5. 完成正文中基于结构体的学生成绩处理程序，提供按照成绩排序输出的功能。如果有兴趣，还可以自己考虑扩充一些功能。

6. 先在网上检索国内一些城市（例如北京、上海、广州、深圳和武汉等）之间的直达高铁的车站信息和车票信息（包括商务座、一等座和二等座），设计好一套合适的编排格式，将这些信息存入一个文本文件。然后，开发一个小型的信息查询系统。该系统启动时从准备好的数据文件中读取直达高铁的车站信息和票价信息。当用户输入任意两个城市的名字时，该系统就能给出这两个城市之间的直达高铁的车站信息和票价信息。

7. 考虑定义一个在斯诺克（snooker）台球运动中计算台球位置的函数，这个函数的一个参数应当是一个表示台球状态的结构体，其成员至少包括台球半径、当前位置和速度向量。把台球桌的大小（长 3569mm、宽 1778mm）作为程序常量，定义计算 t 时间后台球状态的函数。进一步考虑桌面阻力因素和台球桌边沿的弹性系数，修改前面定义的函数，使其能够更好地反映现实世界的情况。考虑利用这个函数做一个有趣的程序实例。

8.4 自引用结构体：例 8-7

8. 扩充正文中的单词统计程序，使之能处理任意长度的单词。（提示：请考虑用动态分配的存储块保存单词。）

9. 如果文件中的单词很多，记录它们的链接表就会非常长，查找一个单词所需的时间也会大大增加。考虑下面的改进技术：

（1）定义一个指针数组 LinkList table[21]，数组里的每个指针指向一个结点表；

（2）将长度为 i 的单词都存入指针 table[i]所指向的表里（table[0]闲置）；

（3）在 words[20]里保存长度大于等于 20 的所有单词。这种方式可以减少程序处理一个单词所需的时间。

请采用这一技术重新实现单词计数程序。通过处理很大的文本，比较这一实现与本章正文中实现的执行情况。

10. 在实现英文单词计数时考虑下面的改进技术：

（1）定义一个指针数组 LinkList table[26]，数组里的每个指针指向一个结点表；

（2）按照单词的首字母将读入的单词分别存入指针数组 table 的不同元素所指向的链接表里，注意，在读入单词后查找存入表之前将单词里大写字母都改为小写。

通过处理很大的文本，比较这一实现与本章正文中所提出的实现的性能。

附　　录

附录 A　C 和 C++ 语言运算符表

下表中的运算符按照优先级大小由上向下排列，同一行的运算符具有相同优先级。表中的第二行列出的是所有一元运算符。另外，"?:"是唯一的三元运算符。

运算符	解释	结合方式
() [] -> .	括号（函数等），数组，两种结构体成员访问	由左向右
! ~ ++ -- + - * & (类型) sizeof	逻辑否定，按位否定，增量，减量，正负号， 间接访问，取地址，类型转换，求占用内存大小	由右向左
* / %	乘，除，取模	由左向右
+ -	加，减	由左向右
<< >>	左移，右移	由左向右
< <= >= >	小于，小于等于，大于等于，大于	由左向右
== !=	等于，不等于	由左向右
&	按位与	由左向右
^	按位异或	由左向右
|	按位或	由左向右
&&	逻辑与	由左向右
||	逻辑或	由左向右
?:	条件运算	由右向左
= += -= *= /= &= ^= |= <<= >>=	各种赋值	由右向左
,	逗号（顺序）	由左向右

关于条件运算符的结合方式，参看 3.4.3 节的解释。

附录 B ANSI C 关键字列表

ANSI C 语言总共有 32 个关键字，如下表所示：

auto	break	case	char	const	continue	default
do	double	else	enum	extern	float	for
goto	if	int	long	register	return	short
signed	sizeof	static	struct	switch	typedef	union
unsigned	void	volatile	while			

注：关键字 auto 用于说明自动变量，通常不用；volatile（易变的）表示该变量不经过赋值，
其值也可能被改变（例如表示时钟的变量、表示通信端口的变量等）。

附录 C   C 和 C++ 语言常用功能速查

函数类型	程序对象、函数名和相关常量	头文件	所在章节
基本类型	int, long, float, double, char		2.2
C++ 输入输出	标准输出流：cout 输出流操纵符：setw, fixed, scientific, setprecision 标准输入流：cin, cin.get, cin.getline	iostream	2.5.1 3.3.1
C++ 字符串流	istringstream, ostringstream, strstream	sstream	4.3.4
C++ 文件流	ifstream, ofstream, fstream	fstream	4.3.4
C 输入输出	格式化输出函数 printf 格式化输入函数 scanf	stdio.h	2.5.2 3.3.2
控制结构	if（条件）语句 if（条件）语句 1 else 语句 2 switch（整型表达式）case …… while（条件）语句 do 语句 while（条件） for（表达式 1；表达式 2；表达式 3）语句		3.6.1～3.6.4 3.6.5 3.7.1, 3.7.2 3.7.3
数学函数	sin, cos, tan, asin, acos, atan, sinh, cosh, tanh, exp, log, log10, fabs, sqrt, ceil, floor, round, pow, fmod	cmath	2.4.1
计时函数	clock, CLOCKS_PER_SEC, time	ctime	4.2.2
随机函数	srand, rand	cstdlib	4.2.3
字符输入输出	getchar, cin.get, cin.getline, putchar, cout.put		4.3.5
字符相关函数	isalpha, isdigit, isalnum, isspace, isupper, islower, iscntrl, isprint, isgraph, isxdigit, ispunct, tolower, toupper	iostream 或 ctype.h	4.3.5
字符串函数	strlen, strcpy, strcat, strcmp, strchr, strstr	cstring	6.5.5, 7.3.5
C++ 动态存储	new, delete		7.5.2
C 动态存储	malloc, calloc, realloc, free	cstdlib	7.5.2
变量类型	局部变量（自动变量） 外部变量（全局变量），静态局部变量		5.1.5 5.4
变量的性质	变量的作用域，存在期，初始化		5.1.5, 5.4

附录 D 命名规范

本书中使用的命名规范如下：

（1）常量（常变量、枚举常量和宏）使用全部大写字母拼写的标识符。

（2）普通变量和函数参数通常用全小写字母拼写。而且，i、j、k、m、n 等字母或以它们开头的变量名只用于说明整型变量（不用于说明实型变量），x、y 和 z 只用于说明实型变量。

（3）函数名通常采用全小写字母拼写的标识符。当名称为"动词+名词"的形式时，采用小驼峰式命名（动词为小写，名词为首字母大写）。

（4）结构体标志和用 typedef 定义的类型名称用大驼峰式命名（每个单词的首字母大写）。

附录 E　编程形式规范

C 和 C++ 语言是自由格式语言，代码中的空格和空行以及代码行的缩进形式通常不改变程序的意义，这意味着编程人员在遵循语言规则的基础上可以自由地编排程序的格式。然而，在编程实践中，编程人员通常遵循一定的形式规范进行书写，以利于代码的清晰性和可读性。对于编程初学者来说，规范的代码可以帮助理顺程序中的逻辑关系、减少程序出错的可能性，也有助于教师和学习伙伴阅读、理解你的程序和展开讨论，有利于你自身的成长，从而尽快学会写出优质的程序。

代码规范化主要体现在空行、空格、缩进、对齐、代码行、注释等方面的书写规范上。正确的安排可以使程序更加清晰易读。建议本书的读者遵循以下的基本编程形式规范。

1. 空行

1.1　每个函数定义之前留一个（或多个）空行。

1.2　函数体内部相对独立的代码块之间留一个空行。

2. 空格

2.1　每个关键字之后应该留空格。尤其是 if、for、while、switch 和 case 等关键字之后应留一个空格再跟左括号 (，以突出关键字。

2.2　函数名之后不要留空格，紧跟左括号 (，以与关键字区别。多个参数之间要留空格。

2.3　逗号 , 和分号 ; 紧随前面的文字（不留空格），与同一行的后续文字之间留空格。

2.4　赋值运算符、关系运算符、算术运算符、逻辑运算符、位运算符等各种双目运算符（例如 =、==、!=、+=、-=、*=、/=、%=、>、<=、>、>=、+、-、*、/、%、&&、||）的前后应当加空格。

2.5　单目运算符 !（逻辑否）、++（自增）、--（自减）、-（负）、*（间接访问）、&（引用或取地址）等与其作用对象之间不留空格，连续出现的多个单目运算符之间留空格。

2.6　数组符号[]、结构体成员运算符.和指向结构体成员运算符->的前后都不加空格。

2.7　对于表达式比较长的 for 语句和 if 语句，为了紧凑起见，可以适当地去掉一些双目运算符前后的空格。

3. 缩进与对齐

3.1　在 C/C++ 的各个复合语句和复合结构中，要严格地遵循同一种缩进和对齐的风格。本书中的代码都遵循 Java 风格，即左花括号 { 总是位于前面一行的末尾，而右花括号 } 总是单独成行，并且与相对应的左花括号的语句块的代码起始字符在同一列上竖直对齐。

3.2　在每一个复合语句和复合结构中，下一层次的语句应该比上一层次的语句向右缩进一层（统一用一个 Tab 字符或用 4 个空格，不能混用），同一层次的语句应该缩进对齐，以便清晰地显示出代码中的逻辑层次关系。

3.3　在编程时，最好是在手工输入和编辑时就安排好源代码的缩进格式，每次用 AStyle 工具自动调整之后必须仔细检查代码的缩进关系是否符合实际的逻辑关系。

4. 代码行

4.1 一行代码只做一件事情，如只定义变量，或只写一条语句。

4.2 尽可能在定义变量时做初始化。例如将整型变量初始化为 0，将指针变量初始化为空指针。

4.3 if、else、for、while、do 等语句自占一行，独立的语句体不紧跟在这些语句的头部后面，而是换行后缩进。语句体是复合语句的情况见前面规则。

5. 注释

5.1 每个程序或函数的前面应该至少写一行注释，说明该程序或函数的功能。

5.2 在代码中对重要的代码行添加适当的注释。简单的行不写注释。

5.3 边写代码边注释，修改代码的同时要修改相应的注释，以保证注释与代码的一致性，失效的注释要及时删除。

进一步学习的建议

本书介绍了 C 和 C++ 语言的基本机制以及使用它们进行程序设计的技术，讨论了程序设计中的许多一般性问题，还就如何思考与程序设计有关的问题、如何分析情况并做出决策、如何评价各种选择的优点与缺点、如何写好程序，以及好程序的各种评价准则等提出了许多观点和认识。本书的目标是帮助读者理解什么是好的、正确的程序设计，怎样才能编写出好的程序。书中的程序实例体现了作者对上述问题的认识，许多实例反映了开发程序时的思考和工作过程。

程序设计作为一项智力劳动，已由无数研究者和实践者讨论、演练、探究了几十年，积累下来的智力财富远不是一本教材能概括的。本书只想将其中最基本、最典型的问题介绍给新接触这个领域的读者，为读者今后的学习和工作以及未来发展打下坚实的基础。读完本书，做好书中的编程练习，读者可能已在一些方面收获颇丰。但也应该认识到，这只是诸位在计算机和程序设计领域的学习中走完的第一步，继续学习的路还很长很长。实际上，任何准备在这个领域里摸爬滚打的人都需要不断地学习，不断地接受新鲜事物，进行更多的思考和实践。

由于篇幅（一本书）和时间（目标是一个学期的课程）限制，本书无法包含更多内容，这一点也反映在书名中，这里只能讨论程序设计和 C/C++ 语言这两方面的最基本的知识，有意在这一领域里继续学习的读者应该继续努力。下面为读者介绍一些可以继续学习的书籍材料，并对有关方面的情况做一些评述，供关心这些方面的读者参考。

1. 算法和数据结构

学过基本程序设计课程后，计算机科学与技术教育体系中的下一门课程通常是"算法与数据结构"（或简称为"数据结构"）。计算机和相关领域的学生都会接受该课程的系统教育，因此这方面情况不需要过多讨论。另外，作为普通读者和计算机爱好者，如果计划在计算机领域继续努力，下一步必须认真地学习算法和数据结构的知识。

当程序处理的数据变得更复杂时，数据的组织问题会变得越来越重要（本书已有简单讨论）。这时，作为实现计算过程的前提，一个重要问题是设计好数据的组织方式，将程序使用的数据用某种易于操作的形式组织起来。计算机领域的后续课程"数据结构"讨论这方面的问题。

目前市面上有关数据结构的书籍很多，内容大致分两个层次：第一，在抽象层次上讨论数据组织的问题和技术，介绍一些典型的数据组织方式（数据结构），以及与数据结构有关的典型算法的思想和细节，其中的一些算法与特定数据结构有关。第二，通过一种程序设计语言，讨论如何利用该语言的基本机制实现各种有价值的数据结构和算法。如果要进一步学习算法和数据结构的内容，可选一本采用 C 语言讨论的书籍。这方面的教程有不少，例如张乃孝等编著的《算法与数据结构——C 语言描述》（参考文献[7]）。

2. C 语言及其程序设计

C 语言是 20 世纪 70 年代开发的语言，目标是作为一种替代汇编语言的系统程序开发工具。因此，用 C 语言进行程序设计，需要考虑比较多的低层次问题，语言中也缺乏高级的程序组织机制和类型定义机制。尽管如此，C 语言仍然是目前使用非常广泛的语言之一。

著名计算机科学家 Brian W. Kernighan 和 C 语言设计者 Dennis M. Ritchie 合作编写的《C 程序设计语言（第 2 版·新版）典藏版》（参考文献[2]）是一部介绍标准 C 语言及其程序设计方法的经典著作。该书全面、系统地讲述了 C 语言的各个特性及程序设计方法，希望详细了解 C 语言的读者应该读一读这本著作。本书作者之一所著《从问题到程序——程序设计与C语言引论　第 2 版》（参考文献[6]）是一本面向初学者的 C 语言程序设计教材，有兴趣的读者可以参考。

ANSI C 标准仍然是当今大部分 C 程序员所遵循的标准，也是我国的国家标准，目前仍有大量的传统 C 代码在使用中，读者如果需要准确地了解 ANSI C 的技术细节，可以参考国家标准 GB/T 15272—1994 "程序设计语言 C"（参考文献[3]）。

随着时代的发展，国际标准化组织先后推出了几个 C 语言标准，除了 1989 年对应 ANSI C 的标准外，后来又推出了 C99 以及更新的 C11（2011 年）和 C18（2018 年）标准，它们都对前面的版本做了一些修正和扩充。在实践中可能会涉及多个 C 语言标准（主要有 K&R C、ANSI C 和 C99）之间的细节和差别。《C 语言参考手册》（参考文献[4-5]）提供了 C 语言及其标准库的完整说明，并强调了以正确性、可移植性和可维护性为基本出发点的良好编程风格。该书内容分为两部分：第一部分讨论了 C 语言的所有语言特征，包括对各种机制的详尽介绍；第二部分讨论了 C 语言的标准库。该书的一个特点就是将 K&R C、ANSI C、C99 放在同一个框架里，互相对照着进行介绍。

3. C++ 语言及面向对象的程序设计

C++ 是由 C 语言发展出来的一个语言，其中有一个与标准 C 语言基本兼容的子集，C++ 的标准库里也包含了 C 语言的标准库。C++ 语言集成了人们对于程序设计的许多新认识，包括类型定义和数据抽象、面向对象的程序设计、通用型程序设计，等等。经过 30 多年的发展，C++ 已经成长为一种比较成熟的语言。1998 年，C++ 语言完成标准化工作，成为一种严格定义的标准化语言。2011 年完成了新一代标准化，称为 C++11，之后又发布了两个新标准 C++14 和 C++17。这些标准版本对语言做了一些整理和扩充，最重要的扩充是支持并发程序设计方面的功能。如果读者继续在计算机领域前行，一定会接触到这方面的知识和技术。另外，C++ 保持了其基本结构，包括本书中涉及的机制。在这些年里，人们用 C++ 开发了许多重要的软件系统，包括许多系统软件和应用软件。通过实践，人们也发展出许多应用 C++ 语言的程序设计技术和一般性的所谓面向对象的程序设计技术。在学习了 C 语言之后，进一步学习 C++ 语言及其支持的程序设计技术也很有价值。

目前国内撰写或翻译的有关 C++ 语言及其程序设计的书籍很多，读者可以根据情况选择参考。其中必须提及的一本是 C++ 语言设计师 Bjarne Stroustrup 所著的《C++ 程序设计语言》（参考文献[8-9]）。该书全面讨论了 C++ 语言的各方面情况，以及 C++ 支持的程序设计技术，其中用了很大篇幅讨论面向对象程序设计的思想，以及采用面向对象的方式组织程序的技术和问题。书中有许多接近真实问题的实例。该作者专门为高校讲授 C++ 语言而编写的另一本书《C++ 程序设计：原理与实践（原书第 2 版）》（参考文献[10-11]）涵盖 C++11 和 C++14，而且具有较强的实践性，但篇幅比较大，中译本分为两册。

关于 C++ 语言的书籍还需做一点说明。市场上有些书籍不符合 C++ 标准，讨论的是多年前的早期 C++ 语言，请读者在选择参考时注意。

4. 程序设计的实践性问题

程序设计中有许多实践性问题。这方面的情况本书中虽有所涉及，但限于篇幅等，不可能做出更详尽深入的讨论。为了进一步学习程序设计和计算机科学技术，了解人们在程序设计实践中的考虑和经验也非常重要。

这里想推荐给读者的是一本篇幅不大、比较通俗而又很深刻的著作：Brian W. Kernignan 和 Rob Pike 的《程序设计实践》（见参考文献[12]）。该书作者在程序设计领域工作多年，也参与了许多实践性的培训活动，写过多部在世界上产生了重要影响的著作（包括《C 程序设计语言》等）。作者在书中讨论了实际程序设计中必然会遇到的许多问题，包括程序设计风格、算法和数据结构的选择、程序不同部分间界面的设计、程序测试和错误排除、程序执行效率等。如果读者希望进一步在程序设计领域工作，一定要读读这本书。

5. 程序设计的理论和严格方法

程序设计的产品是程序和软件系统。随着社会信息化的发展，各种计算机化的系统在社会生活中的地位和作用日益明显，由于计算机系统失误而造成的生命和财产损失也越来越引起社会的重视。人类社会需要更可靠的计算机应用系统，也呼唤功能正确可靠的程序。从计算机诞生之初，如何开发正确的程序就一直是计算机专业人员特别关注的问题。

本书中特别强调了如何写出正确、安全、健壮的程序，讨论了许多相关问题。但本书讨论的是朴素直观的程序设计过程，从分析问题开始，通过分解逐步做出程序，经过调试排除所发现的错误，最终得到一个"基本上"能完成所需工作的程序。这些反映了目前主流计算机软件开发过程的实际情况。但是，随着计算机系统越来越多地介入社会运转的各个关键领域，这种"基本上"能完成所需工作的系统已不能满足社会需要了。医疗设备控制系统的失误会导致一些病人死伤；许多空难的最终调查说明，祸根在于飞行控制系统里的错误；多起航天发射的失败或航天器丢失也都是由于软件故障；核反应堆控制系统的故障可能对社会造成的危害更令人不寒而栗。为此，计算机工作者一直在努力研究能从根本上扭转这种局面的理论、技术和方法，其中一类研究的目标是程序设计的严格方法。

如果读者想了解这方面的情况，可以参考本书作者之一翻译的《从规范出发的程序设计》（见参考文献[13]），这本教科书先后在欧洲一些知名大学里使用，常被用作第二门程序设计课程的教材。该书讨论了程序设计中的许多道理，提出了一套严格的程序设计方法，描述了一套"程序的数学演算"。举例来说，本书介绍过的不变式概念，在严格的程序设计方法中就有非常重要的地位。了解一点程序的理论，对于采用朴素方法做程序也会很有帮助，因为那里的观点和方法有助于看清许多问题。

应该理解，计算机领域中的许多东西都是相通的，程序和程序设计可以看作这个领域中一切工作的基础。目前复杂的计算机集成电路（包括 CPU）和电路板硬件设计也是用"硬件描述语言"完成的，同样要经过设计、开发、模拟（相当于程序的测试和调试）等一系列开发步骤。本质上说，计算机就是一种程序机器。任何人要想将来在计算机科学技术领域中很好地工作，无论做实践性工作还是理论性工作，都需要有基本程序设计方面的扎实基础。对于认识计算机科学技术的整个领域及其所面对的基本和深入的问题而言，这种基础非常重要，值得花时间去学习、探索和思考。

参考文献

［1］KERNIGHAN B W, RITCHIE D M. C 程序设计语言：第 2 版［M］. 英文版. 北京：机械工业出版社，2019.

［2］KERNIGHAN B W, RITCHIE D M. C 程序设计语言（第 2 版·新版）典藏版［M］. 典藏版. 徐宝文，李志，译. 北京：机械工业出版社，2019.

［3］国家技术监督局. 程序设计语言 C：GB/T 15272—1994［S］. 北京：中国标准出版社，1994.

［4］HARBISON S P III, STEELE G L, Jr. C 语言参考手册：第 5 版［M］. 英文版. 北京：人民邮电出版社，2007.

［5］HARBISON S P III, STEELE G L, Jr. C 语言参考手册（原书第 5 版）［M］. 徐波，译. 北京：机械工业出版社，2011.

［6］裘宗燕. 从问题到程序——程序设计与 C 语言引论［M］. 2 版. 北京：机械工业出版社，2011.

［7］张乃孝，陈光，孙猛. 算法与数据结构——C 语言描述［M］. 3 版. 北京：高等教育出版社，2011.

［8］STROUSTRUP B. C++ 程序设计语言（特别版）［M］. 影印版. 北京：高等教育出版社，2001.

［9］STROUSTRUP B. C++ 程序设计语言（特别版）［M］. 裘宗燕，译. 北京：机械工业出版社，2002.

［10］STROUSTRUP B. C++ 程序设计：原理与实践（原书第 2 版）（基础篇）［M］. 任明明，王刚，李忠伟，译. 北京：机械工业出版社，2017.

［11］STROUSTRUP B. C++ 程序设计：原理与实践（原书第 2 版）（进阶篇）［M］. 刘晓光，李忠伟，王刚，译. 北京：机械工业出版社，2017.

［12］KERNIGNAN B W, PIKE R. 程序设计实践［M］. 裘宗燕，译. 北京：机械工业出版社，2000.

［13］MORGAN C. 从规范出发的程序设计［M］. 裘宗燕，译. 北京：机械工业出版社，2002.

从问题到程序：程序设计与C语言引论（第2版）

作者：裘宗燕 书号：978-7-111-33715-7

　　本书通过大量符合C99标准的实例，详细介绍了C程序设计的思想和技术。书中没有采用常见的"提出问题，给出程序，加些解释"的简单三步形式，而是强调问题的分析和讨论，意在帮助读者认识程序设计的实质，理解从问题到程序的思考过程。很多实例包含详细的分析和讨论，不少实例给出了基于不同考虑形成的多种解法和性质比较，指出了看问题、分析问题和解决问题的方式和方法，以帮助读者理解程序设计的真谛。

本书特色

○ 从程序设计的角度特别加强了对业界和学术界重视的问题的讨论。

○ 在基本部分只介绍C程序设计中广泛使用的内容，着重讨论程序设计技术和方法，有关C语言的一些细节问题集中放在各章最后，以免过多的语言细节干扰讨论的主干内容，也使课程教学内容的安排有了更多选择。

○ 加强了安全性方面的讨论，在讨论各种程序设计技术的同时，认真分析了相关C程序结构中的脆弱点和可能的编程缺陷，提出了提高程序强健性的技术手段。

推荐阅读

从问题到程序——用Python学编程和计算

作者：裘宗燕 ISBN：978-7-111-56445-4

本书在结构和内容上力图反映编程的本质，为读者提供一条清晰、易行的学习路径。本书贯彻"编程是从要解决的问题开始，最终得到解决问题的程序的过程"这一学习理念，并基于此精心安排章节内容，在内容中不断强化这一理念，通过实践践行这一理念。

本书强调的另一个理念是，每一个问题都有无穷多个解决方法，对不同方法的设计、比较和选择也是编程工作中的重要内容。在编程学习中，并没有标准答案，只能基于某一问题的场景选择相对最优的解决方法。

本书不仅介绍编程中重要的概念和技术，还介绍了Python语言的一些重要细节和工作原理。内容安排循序渐进，从简单的问题开始，逐步深入，随着问题规模和复杂度的提升，逐渐领悟编程和计算的本质。

数据结构与算法：Python语言描述（第2版）

作者：裘宗燕 ISBN：978-7-111-69425-0

本书是一本基于Python语言的数据结构教材，旨在结合抽象数据类型结构的思想，基于Python的面向对象机制，阐述各种基本数据结构的想法、性质、问题和实现，讨论一些相关算法的设计、实现和特性，并研究了一些数据结构的应用案例。

本书还加强了一些当前程序设计实践领域特别关注的内容，包括程序和数据结构设计中的安全性问题、正则表达式的概念和使用等。第2版精简了有关Python面向对象的讨论，增加（或者充实）了广义表和数组、等价类和查并集、平衡二叉树的删除操作、外存字典、外排序问题和算法等方面的内容。